职业教育**数字媒体应用**
人才培养系列教材

电子活页微课版

Dreamweaver 实例教程

Dreamweaver 2020

牟音昊 李方方◎主编 杜营 程小红 许媛◎副主编

人民邮电出版社
北京

图书在版编目（CIP）数据

Dreamweaver实例教程 : Dreamweaver 2020 : 电子活页微课版 / 牟音昊, 李方方主编. -- 北京 : 人民邮电出版社, 2023.9
职业教育数字媒体应用人才培养系列教材
ISBN 978-7-115-61869-6

Ⅰ. ①D… Ⅱ. ①牟… ②李… Ⅲ. ①网页制作工具－职业教育－教材 Ⅳ. ①TP393.092.2

中国国家版本馆CIP数据核字(2023)第098055号

内 容 提 要

本书全面、系统地介绍 Dreamweaver 2020 的操作方法和网页制作技巧，主要内容包括初识 Dreamweaver 2020、文本、图像和多媒体、超链接、表格、ASP、CSS、模板和库、表单、行为、网页代码和综合设计实训等。

本书以课堂案例为主线，每个课堂案例以图文演示的方式给出详细的操作步骤。读者通过对课堂案例的学习，可以快速熟悉软件功能并领会设计思路。第 2～12 章的最后还安排了课堂练习和课后习题，以提高读者对软件的实际应用能力。

本书适合作为高等职业院校数字媒体类专业的教材，也可作为网页设计爱好者的自学参考书。

◆ 主　　编　牟音昊　李方方
副 主 编　杜　营　程小红　许　媛
责任编辑　马　媛
责任印制　王　郁　焦志炜

◆ 人民邮电出版社出版发行　　北京市丰台区成寿寺路 11 号
邮编　100164　　电子邮件　315@ptpress.com.cn
网址　https://www.ptpress.com.cn
北京市艺辉印刷有限公司印刷

◆ 开本：787×1092　1/16
印张：16.25　　2023 年 9 月第 1 版
字数：412 千字　　2023 年 9 月北京第 1 次印刷

定价：59.80 元

读者服务热线：(010)81055256　印装质量热线：(010)81055316
反盗版热线：(010)81055315
广告经营许可证：京东市监广登字 20170147 号

前言 FOREWORD

本书全面贯彻党的二十大精神，以社会主义核心价值观为引领，传承中华优秀传统文化，坚定文化自信，使内容更好体现时代性、把握规律性、富于创造性。

Dreamweaver 是由 Adobe 公司开发的一款网页设计与制作软件。它功能强大、易学易用，深受网页制作爱好者和网页设计师的喜爱，已经成为网页设计与制作领域的经典软件。目前，我国很多高等职业院校的数字媒体类专业，都将 Dreamweaver 作为重要的学习内容。为了帮助高等职业院校的教师全面、系统地讲授这门课程，同时使读者能够熟练地使用 Dreamweaver 进行网页设计与制作，编者联合一线教师和网页设计公司的设计师共同编写了本书。

本书以 Dreamweaver 2020 为基础，主要按照"课堂案例 → 软件功能解析 → 课堂练习 → 课后习题 → 综合设计实训"的思路进行内容的编排，力求通过课堂案例演练，使读者快速熟悉软件功能和网页设计思路；通过软件功能解析，使读者深入学习软件功能和网页制作技巧；通过课堂练习和课后习题，提高读者对软件的实际应用能力；通过综合设计实训，使读者将所学知识运用到实际商业开发中。本书在内容方面，力求细致、全面、重点突出；在文字叙述方面，做到言简意赅、通俗易懂；在案例选取方面，强调案例的针对性和实用性。

本书配备书中所有案例的素材及效果文件、课堂练习和课后习题的操作视频、PPT 课件、教学大纲等丰富的教学资源，任课教师可从人邮教育社区（www.ryjiaoyu.com）免费下载使用。本书的参考学时为 64 学时，其中实训环节为 30 学时，各章的参考学时如下表所示。

章	课程内容	学时分配	
		讲授（学时）	实训（学时）
第 1 章	初识 Dreamweaver 2020	2	—
第 2 章	文本	2	3
第 3 章	图像和多媒体	2	3
第 4 章	超链接	3	2
第 5 章	表格	3	4
第 6 章	ASP	2	2
第 7 章	CSS	4	4
第 8 章	模板和库	2	2
第 9 章	表单	6	4
第 10 章	行为	2	2
第 11 章	网页代码	2	2
第 12 章	综合设计实训	4	2
学时总计		34	30

由于编者水平有限，书中难免存在不妥之处，敬请广大读者批评指正。

编 者

2023 年 1 月

配套教学辅助资源

素材类型	数量	素材类型	数量
教学大纲	1套	课堂案例	27个
电子教案	12个	课堂练习	12个
PPT课件	12个	课后习题	12个

案例

章	案例名
第2章 文本	青山别墅网页
	机电设备网页
	电器城网页
	艺术摄影网页
	有机果蔬网页
	旅行购票网页
第3章 图像和多媒体	环球旅游网页
	绿色农场网页
	拓森企业网页
	五谷杂粮网页
第4章 超链接	建筑模型网页
	温泉度假网页
	东方木品网页
	恒选地产网页
	创意设计网页
	建筑设计网页
第5章 表格	布艺沙发网页
	典藏博物馆网页
	风季租车网页
	绿色粮仓网页
第6章 ASP	节能环保网页
	乒乓球俱乐部网页
	挖掘机网页
	建筑信息咨询网页
第7章 CSS	山地车网页
	羽毛球运动网页
	电商网页
	鲜花速递网页

章	案例名
第8章 模板和库	时尚前沿网页
	品茗茶业网页
	游天下网页
	婚礼策划网页
第9章 表单	用户登录网页
	传统文化网页
	健康测试网页
	网上营业厅网页
	森林动物园网页
	鑫飞越航空网页
	智能扫地机器人网页
	职业培训网页
第10章 行为	婚戒网页
	开心烘焙网页
	品牌商城网页
	爱在七夕网页
第11章 网页代码	品质狂欢节网页
	活动详情网页
	土特产网页
第12章 综合设计实训	户外运动网页
	热门房产网页
	生活家居网页
	网络营销网页
	设计爱漂亮网页
	设计休闲生活网页
	设计短租房网页
	设计家政无忧网页

目录 CONTENTS

第1章

初识 Dreamweaver 2020　1

1.1 Dreamweaver 2020 的工作界面　2
1.1.1 友好的开始界面　2
1.1.2 不同风格的工作界面　3
1.1.3 伸缩自如的面板　3
1.1.4 多文档编辑界面　3
1.1.5 新颖的“插入”面板　4
1.1.6 更完整的 CSS 功能　5
1.2 创建站点　6
1.2.1 站点管理器　6
1.2.2 创建站点文件夹　6
1.2.3 创建新站点　7
1.2.4 创建和保存网页　8
1.3 管理站点文件和文件夹　10
1.3.1 重命名文件和文件夹　10
1.3.2 移动文件和文件夹　10
1.3.3 删除文件和文件夹　10
1.4 管理站点　11
1.4.1 打开站点　11
1.4.2 编辑站点　11
1.4.3 复制站点　12
1.4.4 删除站点　12
1.4.5 导出和导入站点　12
1.5 网页文件头设置　13
1.5.1 设置搜索关键字　13
1.5.2 设置作者和版权信息　14
1.5.3 设置刷新时间　14
1.5.4 设置说明信息　15

第2章

文本　16

2.1 输入文本并编辑　17
2.1.1 课堂案例——青山别墅网页　17
2.1.2 输入文本　19
2.1.3 设置文本属性　19
2.1.4 输入连续的空格　20
2.1.5 设置是否显示不可见元素　21
2.1.6 设置页边距　22
2.1.7 设置网页标题　22
2.1.8 设置网页的默认格式　23
2.1.9 课堂案例——机电设备网页　24
2.1.10 改变文本的大小　27
2.1.11 改变文本的颜色　28
2.1.12 改变文本的字体　29
2.1.13 改变文本的对齐方式　30
2.1.14 设置文本样式　31
2.1.15 设置段落格式　32
2.2 无序列表和编号列表　33
2.2.1 课堂案例——电器城网页　33
2.2.2 设置项目符号或编号　35
2.2.3 修改项目符号或编号　35
2.2.4 设置文本缩进格式　36
2.2.5 插入日期和时间　36
2.2.6 插入特殊字符　36
2.2.7 插入换行符　37
2.3 水平线、网格与标尺　38
2.3.1 课堂案例——艺术摄影网页　38
2.3.2 水平线　40
2.3.3 网格　41

目录

2.3.4 标尺 41

2.4 课堂练习——有机果蔬网页 42

2.5 课后习题——旅行购票网页 43

第3章

图像和多媒体 44

3.1 图像 45

3.1.1 课堂案例——环球旅游网页 45

3.1.2 网页中的图像格式 47

3.1.3 插入图像 48

3.1.4 设置图像属性 48

3.1.5 给图像添加替换文字 49

3.1.6 跟踪图像 49

3.2 多媒体 50

3.2.1 课堂案例——绿色农场网页 51

3.2.2 插入 Flash 动画 52

3.2.3 插入 FLV 视频 53

3.2.4 插入 Animate 作品 54

3.2.5 插入 HTML5 视频 55

3.2.6 插入音频 56

3.2.7 插入插件 59

3.3 课堂练习——拓森企业网页 59

3.4 课后习题——五谷杂粮网页 60

第4章

超链接 61

4.1 超链接的概念 62

4.2 文本超链接 62

4.2.1 课堂案例——建筑模型网页 62

4.2.2 创建文本超链接 64

4.2.3 设置文本超链接的状态 66

4.2.4 创建下载文件超链接 66

4.2.5 创建电子邮件超链接 67

4.3 图像超链接 67

4.3.1 课堂案例——温泉度假网页 67

4.3.2 创建图像超链接 70

4.3.3 创建鼠标指针经过图像超链接 70

4.4 ID 超链接 71

4.4.1 课堂案例——东方木品网页 71

4.4.2 创建 ID 超链接 75

4.5 热点超链接 76

4.5.1 课堂案例——恒选地产网页 76

4.5.2 创建热点超链接 78

4.6 课堂练习——创意设计网页 79

4.7 课后习题——建筑设计网页 80

第5章

表格 81

5.1 表格的简单操作 82

5.1.1 课堂案例——布艺沙发网页 82

5.1.2 表格的组成 87

5.1.3 插入表格 88

5.1.4 表格元素的属性 89

5.1.5 在表格中插入内容 90

5.1.6 选择表格元素 91

5.1.7 复制、剪切、粘贴表格 92

5.1.8 清除表格内容和删除行或列 93

5.1.9 缩放表格 94

5.1.10 合并和拆分单元格 94

5.1.11 增加表格的行和列 95

5.2 表格的复杂操作 96

CONTENTS

5.2.1 课堂案例——典藏博物馆网页 96
5.2.2 导入和导出表格的数据 102
5.2.3 表格数据排序 103

5.3 表格的嵌套 104

5.4 课堂练习——风季租车网页 105

5.5 课后习题——绿色粮仓网页 105

第6章

ASP 107

6.1 ASP 动态网页基础 108

6.1.1 课堂案例——节能环保网页 108
6.1.2 ASP 服务器的安装 109
6.1.3 ASP 语法基础 112
6.1.4 数组的创建与应用 114
6.1.5 流程控制语句 117

6.2 ASP 内置对象 120

6.2.1 课堂案例——乒乓球俱乐部网页 121
6.2.2 Request 对象 122
6.2.3 Response 对象 127
6.2.4 Session 对象 129
6.2.5 Application 对象 130
6.2.6 Server 对象 132
6.2.7 ObjectContext 对象 134

6.3 课堂练习——挖掘机网页 135

6.4 课后习题——建筑信息咨询网页 136

第7章

CSS 137

7.1 CSS 的概念 138

7.2 CSS 样式 138

7.2.1 “CSS 设计器”面板 138
7.2.2 CSS 样式的类型 139

7.3 CSS 样式的创建与应用 140

7.3.1 创建 CSS 样式 140
7.3.2 应用 CSS 样式 142
7.3.3 创建和附加外部样式 142

7.4 编辑样式 145

7.5 CSS 样式的属性 145

7.5.1 课堂案例——山地车网页 146
7.5.2 布局属性 151
7.5.3 文本属性 152
7.5.4 边框属性 154
7.5.5 背景属性 155

7.6 CSS 过渡效果 156

7.6.1 课堂案例——羽毛球运动网页 156
7.6.2 “CSS 过渡效果”面板 159
7.6.3 创建 CSS 过渡效果 159

7.7 课堂练习——电商网页 160

7.8 课后习题——鲜花速递网页 161

第8章

模板和库 162

8.1 “资源”面板 163

8.2 模板 163

8.2.1 课堂案例——时尚前沿网页 164
8.2.2 创建模板 166
8.2.3 定义和取消可编辑区域 168
8.2.4 创建基于模板的网页 171
8.2.5 管理模板 172

目录

8.3 库 174

8.3.1 课堂案例——品茗茶业网页 174

8.3.2 创建库项目 179

8.3.3 向页面中添加库项目 179

8.3.4 管理库项目 180

8.4 课堂练习——游天下网页 181

8.5 课后习题——婚礼策划网页 182

第9章

表单 183

9.1 表单 184

9.1.1 课堂案例——用户登录网页 184

9.1.2 创建表单 187

9.1.3 表单的属性 188

9.1.4 文本域 189

9.2 单选按钮和复选框 191

9.2.1 课堂案例——传统文化网页 191

9.2.2 单选按钮 193

9.2.3 单选按钮组 194

9.2.4 复选框 194

9.3 下拉列表、滚动列表、文件域和按钮 195

9.3.1 课堂案例——健康测试网页 195

9.3.2 创建下拉列表和滚动列表 197

9.3.3 课堂案例——网上营业厅网页 198

9.3.4 创建文件域 199

9.3.5 插入图像按钮 200

9.3.6 插入普通按钮 201

9.3.7 插入“提交”按钮 202

9.3.8 插入“重置”按钮 202

9.4 创建 HTML5 表单元素 203

9.4.1 课堂案例——森林动物园网页 203

9.4.2 插入电子邮件文本域 205

9.4.3 插入 URL 文本域 206

9.4.4 插入 Tel 文本域 206

9.4.5 插入搜索文本域 207

9.4.6 插入数字文本域 207

9.4.7 插入范围文本域 208

9.4.8 插入颜色文本域 208

9.4.9 课堂案例——鑫飞越航空网页 209

9.4.10 插入月表单元素 211

9.4.11 插入周表单元素 212

9.4.12 插入日期表单元素 212

9.4.13 插入时间表单元素 213

9.4.14 插入日期时间表单元素 214

9.4.15 插入日期时间（当地）表单元素 214

9.5 课堂练习——智能扫地机器人网页 215

9.6 课后习题——职业培训网页 216

第10章

行为 217

10.1 行为 218

10.1.1 “行为”面板 218

10.1.2 应用行为 218

10.2 动作 219

10.2.1 课堂案例——婚戒网页 219

10.2.2 调用 JavaScript 221

CONTENTS

10.2.3 打开浏览器窗口 222
10.2.4 转到 URL 223
10.2.5 课堂案例——开心烘焙网页 224
10.2.6 检查插件 225
10.2.7 检查表单 226
10.2.8 交换图像 227
10.2.9 设置容器的文本 228
10.2.10 设置状态栏文本 228
10.2.11 设置文本域文字 229
10.2.12 跳转菜单 230
10.2.13 跳转菜单开始 231
10.3 课堂练习——品牌商城网页 232
10.4 课后习题——爱在七夕网页 233

第 11 章
网页代码 234

11.1 网页代码 235
11.1.1 课堂案例——品质狂欢节网页 235
11.1.2 代码提示菜单 237
11.1.3 使用标签库插入标签 237
11.2 常用的 HTML 标签 238
11.3 脚本语言 240
11.4 调用事件过程 240
11.5 课堂练习——活动详情网页 242
11.6 课后习题——土特产网页 242

第 12 章
综合设计实训 243

12.1 户外运动——户外运动网页 244
12.1.1 项目背景及要求 244
12.1.2 项目创意及制作 244
12.2 房产网页——热门房产网页 245
12.2.1 项目背景及要求 245
12.2.2 项目创意及制作 245
12.3 购物网页——生活家居网页 246
12.3.1 项目背景及要求 246
12.3.2 项目创意及制作 246
12.4 电子商务——网络营销网页 247
12.4.1 项目背景及要求 247
12.4.2 项目创意及制作 247
12.5 课堂练习 1——设计爱漂亮网页 248
12.5.1 项目背景及要求 248
12.5.2 项目创意及制作 248
12.6 课堂练习 2——设计休闲生活网页 248
12.6.1 项目背景及要求 248
12.6.2 项目创意及制作 249
12.7 课后习题 1——设计短租房网页 249
12.7.1 项目背景及要求 249
12.7.2 项目创意及制作 250
12.8 课后习题 2——设计家政无忧网页 250
12.8.1 项目背景及要求 250
12.8.2 项目创意及制作 250

扩展知识扫码阅读
设计基础
认识形体
透视原理
认识设计
认识构成
形式美法则
点线面
基本型与骨骼
认识色彩
认识图案
图形创意
版式设计
字体设计
设计应用
创意绘画
图标设计
装饰设计
VI设计
UI设计
UI动效设计
标志设计
包装设计
广告设计
文创设计
网页设计
H5页面设计
电商设计
MG动画设计
网店美工设计
新媒体美工设计

01 第 1 章 初识 Dreamweaver 2020

Dreamweaver 是一款主流的“所见即所得”的网页编辑制作软件。网页是网站基本的组成部分，利用 Dreamweaver 可以制作出我们想要的网站。本章主要讲述 Dreamweaver 2020 的基础知识，包括 Dreamweaver 2020 的工作界面、创建站点、管理站点文件和文件夹、管理站点和网页文件头设置。

学习要点 

- ✔ Dreamweaver 2020 的工作界面
- ✔ 使用站点管理器、创建站点文件夹、创建新站点、创建和保存网页
- ✔ 重命名、移动、删除文件和文件夹
- ✔ 打开、编辑、复制、删除、导出和导入站点
- ✔ 设置网页文件头的搜索关键字、作者、版权信息、刷新时间、说明信息等

素养目标 

1. 培养网页设计软件的基本操作能力
2. 培养合理制订学习计划的能力
3. 培养自主学习能力

1.1 Dreamweaver 2020 的工作界面

Dreamweaver 2020 的工作界面将多个文档集中到一个窗口中，不仅减少对系统资源的占用，还可以使用户更方便地操作文档。Dreamweaver 2020 的工作界面简洁易用，可大大提高网页的设计及制作效率。

1.1.1 友好的开始界面

启动 Dreamweaver 2020，首先看到的是开始界面，用户可在此界面中选择新建文件的类型或打开已有的文档等，如图 1-1 所示。

图 1-1

如果不太习惯开始界面，可选择“编辑 > 首选项”命令，或按 Ctrl+U 组合键，弹出“首选项”对话框，取消选中“显示开始屏幕”复选框，如图 1-2 所示。单击“应用”按钮，然后单击“关闭”按钮。这样打开 Dreamweaver 2020 时将不再显示开始界面。

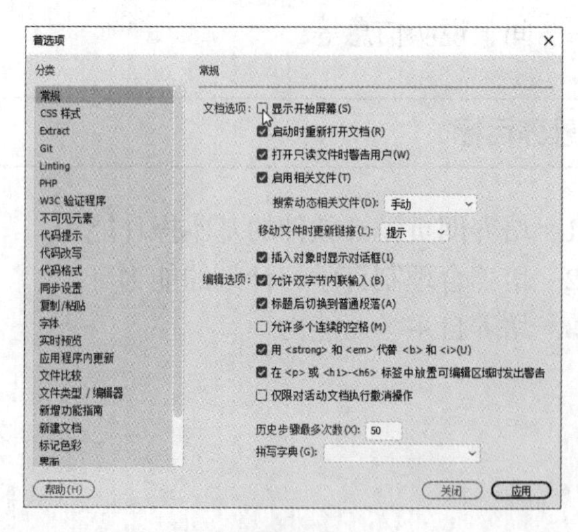

图 1-2

1.1.2 不同风格的工作界面

Dreamweaver 2020 的工作界面相比老版本的有一些改变。若用户想修改工作界面的风格，切换到自己熟悉的开发环境，可选择“窗口 > 工作区布局”命令，弹出其子菜单，如图 1-3 所示，在子菜单中选择“开发人员”或“标准”命令，即选择其中一种风格，工作界面会发生相应的改变。

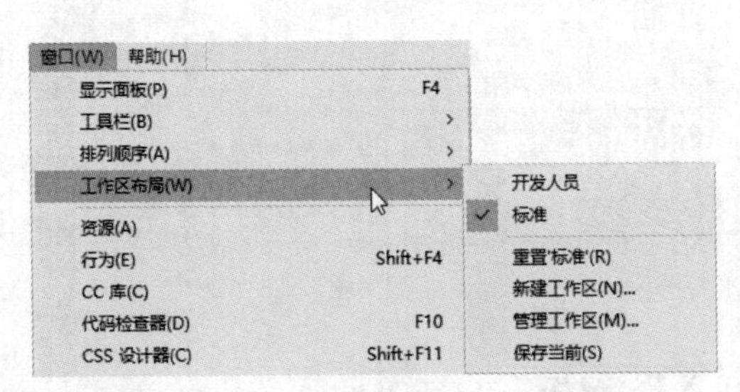

图 1-3

1.1.3 伸缩自如的面板

在浮动面板的右上方单击按钮 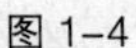，如图 1-4 所示，可以隐藏或展开面板。

如果用户觉得工作区不够大，可以将鼠标指针放在文档编辑窗口右侧与面板的交界处，当鼠标指针呈双向箭头时按住鼠标左键并拖曳，调整工作区的大小，如图 1-5 所示。若用户需要更大的工作区，可以将面板隐藏。

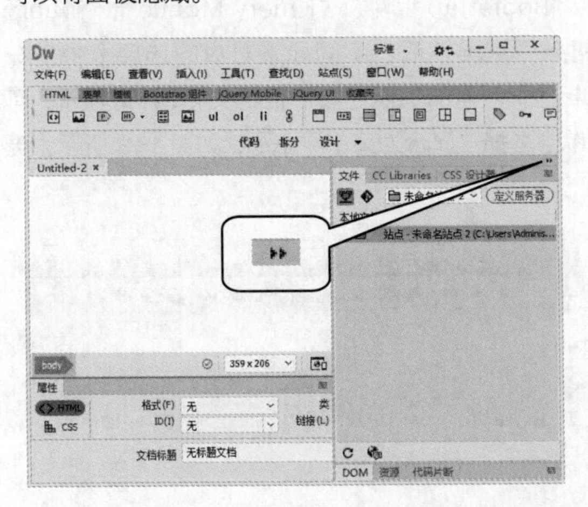

图 1-4

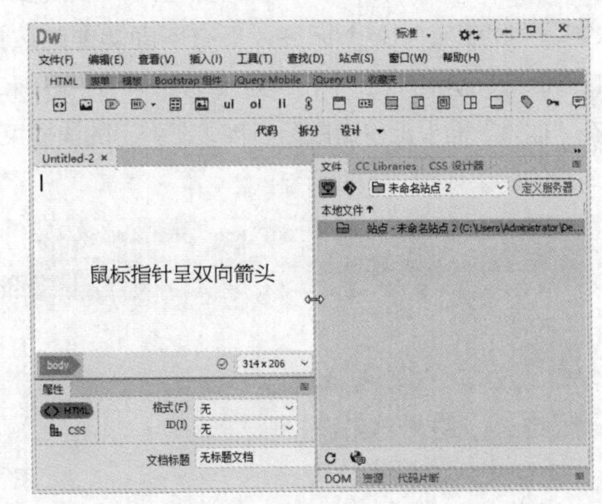

图 1-5

1.1.4 多文档编辑界面

Dreamweaver 2020 提供了多文档的编辑界面，将多个文档整合在一起，方便用户在各个文档之间切换，如图 1-6 所示。单击文档编辑窗口上方的标签，即可快速切换到相应的文档，方便同时编辑多个文档。

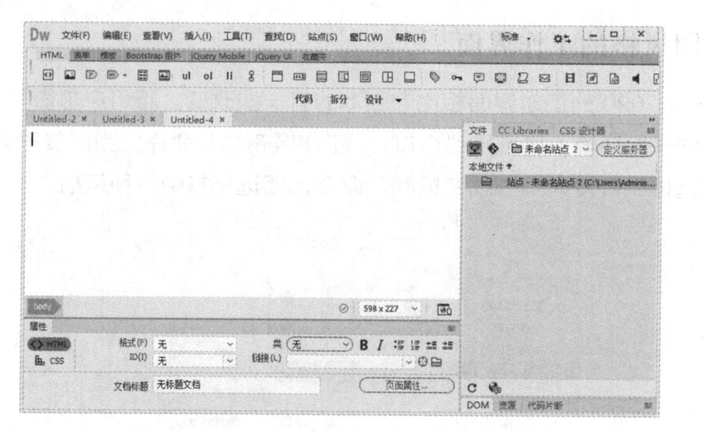

图 1-6

1.1.5 新颖的“插入”面板

Dreamweaver 2020 的“插入”面板可以与其他面板组合。为了方便操作，一般会将它放置在菜单栏的下方，如图 1-7 所示。

图 1-7

“插入”面板包括“HTML”“表单”“模板”“Bootstrap 组件”“jQuery Mobile”“jQuery UI”“收藏夹”7 个标签，具有不同功能的按钮分门别类地放在不同标签对应的选项卡中。在 Dreamweaver 2020 中，“插入”面板可用菜单和标签 2 种样式显示。如果需要以菜单样式显示，可在“插入”面板上单击鼠标右键，在弹出的快捷菜单中选择“显示为菜单”命令，如图 1-8 所示，更改后的效果如图 1-9 所示。

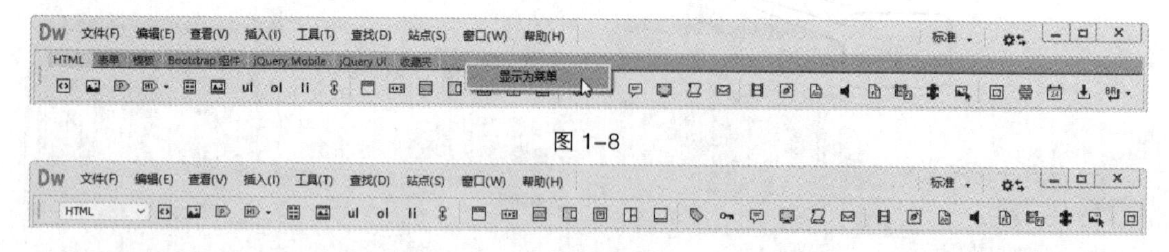

图 1-8

图 1-9

如果需要以标签样式显示，可单击“HTML”右侧的下拉按钮，在下拉列表中选择“显示为制表符”选项，如图 1-10 所示，更改后的效果如图 1-7 所示。

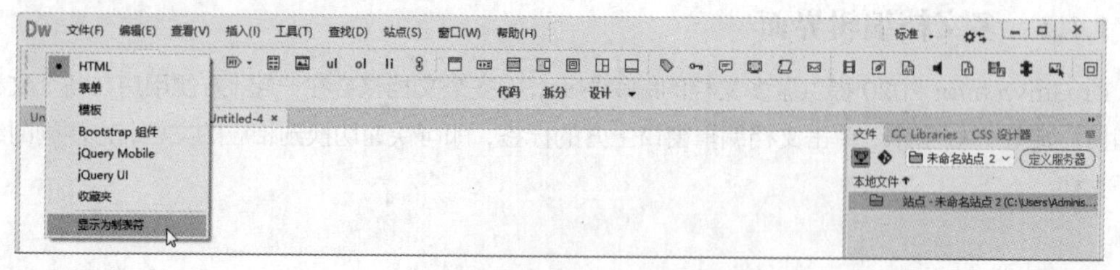

图 1-10

“插入”面板将一些功能相似的按钮组合在一起，当某个按钮右侧有黑色箭头▾时，表示其为展开式按钮，如图 1-11 所示。

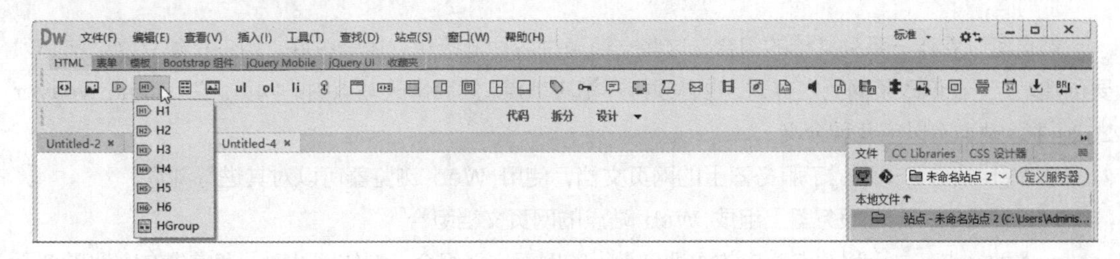

图 1-11

1.1.6 更完整的 CSS 功能

传统的 HTML 所提供的样式及排版功能非常有限，因此，复杂的网页版面主要依靠 CSS 样式实现。而 CSS 的功能较多，语法比较复杂，需要有一个很好的工具来有条不紊地整理复杂的 CSS 源代码，并适时地提供辅助说明。Dreamweaver 2020 就提供了这样的功能。

Dreamweaver 2020 中的“属性”面板提供了 CSS 功能。用户可以通过“属性”面板对所选的对象应用、创建和编辑样式，如图 1-12 所示。若某些文字应用了自定义样式，当用户调整这些文字的属性时，会自动生成新的 CSS 样式。

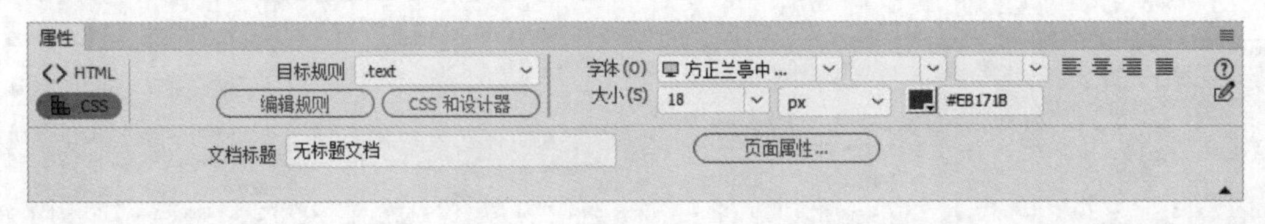

图 1-12

通过“页面属性”按钮，也可以使用 CSS 功能。单击“页面属性”按钮，弹出“页面属性”对话框，如图 1-13 所示。用户可以选择“分类”列表中的“链接（CSS）”选项，在“下划线样式”下拉列表中选择超链接的样式，这个设置会自动转化成 CSS 样式，如图 1-14 所示。

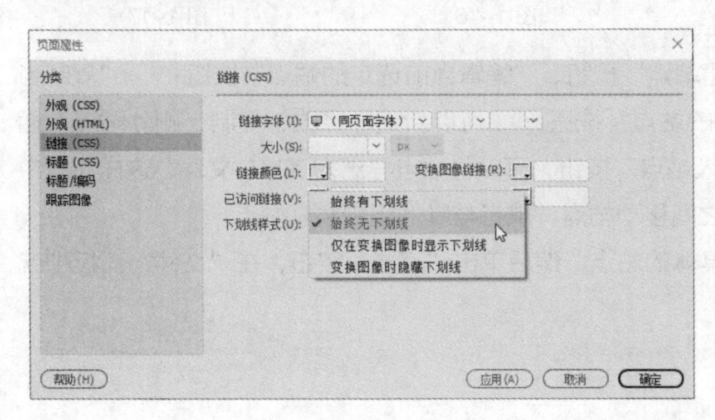

图 1-13

```
12 ▼ a:link {
13       text-decoration: none;
14   }
15 ▼ a:visited {
16       text-decoration: none;
17   }
18 ▼ a:hover {
19       text-decoration: none;
20   }
21 ▼ a:active {
22       text-decoration: none;
23   }
```

图 1-14

1.2 创建站点

站点可以看作一系列文档的组合，这些文档通过各种链接建立逻辑关联。用户在建立网站前必须要创建站点，在修改某网页内容时，也必须打开相应站点，然后修改站点内的网页。在 Dreamweaver 2020 中，站点有以下几种含义。

- Web 站点：一组位于服务器上的网页文档，使用 Web 浏览器可以对其进行浏览。
- 远程站点：远程服务器上组成 Web 站点的网页文档组合。
- 本地站点：与远程站点对应的本地磁盘上的网页文档组合。制作网站时，通常先在本地磁盘上编辑网页文档，然后将它们上传到远程服务器上。

1.2.1 站点管理器

站点管理器的主要功能包括新建站点、编辑站点、复制站点、删除站点，以及导入和导出站点。若要管理站点，必须打开“管理站点”对话框（见图 1–15）。

打开“管理站点”对话框有以下几种方法。

① 选择“站点 > 管理站点”命令。

② 选择“窗口 > 文件”命令，弹出“文件”面板，单击“管理站点”超链接，如图 1–16 所示。

③ 在“文件”面板中展开“桌面”下拉列表，在其中选择“管理站点”选项，如图 1–17 所示。

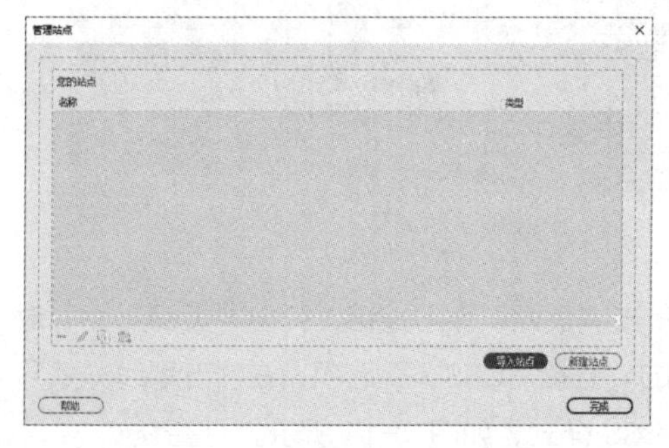

图 1–15

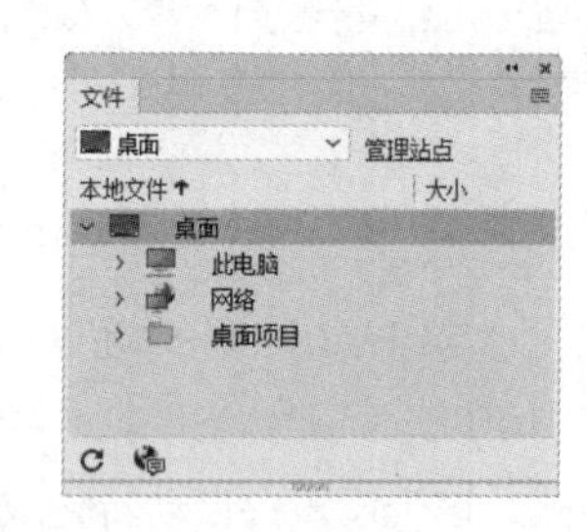

图 1–16

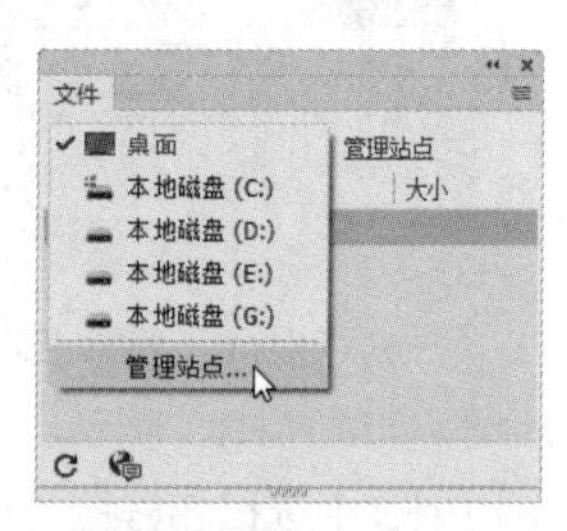

图 1–17

在“管理站点”对话框中，通过“新建站点”按钮、“编辑当前选定的站点”按钮、“复制当前选定的站点”按钮和“删除当前选定的站点”按钮，可以新建、修改、复制、删除站点。通过“导出当前选定的站点”按钮和“导入站点”按钮，可以将站点导出为 XML 文件。这样，用户就可以在不同的计算机和不同版本的软件之间移动站点，或者与其他用户共享站点。

在“管理站点”对话框中，选择一个具体的站点，然后单击“完成”按钮，在“文件”面板中就会出现站点管理器的缩略图。

1.2.2 创建站点文件夹

创建站点前，要先在本地计算机上创建站点文件夹。

新建文件夹的具体操作步骤如下。

（1）在本地计算机中选择要存储站点的磁盘。

（2）通过以下几种方法中的一种方法新建文件夹。

① 在“主页”选项卡中单击“新建文件夹”按钮，如图 1–18 所示，即可创建一个文件夹，如图 1–19 所示。

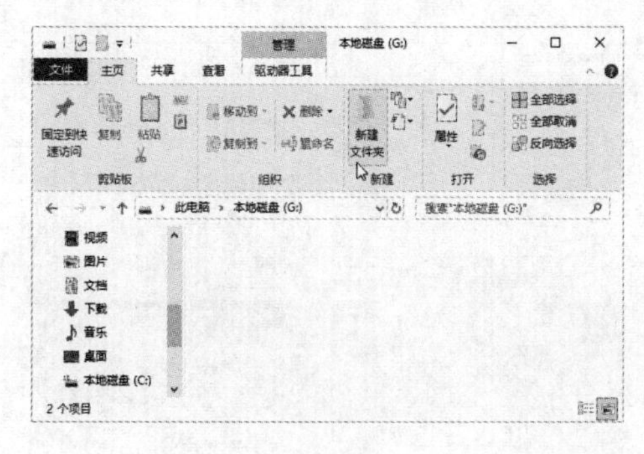

图 1–18

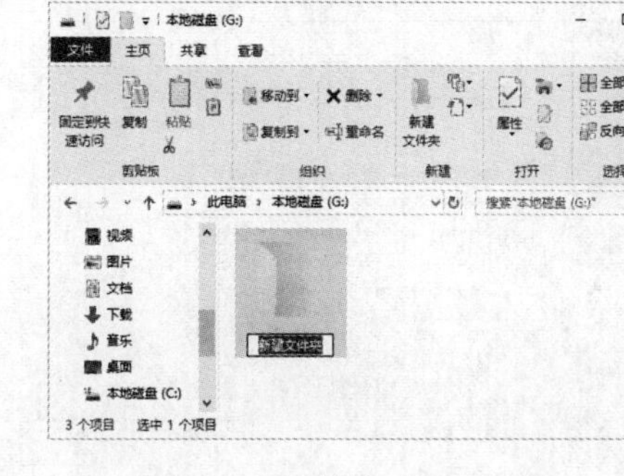

图 1–19

② 在磁盘的空白区域单击鼠标右键，在弹出的快捷菜单中选择“新建 > 文件夹”命令，即可创建一个文件夹。

③ 按 Ctrl+Shift+T 组合键，即可创建一个文件夹。

（3）输入新文件夹的名称。

一般情况下，若站点不复杂，可直接将网页存放在站点的根目录下，并在站点根目录中，按照资源的种类建立不同的文件夹，以存放不同的资源。例如，“image”文件夹用于存放站点中的图像文件，“media”文件夹用于存放站点中的多媒体文件，等等。若站点复杂，则需要根据不同功能，在站点根目录中创建相应的文件夹，用于存放不同功能的网页，这样方便网站设计者修改网站。

1.2.3 创建新站点

创建好站点文件夹后，用户就可以创建新站点了。在 Dreamweaver 2020 中，站点通常包含两部分，即本地站点和远程站点。在 Dreamweaver 2020 中创建 Web 站点，通常应先在本地磁盘上创建本地站点，然后创建远程站点，将网页的副本上传到远程 Web 服务器上，使公众可以访问它们。本小节只介绍如何创建本地站点。

1. 创建本地站点的步骤

选择“站点 > 管理站点”命令，弹出“管理站点”对话框，如图 1–15 所示。

在“管理站点”对话框中单击“新建站点”按钮，弹出“站点设置对象 未命名站点 2”对话框。在该对话框中，可通过“站点”选项卡设置站点名称，如图 1–20 所示；展开“高级设置”下拉列表，在其中根据需要设置站点，如图 1–21 所示。

2. “本地信息”选项卡中主要项的作用

- “默认图像文件夹”文本框：在该文本框中输入站点的默认图像文件夹的路径，或者单击“浏览文件夹”按钮，在弹出的对话框中查找相应文件夹。将某非站点图像添加到网页中时，该图像会自动添加到当前站点的默认图像文件夹中。
- “链接相对于”选项组：选中“文档”单选按钮，表示使用文档相对路径来链接；选中“站点根目录”单选按钮，表示使用站点根目录相对路径来链接。
- “Web URL”文本框：在该文本框中，输入正在创建的站点将使用的 URL。

- “区分大小写的链接检查”复选框：选中此复选框，则对区分大小写的链接进行检查。
- “启用缓存”复选框：指定是否创建本地缓存以提高链接和站点管理任务的速度。若选中此复选框，则创建本地缓存。

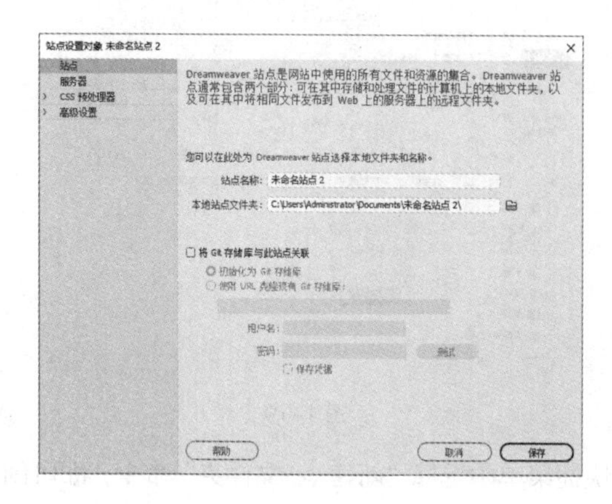

图 1-20

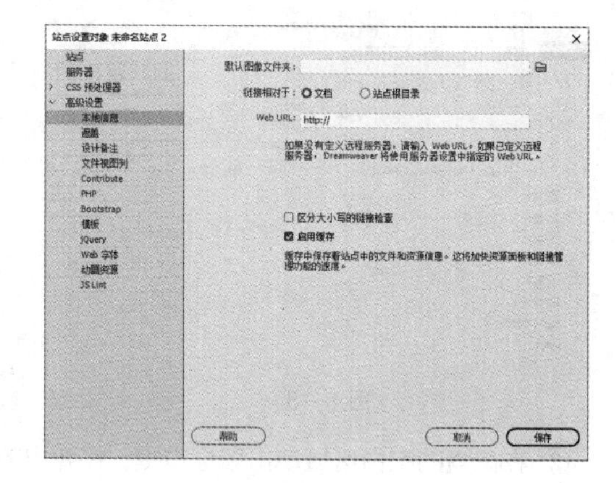

图 1-21

1.2.4 创建和保存网页

创建站点后，用户需要创建网页来组织网站要展示的内容。为网页进行合理的命名非常重要，一般网页的名称应容易理解，能反映网页的内容。

在网站中有一个特殊的网页——首页，每个网站必须有一个首页。访问者在 Web 浏览器的地址栏中输入网站地址，直接打开的就是网站的首页。如在浏览器的地址栏中输入“www.ptpress.com.cn”并按 Enter 键，会直接打开人民邮电出版社官网的首页。一般情况下，首页的文件名为“index.htm”“index.html”“index.asp”“default.asp”“default.htm”或“default.html”。

在标准的 Dreamweaver 2020 环境下，创建和保存网页的具体操作步骤如下。

（1）选择“文件 > 新建”命令，或按 Ctrl+N 组合键，弹出“新建文档”对话框，打开“新建文档”选项卡，在“文档类型”列表中选择“</>HTML”选项，在“框架”设置框中打开“无”选项卡，其中的设置如图 1-22 所示。

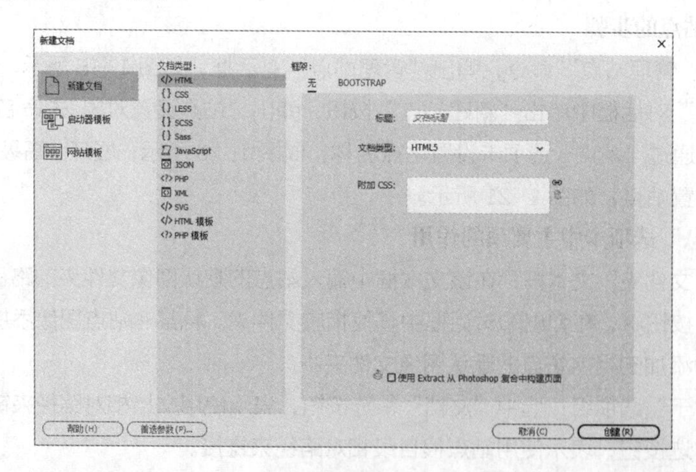

图 1-22

（2）设置完成后，单击“创建”按钮，弹出文档编辑窗口，新文档在该窗口中打开。根据需要，可在文档编辑窗口中选择不同的视图来设计网页，如图 1-23 所示。

文档编辑窗口中有 3 种视图方式，这 3 种视图方式的作用如下。

- “代码”视图：适用于有编程经验的网页设计用户，可在“代码”视图中查看、修改和编写网页代码，以实现特殊的网页效果。“代码”视图的效果如图 1-24 所示。

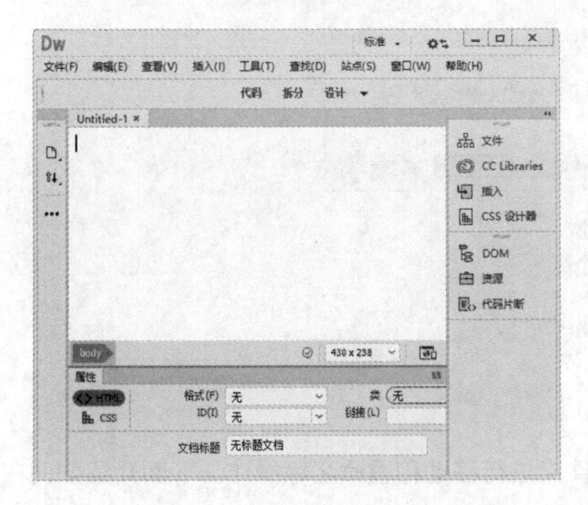

图 1-23

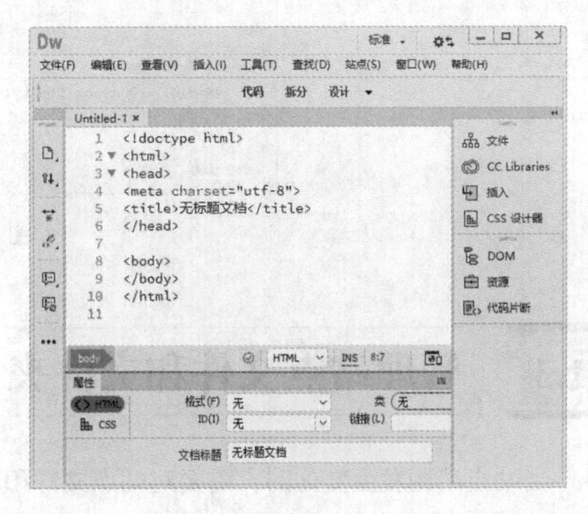

图 1-24

- “设计”视图：以“所见即所得”的方式显示所有网页元素。“设计”视图的效果如图 1-25 所示。
- “拆分”视图：将文档编辑窗口分为上、下两部分，上半部分是设计部分，用于显示网页元素及其在页面中的布局；下半部分是代码部分，用于显示代码。在此视图中，网页设计用户可通过在设计部分单击网页元素的方式，快速定位到要修改的网页元素代码，进行代码的修改，或在“属性”面板中修改网页元素的属性。选择“查看 > 拆分”命令，可在弹出的子菜单中选择拆分的类型。“拆分”视图的效果如图 1-26 所示。

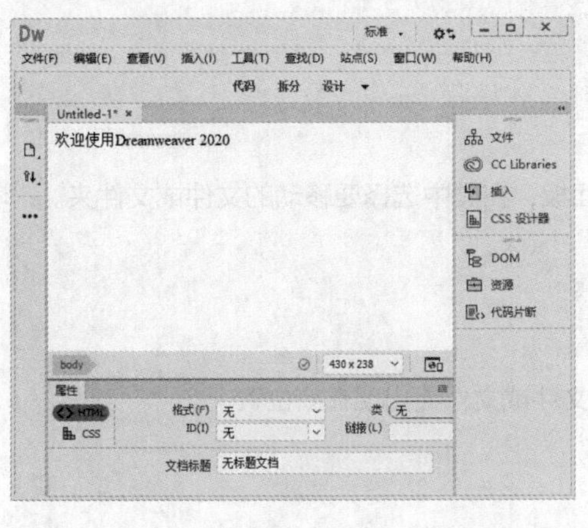

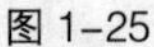
图 1-25

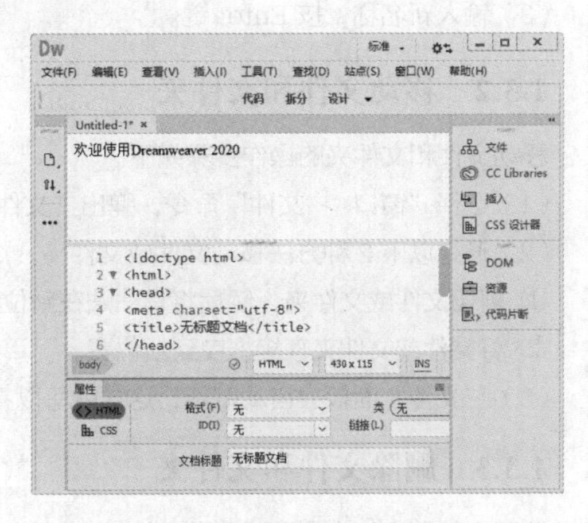

图 1-26

（3）网页设计完成后，选择“文件 > 保存”命令，弹出“另存为”对话框。在“文件名”文本框中输入网页的名称，如图 1-27 所示，单击“保存”按钮，将文档保存在站点文件夹中。

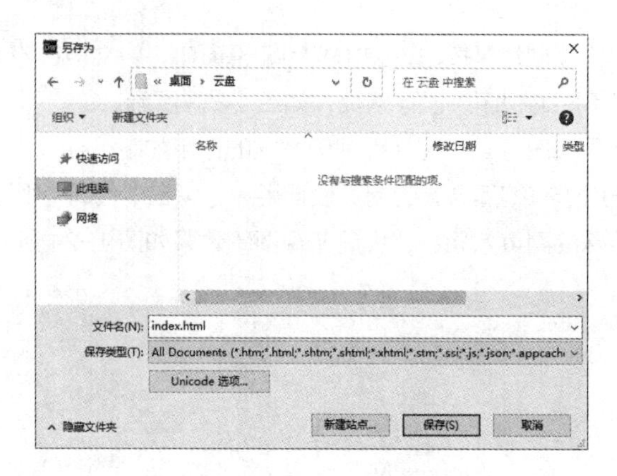

图 1-27

1.3 管理站点文件和文件夹

当站点结构发生变化时，需要对站点文件和文件夹进行移动和重命名等操作。下面介绍如何在“文件”面板中对站点文件和文件夹进行管理。

1.3.1 重命名文件和文件夹

修改文件名和文件夹名的具体步骤如下。

（1）选择“窗口 > 文件”命令，弹出“文件”面板，在其中选择要重命名的文件或文件夹。

（2）可以通过以下 2 种方法激活文件或文件夹的名称。

① 单击文件名或文件夹名，稍停片刻，再次单击文件名或文件夹名。

② 在文件或文件夹图标上单击鼠标右键，在弹出的快捷菜单中选择“编辑 > 重命名”命令。

（3）输入新名称，按 Enter 键。

1.3.2 移动文件和文件夹

移动文件和文件夹的操作步骤如下。

（1）选择“窗口 > 文件”命令，弹出“文件”面板，在其中选择要移动的文件或文件夹。

（2）通过以下 2 种方法移动文件或文件夹。

① 剪切文件或文件夹，然后将其粘贴在新位置。

② 将文件或文件夹直接拖曳到新位置。

（3）“文件”面板会自动刷新，这样就可以看到文件或文件夹出现在新位置上。

1.3.3 删除文件和文件夹

删除文件和文件夹有以下 2 种方法。

（1）选择“窗口 > 文件”命令，弹出“文件”面板，在其中选择要删除的文件或文件夹，按 Delete 键。

（2）在要删除的文件或文件夹上单击鼠标右键，从弹出的快捷菜单中选择“编辑 > 删除”命令。

1.4 管理站点

在创建站点后，可以对站点进行打开、编辑、复制、删除、导入、导出等操作。

1.4.1 打开站点

当要修改某个网站的内容时，先要打开站点。打开站点的具体操作步骤如下。

（1）启动 Dreamweaver 2020。

（2）选择“窗口 > 文件”命令，弹出“文件”面板，展开“桌面”下拉列表，在其中选择要打开的站点名，如图 1–28 所示，站点打开如图 1–29 所示。

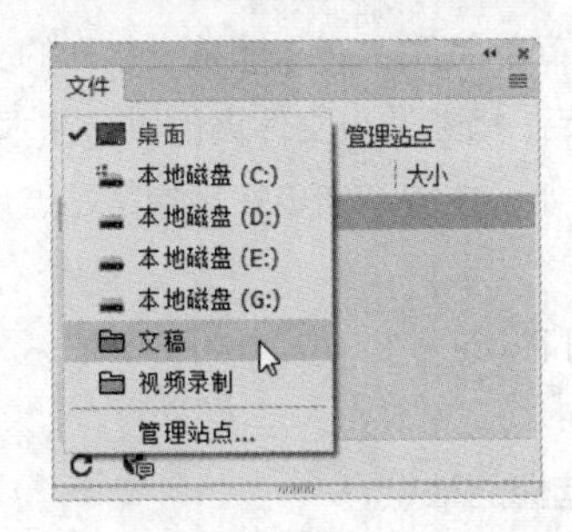

图 1–28

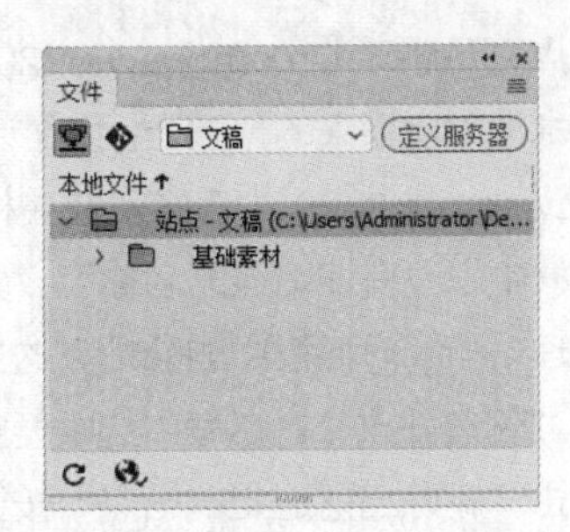

图 1–29

1.4.2 编辑站点

有时用户需要修改站点的一些设置，此时就要利用 Dreamweaver 2020 的编辑站点功能。例如，修改站点的默认图像文件夹的路径，具体的操作步骤如下。

（1）选择“站点 > 管理站点”命令，弹出“管理站点”对话框。

（2）在该对话框中，选择要编辑的站点名，单击“编辑当前选定的站点”按钮，在弹出的对话框中，打开“本地信息”选项卡，根据需要进行修改，如图 1–30 所示。完成设置后单击“保存”按钮，回到“管理站点”对话框。

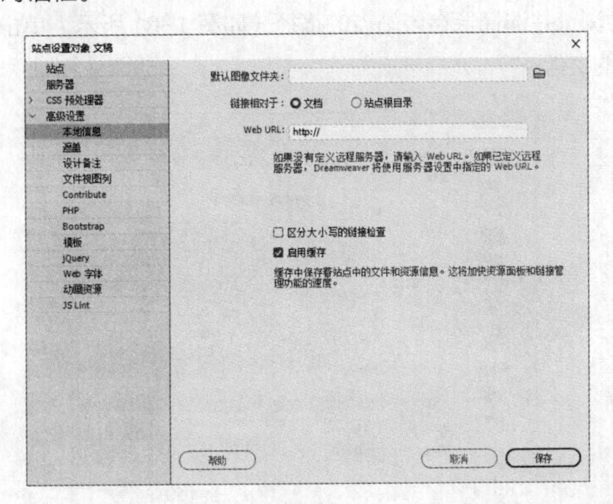

图 1–30

（3）如果不需要修改其他站点，可单击“完成”按钮，关闭“管理站点”对话框。

1.4.3 复制站点

复制站点可省去重复创建多个结构相同的站点的操作步骤，可以提高用户的工作效率。在“管理站点”对话框中可以复制站点，具体操作步骤如下。

（1）在“管理站点”对话框中，选中要复制的站点，单击“复制当前选定的站点”按钮进行复制。

（2）双击新复制的站点，弹出“站点设置对象 基础素材 复制”对话框，在“站点名称”文本框中可以更改新站点的名称。

1.4.4 删除站点

删除站点只是删除 Dreamweaver 2020 同本地站点间的关联，而本地站点包含的文件和文件夹仍然保存在本地磁盘原来的位置上。换句话说，删除站点后，虽然站点文件夹仍保存在本地计算机中，但在 Dreamweaver 2020 中已经不存在相应站点了。例如，在按下列步骤删除某站点后，在“管理站点”对话框中已没有该站点的名称了。

在“管理站点”对话框中删除站点的具体操作步骤如下。

（1）在“管理站点”对话框中选中要删除的站点。

（2）单击“删除当前选定的站点”按钮即可删除选择的站点。

1.4.5 导出和导入站点

如果想要在计算机之间移动站点，或者与其他用户共同设计站点，可通过 Dreamweaver 2020 的导出和导入站点功能实现。导出站点功能用于将站点导出为扩展名为“.ste”的文件，然后可在其他计算机上用导入站点功能将其导入 Dreamweaver 2020 中。

1. 导出站点

导出站点的具体操作步骤如下。

（1）选择“站点 > 管理站点”命令，弹出“管理站点”对话框。在该对话框中，选择要导出的站点，单击“导出当前选定的站点”按钮，弹出“导出站点”对话框。

（2）在该对话框中浏览并选择保存该站点的路径，如图 1-31 所示，单击“保存”按钮，保存站点为扩展名是“.ste”的文件。

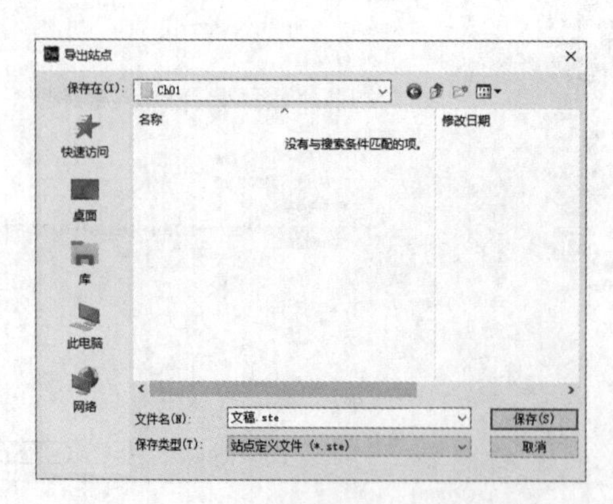

图 1-31

（3）单击“完成”按钮，关闭“管理站点”对话框，完成导出站点的操作。

2. 导入站点

导入站点的具体操作步骤如下。

（1）选择“站点 > 管理站点”命令，弹出“管理站点”对话框。

（2）在该对话框中，单击“导入站点”按钮，弹出“导入站点”对话框。在该对话框中浏览并选择要导入的站点，如图 1-32 所示，单击“打开”按钮，导入站点，如图 1-33 所示。

图 1-32

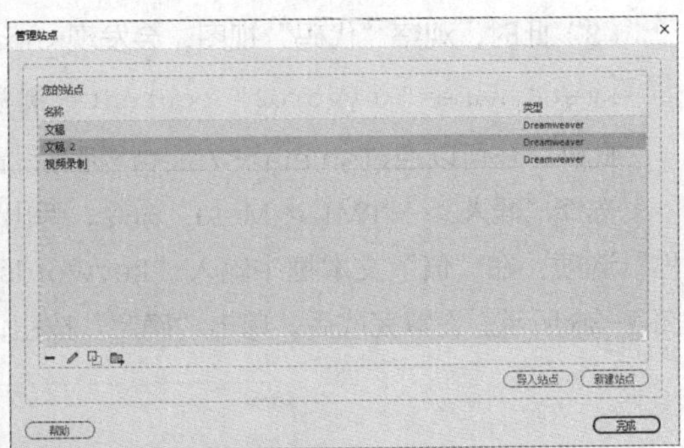

图 1-33

（3）单击“完成”按钮，关闭“管理站点”对话框，完成导入站点的操作。

1.5 网页文件头设置

文件头标签在网页中是看不到的，它包含在网页中的<head></head>标签内，所有包含在该标签内的内容在网页中都是不可见的。文件头标签主要包括 meta、关键字、说明、刷新、基础和链接等。

1.5.1 设置搜索关键字

在 Web 上通过搜索引擎查找资料时，搜索引擎自动读取 Web 上网页中<meta></meta>标签的内容，所以在网页中设置搜索关键字非常重要，它可以间接地宣传网站，提高网站访问量。但搜索关键字并不是字数越多越好，因为有些搜索引擎限制搜索关键字的字符数目，当超过了限制的数目时，它将忽略所有的搜索关键字，所以最好只使用几个精选的搜索关键字。一般情况下，搜索关键字是对网页的主题、内容、风格或作者等的概括。

设置网页搜索关键字的具体操作步骤如下。

（1）打开文档编辑窗口中的“代码”视图，将鼠标指针放在<head></head>标签中，选择“插入 > HTML > Keywords”命令，弹出“Keywords”对话框，如图 1-34 所示。

（2）在“关键字”文本框中输入相应的中文或英文搜索关键字，但注意搜索关键字要用半角的逗号分隔。例如，设定搜索关键字为“浏览”，则“关键字”文本框的设置如图 1-35 所示。单击“确定”按钮，完成设置。

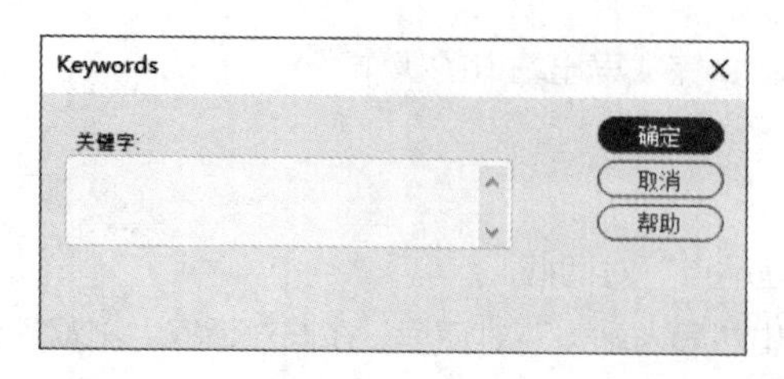

图 1-34

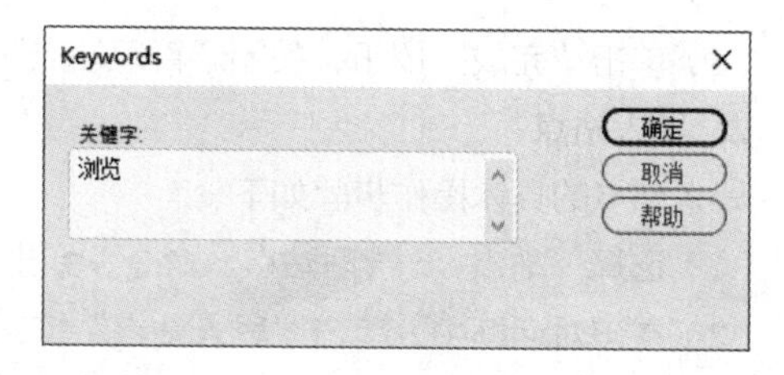

图 1-35

（3）此时，观察“代码”视图，会发现<head></head>标签内多了下述代码：

```
<meta name="keywords" content="浏览">
```

此外，还可以通过<meta></meta>标签设置搜索关键字，具体操作步骤如下。

选择“插入 > HTML > Meta”命令，弹出“META”对话框。在“属性”下拉列表中选择“名称”选项，在“值”文本框中输入“keywords”，在“内容”文本框中输入搜索关键字信息，如图 1-36 所示。设置完成后，单击“确定”按钮，即可在“代码”视图中查看相应的 HTML 标签。

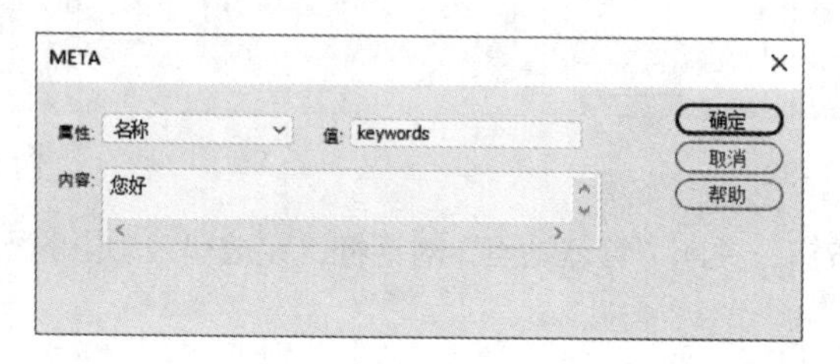

图 1-36

1.5.2 设置作者和版权信息

要设置网页的作者和版权信息，可选择“插入 > Head > Meta”命令，弹出“META”对话框。在“值”文本框中输入“/x.Copyright”，在“内容”文本框中输入作者姓名和版权信息，如图 1-37 所示。单击“确定”按钮完成设置。

图 1-37

此时，在“代码”视图中的<head></head>标签内可以查看相应的 HTML 标签，具体如下：

```
<meta name="/x.Copyright" content="作者: 薛*鹏 版权: 版权所有">
```

1.5.3 设置刷新时间

要指定载入页面或者转到其他页面的时间，可设置文件头的刷新时间，具体操作步骤如下。

选择“插入 > HTML > Meta”命令，弹出“META”对话框。在“属性”下拉列表中选择“HTTP-equivalent”选项，在“值”文本框中输入“refresh”，在“内容”文本框中输入需要的时间值，如图 1-38 所示。单击“确定”按钮完成设置。

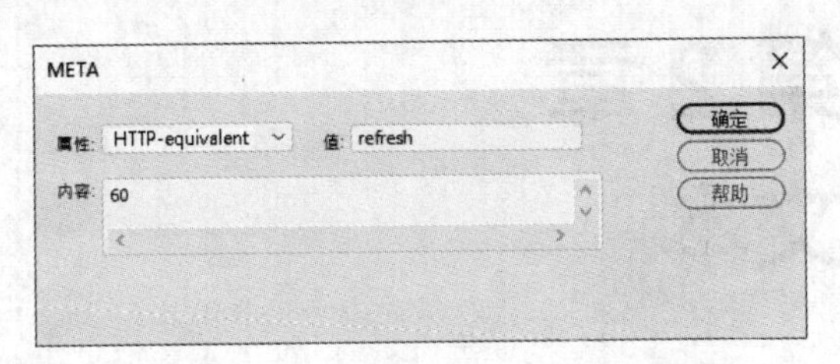

图 1-38

此时，在“代码”视图中的<head></head>标签内可以查看相应的 HTML 标签，具体如下：

```
<meta http-equiv="refresh" content="60">
```

1.5.4 设置说明信息

搜索引擎也可通过读取<meta></meta>标签的说明信息来查找相关信息，但说明信息主要是对网页内容的详细说明，而搜索关键字可以让搜索引擎尽快搜索到网页。设置网页说明信息的具体操作步骤如下。

（1）选中文档编辑窗口中的“代码”视图，将鼠标指针放在<head></head>标签中，选择“插入 > HTML > 说明”命令，弹出“说明”对话框。

（2）在“说明”对话框中设置说明信息。

例如，在网页中添加“利用 ASP 脚本，按用户需求进行查询”的说明信息，“说明”对话框中的设置如图 1-39 所示。

此时，在“代码”视图中的<head></head>标签内可以查看相应的 HTML 标签，具体如下：

```
<meta name="description" content="利用 ASP 脚本，按用户需求进行查询">
```

此外，还可以通过<meta></meta>标签添加说明信息，具体设置如图 1-40 所示。

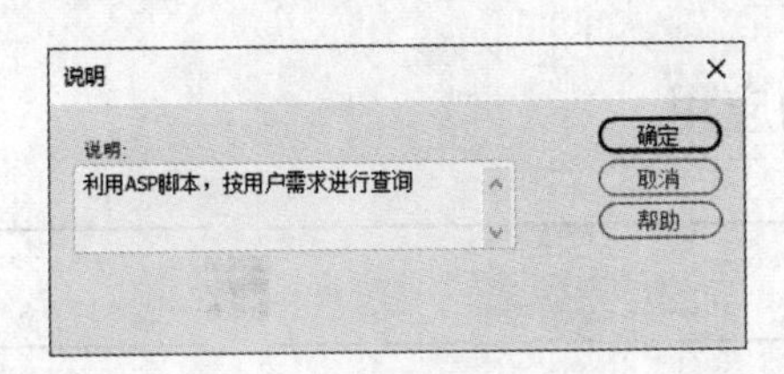

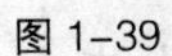

图 1-39

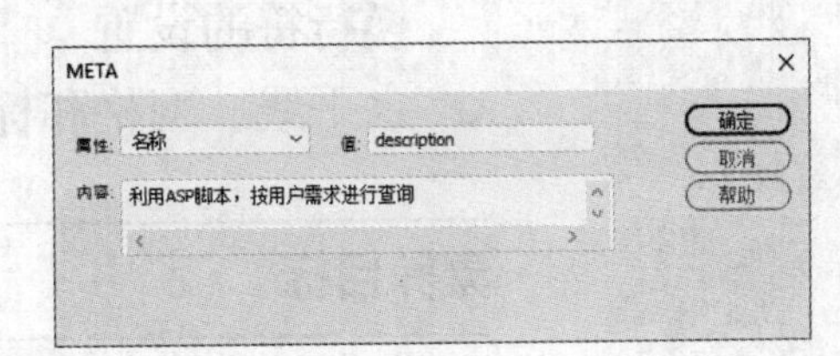

图 1-40

02 第2章 文本

在当今的"网络时代"，不管网页内容多么丰富，文本自始至终都是网页中最基本的元素之一。由于文本的信息量大，输入、编辑起来方便，并且生成的文件小，容易被浏览器下载，不会产生太多的等待时间，因此掌握好文本的使用方法，对于制作网页来说是基本的要求。

学习要点

- 文本、连续空格的输入
- 页边距、网页的标题、网页的默认格式的设置
- 文本的字号、颜色、字体、对齐方式和段落格式的设置
- 无序列表、编号列表、文本缩进格式、日期、特殊字符和换行符的设置
- 水平线、网格和标尺的应用

素养目标

1. 培养逻辑清晰、条理分明的文字表达能力
2. 培养学习工作中，遵守规章制度的责任意识
3. 培养借助互联网获取有效信息的能力

2.1 输入文本并编辑

文本是网页中最基本的内容，它不仅能准确地表达网页设计者的思想，还有信息量大、操作方便、生成的文件小等特点。因此，对于网站设计者而言，掌握网页中文本的使用方法非常重要。但是与图像及其他内容元素相比，文本很难激发浏览者的阅读兴趣，所以在制作网页时，除了文本的内容，排版也非常重要。在文档中灵活运用不同的字体、多种段落格式以及赏心悦目的文本效果，对于专业的网页设计者而言，是必不可少的一项技能。

2.1.1 课堂案例——青山别墅网页

案例学习目标

设置网页外观、网页标题效果等；设置允许输入多个连续空格。

案例知识要点

使用“页面属性”命令设置网页外观、网页标题效果；使用“首选项”命令设置允许输入多个连续空格。

效果所在位置

云盘中的“Ch02 > 效果 > 青山别墅网页 > index.html”，效果如图 2-1 所示。

1. 设置页面属性

（1）选择“文件 > 打开”命令，在弹出的“打开”对话框中，选择云盘中的“Ch02 > 素材 > 青山别墅网页 > index.html”，单击“打开”按钮打开文件，如图 2-2 所示。

图 2-1

图 2-2

（2）选择“文件 > 页面属性”命令，弹出“页面属性”对话框，如图 2-3 所示。在该对话框左侧的“分类”列表中选择“外观（CSS）”选项，在该对话框的右侧将“大小”设为 12px，“文本颜色”设为白色（#FFFFFF），“左边距”“右边距”“上边距”“下边距”均设为 0px，如图 2-4 所示。

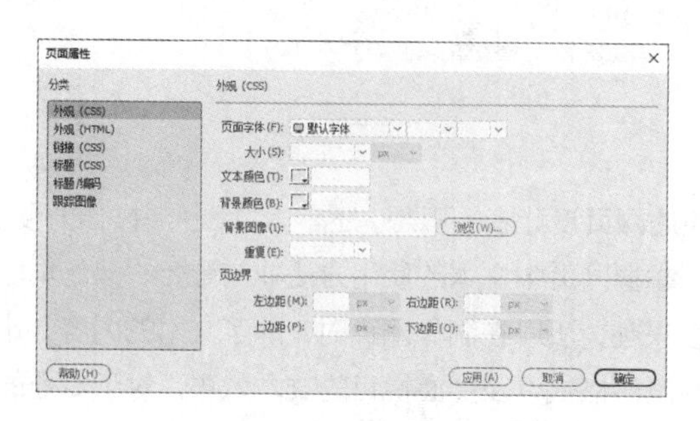

图 2-3

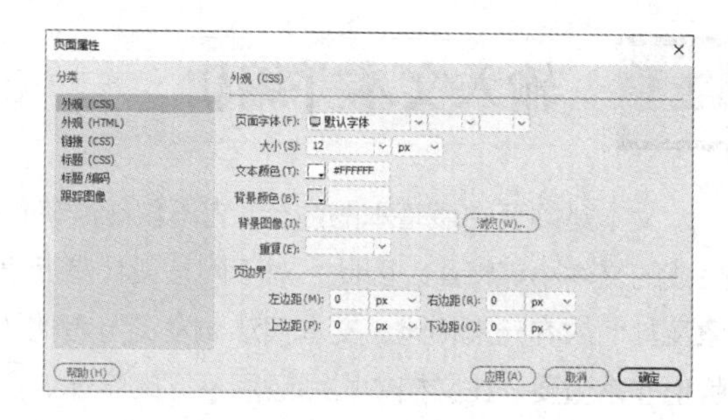

图 2-4

（3）在左侧的“分类”列表中选择“标题/编码”选项，在右侧的“标题”文本框中输入“青山别墅网页”，如图 2-5 所示。单击“确定”按钮，完成页面属性的修改，效果如图 2-6 所示。

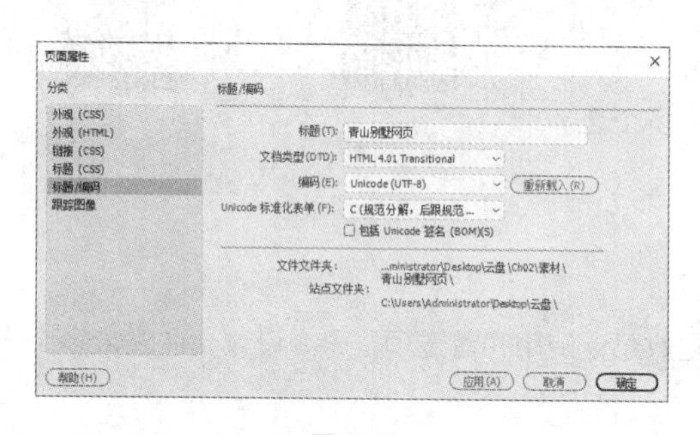

图 2-5

图 2-6

2. 输入空格和文字

（1）选择“编辑 > 首选项”命令，打开“首选项”对话框，在左侧的“分类”列表中选择“常规”选项，在右侧的“编辑选项”选项组中选中“允许多个连续的空格”复选框，如图 2-7 所示。单击“应用”按钮，单击“关闭”按钮。

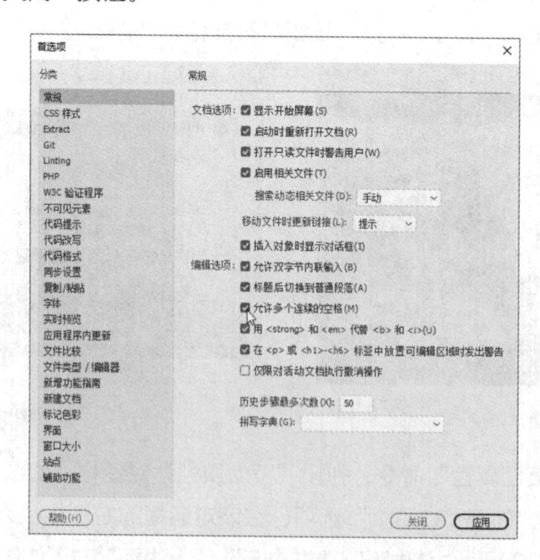

图 2-7

（2）将光标置入图 2-8 所示的单元格中，在光标所在的位置输入文字“首页”，如图 2-9 所示。

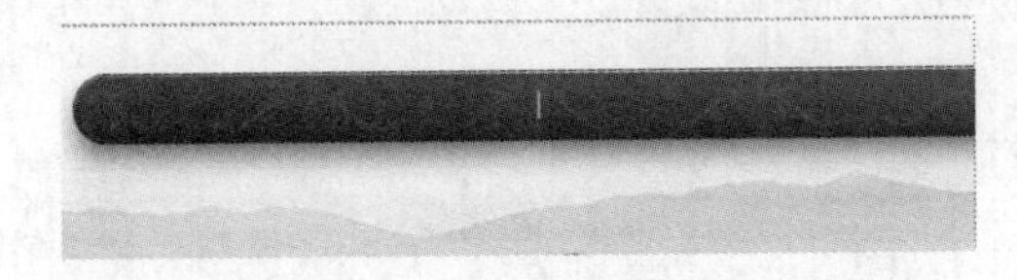

图 2-8

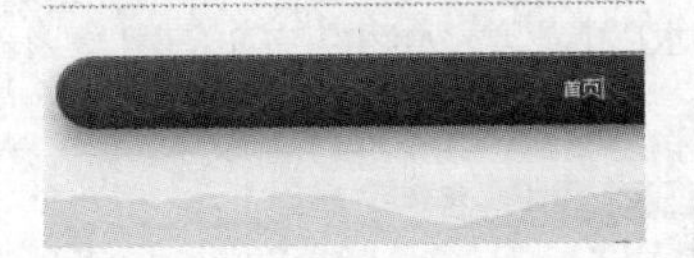

图 2-9

（3）按 2 次空格键，输入连续的空格，如图 2-10 所示。然后在光标所在的位置输入文字“关于我们”，如图 2-11 所示。用相同的方法输入其他文字，如图 2-12 所示。

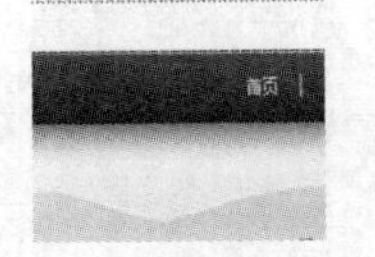

图 2-10

图 2-11

图 2-12

（4）保存文档，按 F12 键预览效果，如图 2-13 所示。

图 2-13

2.1.2 输入文本

使用 Dreamweaver 2020 编辑网页时，在文档编辑窗口中光标默认处于显示状态。要添加文本，首先应将光标移动到文档编辑窗口中的编辑区域，然后直接输入文本，就像在其他文本编辑器中一样。打开一个页面，在页面中单击，将光标置于其中，然后输入文本，如图 2-14 所示。

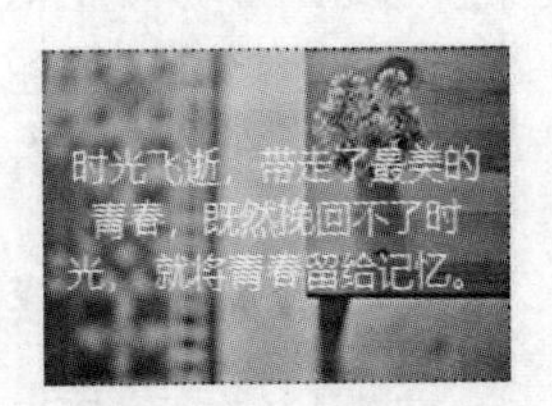

图 2-14

除了直接输入文本，也可将其他文档中的文本复制后，粘贴到 Dreamweaver 2020 中。需要注意的是，粘贴某文本到 Dreamweaver 2020 的文档编辑窗口中时，该文本不会保留原有的格式，但是会保留原来的段落。

2.1.3 设置文本属性

利用“属性”面板可以方便地修改选中文本的字体、字号、样式、对齐方式等，以获得预期的效果。选择“窗口 > 属性”命令，弹出“属性”面板，在 HTML 和 CSS 的“属性”面板中都可以设置文本的属性，如图 2-15 和图 2-16 所示。

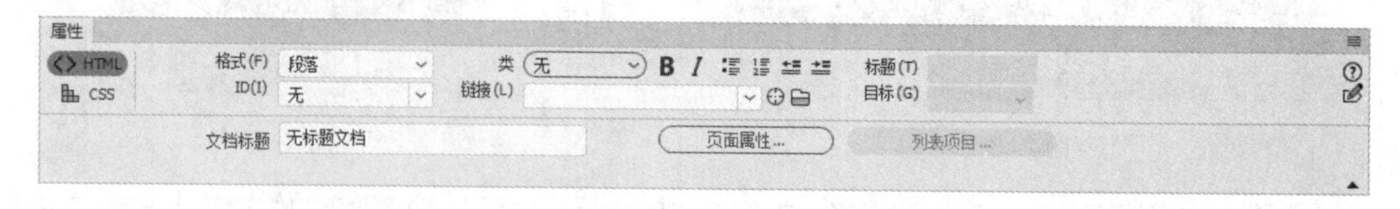

图 2-15

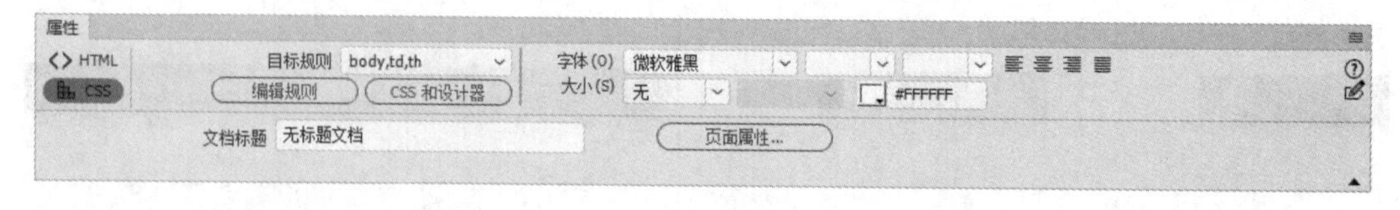

图 2-16

“属性”面板中主要项的作用如下。

- “格式”下拉列表：设置所选文本的段落样式。例如，可使某段落应用“标题 1”的段落样式。
- “ID”下拉列表：设置所选元素的 ID。
- “类”下拉列表：为所选元素添加 CSS 样式。
- “链接”下拉列表：为所选元素添加超链接效果。
- “目标规则”下拉列表：设置已定义的或引用的 CSS 样式为文本的样式。
- “字体”下拉列表：设置文本的字体。
- “大小”下拉列表：设置文本的字号。
- “color”按钮：设置文本的颜色。
- “粗体”按钮 **B**、“斜体”按钮 *I*：设置文本的格式。
- “左对齐”按钮、“居中对齐”按钮、“右对齐”按钮、“两端对齐”按钮：设置段落在网页中的对齐方式。
- “无序列表”按钮、“编号列表”按钮：设置段落的项目符号或编号样式。
- “删除内缩区块”按钮、“内缩区块”按钮：设置段落文本向右或向左缩进一定的距离。

2.1.4 输入连续的空格

在默认状态下，Dreamweaver 2020 只允许用户输入一个空格，要输入多个连续空格，则需要进行设置或通过特定操作才能实现。

1. 设置“首选项”对话框

选择“编辑 > 首选项”命令，或按 Ctrl+U 组合键，弹出“首选项”对话框，如图 2-17 所示。

在“首选项”对话框左侧的“分类”列表中选择“常规”选项，在右侧的“编辑选项”选项组中选中“允许多个连续的空格”复选框，单击“应用”按钮，单击“关闭”按钮。此时，用户可连续按空格键在文档编辑窗口

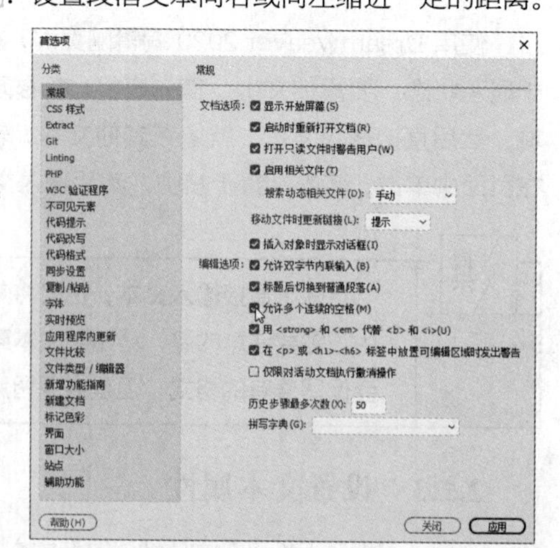

图 2-17

内输入多个连续空格。

2. 直接插入多个连续空格

在 Dreamweaver 2020 中插入多个连续空格，有以下 3 种方法。

（1）单击“插入”面板的“HTML”选项卡中的“不换行空格”按钮。

（2）选择“插入 > HTML > 不换行空格”命令，或按 Ctrl+Shift+Space 组合键。

（3）将输入法转换到中文的全角状态下。

2.1.5 设置是否显示不可见元素

在网页的“设计”视图中，有一些元素仅用来标志位置，在浏览器中是不可见的。例如，脚本图标用来标志文档正文中的 JavaScript 或 VBScript 代码的位置，换行符图标用来标志每个换行符
 的位置等。在设计网页时，为了快速找到这些不可见元素的位置，常常需要改变这些元素在“设计”视图中的可见性。

显示或隐藏某些不可见元素的具体操作步骤如下。

（1）选择“编辑 > 首选项”命令，弹出“首选项”对话框。

（2）在“首选项”对话框左侧的“分类”列表中选择“不可见元素”选项，根据需要选中或取消选中右侧的多个复选框，以实现不可见元素的显示或隐藏，如图 2-18 所示。单击“应用”按钮，单击“关闭”按钮。

常用的不可见元素是换行符、脚本、命名锚记、AP 元素的锚点和表单隐藏区域，一般将它们设为可见。

细心的读者会发现，虽然在“首选项”对话框中设置了某些不可见元素为显示状态，但在网页的“设计”视图中却看不见这些不可见元素。为了解决这个问题，还必须选择“查看 > 设计视图选项 > 可视化助理 > 不可见元素”命令，效果如图 2-19 所示。

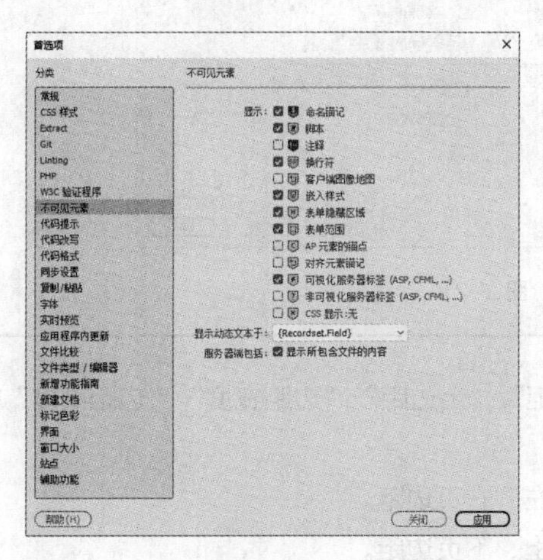

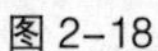
图 2-18

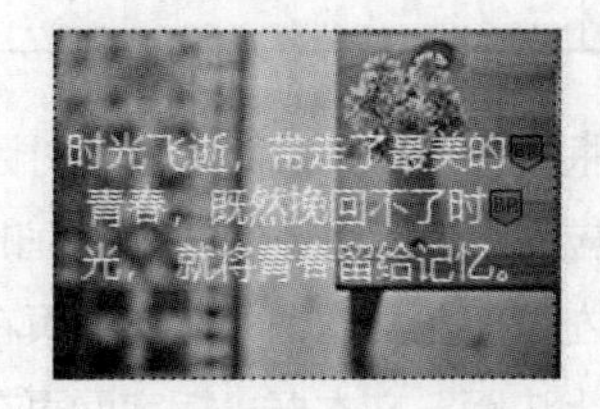

图 2-19

提示

要在网页中添加换行符，不能按 Enter 键，而要按 Shift+Enter 组合键。

2.1.6 设置页边距

通常文本与纸的四周需要留有一定的距离，这个距离叫页边距。网页设计也是如此，在默认状态下文档的上、下、左、右页边距不为 0。

修改网页页边距的具体操作步骤如下。

（1）选择“文件 > 页面属性”命令，弹出“页面属性”对话框，如图 2-20 所示。

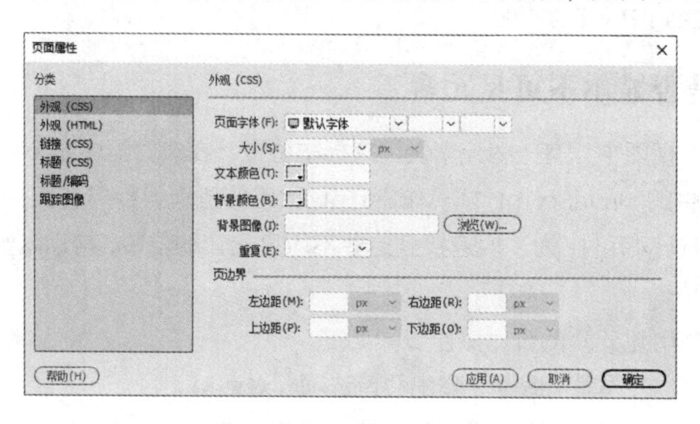

图 2-20

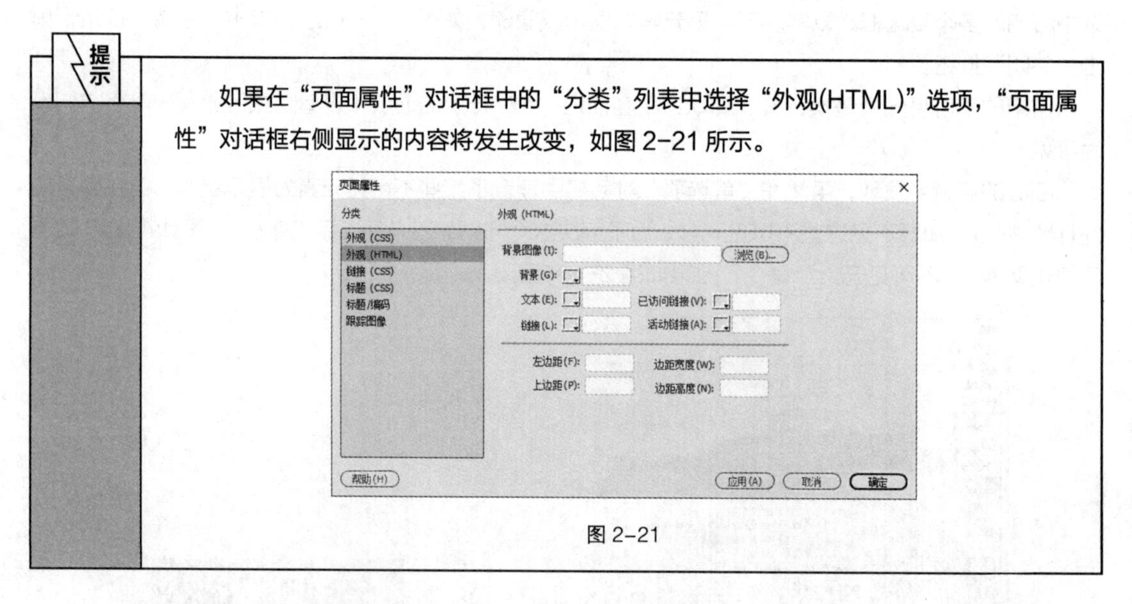

提示

如果在“页面属性”对话框中的“分类”列表中选择“外观(HTML)”选项，“页面属性”对话框右侧显示的内容将发生改变，如图 2-21 所示。

图 2-21

（2）根据需要在“页面属性”对话框的“左边距”“上边距”“边距宽度”“边距高度”文本框中输入相应的数值即可。这些文本框的作用如下。

- “左边距”文本框：指定网页在浏览器中的左、右页边距。
- “上边距”文本框：指定网页在浏览器中的上、下页边距。
- “边距宽度”文本框：指定网页在浏览器中的左、右页边距。
- “边距高度”文本框：指定网页在浏览器中的上、下页边距。

2.1.7 设置网页标题

网页标题可以提示浏览者正在查看的网页的内容，并可在浏览器的历史记录和书签列表中用于标志页面。注意，网页的文件名是通过“保存文件”命令保存的网页文件名称，而网页的标题是浏览者在浏览网页时浏览器标题栏中显示的信息。

更改网页标题的具体操作步骤如下。

（1）选择“文件 > 页面属性”命令，弹出“页面属性”对话框。

（2）在对话框左侧的“分类”列表中选择“标题/编码”选项，在右侧的“标题”文本框中输入网页标题，如图 2-22 所示。单击“确定”按钮，完成设置。也可在“属性”面板的“文档标题”文本框中直接输入网页标题。

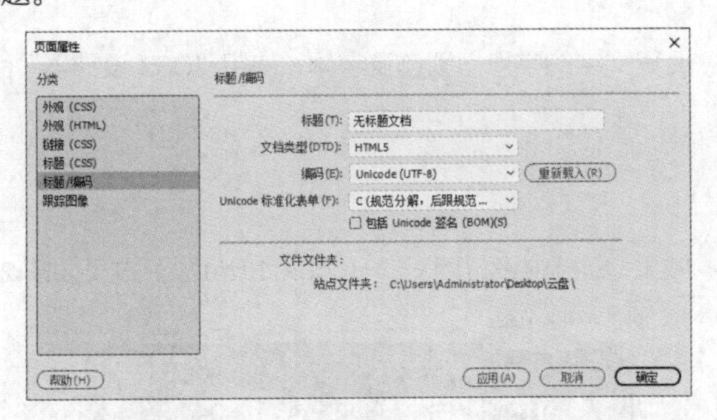

图 2-22

2.1.8 设置网页的默认格式

用户在制作新网页时，系统提供的页面都有一些默认的属性，如网页的标题、页边距、文字编码、文字颜色和超链接的颜色等。若需要修改网页的默认格式，可选择“文件 > 页面属性”命令，弹出“页面属性”对话框，如图 2-23 所示，在其中进行设置。“页面属性”对话框中选项卡的作用如下。

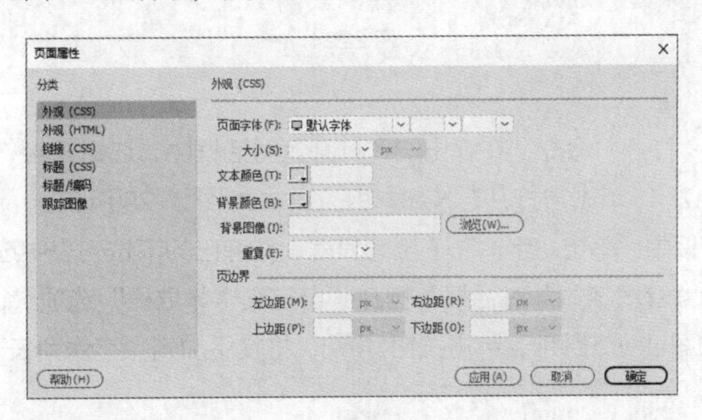

图 2-23

- “外观(CSS)”/“外观(HTML)”选项卡：设置网页背景颜色、背景图像，网页文字的字体、字号、颜色和页边距。
- “链接(CSS)”选项卡：设置链接文字的格式。
- “标题(CSS)”选项卡：为标题 1 至标题 6 标题标签指定字体、字号和颜色。
- “标题/编码”选项卡：设置网页的标题和网页的文字编码。一般情况下，将网页的文字编码设定为简体中文 GB2312 编码。
- “跟踪图像”选项卡：一般在复制网页时，若想使原网页的图像作为复制网页的参考图像，可使用跟踪图像的方式实现。跟踪图像仅作为复制网页的设计参考图像，在浏览器中并不显示出来。

2.1.9 课堂案例——机电设备网页

案例学习目标

使用“属性”面板，改变网页中的元素，使网页变得更加美观。

案例知识要点

使用“属性”面板，设置文字的字号、颜色及字体；使用“CSS 设计器”面板，设置文字的字体、字号、颜色及行距。

效果所在位置

云盘中的“Ch02 > 效果 > 机电设备网页 > index. html”，效果如图 2-24 所示。

图 2-24

1. 添加字体

（1）选择“文件 > 打开”命令，在弹出的“打开”对话框中，选择云盘“Ch02 > 素材 > 机电设备网页 > index.html”，单击“打开”按钮打开文件，如图 2-25 所示。

（2）在“属性”面板中，单击“字体”下拉列表框，在弹出的下拉列表中选择“管理字体”选项，如图 2-26 所示，弹出“管理字体”对话框。打开“自定义字体堆栈”选项卡，在“可用字体”列表中选择需要的字体，如图 2-27 所示，单击按钮 << ，将其添加到“字体列表”和“选择的字体”列表中，如图 2-28 所示。

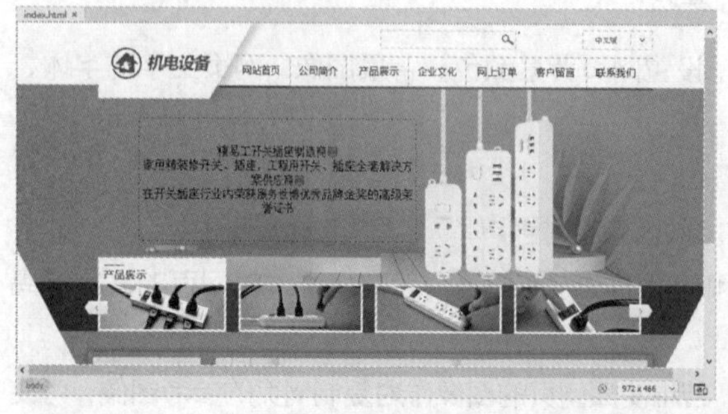

图 2-25

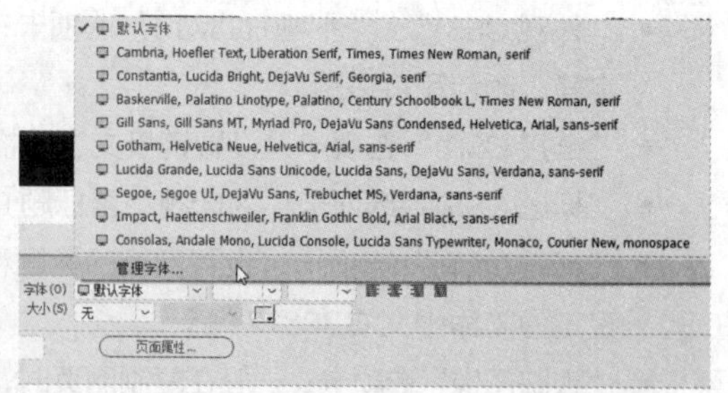

图 2-26

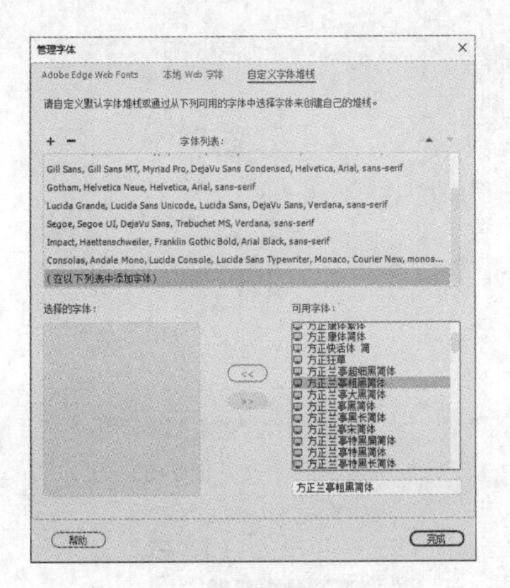

图 2-27

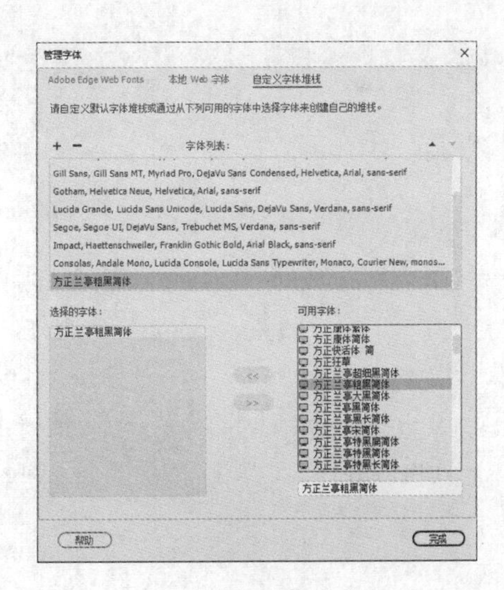

图 2-28

（3）单击“字体列表”左侧的按钮+，在“字体列表”中添加一个字体组；在“可用字体”列表中选择需要的字体，如图 2-29 所示，单击按钮<<，将其添加到“字体列表”和“选择的字体”列表中，如图 2-30 所示。单击“完成”按钮关闭对话框。

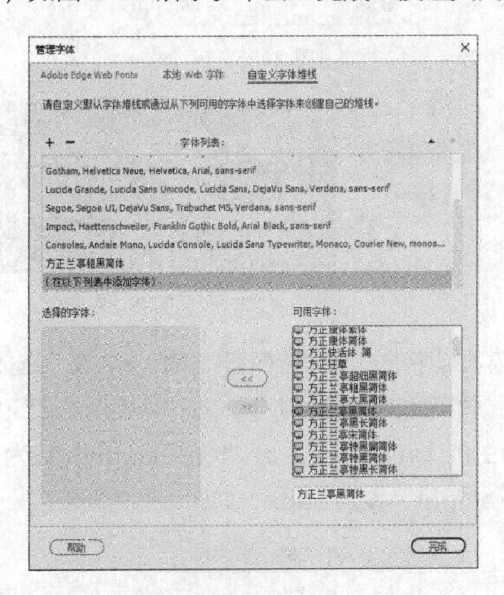

图 2-29

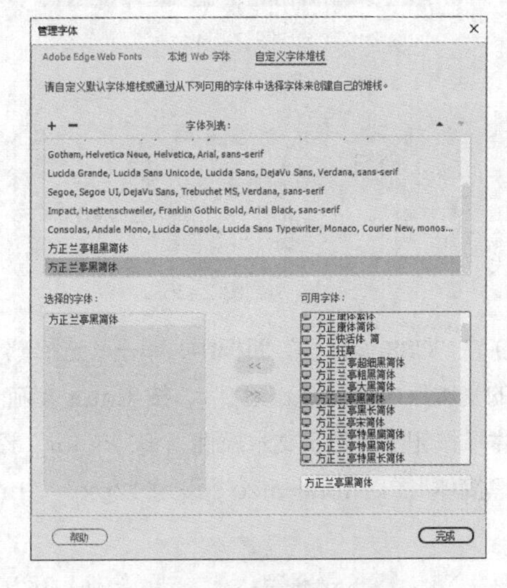

图 2-30

2. 改变文字样式

（1）选择“窗口 > CSS 设计器”命令，弹出“CSS 设计器”面板，如图 2-31 所示。在“源”选项组中选择“<style>”选项，如图 2-32 所示；单击“选择器”选项组中的“添加选择器”按钮+，在“选择器”选项组的文本框中输入“.text”，按 Enter 键确认，效果如图 2-33 所示。

（2）选中图 2-34 所示的文字，在“属性”面板“目标规则”下拉列表中选择“.text”选项，应用该样式。在“字体”下拉列表中选择“方正兰亭粗黑简体”选项，将“大小”设为 34；单击“color”按钮，在弹出的颜色面板中单击需要的颜色，如图 2-35 所示。在空白处单击以关闭颜色面板，此时的“属性”面板如图 2-36 所示，效果如图 2-37 所示。

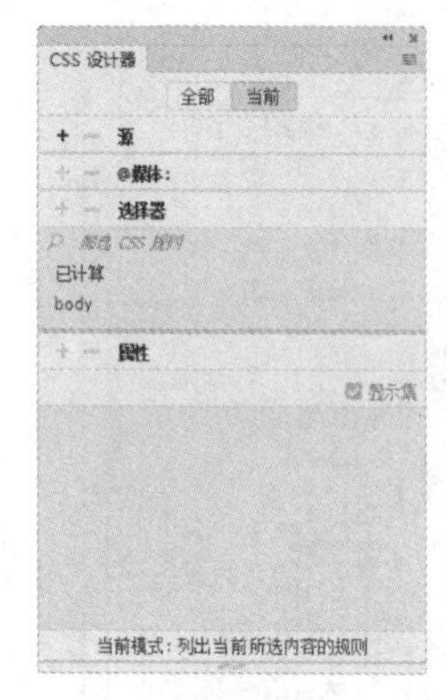
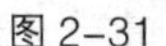
图 2-31

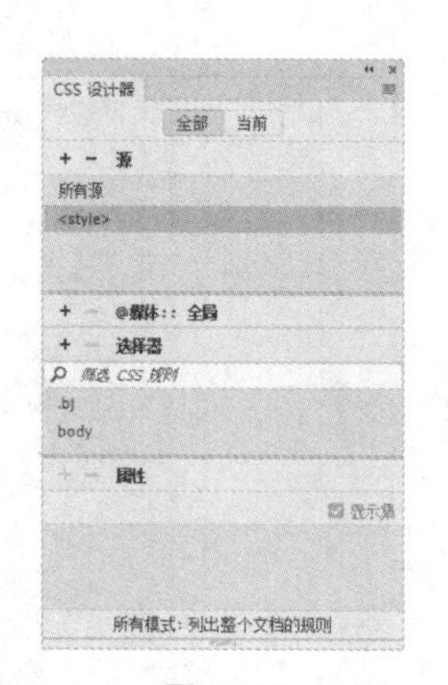
图 2-32

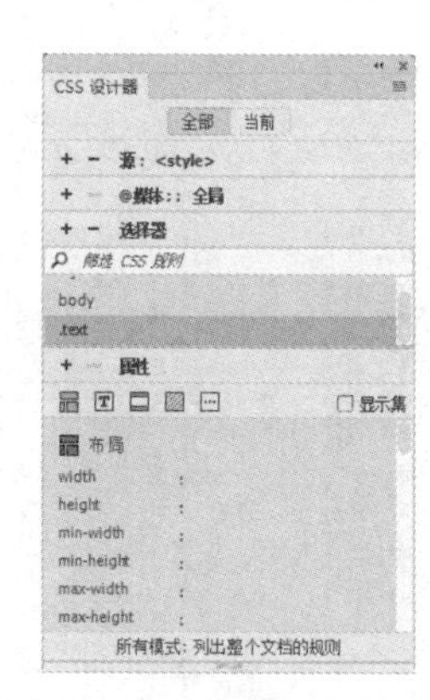
图 2-33

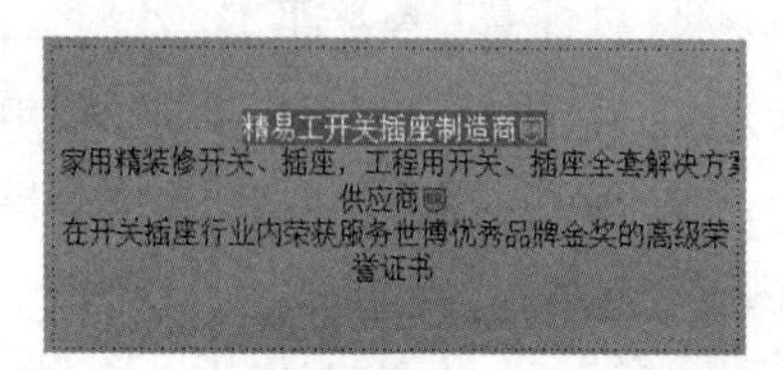

图 2-34

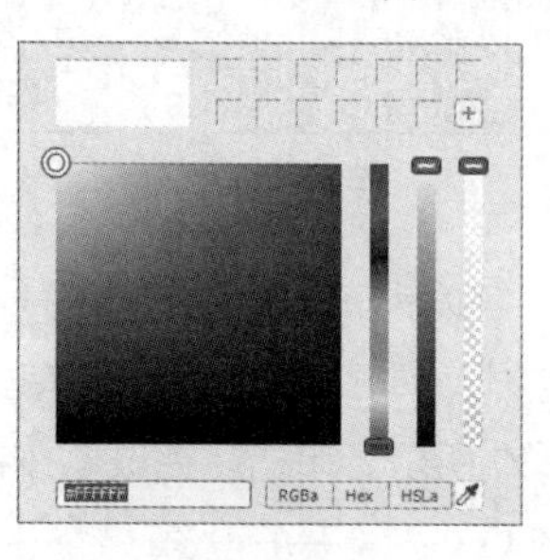
图 2-35

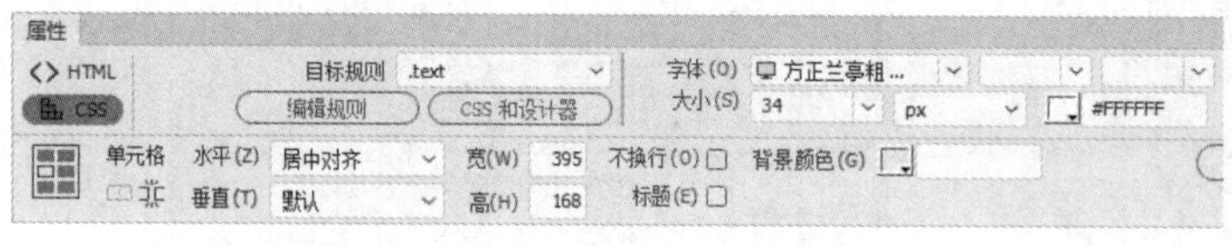
图 2-36

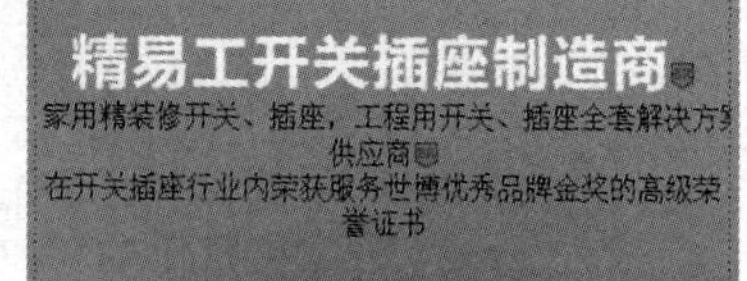

图 2-37

（3）在“CSS 设计器”面板中，单击“选择器”选项组中的“添加选择器”按钮+，在“选择器”选项组的文本框中输入“.text1”，按 Enter 键确认，效果如图 2-38 所示；在“属性”选项组中单击“文本”按钮T，显示文本属性，将“color”设为白色（#FFFFFF），“font-family”设为“方正兰亭黑简体”，“font-size”设为 12px，“line-height”设为 20px，如图 2-39 所示。

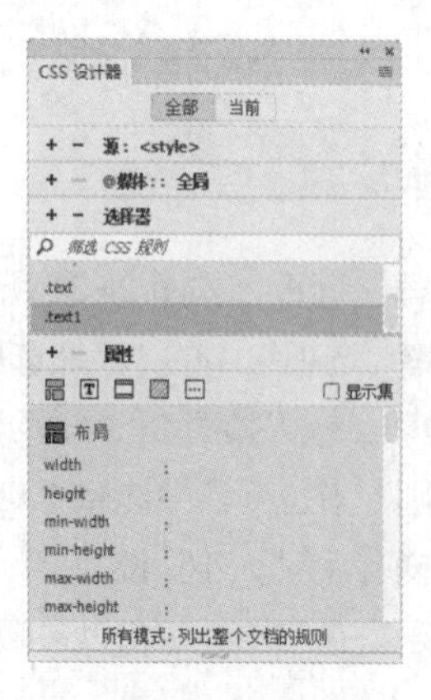
图 2-38

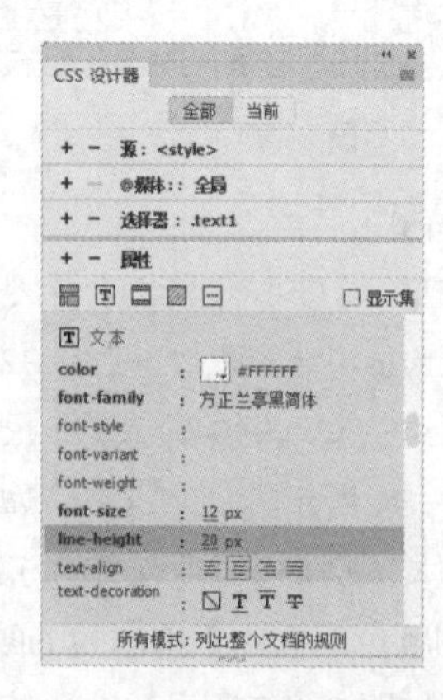
图 2-39

（4）选中图 2-40 所示的文字，在“属性”面板“类”下拉列表中选择“.text1”选项，应用该样式，效果如图 2-41 所示。

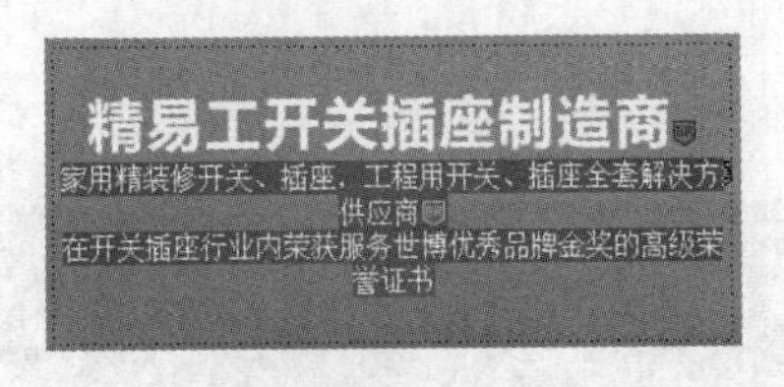

图 2-40

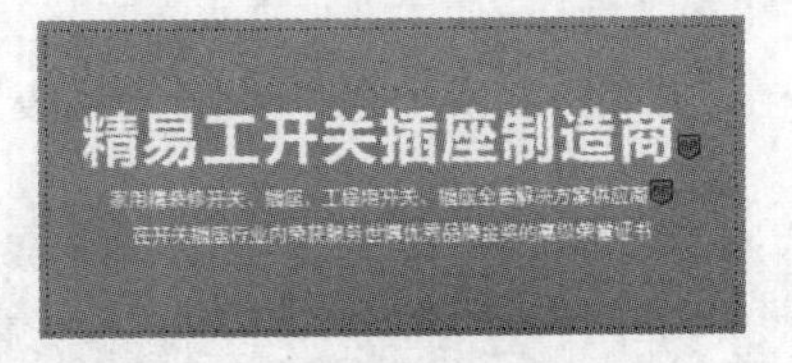

图 2-41

（5）保存文档，按 F12 键预览效果，如图 2-42 所示。

图 2-42

2.1.10 改变文本的大小

Dreamweaver 2020 提供了 2 种改变文本大小的方法：一种是设置文本的默认大小，另一种是设置选中文本的大小。

1. 设置文本的默认大小

（1）选择“文件 > 页面属性”命令，弹出“页面属性”对话框。

（2）在“页面属性”对话框左侧的“分类”列表中选择“外观（CSS）”选项，在右侧的“大小”下拉列表中根据需要选择文本的大小，如图 2-43 所示。单击“确定”按钮完成设置。

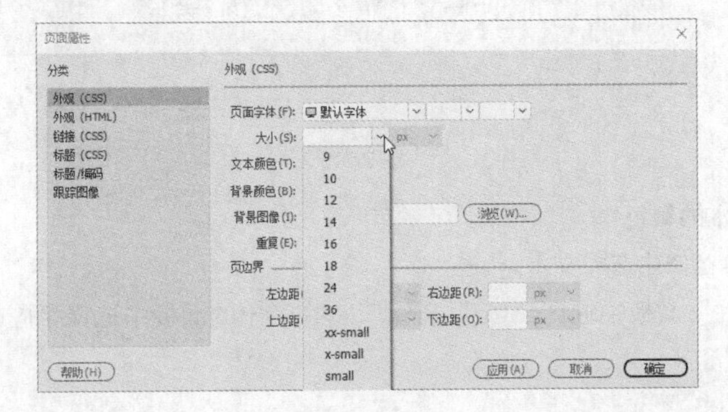

图 2-43

2. 设置选中文本的大小

在 Dreamweaver 2020 中，可以通过“属性”面板设置选中文本的大小，步骤如下。

（1）在文档编辑窗口中选中文本。

（2）在“属性”面板中的“大小”下拉列表中选择相应的值，如图 2-44 所示。

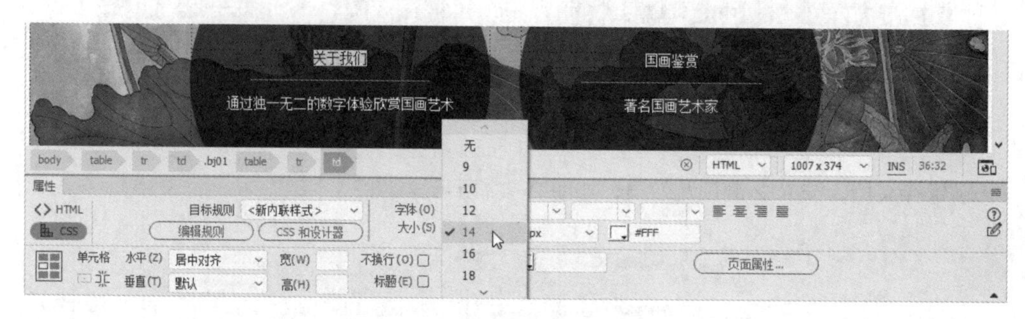

图 2-44

2.1.11 改变文本的颜色

丰富的视觉颜色可以吸引网页浏览者的注意力。网页中的文本不仅可以显示为黑色，还可以显示为其他颜色，最多可达 16 777 216 种颜色。颜色的种类与用户显示器的分辨率和颜色值有关，一般建议在 216 种网页颜色中选择文字的颜色。

在 Dreamweaver 2020 中提供了 2 种改变文本颜色的方法，如下所示。

1. 设置文本的默认颜色

（1）选择“文件 > 页面属性”命令，弹出“页面属性”对话框。

（2）在左侧的“分类”列表中选择“外观（CSS）”选项，单击右侧的“文本颜色”按钮，从弹出的面板中选择具体的文本颜色，如图 2-45 所示。单击“确定”按钮完成设置。

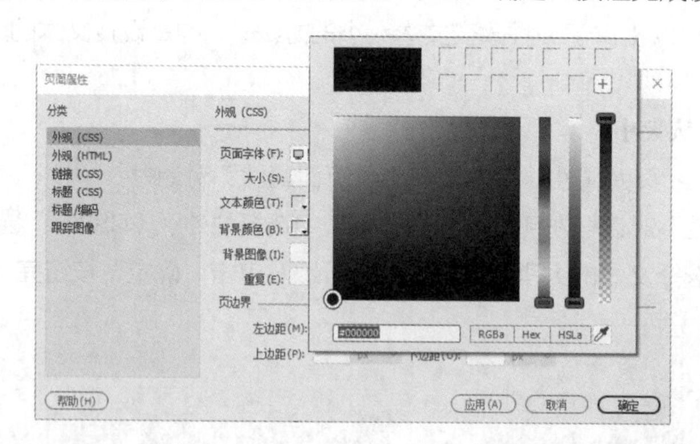

图 2-45

2. 设置选中文本的颜色

（1）在文档编辑窗口中选中文本。

（2）单击“属性”面板中的“color”按钮，在弹出的面板中选择相应的颜色，如图 2-46 所示。

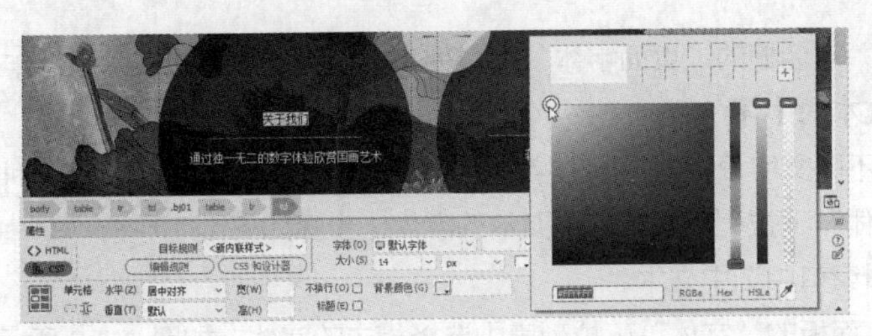
图 2-46

2.1.12 改变文本的字体

Dreamweaver 2020 提供了 2 种改变文本字体的方法：一种是设置文本的默认字体，另一种是设置选中文本的字体。

1. 设置文本的默认字体

（1）选择“文件 > 页面属性”命令，弹出“页面属性”对话框。

（2）在左侧的“分类”列表中选择“外观（CSS）”选项，在右侧单击“页面字体”下拉列表框，弹出其下拉列表，如果下拉列表中有合适的字体组合，可直接选择该字体组合，如图 2-47 所示；否则，需选择“管理字体”选项，在弹出的“管理字体”对话框中打开“自定义字体堆栈”选项卡，从中自定义字体组合，方法如下。

图 2-47

单击按钮 + ，在“可用字体”列表中选择需要的字体，然后单击按钮 << ，将其添加到“字体列表”和“选择的字体”中，如图 2-48 和图 2-49 所示。在“可用字体”列表中再选中另一种字体，再次单击按钮 << ，在“字体列表”中建立字体组合。单击“确定”按钮完成设置。

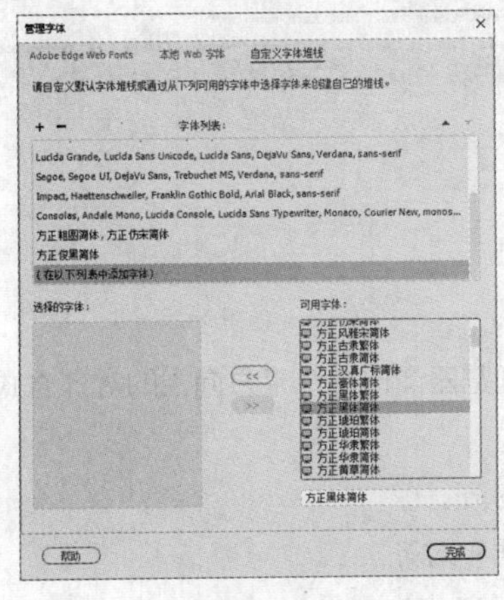
图 2-48

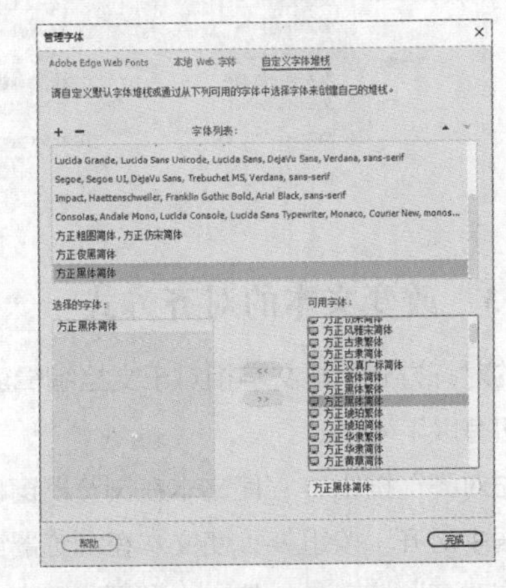
图 2-49

在“页面属性”对话框的“页面字体”下拉列表中选择刚建立的字体组合作为文本的默认字体。

2. 设置选中文本的字体

为了将选中的不同文字设定为不同的字体，Dreamweaver 2020 提供了 2 种方法，如下所示。

（1）通过“字体”下拉列表设置选中文本的字体，步骤如下。

① 在文档编辑窗口中选中文本。

② 在“属性”面板的“字体”下拉列表中选择相应的字体，如图 2-50 所示。

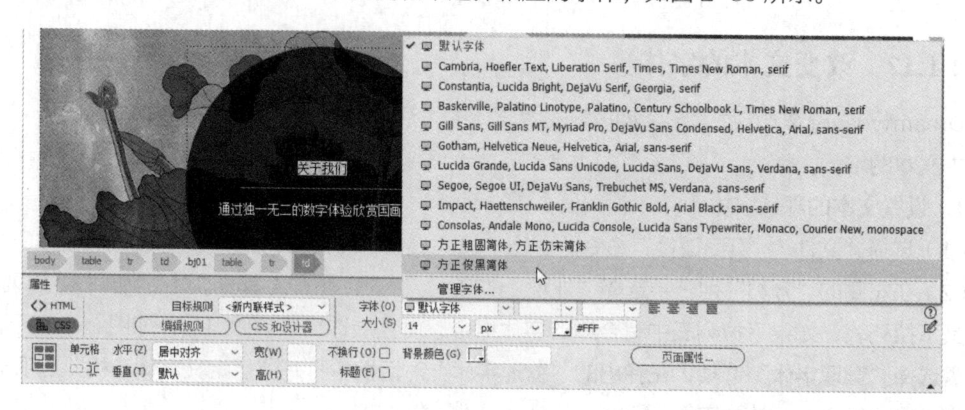

图 2-50

（2）通过“字体”命令设置选中文本的字体，步骤如下。

① 在文档编辑窗口中选中文本。

② 单击鼠标右键，在弹出的快捷菜单中选择“字体”命令，在子菜单中选择相应的字体，如图 2-51 所示。

图 2-51

2.1.13 改变文本的对齐方式

文本的对齐方式是指文字相对于文档编辑窗口或浏览器窗口在水平方向上的对齐方式。设置对齐方式的按钮有以下 4 种。

- “左对齐”按钮：使文本在浏览器窗口中左对齐。
- “居中对齐”按钮：使文本在浏览器窗口中居中对齐。
- “右对齐”按钮：使文本在浏览器窗口中右对齐。

● “两端对齐”按钮：使文本在浏览器窗口中两端对齐。

通过对齐按钮改变文本的对齐方式，步骤如下。

（1）将插入点定位在文本中，或者选择某一段落。

（2）在“属性”面板中单击相应的对齐按钮，如图 2-52 所示。

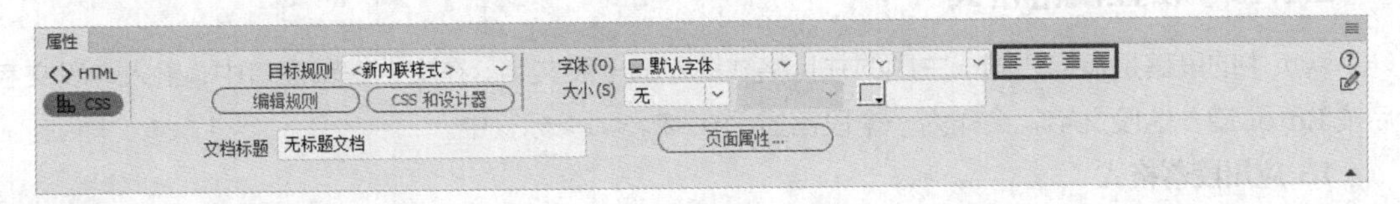

图 2-52

对段落文本的对齐操作，实际上是对<p></p>标签的 align 属性的设置。align 属性值有 3 种，其中 left 表示左对齐，center 表示居中对齐，right 表示右对齐。例如，下面的 3 条语句分别设置段落左对齐、居中对齐和右对齐，效果如图 2-53 所示。

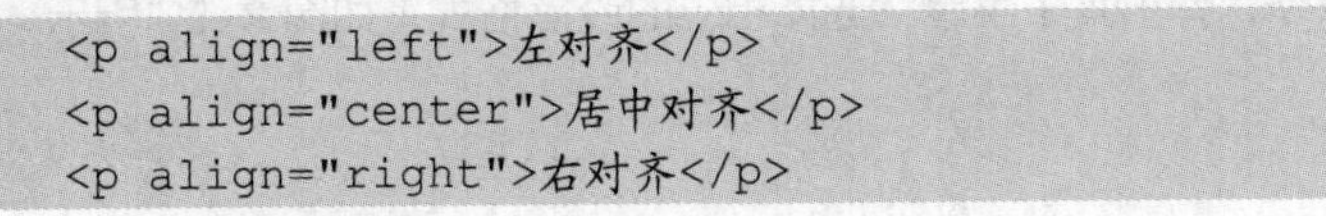

```
<p align="left">左对齐</p>
<p align="center">居中对齐</p>
<p align="right">右对齐</p>
```

图 2-53

2.1.14 设置文本样式

文本样式是指文本的外观及显示方式，如加粗文本、倾斜文本和加下画线等。

1. 通过“样式”命令设置文本样式

（1）在文档编辑窗口中选中文本。

（2）选择“编辑 > 文本”命令，在弹出的子菜单中选择相应的命令，如图 2-54 所示。

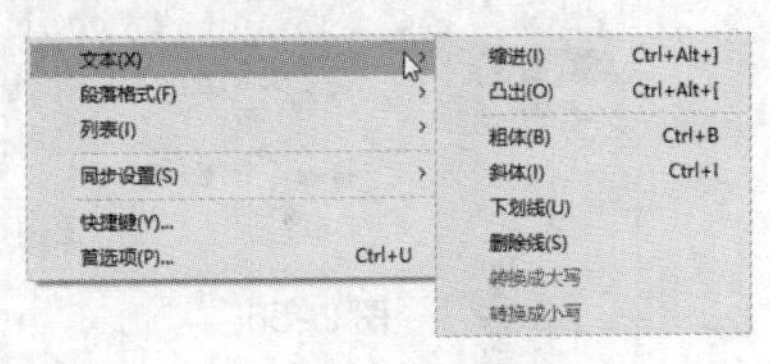

图 2-54

选择需要的命令后，即可为选中的文本设置相应的文本样式，被选中的命令左侧会有选中标记。

如果希望取消设置的文本样式，可以打开子菜单，取消对相应命令的选择。

2. 通过“属性”面板设置文本样式

（1）在文档编辑窗口中选中文本。

（2）单击“属性”面板中的“粗体”按钮**B**和“斜体”按钮*I*可快速设置文本样式，如图 2-55 所示。如果要取消粗体或斜体样式，再次单击相应的按钮即可。

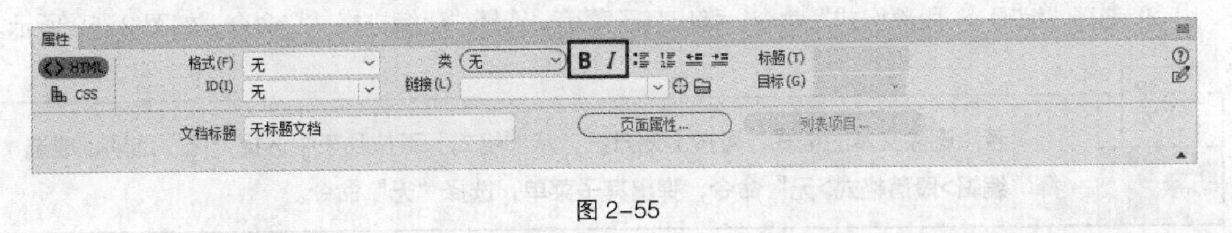

图 2-55

3. 使用组合键快速设置文本样式

还有一种快速设置文本样式的方法是使用组合键。按 Ctrl+B 组合键，可以将选中的文本加粗；按 Ctrl+I 组合键，可以将选中的文本倾斜显示。

2.1.15 设置段落格式

网页中的段落是指描述同一主题的并且格式统一的一段文字。在文档编辑窗口中，输入一段文字后按 Enter 键，这段文字就会作为一个段落显示在<P></P>标签中。

1. 应用段落格式

（1）通过“格式”下拉列表应用段落格式，步骤如下。

① 将插入点定位在段落中，或者选择段落中的文本。

② 在“属性”面板的“格式”下拉列表中选择相应的格式，如图 2-56 所示。

（2）通过“段落格式”命令应用段落格式，步骤如下。

① 将插入点定位在段落中，或者选择段落中的文本。

② 选择“编辑 > 段落格式”命令，弹出其子菜单，选择相应的段落格式，如图 2-57 所示。

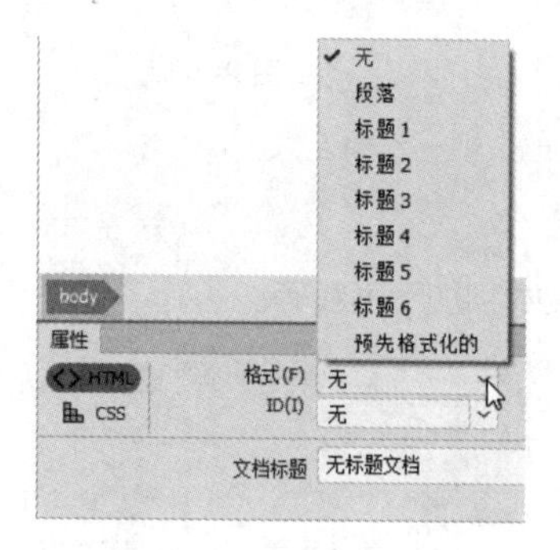

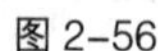
图 2-56

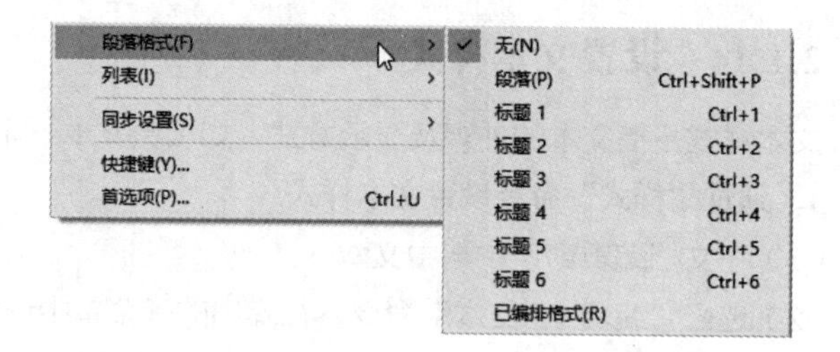

图 2-57

2. 指定预格式

预格式标签是<pre></pre>。预格式化是指用户预先对<pre></pre>之间的文字进行格式化，以便它们在浏览器中按真正的格式显示。例如，用户在段落中插入多个空格，但浏览器却按一个空格处理；为这段文字指定预格式后，浏览器就会按用户的输入内容显示多个空格。

（1）通过“格式”下拉列表指定预格式，步骤如下。

① 将插入点定位在段落中，或者选择段落中的文本。

② 在“属性”面板的“格式”下拉列表中选择“预先格式化的”选项，如图 2-58 所示。

（2）通过“段落格式”命令指定预格式，步骤如下。

① 将插入点定位在段落中，或者选择段落中的文本。

② 选择“编辑 > 段落格式”命令，弹出其子菜单，选择“已编排格式”命令，如图 2-59 所示。

若想删除文本的格式，可按上述方法，从“格式”下拉列表中选择“无”选项，或选择“编辑>段落格式>无”命令，弹出其子菜单，选择“无”命令。

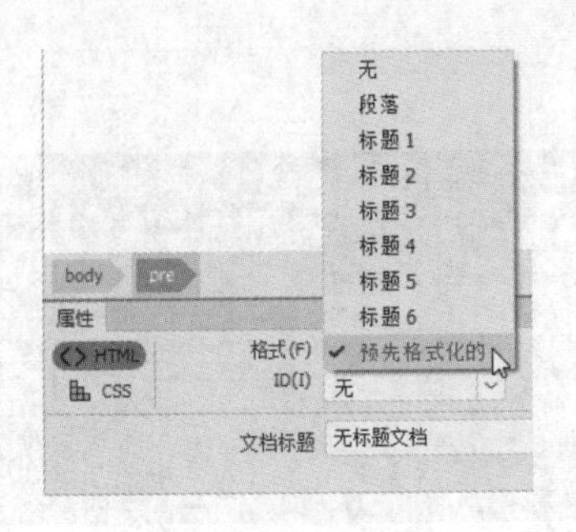

图 2-58

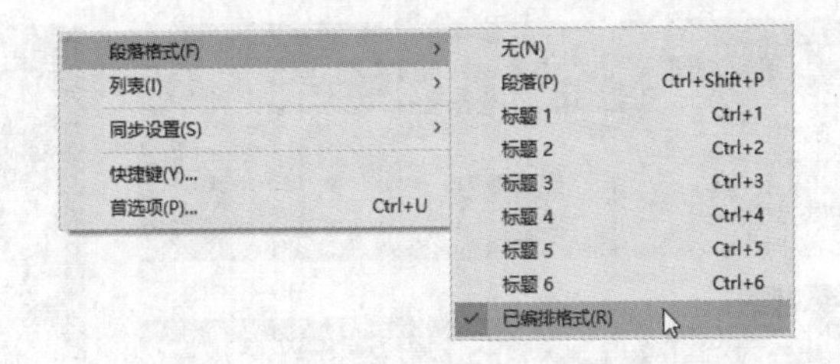

图 2-59

2.2 无序列表和编号列表

无序列表和编号列表可以表示不同段落文本之间的关系。因此，将文本设置为编号列表或无序列表并进行适当的缩进，可以直观地表示文本间的逻辑关系。

2.2.1 课堂案例——电器城网页

扫码观看
本案例视频

扩展阅读

案例学习目标

将文本设置为列表并设置列表样式。

案例知识要点

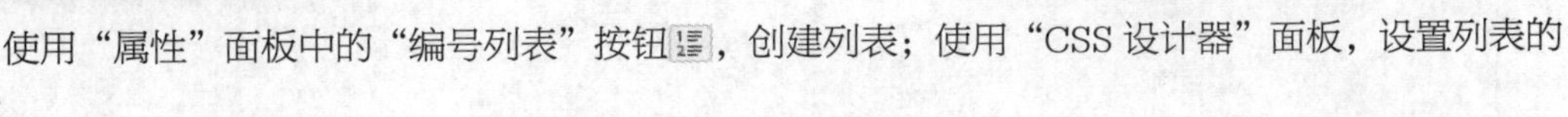

使用“属性”面板中的“编号列表”按钮，创建列表；使用“CSS 设计器”面板，设置列表的样式。

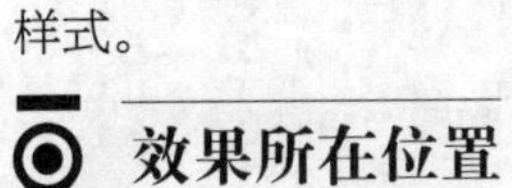

效果所在位置

云盘中的“Ch02 > 效果 > 电器城网页 > index.html”，效果如图 2-60 所示。

（1）选择“文件 > 打开”命令，在弹出的“打开”对话框中，选择云盘中的“Ch02 > 素材 > 电器城网页 > index.html”，单击“打开”按钮打开文件，效果如图 2-61 所示。

图 2-60

图 2-61

（2）选中图 2-62 所示的文字，单击“属性”面板中的“编号列表”按钮，选中的文字变成编号列表，效果如图 2-63 所示。

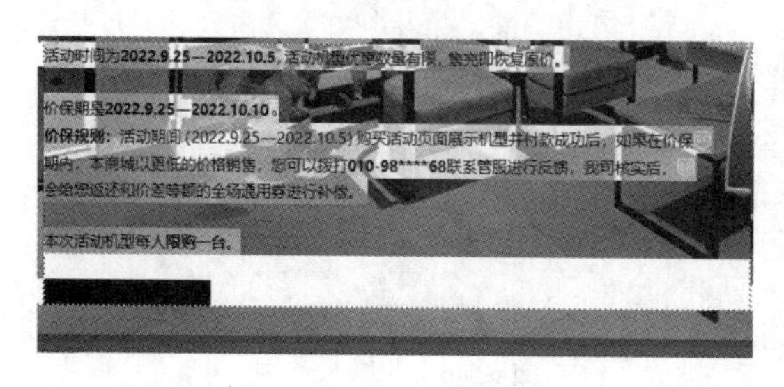

图 2-62

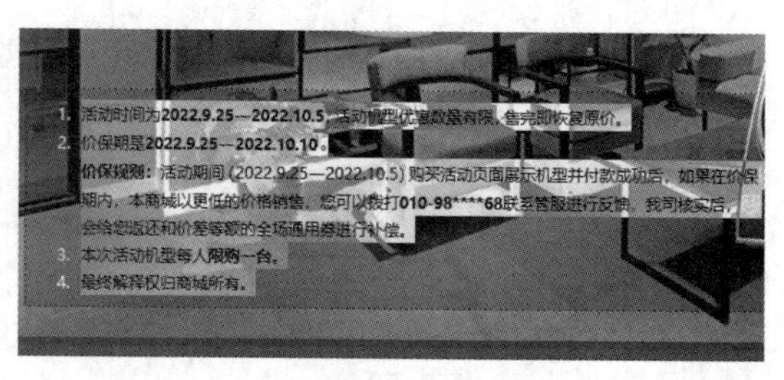

图 2-63

（3）选择“窗口 > CSS 设计器”命令，弹出“CSS 设计器”面板，如图 2-64 所示。在“源”选项组中选择“<style>”选项；单击“选择器”选项组中的“添加选择器”按钮 **+**，在“选择器”选项组的文本框中输入“.text”，按 Enter 键确认，效果如图 2-65 所示；在“属性”选项组中单击“文本”按钮 **T**，显示文本属性，将“color”设为红色（#dd0000），如图 2-66 所示。

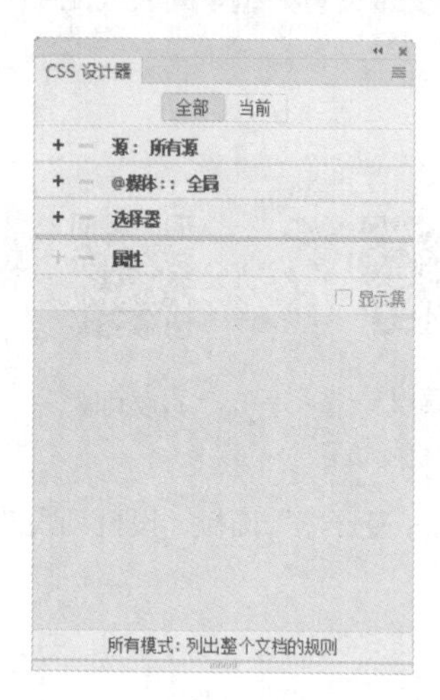

图 2-64

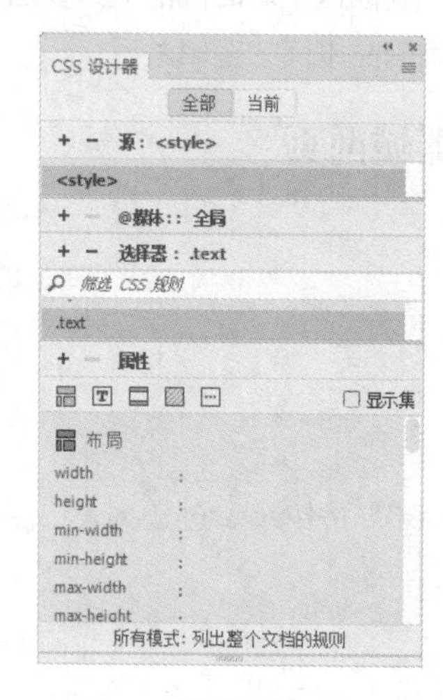

图 2-65

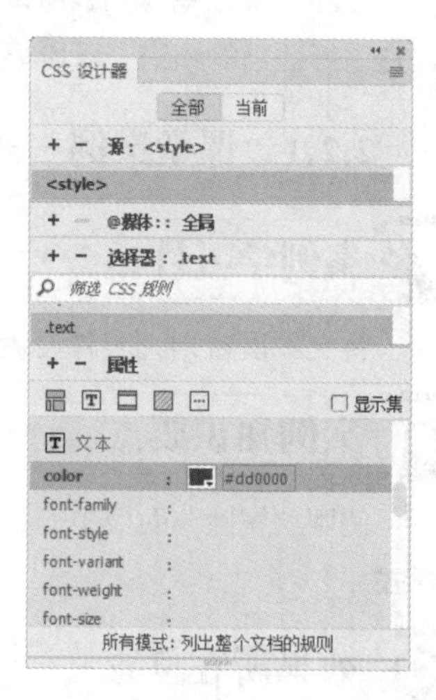

图 2-66

（4）选中图 2-67 所示的文字，在“属性”面板的“类”下拉列表中选择“.text”选项，应用该样式，效果如图 2-68 所示。

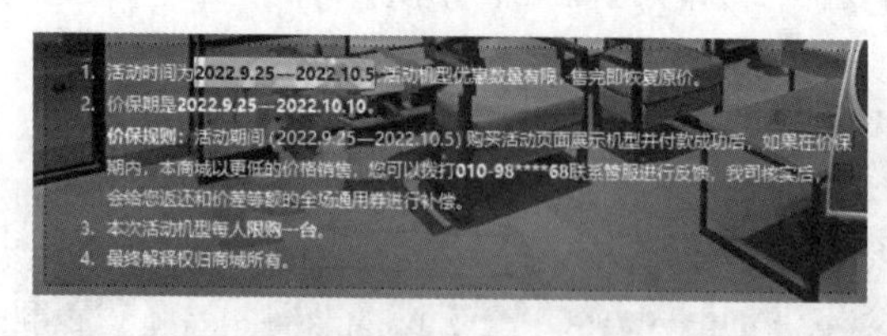

图 2-67

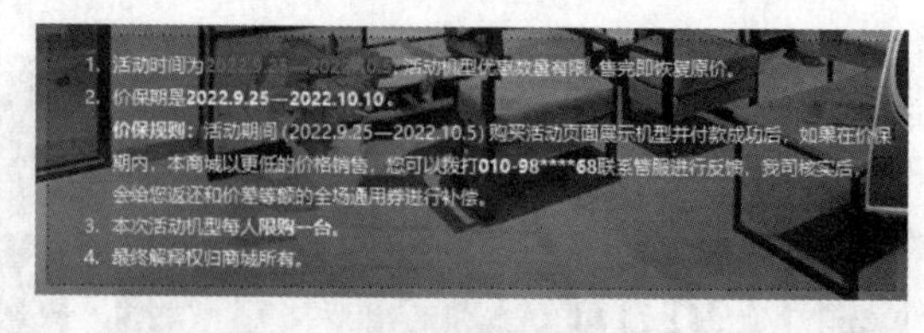

图 2-68

（5）用相同的方法为其他文字应用样式，制作出图 2-69 所示的效果。保存文档，按 F12 键预览效果，如图 2-70 所示。

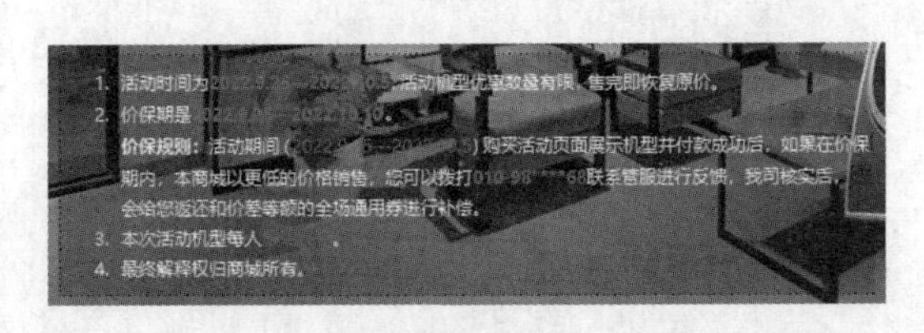

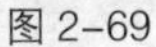
图 2-69

图 2-70

2.2.2 设置项目符号或编号

（1）通过“无序列表”按钮或“编号列表”按钮设置项目符号或编号，步骤如下。

① 选择段落文本。

② 在“属性”面板中，单击“无序列表”按钮或“编号列表”按钮，为文本添加项目符号或编号。设置了项目符号和编号的段落效果如图 2-71 所示。

（2）通过“列表”命令设置项目符号或编号，步骤如下。

① 选择段落文本。

② 选择“编辑 > 列表”命令，弹出其子菜单，如图 2-72 所示，选择“无序列表”或“有序列表”命令。

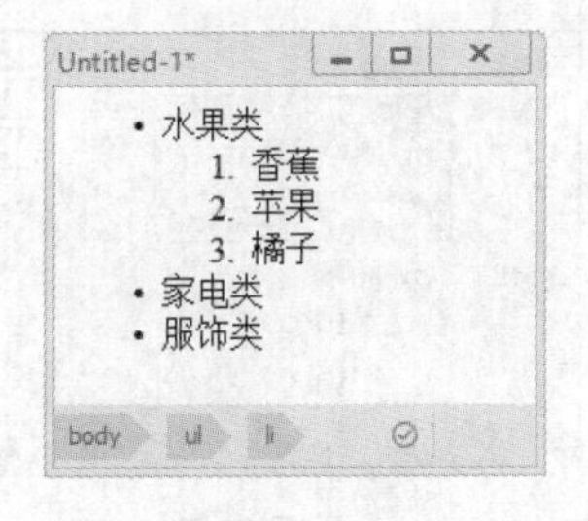

图 2-71

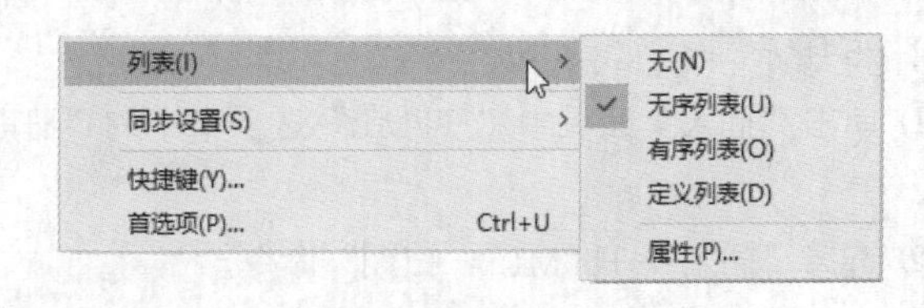

图 2-72

2.2.3 修改项目符号或编号

（1）将插入点定位在要修改项目符号或编号的文本中。

（2）通过以下 2 种方法中的一种打开“列表属性”对话框。

① 单击“属性”面板中的“列表项目”按钮。

② 选择“编辑 > 列表 > 属性”命令。

在“列表属性”对话框中的“列表类型”下拉列表中选择相应选项，确认要修改无序列表（对应图中的项目列表）的项目符号还是编号列表的编号，如图 2-73 所示。然后在“样式”下拉列表中选择相应的项目符号或编号的样式，如图 2-74 所示。单击“确定”按钮完成设置。

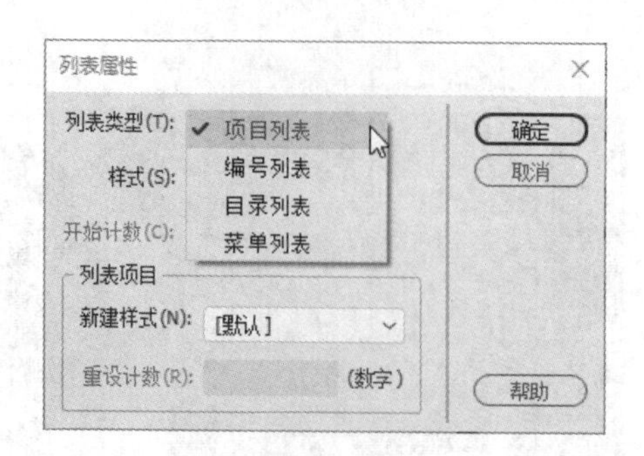

图 2-73

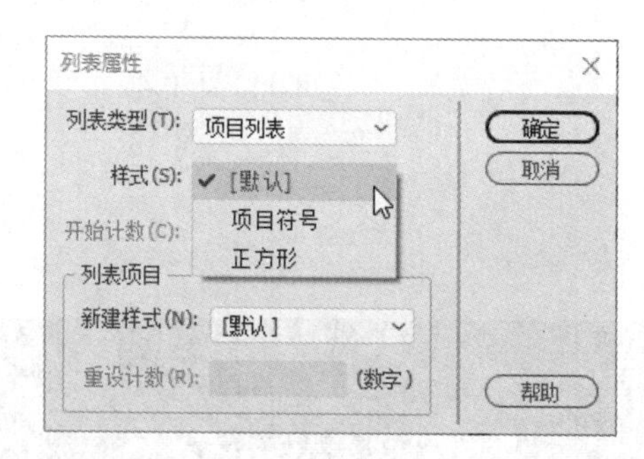

图 2-74

2.2.4 设置文本缩进格式

设置文本缩进格式有以下 3 种方法。

（1）在“属性”面板中单击“内缩区块”按钮或“删除内缩区块”按钮，可使段落向右移动或向左移动。

（2）选择“编辑 > 文本 > 缩进”或“编辑 > 文本 > 凸出”命令，可使段落向右移动或向左移动。

（3）按 Ctrl+Alt+] 组合键或 Ctrl+Alt+ [组合键，可使段落向右移动或向左移动。

2.2.5 插入日期和时间

插入日期和时间的具体步骤如下。

（1）在文档编辑窗口中，将插入点放置在想要插入对象的位置。

（2）通过以下 2 种方法中的一种打开“插入日期”对话框，如图 2-75 所示。

① 单击“插入”面板中“HTML”选项卡中的“日期”按钮。

② 选择“插入 > HTML > 日期”命令。

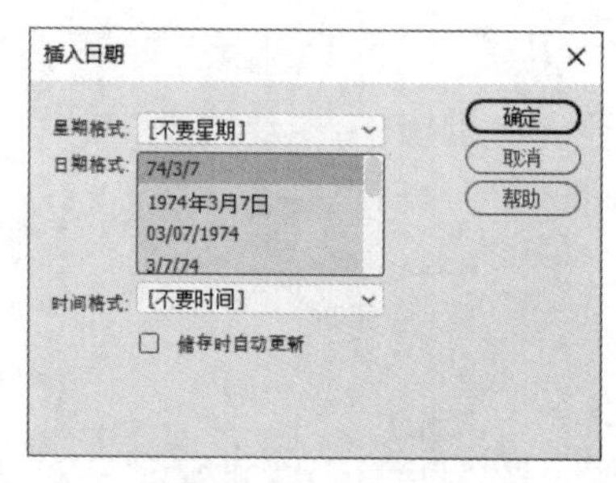

图 2-75

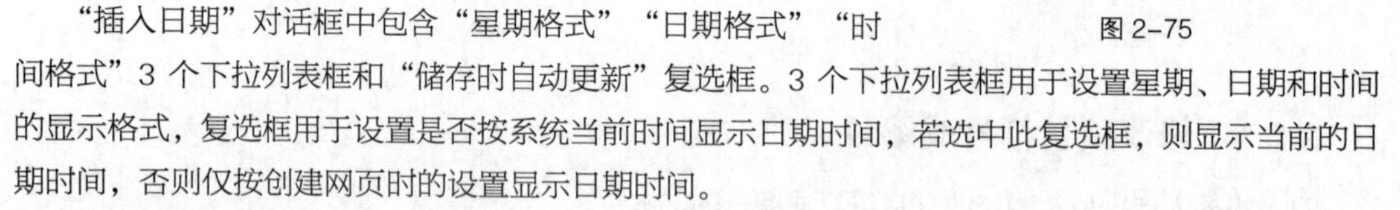

“插入日期”对话框中包含“星期格式”“日期格式”“时间格式”3 个下拉列表框和“储存时自动更新”复选框。3 个下拉列表框用于设置星期、日期和时间的显示格式，复选框用于设置是否按系统当前时间显示日期时间，若选中此复选框，则显示当前的日期时间，否则仅按创建网页时的设置显示日期时间。

（3）选择相应的日期和时间的格式，单击“确定”按钮完成设置。

2.2.6 插入特殊字符

在网页中插入特殊字符，有以下 2 种方法。

（1）选择“插入 > HTML > 字符”命令，弹出其子菜单，如图 2-76 所示，选择需要的命令。

（2）单击“插入”面板中“HTML”选项卡中的“字符”展开式按钮，弹出 12 个特殊字符按钮，如图 2-77 所示。在其中选择需要的特殊字符按钮，即可插入特殊字符。

单击“其他字符”按钮，可在弹出的“插入其他字符”对话框中单击需要的字符，相应字符的代码就会出现在“插入”文本框中，也可以直接在该文本框中输入字符的代码；单击“确定”按钮，即可将字符插入文档中，如图 2–78 所示。

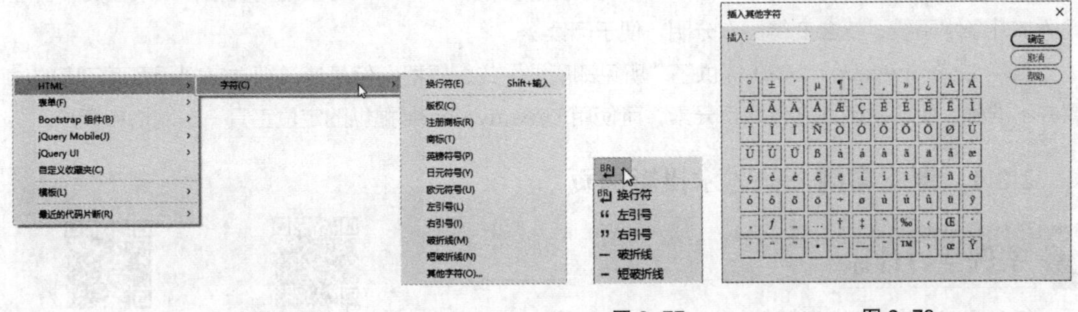

图 2–76　　图 2–77　　图 2–78

2.2.7 插入换行符

在段落中插入换行符有以下 3 种方法。

（1）单击“插入”面板中“HTML”选项卡中的“字符”展开式按钮，单击“换行符”按钮，如图 2–79 所示。

（2）按 Shift+Enter 组合键。

（3）选择“插入 > HTML > 字符 > 换行符”命令。

在文档中插入换行符的操作步骤如下。

（1）打开一个网页文件，输入一段文字，如图 2–80 所示。

（2）按 Shift+Enter 组合键，插入一个换行符，光标也移到下一个段落，如图 2–81 所示。输入文字，如图 2–82 所示。

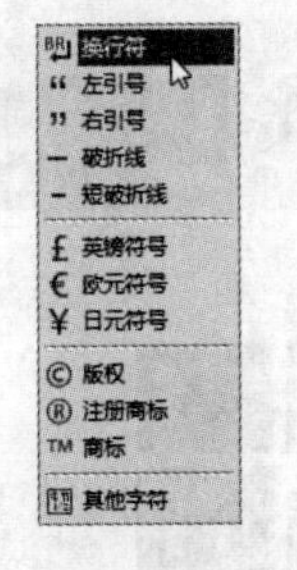

图 2–79

图 2–80

图 2–81

（3）使用相同的方法，输入其他文字和换行符，效果如图 2–83 所示。

图 2–82

图 2–83

2.3 水平线、网格与标尺

水平线可以将文字、图像、表格等对象在视觉上分隔开。一篇内容繁杂的文档，如果在其中合理地添加几条水平线，就会变得层次分明，便于阅读。

虽然 Dreamweaver 2020 提供了“所见即所得”的编辑器，但是通过视觉来判断网页元素的位置并不准确。要想精确地定位网页元素，可使用 Dreamweaver 提供的定位工具——网格和标尺。

2.3.1 课堂案例——艺术摄影网页

案例学习目标

插入水平线，并设置水平线的高度和颜色。

案例知识要点

使用“插入>HTML>水平线”命令，在文档中插入水平线；使用“属性”面板，改变水平线的高度；添加代码，改变水平线的颜色。

效果所在位置

云盘中的“Ch02 > 效果 > 艺术摄影网页 > index.html”，效果如图 2-84 所示。

（1）选择“文件 > 打开”命令，在弹出的“打开”对话框中，选择云盘中的“Ch02 > 素材 > 艺术摄影网页 > index.html”，单击“打开”按钮打开文件，如图 2-85 所示。

图 2-84

图 2-85

（2）将光标置入图 2-86 所示的单元格中。选择“插入 > HTML > 水平线”命令，在单元格中插入水平线，效果如图 2-87 所示。

（3）选中水平线，在“属性”面板中，将“高”设为 1，取消选中“阴影”复选框，如图 2-88 所示。水平线效果如图 2-89 所示。

（4）选中水平线，单击文档编辑窗口上方的“拆分”按钮 拆分 。在“拆分”视图中的"noshade"代码后面置入光标，按一次空格键，标签列表中会出现<hr>标签的属性，在其中选择属性“color”，如图 2-90 所示。

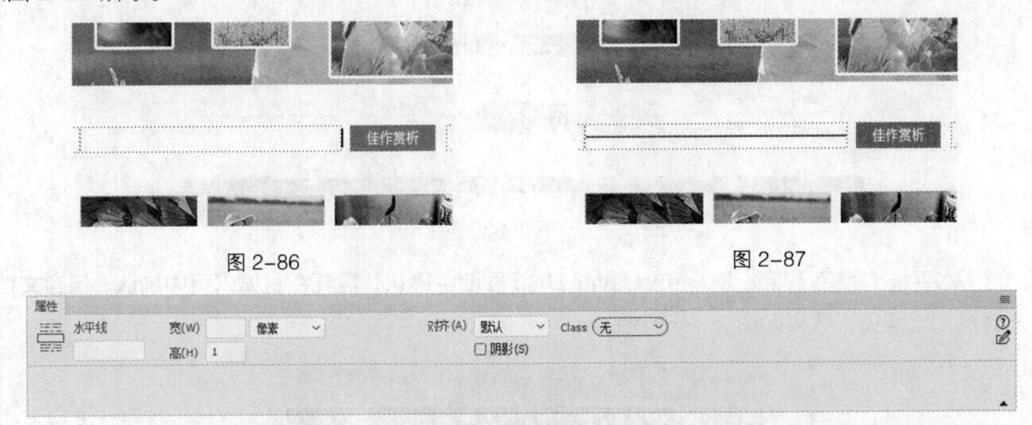

图 2-86

图 2-87

图 2-88

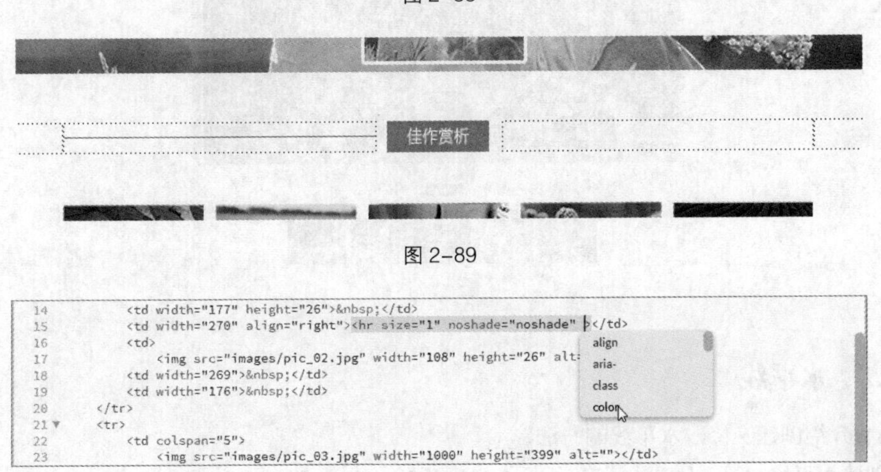

图 2-89

图 2-90

（5）选择“color”属性后，选择弹出的“Color Picker”属性，如图 2-91 所示。在弹出的颜色混合器中选择颜色，标签效果如图 2-92 所示。

```
14      <td width="177" height="26"> </td>
15      <td width="270" align="right"><hr size="1" noshade="noshade" color=""></td>
16      <td>                                          Color Picker...
17          <img src="images/pic_02.jpg" width="108" height="26" alt=""></td>
18      <td width="269"> </td>
19      <td width="176"> </td>
20  </tr>
21  <tr>
22      <td colspan="5">
23          <img src="images/pic_03.jpg" width="1000" height="399" alt=""></td>
```

图 2-91

```
14      <td width="177" height="26"> </td>
15      <td width="270" align="right"><hr size="1" noshade="noshade" color="#00c9dd"></td>
16      <td>
17          <img src="images/pic_02.jpg" width="108" height="26" alt=""></td>
18      <td width="269"> </td>
19      <td width="176"> </td>
20  </tr>
21  <tr>
22      <td colspan="5">
23          <img src="images/pic_03.jpg" width="1000" height="399" alt=""></td>
```

图 2-92

（6）用上述的方法制作出图 2-93 所示的效果。

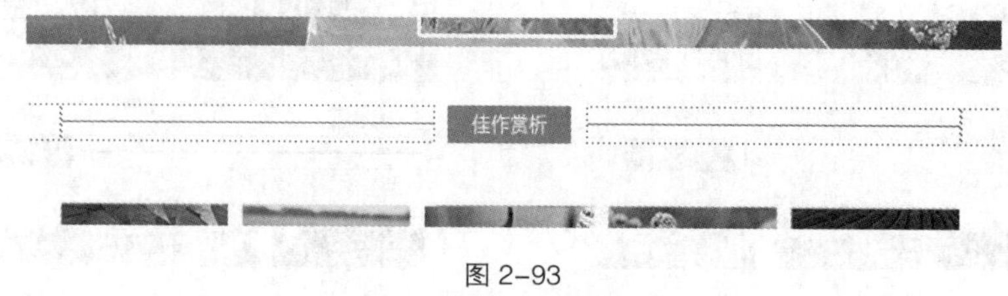

图 2-93

（7）水平线的颜色不能在 Dreamweaver 2020 界面中确认，需要在具体网页中确认。保存文档，按 F12 键预览网页，效果如图 2-94 所示。

图 2-94

2.3.2 水平线

本小节介绍创建、修改水平线的方法。

1. 创建水平线

创建水平线有以下 2 种方法。

（1）单击“插入”面板中“HTML”选项卡中的“水平线”按钮。

（2）选择“插入 > HTML> 水平线”命令。

2. 修改水平线

在文档编辑窗口中，选中水平线，选择“窗口 > 属性”命令，弹出“属性”面板，可以根据需要对水平线的属性进行修改，如图 2-95 所示。相关属性设置操作如下。

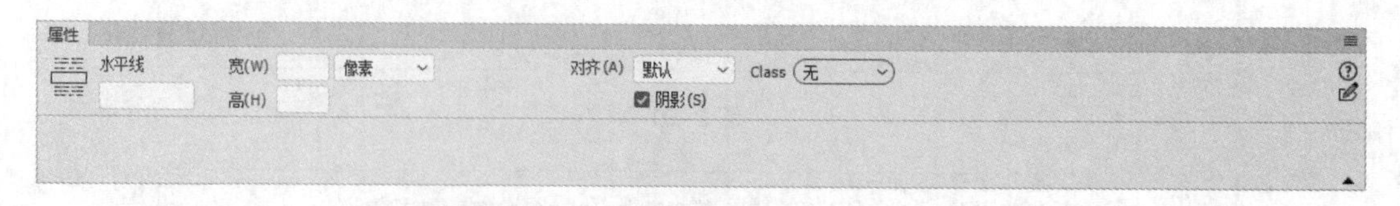

图 2-95

- 在“水平线”下方的文本框中输入水平线的名称。
- 在“宽”文本框中输入水平线的宽度值，其单位可以是 px，也可以是相对页面水平宽度的百分比。
- 在“高”文本框中输入水平线的高度值，其单位只能是 px。

- 在“对齐”下拉列表中，可以选择水平线在水平方向上的对齐方式，可以是“左对齐”、“右对齐”或“居中对齐”；也可以选择“默认”选项，使用默认的对齐方式，一般选择“居中对齐”选项。
- 如果选中“阴影”复选框，则水平线有阴影效果。

2.3.3 网格

使用网格可以更加方便地精确定位网页元素，在网页布局时网格具有至关重要的作用。

1. 显示和隐藏网格

选择“查看 > 设计视图选项 > 网格设置 > 显示网格”命令，或按 Ctrl+Alt+G 组合键，此时网格处于显示状态，网格在“设计”视图中可见，如图 2-96 所示。再次选择以上命令或按组合键，可隐藏网格。

2. 设置网页元素与网格对齐

选择“查看 > 设计视图选项 > 网格设置 > 靠齐到网格”命令，或按 Ctrl+Alt+Shift+G 组合键，此时，无论网格是否可见，都可以让网页元素自动与网格对齐。

3. 修改网格的疏密程度

选择“查看 > 设计视图选项 > 网格设置 > 网格设置”命令，弹出“网格设置”对话框，如图 2-97 所示。在“间隔”文本框中输入一个数字，并从右侧的下拉列表中选择间隔的单位，单击“确定”按钮关闭对话框，即可完成网格疏密程度的修改。

4. 修改网格的颜色和线型

选择“查看 > 设计视图选项 > 网格设置 > 网格设置”命令，弹出“网格设置”对话框。在该对话框中，先单击“颜色”按钮，并从颜色拾取器中选择一种颜色，或者在“颜色”按钮右侧的文本框中输入某种颜色的十六进制值，然后选中“显示”选项组中的“线”或“点”单选按钮，如图 2-98 所示，最后单击“确定”按钮，完成网格颜色和线型的修改。

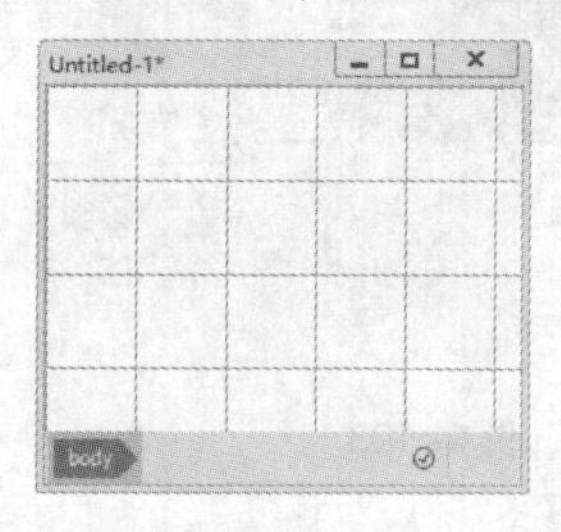

图 2-96

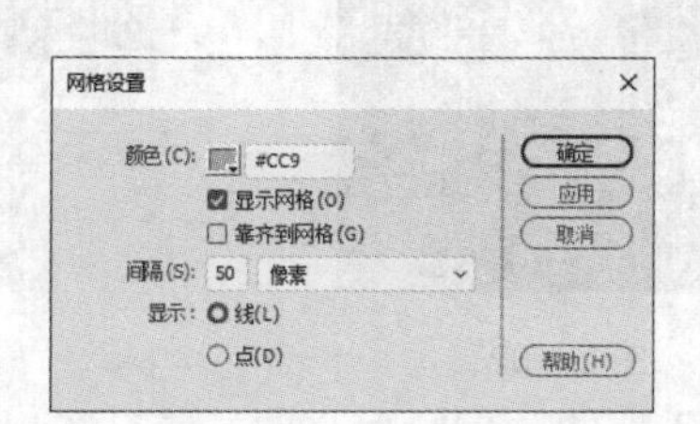

图 2-97

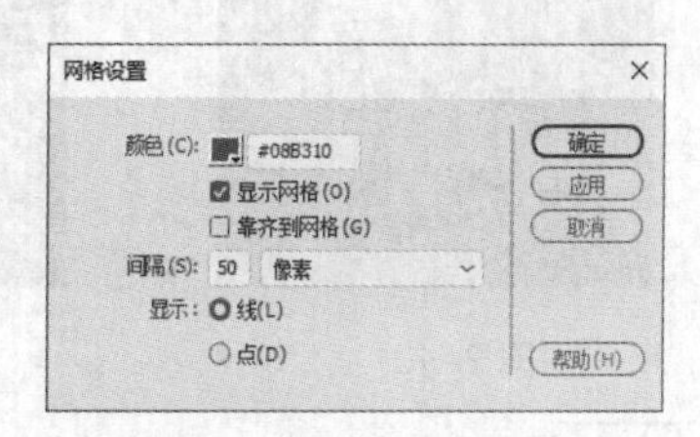

图 2-98

2.3.4 标尺

标尺显示在文档编辑窗口的上方和左侧，用以标志网页元素的位置。标尺的单位分为 px（像素）、in（英寸）和 cm（厘米）。

1. 在文档编辑窗口中显示标尺

选择“查看 > 设计视图选项 > 标尺 > 显示”命令，或按 Alt+F11 组合键，此时标尺处于显示的状态，如图 2-99 所示。

2. 改变标尺的单位

在文档编辑窗口的标尺刻度上单击鼠标右键，在弹出的快捷菜单中选择需要的单位，如图 2-100 所示。

图 2-99

图 2-100

3. 改变坐标原点

单击文档编辑窗口左上方的标尺交叉点，鼠标指针变为十字形，按住鼠标左键并向右下方拖曳，如图 2-101 所示。在要设置新的坐标原点的地方松开鼠标左键，坐标原点将随之改变，如图 2-102 所示。

4. 重置标尺的坐标原点

选择“查看 > 设计视图选项 > 标尺 > 重设原点”命令，即将坐标原点还原成(0,0)，如图 2-103 所示。

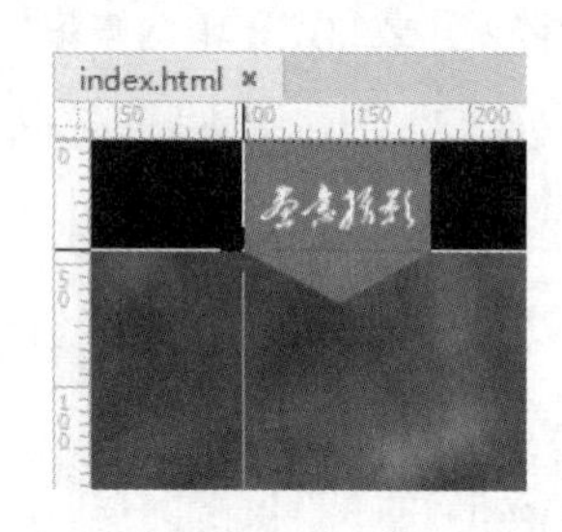

图 2-101

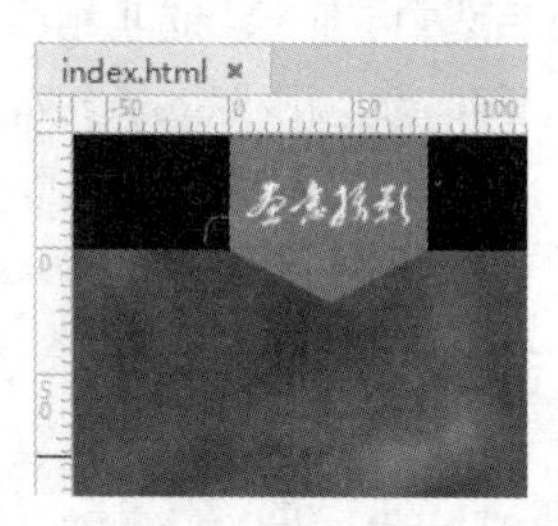

图 2-102

图 2-103

提示

若想将坐标原点恢复到初始位置，还可以双击文档编辑窗口左上方的标尺交叉点。

2.4 课堂练习——有机果蔬网页

练习知识要点

使用“页面属性”命令，设置网页外观、网页标题效果；使用“首选项”命令，设置允许输入多个连续空格；使用“CSS 设计器”面板，设置文字的字体、字号和行距。完成效果如图 2-104 所示。

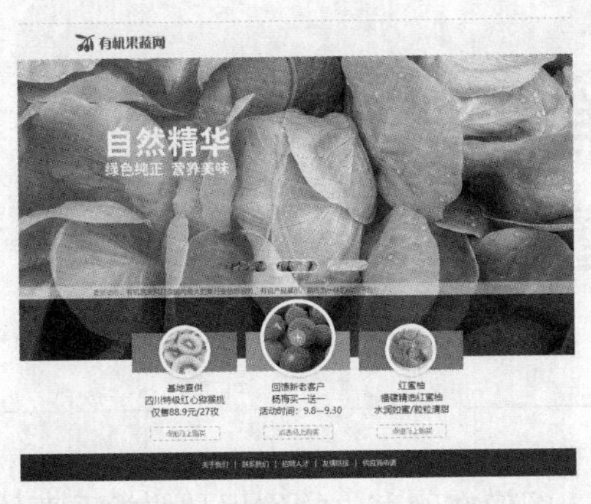

图 2-104

效果所在位置

云盘中的“Ch02 > 效果 > 有机果蔬网页 > index.html”。

2.5 课后习题——旅行购票网页

习题知识要点

使用“页面属性”命令，设置页边距和网页标题；使用“CSS 样式”命令，改变文本的颜色及行距。完成效果如图 2-105 所示。

图 2-105

效果所在位置

云盘中的“Ch02 > 效果 > 旅行购票网页 > index.html”。

03 第3章 图像和多媒体

图像在网页中的作用是非常重要的，适当地添加各类图像可以使网页更加清晰美观、形象生动，更能激发浏览者的阅读兴趣。

所谓“媒体”是指信息的载体，而“多媒体”指多种媒体的综合使用，包括文字、图像、动画、音频和视频等。在 Dreamweaver 2020 中，用户可以方便快捷地向网页中添加多媒体文件，并对它们进行各种编辑。

学习要点

- 网页中的图像格式
- 插入图像、图像的属性、图像替换文字、跟踪图像的应用
- 插入 Flash 动画、FLV 视频、Animate 作品、HTML5 视频、音频和插件

素养目标

1. 培养想象力和理解能力
2. 培养学习工作中发现问题、分析问题的能力
3. 培养良好的创新能力和审美能力

3.1 图像

要让更多的浏览者浏览自己设计的网站内容，网站设计者在设计网页时必须想办法增加吸引浏览者注意力的元素，比如添加各种赏心悦目的图像。对于网站设计者而言，掌握图像的使用技巧是非常重要的。

3.1.1 课堂案例——环球旅游网页

扫码观看本案例视频

扩展阅读

案例学习目标

插入图像并调整其位置。

案例知识要点

使用“Image”按钮，插入图像；使用“CSS 设计器”面板，设置图像之间的距离。

效果所在位置

云盘中的“Ch03 > 效果 > 环球旅游网页 > index.html”，效果如图 3-1 所示。

（1）选择“文件 > 打开”命令，在弹出的“打开”对话框中，选择云盘中的“Ch03 > 素材 > 环球旅游网页 > index.html”，单击“打开”按钮打开文件，如图 3-2 所示。

图 3-1

图 3-2

（2）将光标置入图 3-3 所示的单元格中，单击“插入”面板“HTML”选项卡中的“Image”按钮，在弹出的“选择图像源文件”对话框中，选择云盘中的“Ch03 > 素材 > 环球旅游网页 > images”中的“img_1.jpg”文件，单击“确定”按钮完成图像的插入，如图 3-4 所示。

图 3-3

图 3-4

（3）单击“插入”面板“HTML”选项卡中的“Image”按钮，在弹出的“选择图像源文件”对话框中，选择云盘中的“Ch03 > 素材 > 环球旅游网页 > images”中的“img_2.jpg”文件，单击“确定”按钮完成图像的插入，如图 3-5 所示。用相同的方法将云盘中的“Ch03 > 素材 > 环球旅游网页 > images”中的“img_3.jpg”和“img_4.jpg”文件插入单元格中，如图 3-6 所示。

图 3-5

图 3-6

（4）选择“窗口 > CSS 设计器”命令，弹出“CSS 设计器”面板，如图 3-7 所示。在“源”选项组中选择“<style>”选项；单击“选择器”选项组中的“添加选择器”按钮+，在“选择器”选项组中出现文本框，输入“.pic”，按 Enter 键确认输入，如图 3-8 所示；在“属性”选项组中单击“布局”按钮，显示布局属性，将“margin-right”设为 2px，如图 3-9 所示。

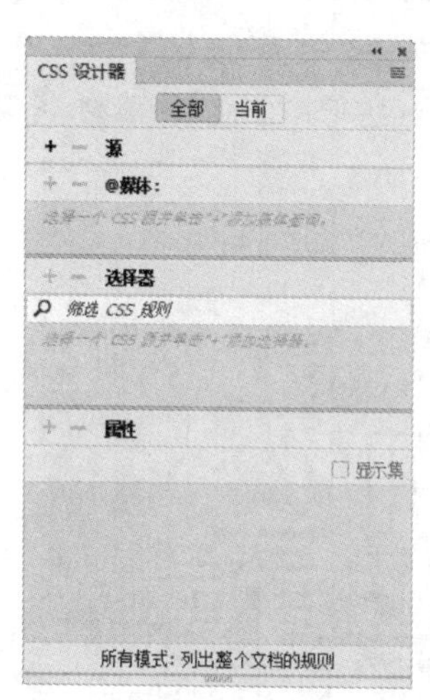

图 3-7

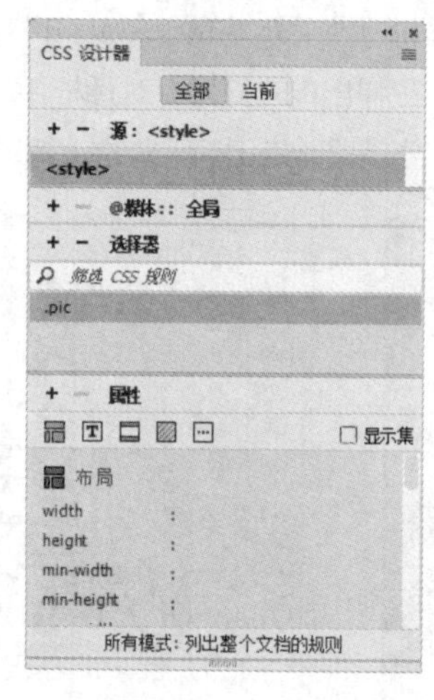

图 3-8

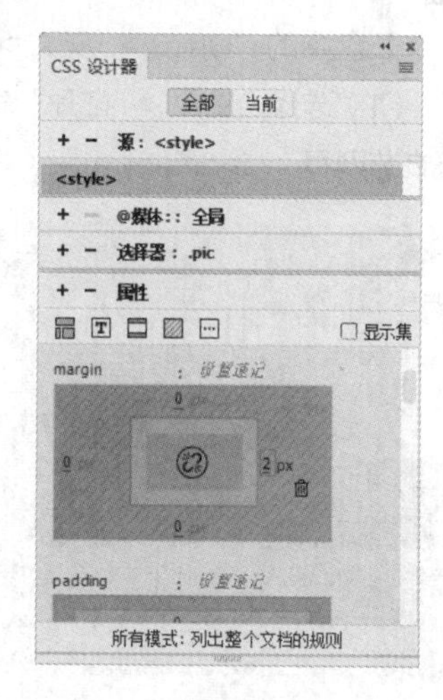

图 3-9

（5）选中图 3-10 所示的图像“img_1.jpg”，在“属性”面板的“无”下拉列表中选择“.pic”选项，应用该样式，效果如图 3-11 所示。用相同的方法为“img_2.jpg”和“img_3.jpg”图像应用样式，效果如图 3-12 所示。

图 3-10

图 3-11

图 3-12

（6）保存文档，按 F12 键预览效果，如图 3-13 所示。

图 3-13

3.1.2 网页中的图像格式

Web 网页中通常使用的图像文件有 JPEG、GIF、PNG 这 3 种格式，但大多数浏览器只支持 JPEG、GIF 这 2 种图像格式，因为要保证浏览者浏览网页的速度。因此，目前网站设计者主要使用 JPEG 和 GIF 这 2 种格式的图像来设计网页。

1. GIF 格式

GIF 格式是目前网络中最常见的图像格式之一，具有如下特点。

- 最多可以显示 256 种颜色。因此，它适用于色调不连续或具有大面积单一颜色的图像，可用于导航条、按钮，以及图标、徽标或其他具有统一颜色和色调的图像。
- 使用无损压缩方案。图像在压缩后不会有细节的损失。
- 支持透明的背景。可以创建带有透明区域的图像。
- 使用交织文件格式。在浏览器下载完图像之前，浏览者可看到下载完的部分图像。
- 图像格式的通用性好。几乎所有的浏览器都支持 GIF 图像格式，并且有许多免费软件支持对 GIF 图像文件的编辑。

2. JPEG 格式

JPEG 格式是一种“有损耗”压缩的图像格式，具有如下特点。

- 具有丰富的颜色。最多可以显示 1 670 万种颜色。
- 使用有损压缩方案。图像在压缩后会有细节的损失。
- JPEG 格式的图像比 GIF 格式的图像小，下载速度更快。
- 图像边缘的细节损失严重，所以不适用于包含对比鲜明的图案或文本的图像。

3. PNG 格式

PNG 格式是专门为网络而准备的图像格式，具有如下特点。

- 使用新型的无损压缩方案。图像在压缩后不会有细节的损失。
- 具有丰富的颜色。最多可以显示 1 670 万种颜色。
- 图像格式的通用性差。IE 4.0 或更高版本和 Netscape 4.04 或更高版本的浏览器都只能部分支持 PNG 图像的显示。因此，现阶段只有在为特定的目标用户进行图像设计时，才使用 PNG 格式。

3.1.3 插入图像

要在 Dreamweaver 2020 文档中插入图像，图像必须位于本地站点文件夹内或远程站点文件夹内，否则不能正确显示。在建立站点时，网站设计者常常先创建一个名为“image”的文件夹，然后将需要的图像复制到其中。

在网页中插入图像的具体操作步骤如下。

（1）在文档编辑窗口中，将插入点放置在要插入图像的位置。

（2）通过以下 3 种方法中的一种，打开“选择图像源文件”对话框，如图 3-14 所示。

① 单击“插入”面板“HTML”选项卡中的“Image”按钮。

② 选择“插入 > Image”命令。

③ 按 Ctrl+Alt+I 组合键。

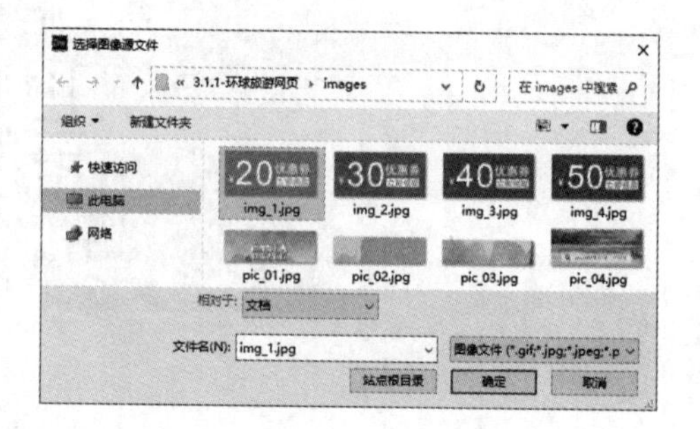

图 3-14

在该对话框中，选择图像文件，单击“确定”按钮即可插入指定的图像。

3.1.4 设置图像属性

插入图像后，在“属性”面板中显示图像的属性，如图 3-15 所示。下面介绍各项的作用。

图 3-15

- “ID”文本框：指定图像的 ID。
- “Src”文本框：指定图像的源文件。
- “链接”文本框：指定单击图像时要显示的网页文件。
- “无”下拉列表：指定图像应用的 CSS 样式。
- “编辑”按钮组：用于编辑图像文件，包括编辑、编辑图像设置、从源文件更新、裁剪、重新取样、设置亮度和对比度、锐化功能。
- “宽”和“高”文本框：分别用于设置图像的宽和高。通过它们虽然可以缩小或放大图像，但不会缩短图像下载时间，因为浏览器在缩放图像前会下载所有的图像数据。
- “替换”文本框：指定替换图像的文本。在浏览器已设置为手动下载图像时，图像将以文本的方式显示。在某些浏览器中，当鼠标指针滑过图像时也会显示替代文本。
- “标题”文本框：指定图像的标题。

- “地图”文本框和“热点工具”按钮组：用于设置图像的热点链接。
- “目标”下拉列表：指定链接页面应该载入的框架或窗口，详细参数可见第 4 章。
- “原始”文本框：为了节省浏览者浏览网页的时间，可通过设置此文本框指定在载入主图像之前快速载入的低品质图像。

3.1.5 给图像添加替换文字

当图像不能在浏览器中正常显示时，网页中图像所在的位置就会变成空白区域，如图 3-16 所示。

图 3-16

为了让浏览者在图像不能正常显示时也能了解图像的信息，可以为网页中的图像设置替换文字，即将图像的说明文字输入“替换”文本框中，如图 3-17 所示。这样当图像不能正常显示时，网页中的效果如图 3-18 所示。

图 3-17

图 3-18

3.1.6 跟踪图像

在工程设计过程中，一般先在图像处理软件中勾画出工程蓝图，然后在此基础上反复修改，最终得到一幅完美的设计图。制作网页时也应采用类似的方法，先在图像处理软件中绘制网页的蓝图，将其添加到网页的背景中，然后按设计方案添加相应元素，等网页制作完毕后，再将蓝图删除。在 Dreamweaver 2020 中可利用“跟踪图像”功能来实现上述网页设计方法。

添加网页蓝图的具体操作步骤如下。

（1）在图像处理软件中绘制网页的蓝图，如图 3-19 所示。

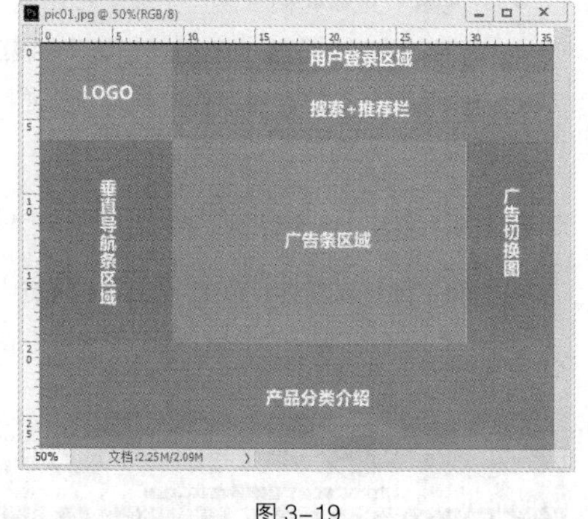

图 3-19

（2）选择“文件 > 新建”命令，新建文档。

（3）选择“文件 > 页面属性”命令，弹出“页面属性”对话框，在左侧的“分类”列表中选择“跟踪图像”选项，如图 3-20 所示。单击“浏览”按钮，在弹出的“选择图像源文件”对话框中找到步骤（1）中设计的蓝图，如图 3-21 所示。

（4）单击“确定”按钮，返回“页面属性”对话框，在其中调节“透明度”滑块，如图 3-22 所示，使图像呈半透明状态。单击“确定”按钮完成设置，效果如图 3-23 所示。

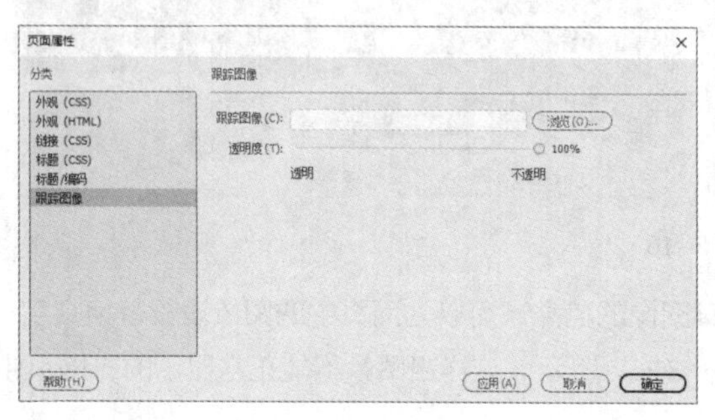

图 3-20

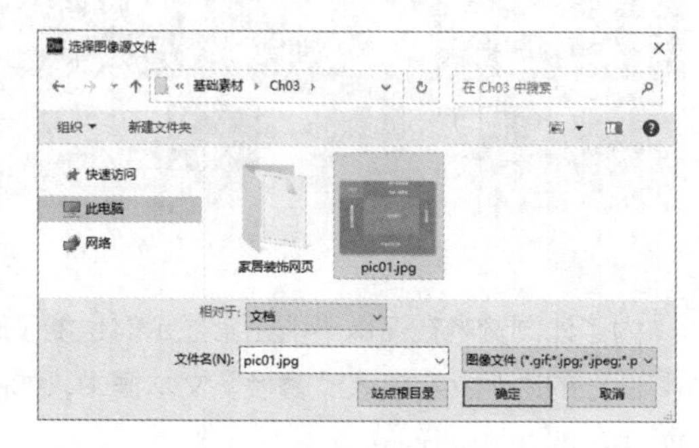

图 3-21

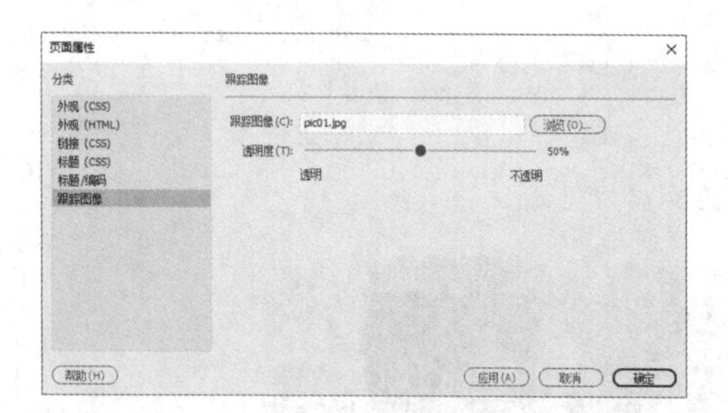

图 3-22

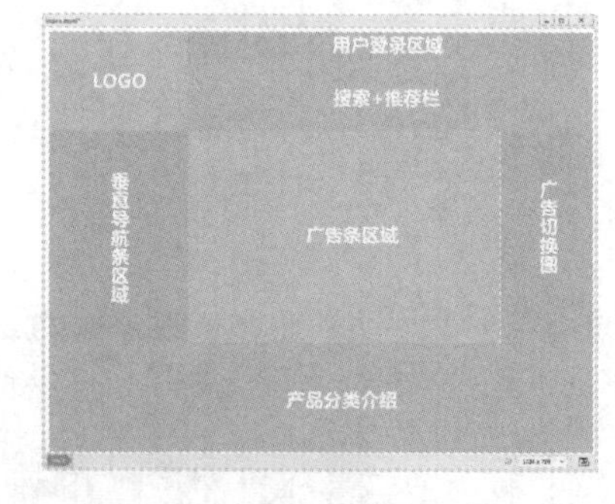

图 3-23

3.2 多媒体

在网页中除了使用文本和图像元素表达信息外，还可以使用 Flash 动画、FLV 视频、Animate 作品等多媒体，以丰富网页的内容。虽然这些多媒体对象能够使网页更加丰富多彩，吸引更多的浏览者，但是有时必须以牺牲浏览速度和兼容性为代价。所以，一般网站为了保证浏览者的浏览速度，不会大量运用多媒体元素。

3.2.1 课堂案例——绿色农场网页

扫码观看
本案例视频

扩展阅读

案例学习目标

插入 Flash 动画，使网页变得生动有趣。

案例知识要点

使用“Flash SWF”按钮，在网页文档中插入 Flash 动画；使用“属性”面板，设置动画背景为透明。

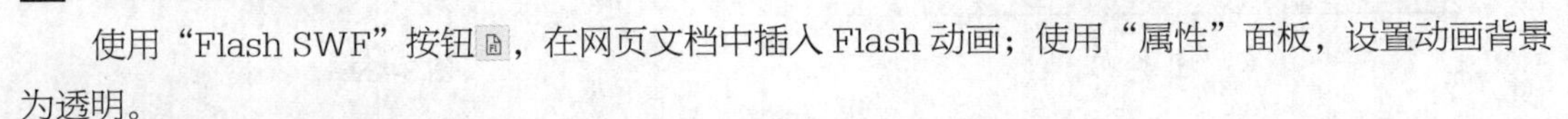

效果所在位置

云盘中的“Ch03 > 效果 > 绿色农场网页 > index.html”，效果如图 3-24 所示。

（1）选择“文件 > 打开”命令，在弹出的“打开”对话框中，选择云盘中的“Ch03 > 素材 > 绿色农场网页 > index.html”，单击“打开”按钮打开文件，如图 3-25 所示。

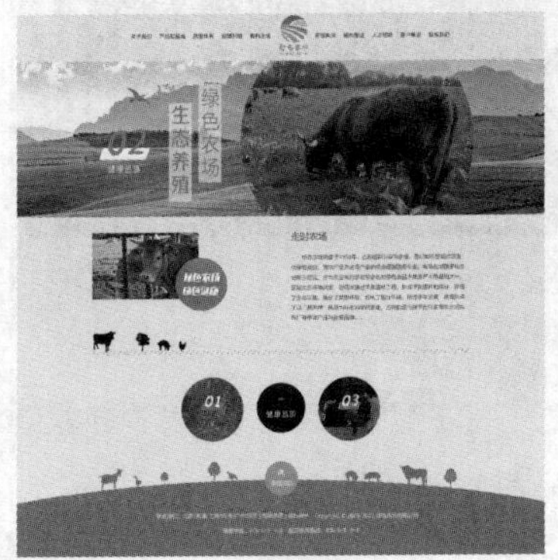

图 3-24

图 3-25

（2）将光标置入图 3-26 所示的单元格中，单击“插入”面板“HTML”选项卡中的“Flash SWF”按钮，在弹出的“选择 SWF”对话框中，选择云盘中的“Ch03 > 素材 > 绿色农场网页 > images”中的“DH.swf”文件，如图 3-27 所示。单击“确定”按钮，弹出“对象标签辅助功能属性”对话框，如图 3-28 所示。单击“确定”按钮，完成 Flash 动画的插入，效果如图 3-29 所示。

图 3-26

图 3-27

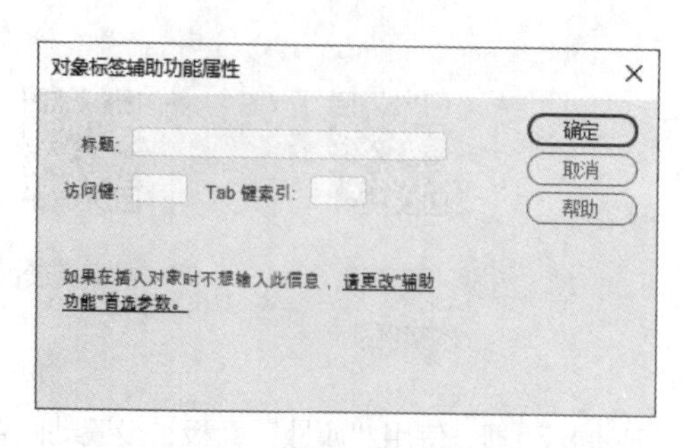

图 3-28

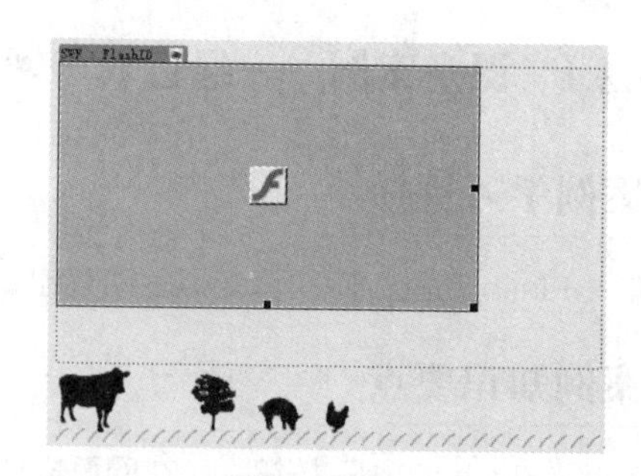

图 3-29

（3）保持动画的选中状态，在“属性”面板的“Wmode”下拉列表中选择“透明”选项，如图 3-30 所示。保存文档，按 F12 键预览效果，如图 3-31 所示。

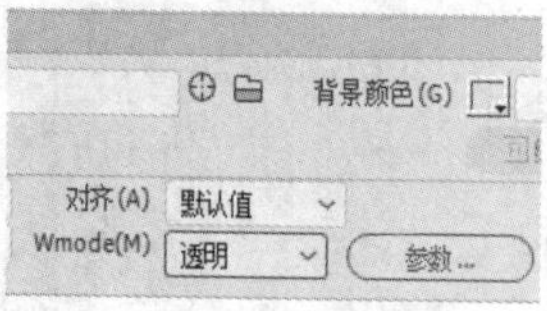

图 3-30

图 3-31

3.2.2 插入 Flash 动画

Dreamweaver 2020 中提供了插入 Flash 动画的功能，但要注意 Flash 动画的格式。例如 Flash 源文件格式（.fla）的文件不能在浏览器中显示，Flash SWF 格式（.swf）的文件是 Flash 动画的压缩格式，可以在浏览器中显示。所以在 Dreamweaver 2020 中只能插入 Flash SWF 格式的文件，便于在 Web 浏览器上查看。

在网页中插入 Flash 动画的具体操作步骤如下。

（1）在文档编辑窗口的“设计”视图中，将插入点放置在想要插入 Flash 动画的位置。

（2）通过以下 3 种方法中的一种打开“选择 SWF”对话框。

① 单击“插入”面板“HTML”选项卡中的“Flash SWF”按钮 。

② 选择“插入 > HTML > Flash SWF”命令。

③ 按 Ctrl+Alt+F 组合键。

（3）在“选择 SWF”对话框中选择一个扩展名为“.swf”的文件，如图 3-32 所示，单击“确定”按钮完成设置。此时，Flash 占位符出现在文档编辑窗口中，如图 3-33 所示。

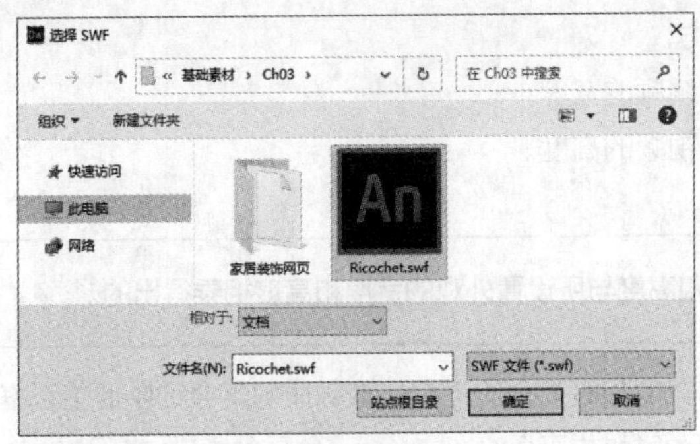

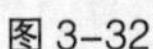

图 3-32

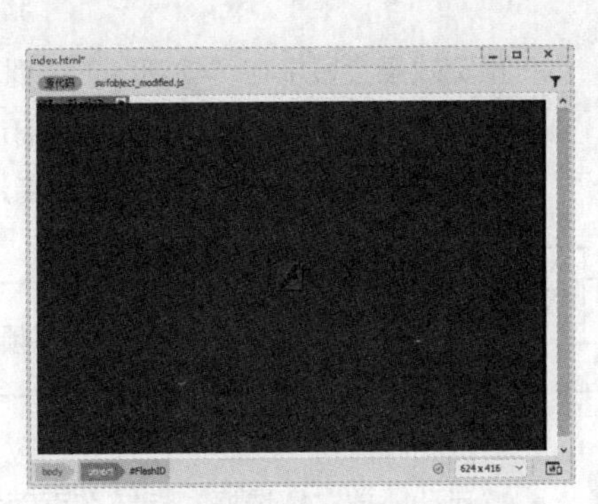

图 3-33

3.2.3 插入 FLV 视频

使用 Dreamweaver 2020 可以在网页中轻松添加 FLV 视频，无须使用 Flash 创作工具。但插入的 FLV 视频必须是经过编码的。

Dreamweaver 2020 提供了以下选项，用于将 FLV 视频传送给网站访问者。

- "累进式下载视频"选项：将 FLV 视频下载到网站访问者的硬盘上，并允许在下载完成之前就开始播放视频。
- "流视频"选项：对视频内容进行流式处理，并在可确保流畅播放的缓冲时间后播放视频。若要在 Dreamweaver 2020 的网页上使用该选项，必须具有访问 Adobe® Flash® Media Server 的权限，并且 FLV 视频必须经过编码。Dreamweaver 2020 中可以插入使用以下 2 种编解码器（压缩/解压缩技术）创建的 FLV 视频：Sorenson Squeeze 和 On2。

与 Flash SWF 文件一样，在插入 FLV 视频时，Dreamweaver 将检测用户是否拥有播放视频的正确 Flash Player 版本。如果用户没有正确的 Flash Player 版本，则浏览器将显示替代内容，提示用户下载最新版本的 Flash Player。

若要播放 FLV 视频，用户的计算机上必须安装 Flash Player 8 或更高的版本。如果用户的计算机没有安装所需的 Flash Player 版本，则浏览器将显示 Flash Player 快速安装程序的内容，而非替代内容。如果用户拒绝快速安装，则浏览器会显示替代内容。

插入 FLV 视频的具体操作步骤如下。

（1）在文档编辑窗口的"设计"视图中，将插入点放置在想要插入 FLV 视频的位置。

（2）通过以下 2 种方法中的一种，打开"插入 FLV"对话框，如图 3-34 所示。

① 单击"插入"面板"HTML"选项卡中的"Flash Video"按钮。

② 选择"插入 > HTML > Flash Video"命令。

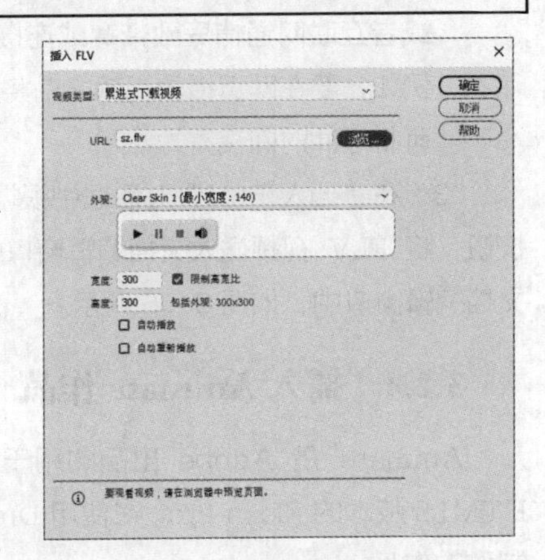

图 3-34

"累进式下载视频"视频类型的各项的作用如下。

- "URL"文本框：指定 FLV 视频的相对路径或绝对路径。
- "外观"下拉列表：指定视频组件的外观。所选外观的预览效果会显示在“外观”下拉列表的下方。

- “宽度”文本框：以 px 为单位指定 FLV 视频的宽度。
- “高度”文本框：以 px 为单位指定 FLV 视频的高度。

“包括外观”是 FLV 视频的宽度和高度与所设置外观的宽度和高度相乘得出的。

- “限制高宽比”复选框：保持 FLV 视频的宽度和高度之比不变，默认情况下会选中此复选框。
- “自动播放”复选框：指定在页面打开时是否播放视频。
- “自动重新播放”复选框：指定播放控件在视频播放完之后是否返回起始位置重新播放。

“流视频”视频类型的各项的作用如下。

- “服务器 URI”文本框：以 rtmp://www.example.com/app_name/instance_name 的形式指定服务器名称、应用程序名称和实例名称。
- “流名称”文本框：指定想要播放的 FLV 视频的名称（如 myvideo.flv），扩展名 .flv 是可选的。
- “实时视频输入”复选框：指定视频内容是否是实时的。如果选中了“实时视频输入”复选框，则 Flash Player 将播放从 Adobe® Flash® Media Server 流入的实时视频流。实时视频输入的名称是在“流名称”文本框中指定的名称。

如果选中了“实时视频输入”复选框，组件上只会显示音量控件，因为用户无法操纵实时视频。此外，“自动播放”和“自动重新播放”复选框也不再起作用。

- “缓冲时间”下拉列表：指定在视频开始播放之前进行缓冲处理所需的时间（以 s 为单位）。默认的缓冲时间为 0，这样在单击了“播放”按钮后视频会立即开始播放。（如果选中了“自动播放”复选框，则在建立与服务器的连接后视频立即开始播放。）如果要发送的视频的比特率高于站点访问者的连接速度，或者互联网通信导致带宽或连接问题，则需要设置缓冲时间。例如，要在网页播放视频之前将 15s 的视频发送到网页，此时可将缓冲时间设置为 15。

（3）在“插入 FLV”对话框中根据需要进行设置。单击“确定”按钮，将 FLV 视频插入文档编辑窗口中，此时，FLV 占位符出现在文档编辑窗口中，如图 3-35 所示。

图 3-35

3.2.4 插入 Animate 作品

Animate 是 Adobe 出品的用于制作 HTML5 动画的可视化工具，可以将其简单地理解为 HTML5 版本的 Flash Pro。在使用 Dreamweaver 2020 制作的网页中同样可以插入使用 Animate 制作的作品。

在网页中插入 Animate 作品的具体操作步骤如下。

（1）在文档编辑窗口的“设计”视图中，将插入点放置在想要插入 Animate 作品的位置。

（2）通过以下 3 种方法中的一种打开“选择动画合成”对话框。

① 单击“插入”面板“HTML”选项卡中的“动画合成”按钮。

② 选择“插入 > HTML > Animate 作品”命令。

③ 按 Ctrl+Alt+Shift+E 组合键。

（3）“选择动画合成”对话框如图 3-36 所示。选择一个 Animate 作品，单击“确定”按钮，即可在文档编辑窗口中插入该 Animate 作品，如图 3-37 所示。

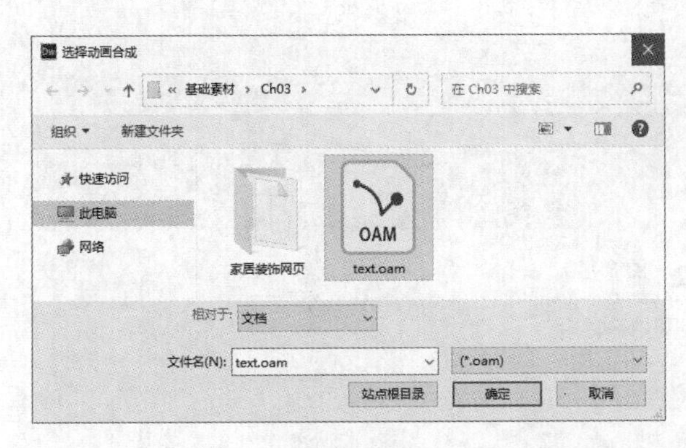

图 3-36

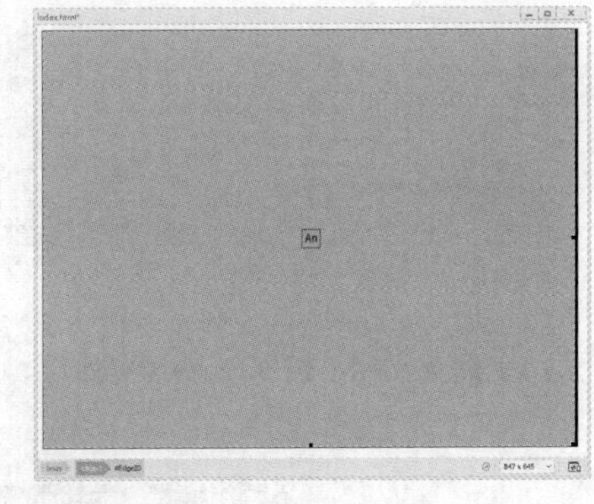

图 3-37

（4）保存文档，按 F12 键在浏览器中预览效果。

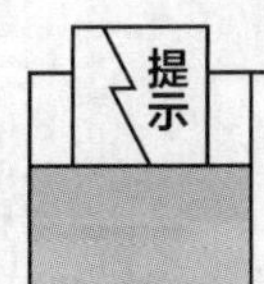

Dreamweaver 2020 中只能插入扩展名为“.oam”的 Animate 作品，该格式文件是由 Animate 发布的 Animate 作品包。

3.2.5 插入 HTML5 视频

使用 Dreamweaver 2020 可以在网页中插入 HTML5 视频。HTML5 视频提供了一种将电影或其他类型的视频嵌入网页的标准方式。

在网页中插入 HTML5 视频的具体操作步骤如下。

（1）在文档编辑窗口的“设计”视图中，将插入点放置在想要插入 HTML5 视频的位置。

（2）通过以下 3 种方法中的一种启用 HTML5 视频功能。

① 在“插入”面板的“HTML”选项卡中，单击“HTML5 Video”按钮。

② 选择“插入 > HTML > HTML5 Video”命令。

③ 按 Ctrl+Shift+Alt+V 组合键。

（3）此时页面中插入了一个内部带有影片图标的矩形，如图 3-38 所示。选中该矩形，在“属性”面板中，单击“源”文本框右侧的“浏览”按钮，在弹出的“选择视频”对话框中选择视频文件，如图 3-39 所示，单击“确定”按钮。此时的“属性”面板如图 3-40 所示。

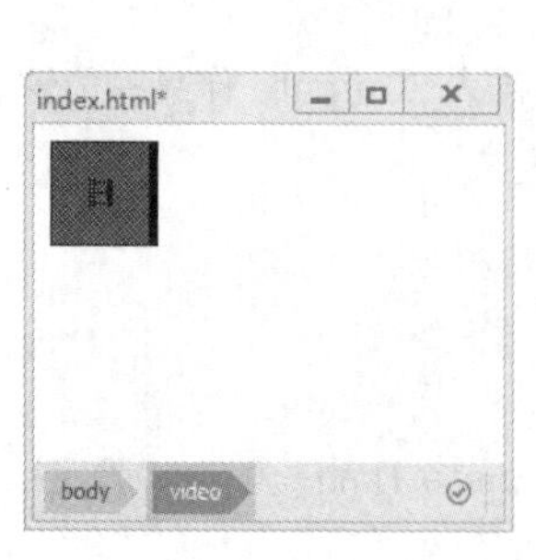

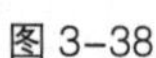

图 3-38

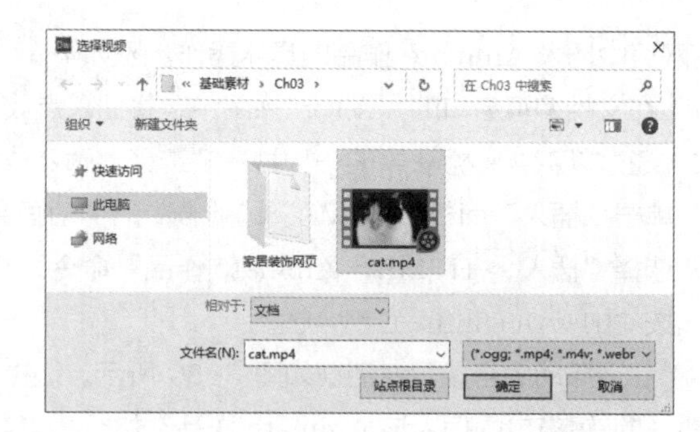

图 3-39

图 3-40

（4）保存文档，按 F12 键预览效果，如图 3-41 所示。

图 3-41

3.2.6 插入音频

1. 插入背景音乐

Dreamweaver 2020 的 HTML 代码中提供了背景音乐标签<bgsound></bgsound>，使用该标签可以为网页添加背景音乐。

在网页中插入背景音乐的具体操作步骤如下。

（1）新建一个空白文档并将其保存。在文档编辑窗口中切换至“代码”视图，将光标置于<body></body>标签中。

（2）在光标所在的位置输入“<b”，弹出代码提示菜单，选择“bgsound”命令，如图 3-42 所示，此时代码如图 3-43 所示。

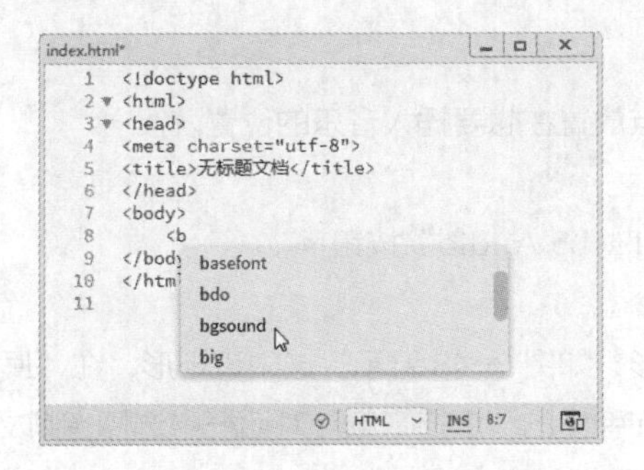

图 3-42

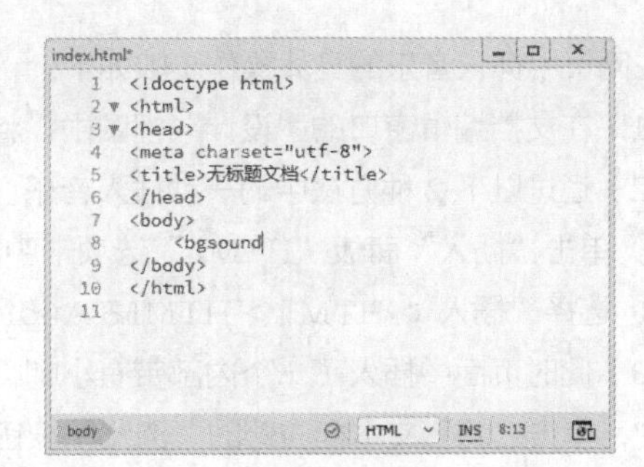

图 3-43

（3）按空格键，弹出代码提示菜单，选择“src”命令，如图 3-44 所示，在弹出的菜单中选择需要的音乐文件，如图 3-45 所示。

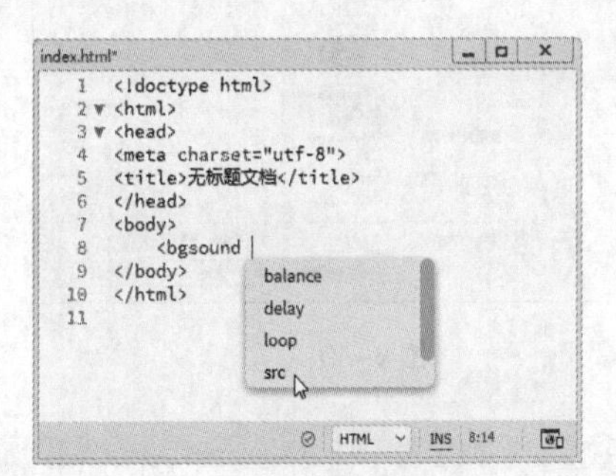

图 3-44

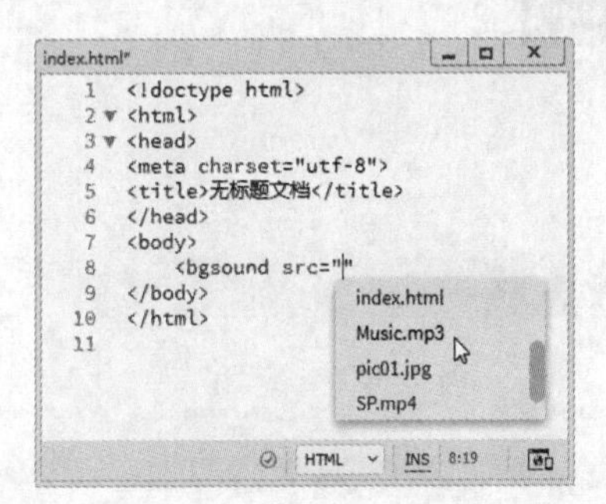

图 3-45

（4）音乐文件选好后，按空格键添加其他属性，如图 3-46 所示。输入“>”自动生成结束代码，如图 3-47 所示。

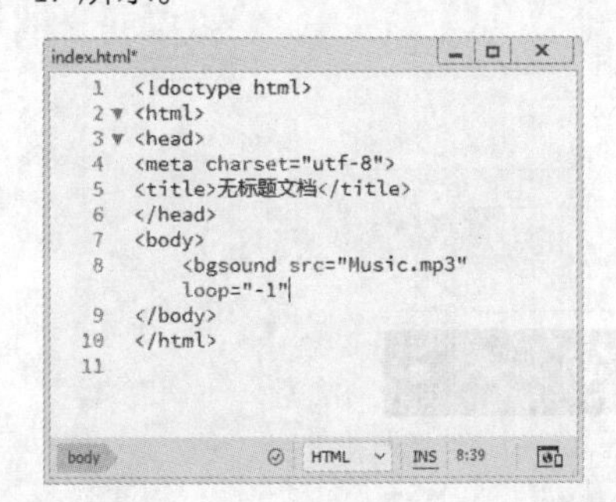

图 3-46

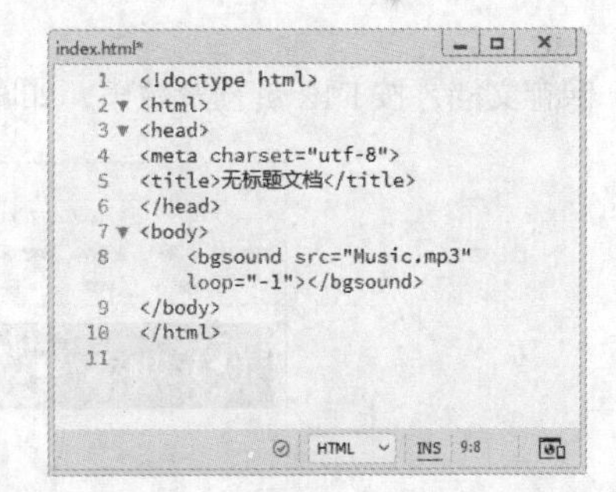

图 3-47

（5）保存文档，按 F12 键在浏览器中预听背景音乐效果。

在网页中使用的音频主要有 MID、WAV、AIF、MP3 等格式。

2. 插入音乐

插入音乐和插入背景音乐的效果不同。插入音乐时，可以在页面中看到播放器的外观，如播放、暂停、定位和音量等按钮。

在网页中插入音乐的具体操作步骤如下。

（1）在文档编辑窗口的“设计”视图中，将插入点放置在想要插入音乐的位置。

（2）通过以下 2 种方法中的一种插入音乐。

① 单击“插入”面板“HTML”选项卡中的“HTML5 Audio”按钮。

② 选择“插入 > HTML > HTML5 Audio”命令。

（3）此时页面中插入了一个内部带有小喇叭的矩形，如图 3-48 所示。选中该矩形，在“属性”面板中，单击“源”文本框右侧的“浏览”按钮，在弹出的“选择音频”对话框中选择音频文件，如图 3-49 所示，单击“确定”按钮。此时的“属性”面板如图 3-50 所示。

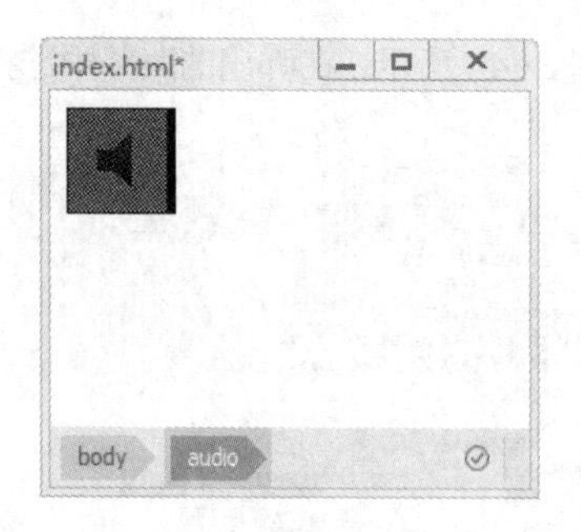

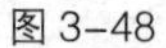

图 3-48

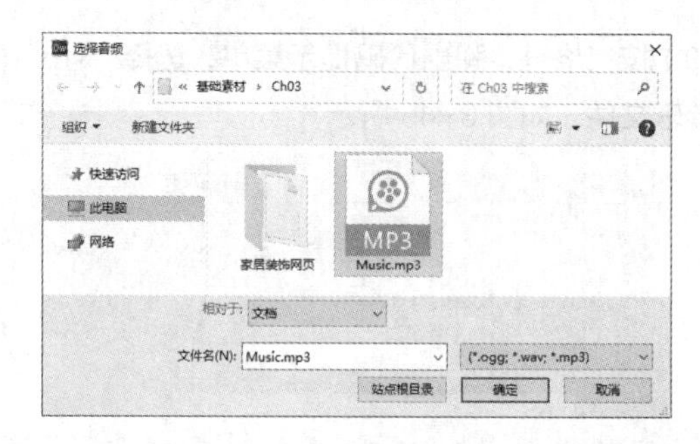

图 3-49

图 3-50

（4）保存文档，按 F12 键预览效果，如图 3-51 所示。

图 3-51

3. 嵌入音乐

上面介绍了插入背景音乐及音乐的方法，下面讲解嵌入音乐。嵌入音乐和插入音乐的效果基本相同，只不过嵌入音乐播放器上比插入音乐播放器上多几个按钮。

在网页中嵌入音乐的具体操作步骤如下。

（1）在文档编辑窗口的“设计”视图中，将插入点放置在想要嵌入音乐的位置。

（2）通过以下 2 种方法中的一种打开“选择文件”对话框。

① 单击“插入”面板“HTML”选项卡中的“插件”按钮。

② 选择“插入 > HTML > 插件”命令。

（3）在“选择文件”对话框中选择音频文件，如图 3-52 所示，单击“确定”按钮，在文档编辑窗口中出现一个内部带有拼图板的矩形图标，如图 3-53 所示。保存图标的选中状态，在“属性”面板中进行设置，如图 3-54 所示。

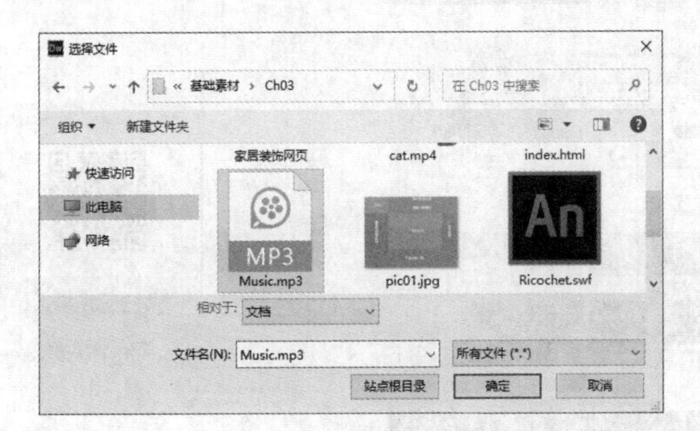

图 3-52

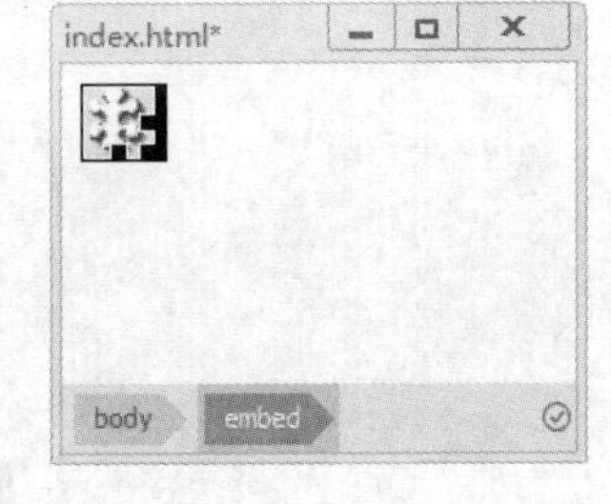

图 3-53

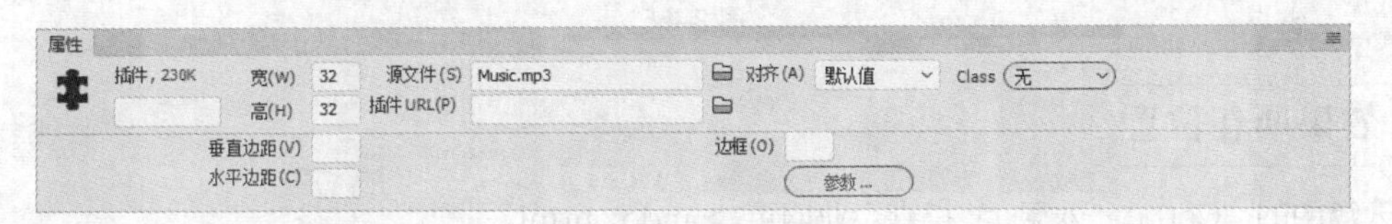

图 3-54

（4）保存文档，按 F12 键预览效果。

3.2.7 插入插件

利用“插件”按钮，可以在网页中插入 AIV、MPG、MOV、MP4 等格式的视频文件，还可以插入音频文件。

在网页中插入插件的具体操作步骤如下。

（1）在文档编辑窗口的“设计”视图中，将插入点放置在想要插入插件的位置。

（2）通过以下 2 种方法中的一种打开“插件”对话框，插入插件。

① 单击“插入”面板“HTML”选项卡中的“插件”按钮。

② 选择“插入 > HTML > 插件”命令。

3.3 课堂练习——拓森企业网页

练习知识要点

使用“Image”按钮插入图像，美化页面。完成效果如图 3-55 所示。

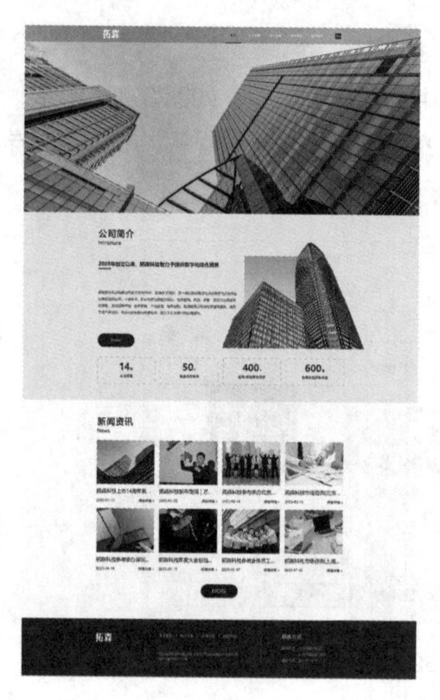

图 3-55

效果所在位置

云盘中的“Ch03 > 效果 > 拓森企业网页 > index.html”。

3.4 课后习题——五谷杂粮网页

习题知识要点

使用“Flash SWF”按钮，插入 Flash 动画。完成效果如图 3-56 所示。

图 3-56

效果所在位置

云盘中的“Ch03 > 效果 > 五谷杂粮网页 > index.html”。

04 第 4 章 超链接

网站中的每个网页都是通过超链接的形式关联在一起的，超链接是网页中最重要、最根本的元素之一。浏览者可以通过单击网页中的某个超链接，轻松地实现网页之间的跳转，或下载文件、收发邮件等。本章将对超链接进行具体的讲解。

学习要点

- ✔ 超链接的概念
- ✔ 文本超链接、下载文件超链接、电子邮件超链接的创建
- ✔ 图像超链接、鼠标指针经过图像超链接的创建
- ✔ ID 超链接、热点超链接的创建

素养目标

1. 培养能够创建本地文件并对网页设置各种超链接的能力
2. 培养能够根据企业需求制作商务网页的能力
3. 培养能够正确表达自己意见的沟通能力

4.1 超链接的概念

超链接的主要作用是将物理上无序的网页组成有机的统一体。链接对象存放着对应网页或其他文件的地址。在浏览网页时，当用户将鼠标指针移到某些文字或图像上时，鼠标指针会改变形状或颜色，这是在提示用户：此对象为链接对象。用户只需单击链接对象，就可完成打开链接的网页、下载文件、打开邮件及收发邮件等操作。

4.2 文本超链接

文本超链接是以文本为链接对象的一种常用的超链接方式。作为链接对象的文本有标志作用，它标志链接网页的主要内容或主题。

4.2.1 课堂案例——建筑模型网页

扫码观看
本案例视频

扩展阅读

案例学习目标

使用“插入”面板的“HTML”选项卡制作电子邮件链接效果；使用“属性”面板为文字制作下载文件链接效果。

案例知识要点

使用“电子邮件链接”按钮，制作电子邮件链接效果；使用“浏览文件”按钮，为文字制作下载文件链接效果。

效果所在位置

云盘中的“Ch04 > 效果 > 建筑模型网页 > index.html”，效果如图 4-1 所示。

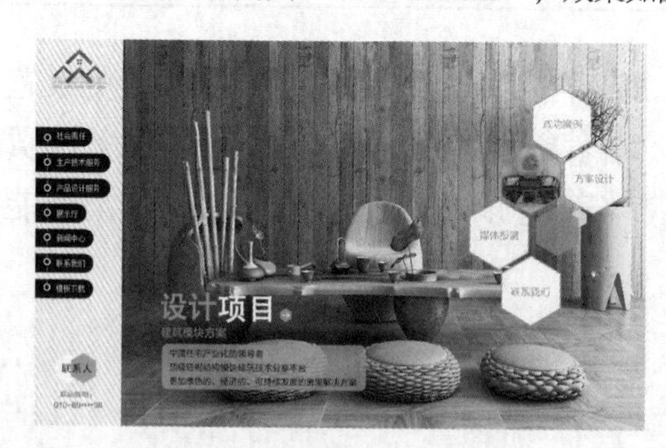

图 4-1

1. 制作电子邮件链接

（1）选择“文件 > 打开”命令，在弹出的“打开”对话框中，选择云盘中的“Ch04 > 素材 > 建筑模型网页 > index.html”，如图 4-2 所示。单击“打开”按钮打开文件，如图 4-3 所示。

图 4-2

图 4-3

（2）选中文字“联系我们”，如图 4-4 所示。单击“插入”面板“HTML”选项卡中的“电子邮件链接”按钮，在弹出的“电子邮件链接”对话框中进行设置，如图 4-5 所示。单击“确定”按钮，文字的下方出现下划线，如图 4-6 所示。

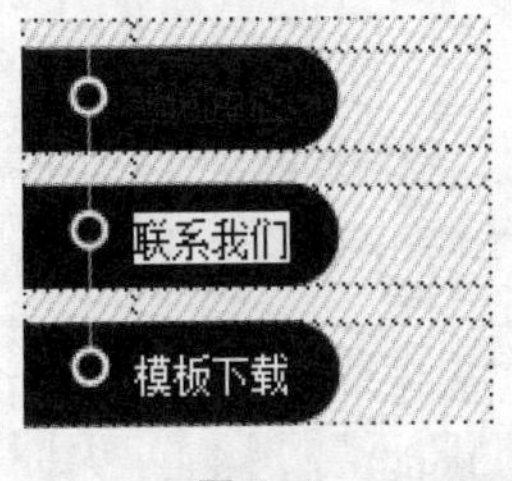

图 4-4

图 4-5

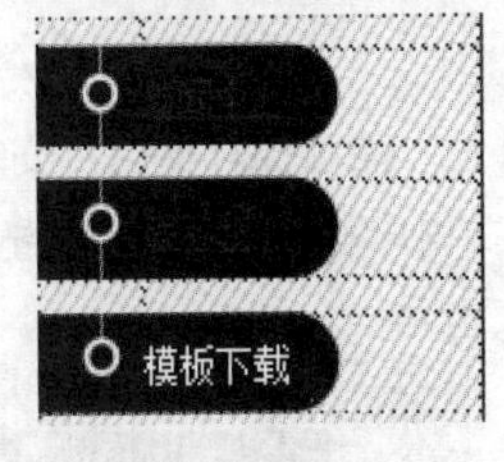

图 4-6

（3）选择“文件 > 页面属性”命令，弹出“页面属性”对话框，在左侧的“分类”列表中选择“链接(CSS)”选项。在对话框右侧将“链接颜色”设为白色（#FFFFFF），“变换图像链接”设为橘黄色（#FF6600），“已访问链接”设为白色（#FFFFFF），“活动链接”设为橘黄色（#FF6600），在“下划线样式”下拉列表中选择“始终无下划线”选项，如图 4-7 所示。单击“确定”按钮，文字效果如图 4-8 所示。

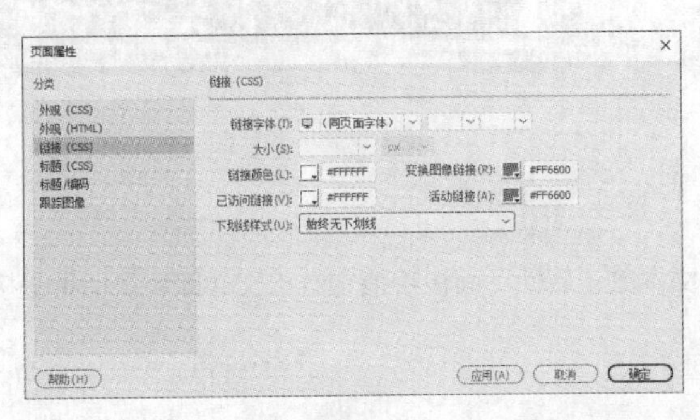

图 4-7

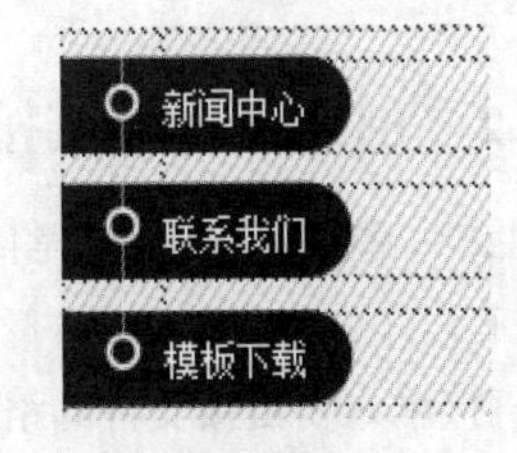

图 4-8

2. 制作下载文件链接

（1）选中文字“模板下载”，如图 4-9 所示。在“属性”面板中，单击“链接”文本框右侧的“浏览文件”按钮，弹出“选择文件”对话框。选择云盘中的“Ch04 > 素材 > 建筑模型网页 > images”文件夹中的“tpl.zip”文件，如图 4-10 所示。单击“确定”按钮，将“tpl.zip”文件链接到“链接”文本框中，在“目标”下拉列表中选择“_blank”选项，如图 4-11 所示。

图 4-9

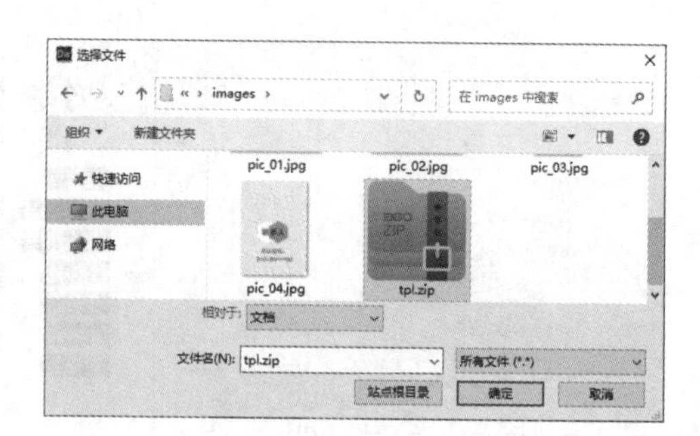

图 4-10

图 4-11

（2）保存文档，按 F12 键预览效果。单击插入的电子邮件链接“联系我们”，效果如图 4-12 所示。单击“模板下载”文件链接，将弹出一个提示框，在该提示框中可以根据提示进行操作，如图 4-13 所示。

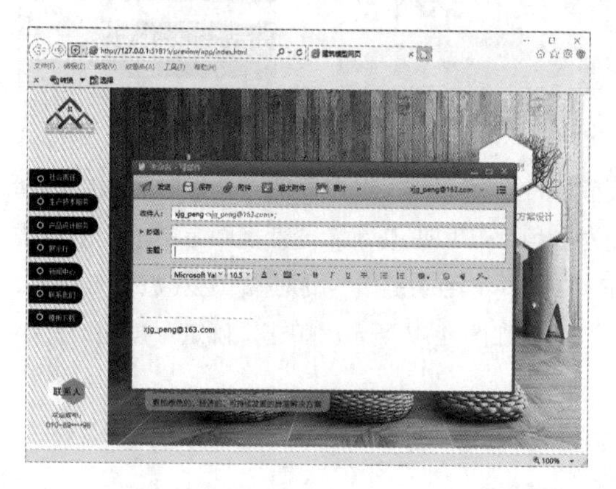

图 4-12

图 4-13

4.2.2 创建文本超链接

创建文本超链接的方法非常简单，在链接文本的“属性”面板中指定链接文件即可。指定链接文件的方法有以下 3 种。

1. 直接输入要链接文件的路径和文件名

在文档编辑窗口中选中作为链接对象的文本。选择“窗口 > 属性”命令，弹出“属性”面板。在“链接”文本框中直接输入要链接文件的路径，如图 4-14 所示。

图 4-14

要链接到本地站点中的一个文件，直接输入文件的相对路径或站点根目录的相对路径；要链接到本地站点以外的文件，直接输入绝对路径。

2. 使用“浏览文件”按钮

在文档编辑窗口中选中作为链接对象的文本。在“属性”面板中，单击“链接”文本框右侧的“浏览文件”按钮，弹出“选择文件”对话框。选择要链接的文件，在“相对于”下拉列表中选择“文档”选项，如图 4-15 所示，单击“确定”按钮。

图 4-15

（1）在“相对于”下拉列表中有两个选项。选择“文档”选项，表示使用文件相对路径来链接；选择“站点根目录”选项，表示使用站点根目录相对路径来链接。

（2）一般要链接本地站点中的文件时，最好不要使用绝对路径，因为如果链接文件移动了，文件内所有的绝对路径都会改变，造成链接错误。

3. 使用“指向文件”按钮

使用“指向文件”按钮，可以快捷地指定“文件”面板内的链接文件。

在文档编辑窗口中选中作为链接对象的文本。在“属性”面板中的“指向文件”按钮上按住鼠标左键并拖曳至右侧“文件”面板内的文件，如图 4-16 所示。松开鼠标左键，“链接”文本框中会显示出相应的链接。

图 4-16

当完成文件链接后，“属性”面板中的“目标”下拉列表变为可用，其中各选项的作用如下。

- “_blank”选项：将链接文件加载到未命名的浏览器新窗口中。
- “_parent”选项：将链接文件加载到包含链接的父框架集或浏览器窗口中；如果包含链接的框架不是嵌套的，则链接文件加载到整个浏览器窗口中。
- “_self ”选项：将链接文件加载到链接所在的同一框架或浏览器窗口中。此设置是默认的，因此通常不需要选择它。
- “_top”选项：将链接文件加载到整个浏览器窗口中，并删除所有框架。

4.2.3 设置文本超链接的状态

未访问过的链接文字与访问过的链接文字在形式上应该是有所区别的，以提示浏览者链接文字所指示的网页是否已被访问过。设置文本超链接的状态的具体操作步骤如下。

（1）选择“文件 > 页面属性”命令，弹出“页面属性”对话框。

（2）在该对话框中设置文本超链接的状态。在左侧的“分类”列表中选择“链接(CSS)”选项，如图 4-17 所示，单击“链接颜色”右侧的按钮□，在弹出的颜色面板中，选择一种颜色，设置链接文字的颜色。

单击“变换图像链接”右侧的按钮□，在弹出的颜色面板中，选择一种颜色，设置鼠标指针经过链接时的文字颜色。

单击“已访问链接”右侧的按钮□，在弹出的颜色面板中，选择一种颜色，设置访问过的链接文字的颜色。

单击“活动链接”右侧的按钮□，在弹出的颜色面板中，选择一种颜色，设置活动链接文字的颜色。

在“下划线样式”下拉列表中设置链接文字是否加下划线，如图 4-18 所示。

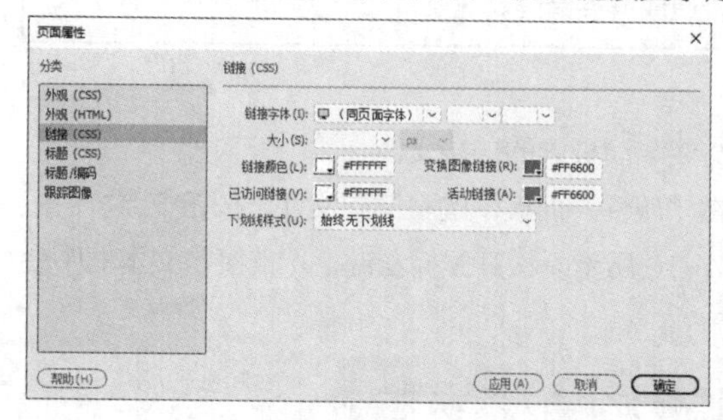

图 4-17

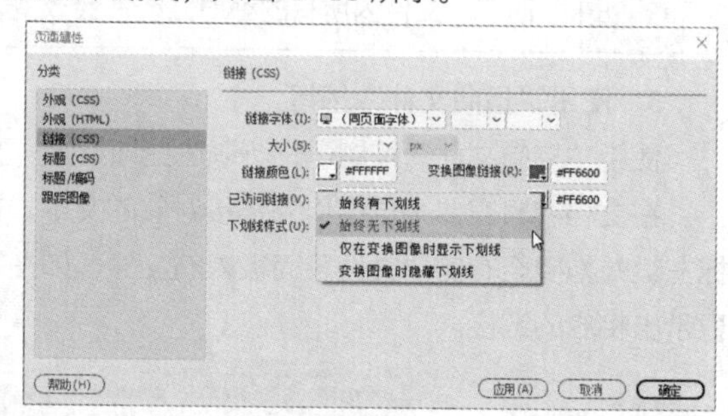

图 4-18

4.2.4 创建下载文件超链接

浏览网站的目的往往是查找并下载资料，网站中的文件下载功能可利用下载文件超链接来实现。创建下载文件超链接的步骤与创建文本超链接的类似，区别在于所链接的文件不是网页文件而是其他文件，如 EXE、ZIP 等文件。

创建下载文件超链接的具体操作步骤如下。

（1）在文档编辑窗口中选择需添加下载文件超链接的网页对象。

（2）在“链接”文本框中指定链接文件。

（3）按 F12 键预览网页。

4.2.5 创建电子邮件超链接

网站一般只作为单向传播的工具，将各网页中的信息传达给浏览者，但网站设计者可能需要接收浏览者的反馈信息，这可以通过让浏览者给网站设计者发送电子邮件来实现。在网页中创建电子邮件超链接就可以实现这种功能。

每当浏览者单击设置为电子邮件超链接的网页对象时，就会打开邮件处理工具（如微软公司的 Outlook Express），并且该工具自动将收信人地址设为网站设计者的邮箱地址，方便浏览者发送网站的反馈信息。

1. 利用“属性”面板创建电子邮件超链接

（1）在文档编辑窗口中选择链接对象，一般是文字，如“联系我们”。

（2）在“链接”文本框中输入“mailto:地址”形式的邮箱地址。例如，网站设计者的邮箱地址是“xjg_peng@163.com”，则在“链接”文本框中输入“mailto: xjg_peng@163.com”，如图 4-19 所示。

图 4-19

2. 利用“电子邮件链接”对话框创建电子邮件超链接

（1）在文档编辑窗口中选择需要添加电子邮件超链接的网页对象。

（2）通过以下 2 种方法中的一种打开“电子邮件链接”对话框。

① 选择“插入 > HTML > 电子邮件链接”命令。

② 单击“插入”面板“HTML”选项卡中的“电子邮件链接”按钮。

（3）在“文本”文本框中输入要在网页中显示的链接文字，并在“电子邮件”文本框中输入完整的邮箱地址，如图 4-20 所示。单击“确定”按钮，即可完成电子邮件超链接的创建。

图 4-20

4.3 图像超链接

所谓图像超链接，就是以图像作为链接对象，当用户单击图像时就会打开链接网页或其他文件。

扫码观看
本案例视频

扩展阅读

4.3.1 课堂案例——温泉度假网页

案例学习目标

为网页添加导航效果，并制作图像超链接。

案例知识要点

使用“鼠标经过图像”按钮，为网页添加导航效果；使用“链接”文本框，制作超链接；使用“CSS 设计器”面板，控制超链接的边框效果。

效果所在位置

云盘中的“Ch04 > 效果 > 温泉度假网页 > index.html”，效果如图 4-21 所示。

图 4-21

1. 为网页添加导航

（1）选择“文件 > 打开”命令，在弹出的“打开”对话框中，选择云盘中的“Ch04 > 素材 > 温泉度假网页 > index.html”，单击“打开”按钮打开文件，如图 4-22 所示。将光标置入图 4-23 所示的单元格中。

图 4-22

图 4-23

（2）单击“插入”面板“HTML”选项卡中的“鼠标经过图像”按钮，弹出“插入鼠标经过图像”对话框。单击“原始图像”文本框右侧的“浏览”按钮，弹出“原始图像”对话框。选择云盘中的“Ch04 > 素材 > 温泉度假网页 > images”中的“an_a1.png”文件。单击“确定”按钮，返回“插入鼠标经过图像”对话框，如图 4-24 所示。

（3）单击“鼠标经过图像”文本框右侧的“浏览”按钮，弹出“鼠标经过图像”对话框，选择云盘中的“Ch04 > 素材 > 温泉度假网页 > images”中的“an_b1.png”文件，单击“确定”按钮，返回“插入鼠标经过图像”对话框，如图 4-25 所示。单击“确定”按钮，效果如图 4-26 所示。

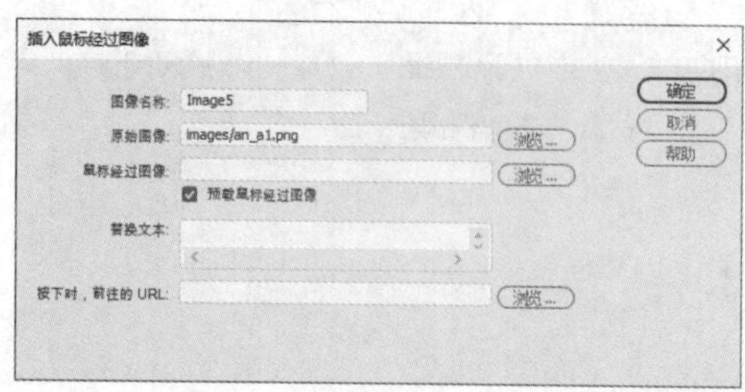

图 4-24

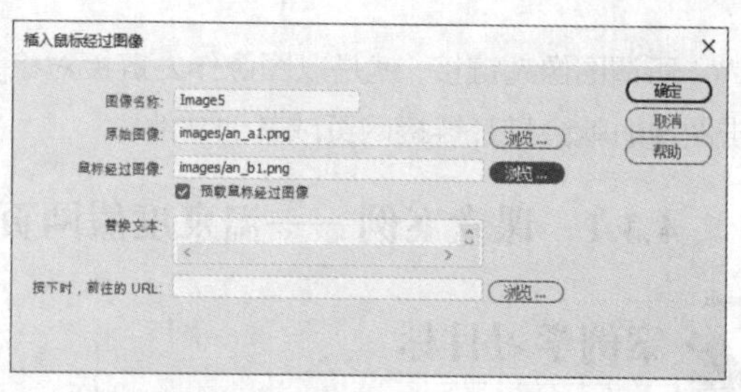

图 4-25

图 4-26

（4）用相同的方法插入鼠标指针经过图像，制作图 4-27 所示的效果。

图 4-27

2. 为图像添加超链接

（1）选择“联系我们”图像，如图 4-28 所示。在“属性”面板中的“链接”文本框中输入邮箱地址“mailto：xjg_peng@163.com”，在“目标”下拉列表中选择“_blank”选项，如图 4-29 所示。

图 4-28

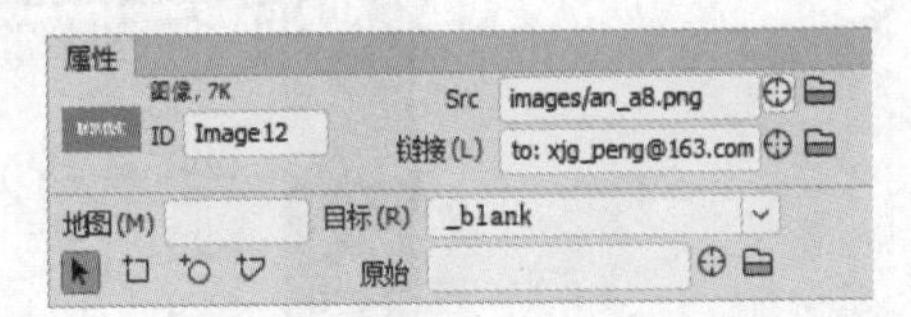

图 4-29

（2）选择“窗口 > CSS 设计器”命令，弹出“CSS 设计器”面板，如图 4-30 所示。在“源”选项组中选择“<style>”选项；单击“选择器”选项组中的“添加选择器”按钮，在“选择器”选项组中出现文本框，输入“a”，按 Enter 键确认输入，如图 4-31 所示；在“属性”选项组中单击“边框”按钮，显示边框属性，单击“border”选项组中的“所有边”按钮，将“style”设为“none”，如图 4-32 所示。

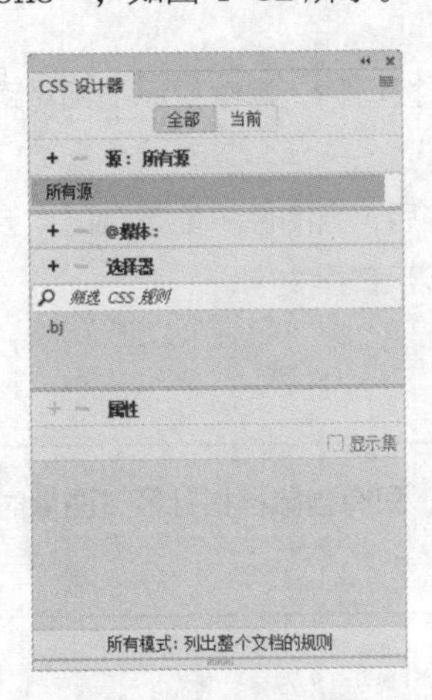

图 4-30

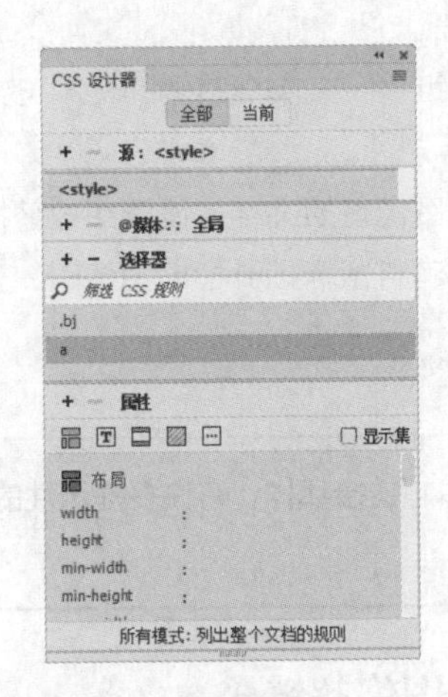

图 4-31

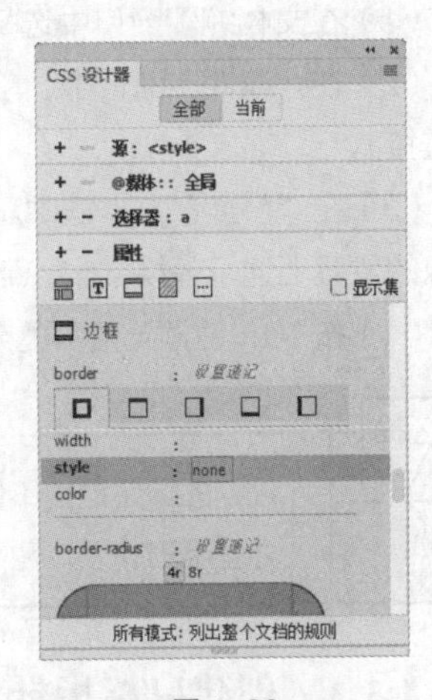

图 4-32

（3）保存文档，按 F12 键预览效果，如图 4-33 所示。把鼠标指针移动到导航文字上时，图像发生变化，效果如图 4-34 所示。

图 4-33

图 4-34

（4）单击“联系我们”图像超链接，效果如图 4-35 所示。

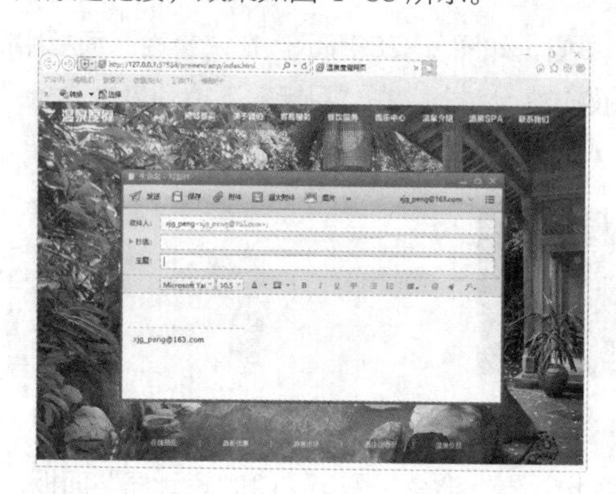

图 4-35

4.3.2 创建图像超链接

创建图像超链接的操作步骤如下。

（1）在文档编辑窗口中选择图像。

（2）在“属性”面板中，单击“链接”文本框右侧的“浏览文件”按钮，为图像添加相对路径的链接。

（3）在“替换”文本框中可输入图像替换文字。设置图像替换文字后，当图像不能下载时，会在图像的位置上显示替换文字；当浏览者将鼠标指针指向图像时，也会显示替换文字。

（4）按 F12 键预览网页的效果。

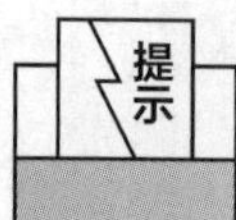

图像超链接不像文本超链接那样，有许多提示性的变化，只有当鼠标指针经过图像时才呈手形。

4.3.3 创建鼠标指针经过图像超链接

“鼠标指针经过图像”是一种常用的互动技术，当鼠标指针经过图像时，图像会发生变化。一般来说，“鼠标指针经过图像”效果由 2 张大小相等的图像产生，一张图像称为主图像，另一张图像称为次图像。主图像是首次载入网页时显示的图像，次图像是当鼠标指针经过时更换的图像。“鼠标指针经过图像”效果经常应用于网页中的按钮上。

创建鼠标指针经过图像超链接的具体操作步骤如下。

（1）在文档编辑窗口中将光标放置在需要添加图像的位置。

（2）通过以下 2 种方法中的一种打开“插入鼠标经过图像”对话框，如图 4-36 所示。

① 选择“插入 > HTML > 鼠标经过图像”命令。

② 单击“插入”面板“HTML”选项卡中的“鼠标经过图像”按钮。

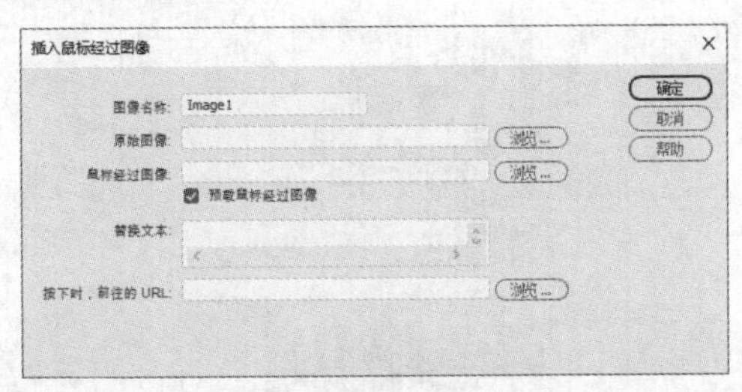

图 4-36

“插入鼠标经过图像”对话框中各项的作用如下。

- “图像名称”文本框：设置鼠标指针经过的图像对象的名称。
- “原始图像”文本框：设置载入网页时显示的主图像文件的路径。
- “鼠标经过图像”文本框：设置在鼠标指针经过主图像时显示的次图像文件的路径。
- “预载鼠标经过图像”复选框：若希望图像预先载入浏览器的缓存中，以便鼠标指针经过图像时不发生延迟，则选中此复选框。
- “替换文本”文本框：设置替换文本的内容。设置后，在浏览器中当图像不能下载时，会在图像所在位置上显示替换文字；当浏览者将鼠标指针指向图像时也会显示替换文字。
- “按下时，前往的 URL”文本框：设置跳转网页的路径，当浏览者单击图像时打开相应网页或其他文件。

（3）在对话框中按照需要进行设置，然后单击“确定”按钮完成设置。按 F12 键预览网页。

4.4 ID 超链接

使用 ID 超链接可以在 HTML5 中实现 HTML 4.01 中的锚点链接效果，也就是跳转到页面中的某个指定位置。

4.4.1 课堂案例——东方木品网页

扫码观看
本案例视频

扩展阅读

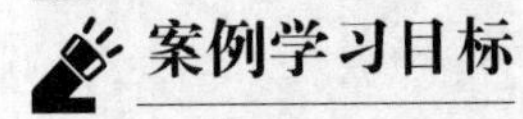

案例学习目标

创建 ID 标记并制作鼠标指针经过图像的 ID 超链接。

案例知识要点

使用“属性”面板，创建 ID 标记；使用“链接”文本框，制作鼠标指针经过图像的 ID 超链接。

效果所在位置

云盘中的“Ch04 > 效果> 东方木品网页 > index.html”，效果如图 4-37 所示。

1. 制作底部跳转到顶部的链接

（1）选择“文件 > 打开”命令，在弹出的“打开”对话框中，选择云盘中的“Ch04 > 素材 > 东方木品网页 > index.html”，单击“打开”按钮打开文件，如图 4-38 所示。

图 4-37

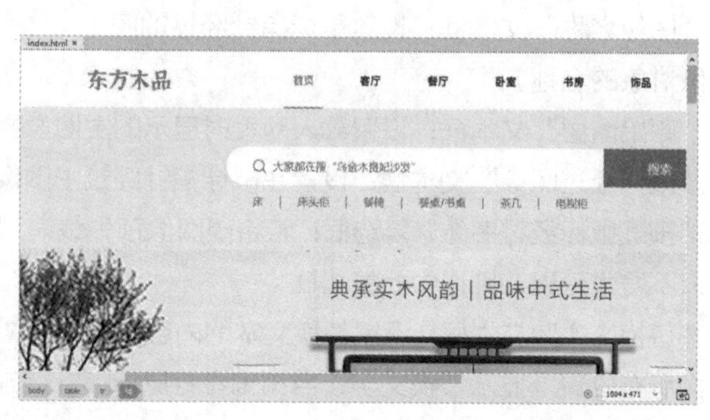

图 4-38

（2）将光标置入图 4-39 所示的单元格中。在“属性”面板的“ID”文本框中输入“top”，如图 4-40 所示，为单元格创建 ID 标记。

图 4-39

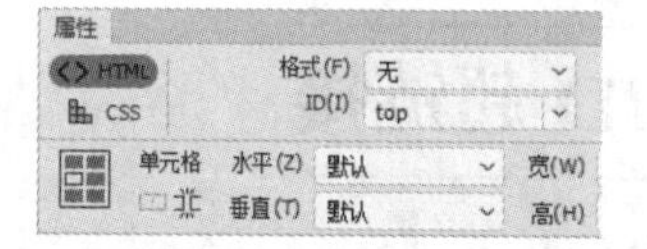

图 4-40

（3）将光标置入图 4-41 所示的单元格中。单击“插入”面板“HTML”选项卡中的“鼠标经过图像”按钮，弹出“插入鼠标经过图像”对话框。单击“原始图像”文本框右侧的“浏览”按钮，弹出“原始图像”对话框，选择云盘中的“Ch04 > 素材 > 东方木品网页 > images”中的“an_1.png”文件。单击“确定”按钮，返回“插入鼠标经过图像”对话框，如图 4-42 所示。

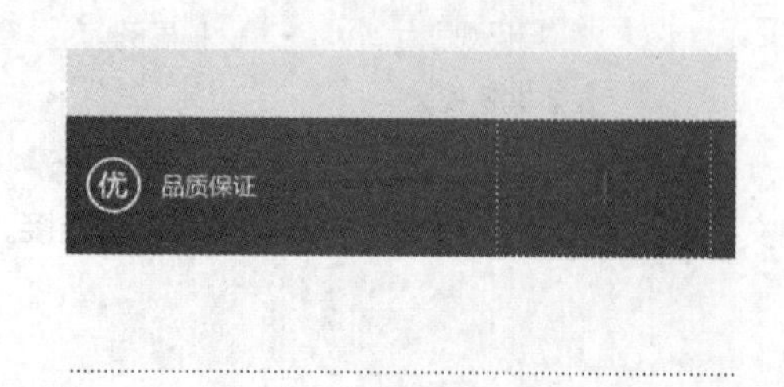

图 4-41

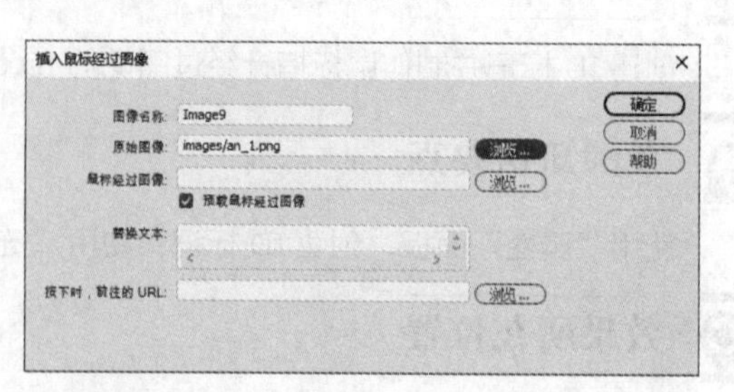

图 4-42

（4）单击“鼠标经过图像”文本框右侧的“浏览”按钮，弹出“鼠标经过图像”对话框，选择云盘中的“Ch04 > 素材 > 东方木品网页 > images”中的“an_2.png”文件，单击“确定”按钮，返回“插入鼠标经过图像”对话框，如图 4-43 所示。单击“确定”按钮，效果如图 4-44 所示。

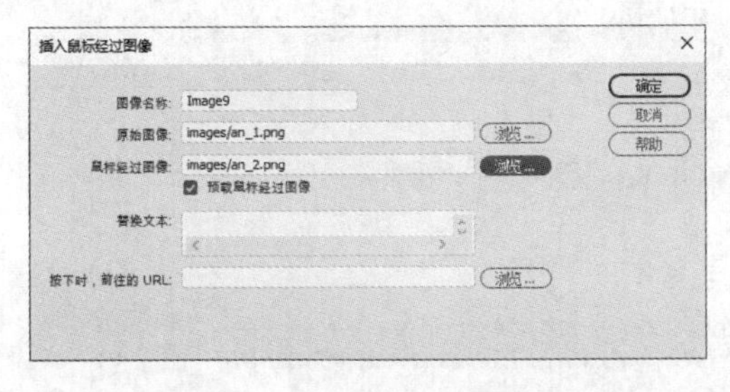

图 4-43

图 4-44

（5）保持插入图像的选中状态，在“属性”面板的“链接”文本框中输入“#top”，如图 4-45 所示。

图 4-45

（6）保存文档，按 F12 键预览效果。将页面拖曳到底部，单击底部的图像超链接，如图 4-46 所示，浏览器窗口瞬间跳转到 ID 标记的所在位置，如图 4-47 所示。

图 4-46

图 4-47

2. 使用 ID 标记跳转至其他网页的指定位置

（1）选择“文件 > 打开”命令，在弹出的“打开”对话框中，选择云盘中的“Ch04 > 素材 > 东方木品网页 > ziye.html”，单击“打开”按钮打开文件，如图 4-48 所示。

图 4-48

（2）将光标置入图 4-49 所示的单元格中。在“属性”面板的“ID”文本框中输入“top1”，如图 4-50 所示，为单元格创建 ID 标记。

图 4-49

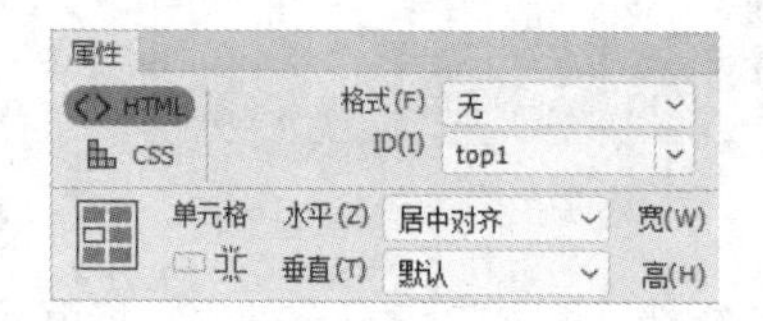

图 4-50

（3）选择“文件 > 保存”命令，保存文档。切换到“index.html”文档编辑窗口，如图 4-51 所示。选中图 4-52 所示的图片。

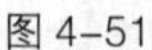

图 4-51

图 4-52

（4）在“属性”面板的“链接”文本框中输入“ziye.html#top1”，如图 4-53 所示。

图 4-53

（5）保存文档，按 F12 键预览效果。单击网页底部的图像超链接，如图 4-54 所示，将自动跳转到“ziye.html”页面中 ID 标记的位置，如图 4-55 所示。

图 4-54

图 4-55

4.4.2 创建 ID 超链接

若网页的内容很多，为了寻找所需内容，浏览者往往需要拖曳滚动条进行查看，非常不方便。Dreamweaver 2020 提供了 ID 超链接功能，可用于快速定位到网页的不同位置。

1. 创建 ID 标记

创建 ID 标记的具体操作步骤如下。

（1）打开要添加 ID 标记的网页。

（2）将光标移到某一个主题内容处。

（3）在“属性”面板的“ID”文本框中输入 ID（如“top”），如图 4-56 所示，创建 ID 标记。

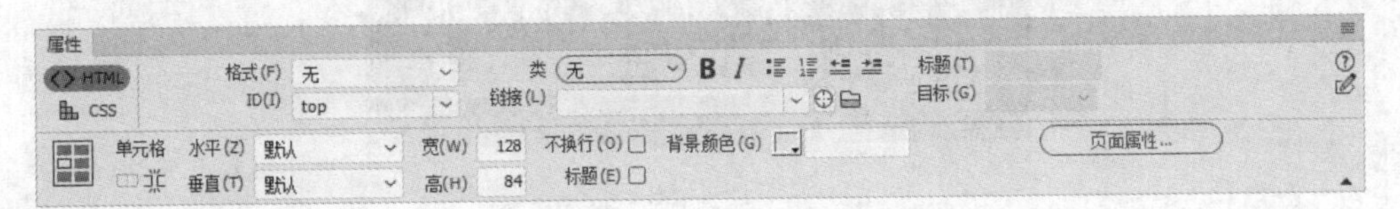

图 4-56

2. 创建 ID 超链接

创建 ID 超链接的具体操作步骤如下。

（1）选择链接对象，如某主题文字。

（2）在“属性”面板的“链接”文本框中直接输入“#ID”（如“#top”），如图 4-57 所示。

（3）按 F12 键预览网页的效果。

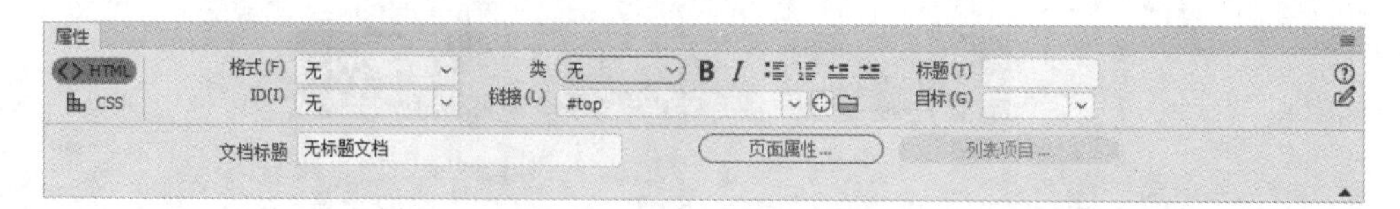

图 4-57

4.5 热点超链接

前面介绍的图像超链接中，一个图像只能对应一个链接，但有时需要在多个图像上创建多个链接用于打开不同的网页。Dreamweaver 2020 为网站设计者提供了热点超链接，它能实现这个功能。

4.5.1 课堂案例——恒选地产网页

扫码观看
本案例视频

扩展阅读

案例学习目标

使用热点按钮制作一图多链接效果。

案例知识要点

使用热点按钮，为图像添加热点；使用“属性”面板，为热点创建超链接。

效果所在位置

云盘中的“Ch04 > 效果 > 恒选地产网页 > index.html”，效果如图 4-58 所示。

图 4-58

（1）选择“文件 > 打开”命令，在弹出的“打开”对话框中，选择云盘中的“Ch04 > 素材 > 恒选地产网页 > index.html”，单击“打开”按钮打开文件，效果如图 4-59 所示。选中图 4-60 所示的图像。

图 4-59

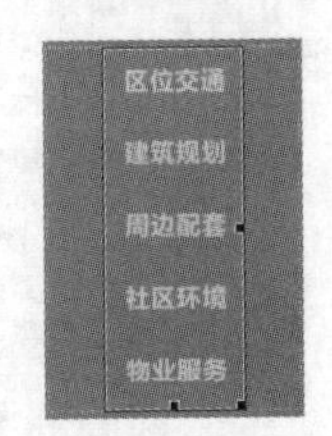

图 4-60

（2）在“属性”面板中，单击“矩形热点工具”按钮，在文档编辑窗口中绘制矩形热点，如图 4-61 所示。在“属性”面板的“链接”文本框中输入“index.html”，在“目标”下拉列表中选择“_self”选项，在“替换”文本框中输入“区位交通”，如图 4-62 所示。

图 4-61

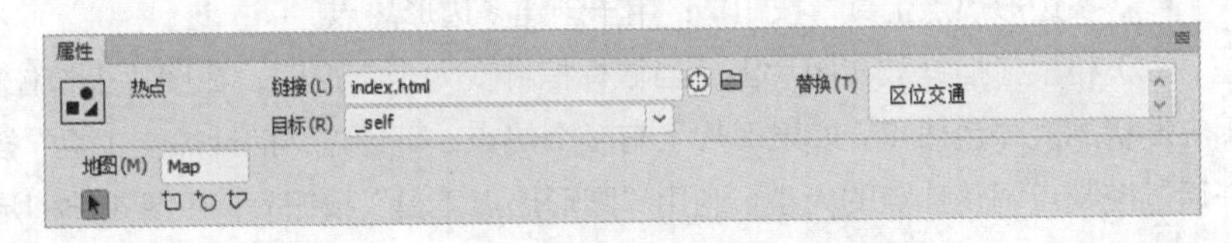

图 4-62

（3）再次在文档编辑窗口中绘制矩形热点，如图 4-63 所示。在“属性”面板的“链接”文本框中输入“page.html”，在“目标”下拉列表中选择“_self”选项，在“替换”文本框中输入“建筑规划”，如图 4-64 所示。

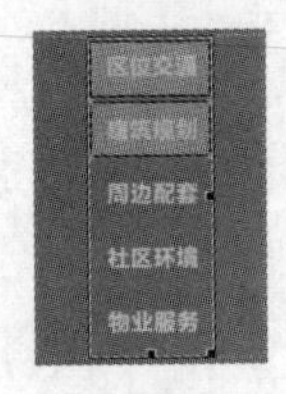

图 4-63

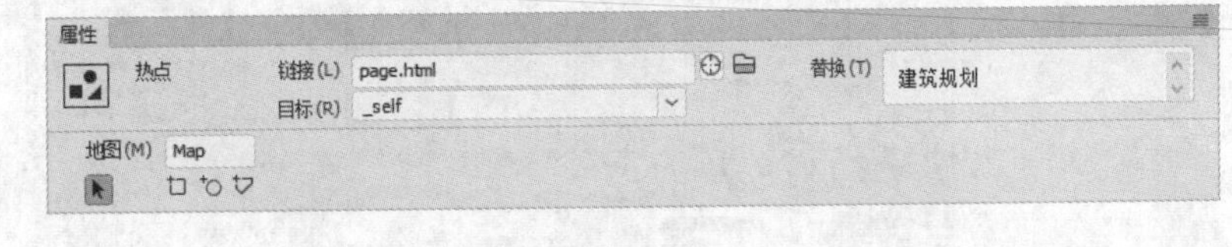

图 4-64

（4）保存文档，按 F12 键预览效果，将鼠标指针放置在热点上，鼠标指针变为手形，如图 4-65 所示。单击热点可以跳转到指定的链接页面，效果如图 4-66 所示。

图 4-65

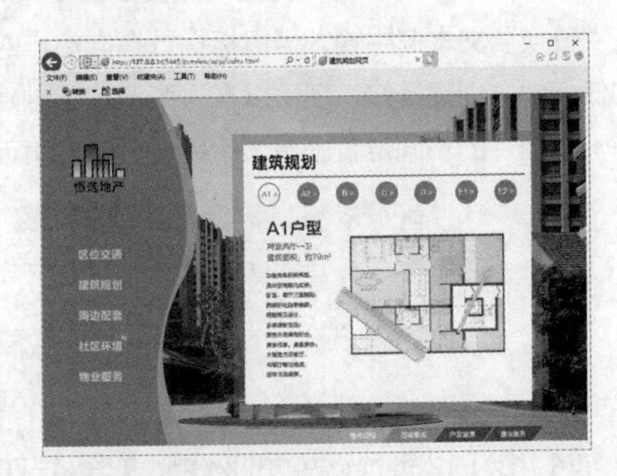

图 4-66

4.5.2 创建热点超链接

创建热点超链接的具体操作步骤如下。

（1）选取一张图片，在“属性”面板的“地图”文本框下方单击热点按钮，如图 4-67 所示。

图 4-67

各热点按钮的作用如下。

- “指针热点工具”按钮：用于选择不同的热点。
- “矩形热点工具”按钮：用于创建矩形热点。
- “圆形热点工具”按钮：用于创建圆形热点。
- “多边形热点工具”按钮：用于创建多边形热点。

（2）将鼠标指针放在图片上，当鼠标指针变为十字形时，在图片上按住鼠标左键并拖曳，创建相应形状的淡绿色热点。如果图片上有多个热点，可通过“指针热点工具”按钮选择不同的热点，并通过控制点调整热点的大小。利用“圆形热点工具”按钮，在图 4-68 所示的区域建立多个圆形热点。

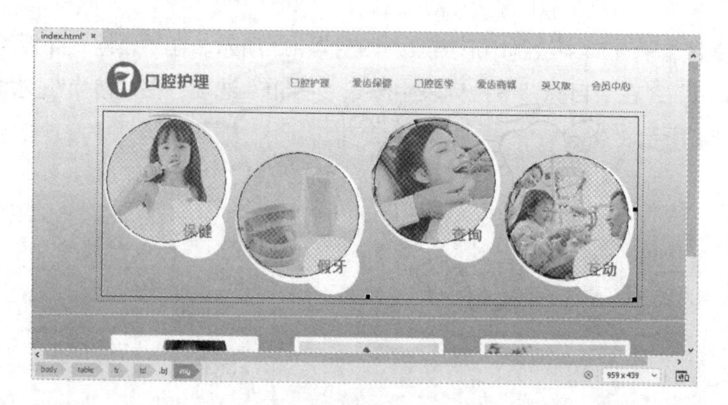

图 4-68

（3）此时，对应的“属性”面板如图 4-69 所示。在“链接”文本框中输入要链接的网页地址，在“替换”文本框中输入当鼠标指针指向热点时所显示的替换文字。通过热点功能，用户可以在图片的任何地方创建链接。还可以在一张图片上创建很多热点，并为每一个热点设置一个链接，从而实现在一张图片的不同位置上单击可跳转到不同页面的效果。

图 4-69

（4）按 F12 键预览网页的效果，如图 4-70 所示。

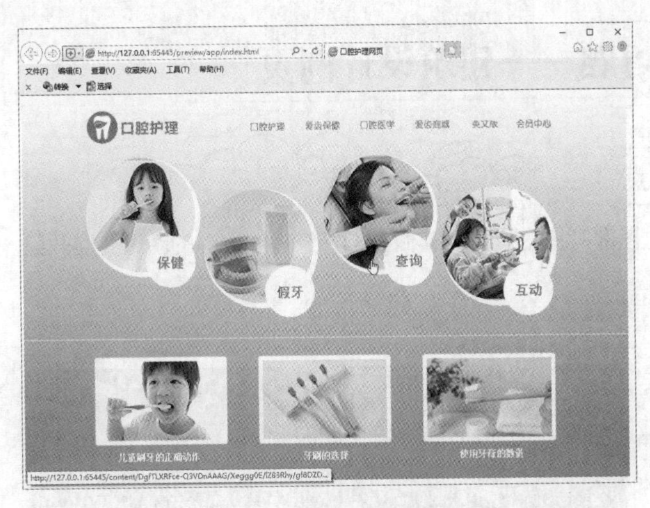

图 4-70

4.6 课堂练习——创意设计网页

练习知识要点

使用“电子邮件链接”按钮，制作电子邮件超链接；使用“属性”面板，为文字制作下载文件超链接；使用“页面属性”命令，改变超链接的显示效果。完成效果如图 4-71 所示。

图 4-71

效果所在位置

云盘中的“Ch04 > 效果 > 创意设计网页 > index.html”。

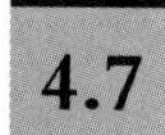

4.7 课后习题——建筑设计网页

习题知识要点

使用“鼠标经过图像”按钮，制作鼠标指针经过图像时的图像变换效果。完成效果如图 4-72 所示。

图 4-72

效果所在位置

云盘中的“Ch04 > 效果 > 建筑设计网页 > index.html”。

05 第5章 表格

Dreamweaver 2020 的表格是网页设计中一个非常有用的工具。它不仅可以将相关数据有序地组织在一起，还可以精确地定位文字、图像等网页元素在页面中的位置，使得页面在形式上既丰富多彩又条理清楚，在组织上井然有序而不显单调。使用表格进行页面布局的最大好处之一是，即使浏览者改变了计算机显示器的分辨率，也不会影响网页的浏览效果。因此，表格是网站设计人员必须掌握的工具。表格运用得熟练与否，是划分网站专业制作人士和业余爱好者的一个重要标准。

学习要点

- 表格的组成和插入方法
- 表格元素的属性设置
- 在表格中输入文字、插入其他网页元素
- 复制、粘贴表格
- 删除行或列、缩放表格
- 单元格的合并和拆分
- 表格数据的导入、导出
- 表格数据排序
- 表格的嵌套

素养目标

1. 培养有效执行计划的能力
2. 培养高效解决问题的能力

5.1 表格的简单操作

表格是由若干的行和列组成的，行列交叉的区域称为单元格。Dreamweaver 2020 中一般以单元格为单位来插入网页元素，也可以以行和列为单位来修改性质相同的单元格。Dreamweaver 2020 中表格的功能和使用方法与文字处理软件的表格不太一样。

5.1.1 课堂案例——布艺沙发网页

扫码观看本案例视频

扩展阅读

案例学习目标

在新建的网页中插入表格，并在表格中插入文本、图像等元素；调整表格及其元素，使页面更加美观。

案例知识要点

使用“页面属性”命令，设置页边距和网页标题；使用“Table”按钮，插入表格；使用“Image”按钮，插入图像；使用“CSS 设计器”面板，控制图像的间距。

效果所在位置

云盘中的“Ch05 > 效果 > 布艺沙发网页 > index.html”，效果如图 5-1 所示。

图 5-1

1. 设置页面属性及插入表格

（1）启动 Dreamweaver 2020，新建一个空白文档。其初始名称是“Untitled-1.html”。选择“文件 > 保存”命令，弹出“另存为”对话框，在“保存在”下拉列表中选择站点目录保存路径，在“文件名”文本框中输入“index”，单击“保存”按钮，返回文档编辑窗口。

（2）选择“文件 > 页面属性”命令，弹出“页面属性”对话框，在左侧的“分类”列表中选择“外观（CSS）”选项，将“页面字体”设为“微软雅黑”，“大小”设为 12px，“左边距”“右边距”“上边距”“下边距”均设为 0px，如图 5-2 所示。

（3）在左侧的“分类”列表中选择“标题/编码”选项，在“标题”文本框中输入“布艺沙发网页”，如图 5-3 所示。单击“确定”按钮，完成页面属性的修改。

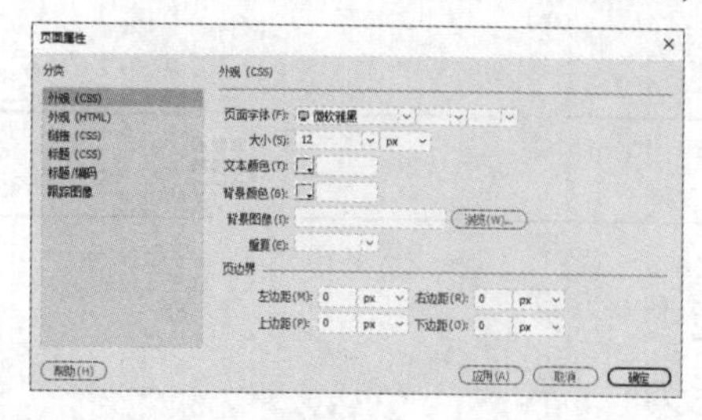

图 5-2

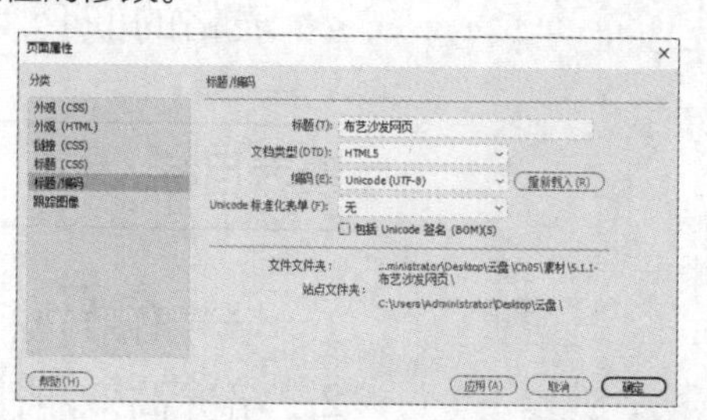

图 5-3

（4）单击“插入”面板中“HTML”选项卡中的“Table”按钮，在弹出的“Table”对话框中进行设置，如图 5-4 所示。单击“确定”按钮，完成表格的插入。保持表格的选中状态，在“属性”面板的“Align”下拉列表中选择“居中对齐”选项，效果如图 5-5 所示。

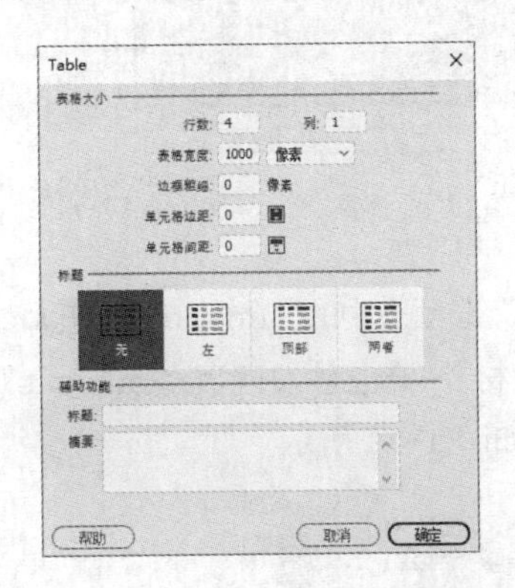

图 5-4

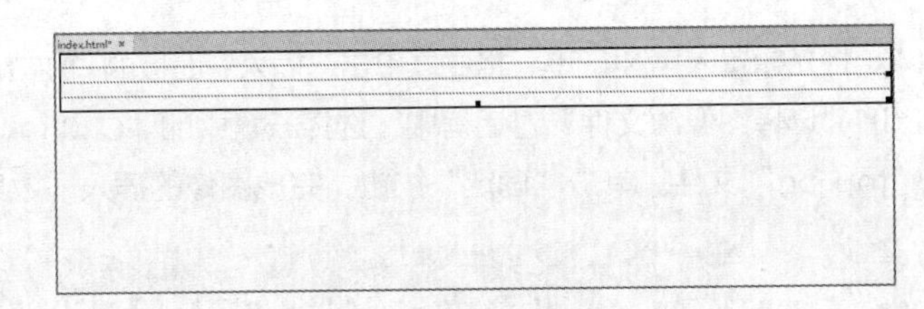

图 5-5

（5）将光标置入第 1 行单元格中，在“属性”面板中，将“背景颜色”设为灰色（#d2d2d2）。单击“属性”面板中的“拆分单元格为行或列”按钮，弹出“拆分单元格”对话框，在“把单元格拆分成”选项组中选中“列”单选按钮，将“列数”设为 2，如图 5-6 所示。单击“确定”按钮，第 1 行单元格被拆分成 2 列显示，如图 5-7 所示。

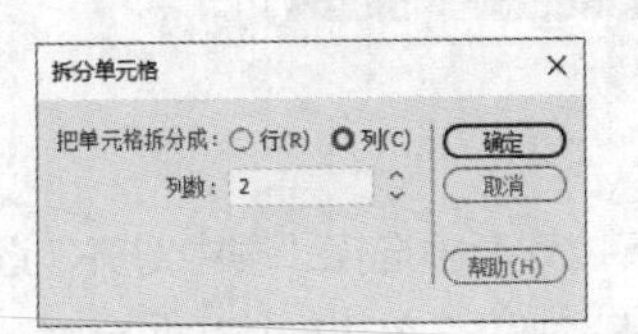

图 5-6

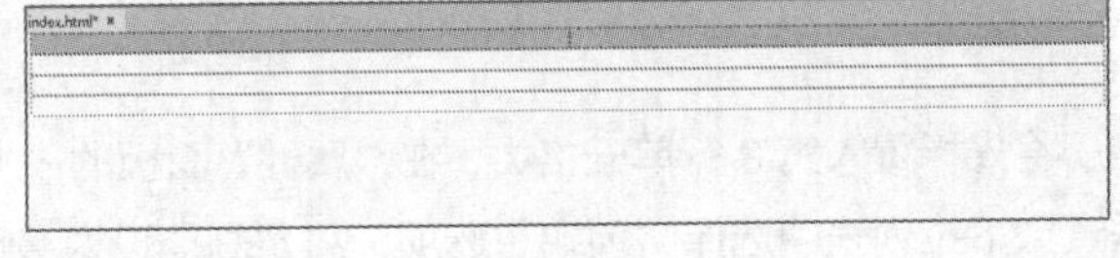

图 5-7

2. 插入图像

（1）将光标置入第 1 行第 1 列单元格中，在“属性”面板的“水平”下拉列表中选择“右对齐”选项，将“宽”设为 300，“高”设为 70。单击“插入”面板中“HTML”选项卡中的“Image”按钮，在弹出的“选择图像源文件”对话框中，选择云盘中的“Ch05 > 素材 > 布艺沙发网页 > images”中的“logo.png”文件，如图 5-8 所示。单击“确定”按钮，完成图像的插入，效果如图 5-9 所示。

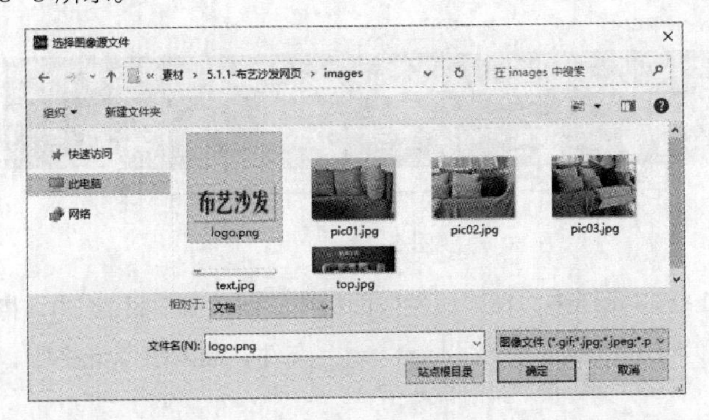

图 5-8

图 5-9

（2）将光标置入第 1 行第 2 列单元格中，在“属性”面板的“水平”下拉列表中选择“居中对齐”选项，将“宽”设为 700。在该单元格中输入文字和空格，效果如图 5-10 所示。

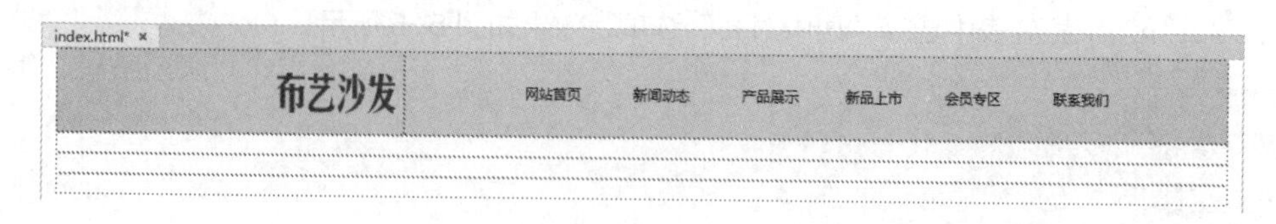

图 5-10

（3）将光标置入第 2 行单元格中，单击“插入”面板的“HTML”选项卡中的“Image”按钮，在弹出的“选择图像源文件”对话框中，选择云盘中的“Ch05 > 素材 > 布艺沙发网页 > images”中的“top.jpg”文件。单击“确定”按钮，完成图像的插入，效果如图 5-11 所示。

图 5-11

（4）将光标置入第 3 行单元格中，在“属性”面板的“水平”下拉列表中选择“居中对齐”选项，在“垂直”下拉列表中选择“顶端”选项，将“高”设为 240。单击“插入”面板中“HTML”选项卡中的“Table”按钮，在弹出的“Table”对话框中进行设置，如图 5-12 所示。单击“确定”按钮，完成表格的插入，如图 5-13 所示。

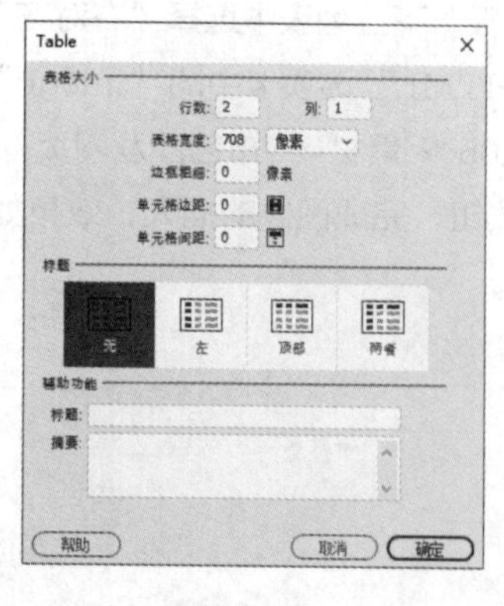

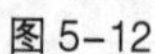

图 5-12

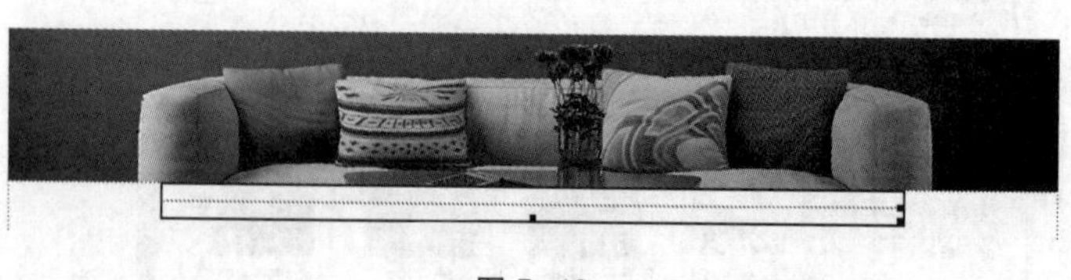

图 5-13

（5）将光标置入刚插入的表格的第 1 行单元格中，在“属性”面板中，将“高”设为 50。将云盘中的“Ch05 > 素材 > 布艺沙发网页 > images”中的“text.jpg”文件，插入该单元格中，如图 5-14 所示。

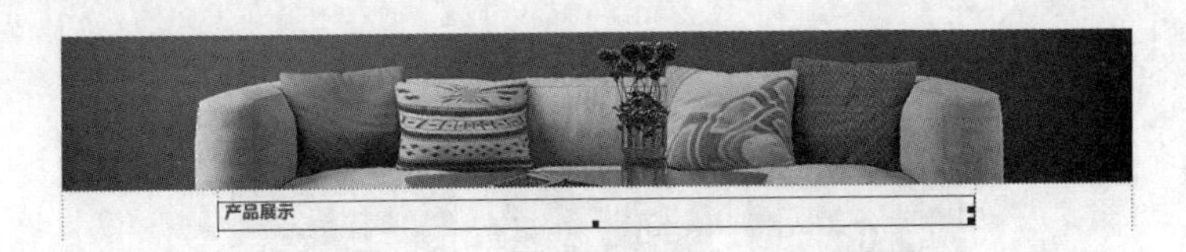

图 5-14

（6）将光标置入第 2 行单元格中，将云盘中的“Ch05 > 素材 > 布艺沙发网页 > images”中的“pic01.jpg”、“pic02.jpg”和“pic03.jpg”文件，插入该单元格中，如图 5-15 所示。

图 5-15

（7）选择“窗口 > CSS 设计器”命令，弹出“CSS 设计器”面板，如图 5-16 所示。在“源”选项组中选择“<style>”选项；单击“选择器”选项组中的“添加选择器”按钮＋，在“选择器”选项组中的文本框中输入“.pic”，按 Enter 键确认，如图 5-17 所示。在“属性”选项组中单击“布局”按钮，显示布局属性，将“margin-left”“margin-right”均设为 30px，如图 5-18 所示。

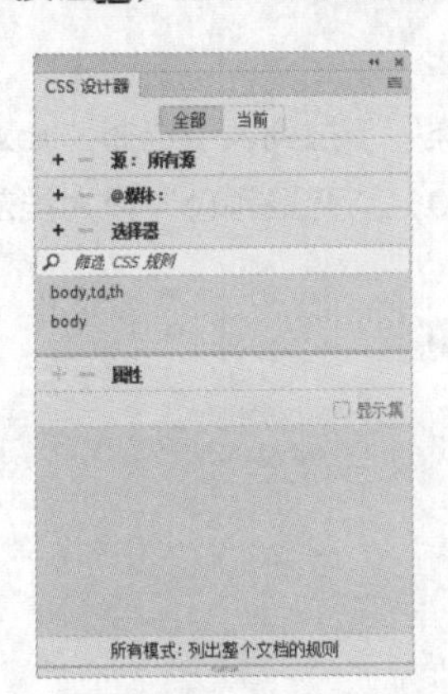

图 5-16

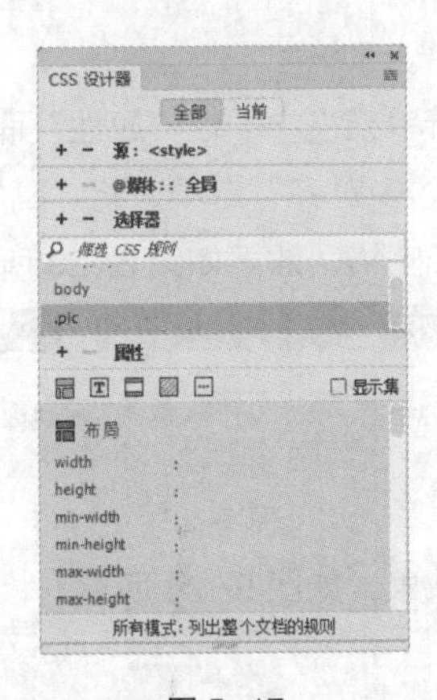

图 5-17

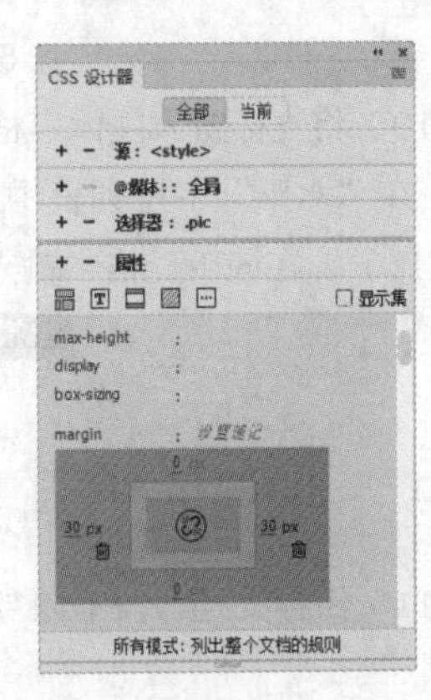

图 5-18

（8）选中图 5-19 所示的图像，在“属性”面板的“无”下拉列表中选择“.pic”选项，应用该样式，效果如图 5-20 所示。

图 5-19

图 5-20

（9）在“CSS 设计器”面板中，单击“选择器”选项组中的“添加选择器”按钮+，在“选择器”选项组中的文本框中输入“.text”，按 Enter 键确认，效果如图 5-21 所示；在“属性”选项组中单击“文本”按钮T，显示文本属性，将“color”设为灰色（#5C5C5C），“line-height”设为 25px，如图 5-22 所示。

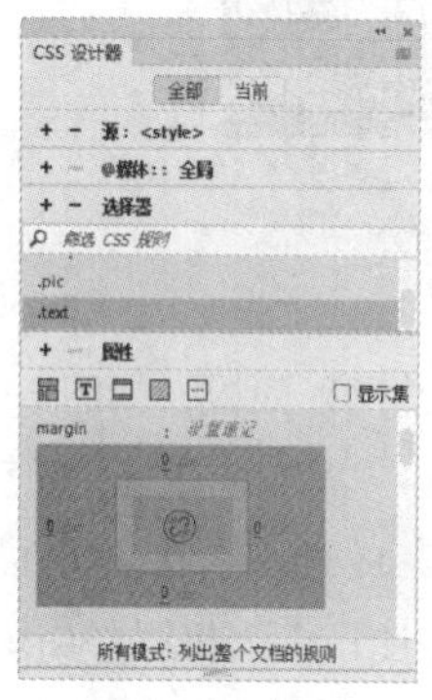

图 5-21

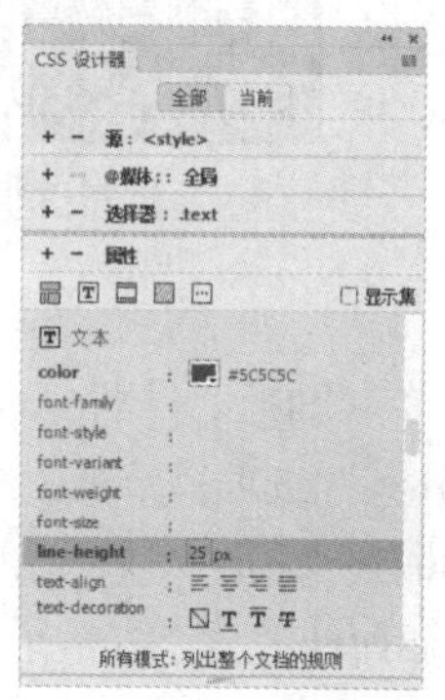

图 5-22

（10）将光标置入主体表格第 4 行单元格中，在“属性”面板的“类”下拉列表中选择“.text”选项，在“水平”下拉列表中选择“居中对齐”选项，将“高”设为 60，“背景颜色”设为浅灰色（#f1f1f1）。在该单元格中输入文字和空格，效果如图 5-23 所示。

图 5-23

（11）保存文档，按 F12 键预览效果，如图 5-24 所示。

图 5-24

5.1.2 表格的组成

表格包含行、列、单元格、表格标题等元素，如图 5-25 所示。

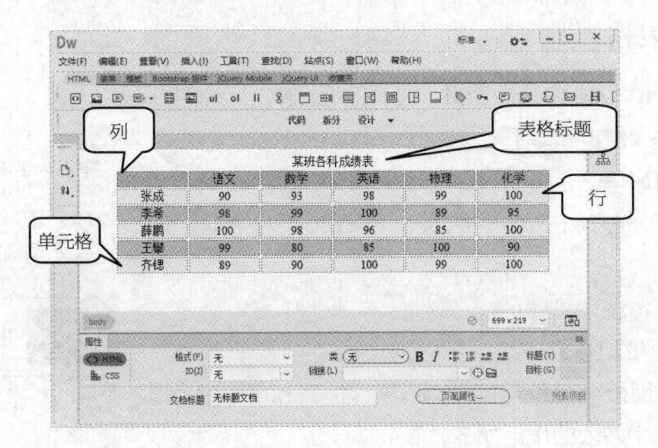

图 5-25

表格元素所对应的 HTML 标签如下。

- <table> </table>：表示表格的开始和结束。通过设置它的常用参数，可以指定表格高度、表格宽度、框线的宽度、背景图像、背景颜色、单元格间距、单元格边框和内容的距离以及表格相对于页面的对齐方式等。
- <tr> </tr>：表示表格的标准行。通过设置它的常用参数，可以指定行的背景图像、行的背景颜色、行的对齐方式等。
- <td> </td>：表示表格的标准列。通过设置它的常用参数，可以指定列的对齐方式、列的背景图像、列的背景颜色、列的宽度、单元格垂直对齐方式等。
- <caption> </caption>：表示表格的标题。
- <th> </th>：表示表格的表头。

虽然 Dreamweaver 2020 允许用户在“设计”视图中直接操作行、列和单元格，但对于复杂的表格来说，通过鼠标选择需要的对象很困难。所以网站设计者必须了解表格元素的 HTML 标签的基本作用。

当选中表格或表格中有光标时，Dreamweaver 2020 会显示表格的宽度和每列的宽度。宽度旁边是表格标题菜单与列标题菜单的箭头，如图 5-26 所示。

某班各科成绩表

	语文	数学	英语	物理	化学
张成	90	93	98	99	100
李希	98	99	100	89	95
薛鹏	100	98	96	85	100
王攀	99	80	85	100	90
齐锶	89	90	100	99	100

600

图 5-26

用户可以根据需要打开或关闭表格和列的宽度显示。打开或关闭表格和列的宽度显示有以下 2 种方法。

① 选中表格或在表格中设置插入点，然后选择“查看 > 设计视图选项 > 可视化助理 > 表格

宽度”命令。

② 在表格上单击鼠标右键，在弹出的快捷菜单中选择“表格 > 表格宽度”命令。

5.1.3 插入表格

在 Dreamweaver 2020 中插入表格，是有效组织数据的最佳手段之一。

插入表格的具体操作步骤如下。

（1）在文档编辑窗口中，将插入点放到合适的位置。

（2）通过以下 3 种方法中的一种打开“Table”对话框，如图 5-27 所示。

① 选择“插入 > Table”命令。

② 按 Ctrl+Alt+T 组合键。

③ 单击“插入”面板中“HTML”选项卡中的“Table”按钮 。

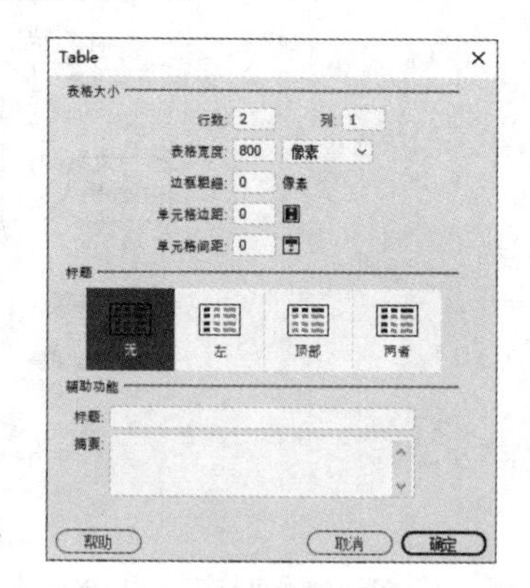

图 5-27

“Table”对话框中各项的作用如下。

- “表格大小”设置组：用于进行表格行数、列数，以及表格宽度、边框粗细、单元格间距和边距等参数的设置。
- “行数”文本框：设置表格的行数。
- “列”文本框：设置表格的列数。
- “表格宽度”文本框：以 px 为单位或以浏览器窗口宽度的百分比设置表格的宽度。
- “边框粗细”文本框：以 px 为单位设置表格边框的宽度。对于大多数浏览器来说，将“边框粗细”设置为 1。在用表格进行页面布局时，应将“边框粗细”设置为 0，这样浏览网页时就不会显示表格的边框。
- “单元格边距”文本框：设置单元格边框与单元格内容之间的距离（单位为 px）。对于大多数浏览器来说，将“单元格边距”设置为 1。在用表格进行页面布局时，应将“单元格边距”设置为 0，这样浏览网页时单元格边框与内容之间就没有间距。
- “单元格间距”文本框：设置相邻的单元格之间的距离（单位为 px）。对于大多数浏览器来说，将“单元格间距”设置为 2。在用表格进行页面布局时，应将“单元格间距”设置为 0，这样浏览网页时单元格之间就没有间距。
- “标题”选项组：设置是否显示标题和标题的显示部位。
- “标题”文本框：在该文本框中输入表格标题。
- “摘要”文本框：设置表格的说明，但是说明文本不会显示在用户的浏览器中，仅在源代码中显示，以增强源代码的可读性。

读者可以通过图 5-28 所示的表格来了解“Table”对话框中各项的具体作用。

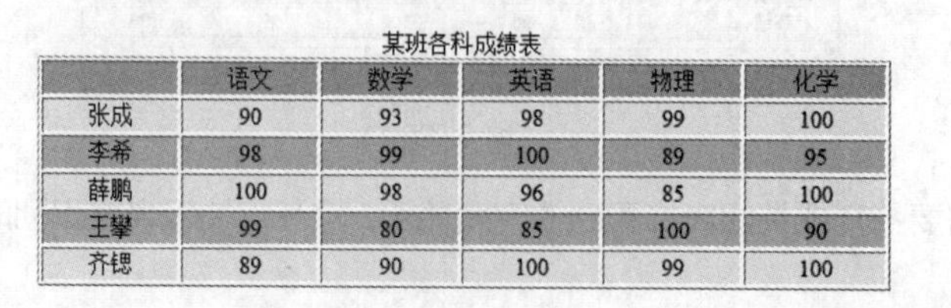

某班各科成绩表

	语文	数学	英语	物理	化学
张成	90	93	98	99	100
李希	98	99	100	89	95
薛鹏	100	98	96	85	100
王攀	99	80	85	100	90
齐锶	89	90	100	99	100

图 5-28

在“Table”对话框中，当“边框粗细”设置为 0 时，在浏览器窗口中不显示表格的边框；若要查看单元格和表格边框，选择“查看 > 设计视图选项 > 可视化助理 > 表格边框”命令即可。

（3）根据需要设置新建表格的行、列数等，单击“确定”按钮完成新建表格的设置。

5.1.4 表格元素的属性

插入表格后，通过选择不同的表格对象，可以在“属性”面板中看到它们的各项属性，修改这些属性可以得到不同风格的表格。

1. 表格的属性

表格的“属性”面板如图 5-29 所示，其中各项的作用如下。

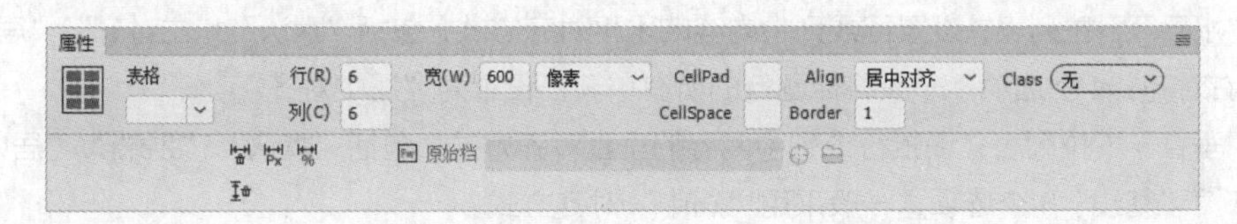

图 5-29

- “表格”下拉列表：用于设置表格的名称，便于通过 CSS 控制表格样式。
- “行”和“列”文本框：用于设置表格中行和列的数目。
- “宽”选项：以 px 为单位或以浏览器窗口宽度的百分比来设置表格的宽度。
- “CellPad”文本框：也称单元格边距，用于设置单元格内容和单元格边框之间距离（单位为 px）。对于大多数浏览器来说，将“CellPad”设为 1。在用表格进行页面布局时，应将“CellPad”设置为 0，这样浏览网页时单元格边框与内容之间就没有间距。
- “CellSpace”文本框：也称单元格间距，用于设置相邻的单元格之间的距离（单位为 px）。对于大多数浏览器来说，将“CellSpace”设为 2。在用表格进行页面布局时，应将“CellSpace”设置为 0，这样浏览网页时单元格之间就没有间距。
- “Align”下拉列表：用于设置表格在页面中相对于同一段落其他元素的显示位置。
- “Border”文本框：以 px 为单位设置表格边框的宽度。
- “Class”下拉列表：用于设置表格样式。
- “清除列宽”按钮和“清除行高”按钮：从表格中删除所有明确指定的列宽或行高的数值。
- “将表格宽度转换成像素”按钮：将表格中每列宽度的单位转换成 px，还可将表格宽度的单位转换成 px。
- “将表格宽度转换成百分比”按钮：将表格中每列宽度的单位转换成百分比，还可将表格宽度的单位转换成百分比。

如果没有明确指定单元格间距和单元格边距的值，则大多数浏览器按单元格边距为 1、单元格间距为 2 显示表格。

2. 单元格、行、列的属性

单元格、行、列的“属性”面板如图 5-30 所示，其中部分项的作用如下。

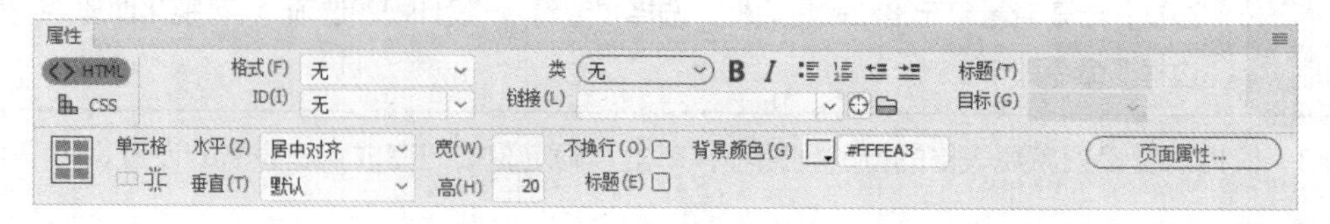

图 5-30

- “合并所选单元格，使用跨度”按钮：将选定的多个单元格、选定的行或列的单元格合并成一个单元格。
- “拆分单元格为行或列”按钮：将选定的一个单元格拆分成多个单元格。一次只能对一个单元格进行拆分，若选择多个单元格，此按钮禁用。
- “水平”下拉列表：设置行或列中内容的水平对齐方式，包括“默认”“左对齐”“居中对齐”“右对齐”4 个选项。一般将标题行的所有单元格设置为“居中对齐”。
- “垂直”下拉列表：设置行或列中内容的垂直对齐方式，包括“默认”“顶端”“居中”“底部”“基线”5 个选项，一般采用“居中”对齐方式。
- “宽”和“高”文本框：以 px 为单位设置单元格的宽度或高度。
- “不换行”复选框：设置单元格文本是否换行。如果选中“不换行”复选框，当输入的文本超出单元格的宽度时，会自动增加单元格的宽度来容纳文本。
- “标题”复选框：设置是否将行或列的每个单元格的格式设置为表格标题所在单元格的格式。
- “背景颜色”按钮：设置单元格的背景颜色。

5.1.5 在表格中插入内容

建立表格后，可以在表格中添加各种网页元素，如文本、图像和表格等。在表格中添加元素的操作非常简单，只需根据设计要求选定所需单元格，然后插入网页元素即可。一般当表格中插入内容后，表格的尺寸会随内容的尺寸自动调整。当然，还可以利用单元格的属性来调整其内部元素的对齐方式和单元格的大小等。

1. 输入文本

在单元格中输入文本，有以下 2 种方法。

（1）单击任意一个单元格并直接输入文本，此时单元格的尺寸会随文本的尺寸自动调整。

（2）粘贴从其他文字编辑软件中复制的带有格式的文本。

2. 插入其他网页元素

（1）嵌套表格。将光标置入一个单元格内并插入表格，即可实现表格嵌套。

（2）插入图像。在表格中插入图像有以下 4 种方法。

① 将光标置入一个单元格中，单击“插入”面板中“HTML”选项卡中的“Image”按钮。

② 将光标置入一个单元格中，选择“插入 > Image”命令，或按 Ctrl+Alt+I 组合键。

③ 将光标置入一个单元格中，将“插入”面板中“HTML”选项卡中的“Image”按钮拖曳至该单元格内。

④ 从计算机的资源管理器、站点资源管理器或桌面上直接将图像文件拖曳到一个需要插入图像的单元格内。

5.1.6 选择表格元素

表格中的元素需要先选中，然后才能对其进行操作。可以选择整个表格、多行或多列，也可以选择一个或多个单元格。

1. 选择整个表格

选择整个表格有以下 4 种方法。

（1）将鼠标指针放到表格的边框上，鼠标指针右下角会出现图标田，如图 5-31 所示，单击即可选中整个表格，如图 5-32 所示。

某班各科成绩表

	语文	数学	英语	物理	化学
张成	90	93	98	99	100
李希	98	99	100	89	95
薛鹏	100	98	96	85	100
王攀	99	80	85	100	90
齐锶	89	90	100	99	100

图 5-31

某班各科成绩表

	语文	数学	英语	物理	化学
张成	90	93	98	99	100
李希	98	99	100	89	95
薛鹏	100	98	96	85	100
王攀	99	80	85	100	90
齐锶	89	90	100	99	100

图 5-32

（2）将光标置入表格中的任意单元格中，然后在文档编辑窗口左下角的标签栏中选择“table”标签 table ，如图 5-33 所示。

（3）将光标置入表格中，然后选择“编辑 > 表格 > 选择表格”命令。

在任意单元格中单击鼠标右键，在弹出的快捷菜单中选择“表格 > 选择表格”命令，如图 5-34 所示。

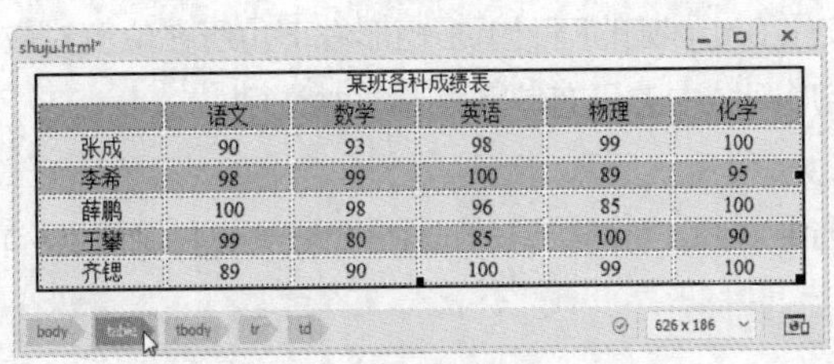

	语文	数学	英语	物理	化学
张成	90	93	98	99	100
李希	98	99	100	89	95
薛鹏	100	98	96	85	100
王攀	99	80	85	100	90
齐锶	89	90	100	99	100

图 5-33

某班各科成绩表

表格(B)	选择表格(S)	
段落格式(P)	合并单元格(M)	Ctrl+Alt+M
列表(L)	拆分单元格(P)...	Ctrl+Alt+Shift+T
字体(N)	插入行(N)	Ctrl+M
样式(S)	插入列(C)	Ctrl+Shift+A
CSS 样式(C)	插入行或列(I)...	

图 5-34

2. 选择行或列

（1）选择单行或单列：定位鼠标指针，使其指向行的左边框或列的上边框；当鼠标指针变成向右或向下的箭头时单击即可选中相应的行或列，如图 5-35 所示。

某班各科成绩表

	语文	数学	英语	物理	化学
张成	90	93	98	99	100
李希	98	99	100	89	95
薛鹏	100	98	96	85	100
王攀	99	80	85	100	90
齐锶	89	90	100	99	100

某班各科成绩表

	语文	数学	英语	物理	化学
张成	90	93	98	99	100
李希	98	99	100	89	95
薛鹏	100	98	96	85	100
王攀	99	80	85	100	90
齐锶	89	90	100	99	100

图 5-35

（2）选择多行或多列：定位鼠标指针，使其指向行的左边框或列的上边框，当鼠标指针变为向右或向下的箭头时，直接按住鼠标左键并拖曳可选择连续的行或列，如图 5-36 所示；按住 Ctrl 键的同时单击行或列，可选择非连续的行或列，如图 5-37 所示。

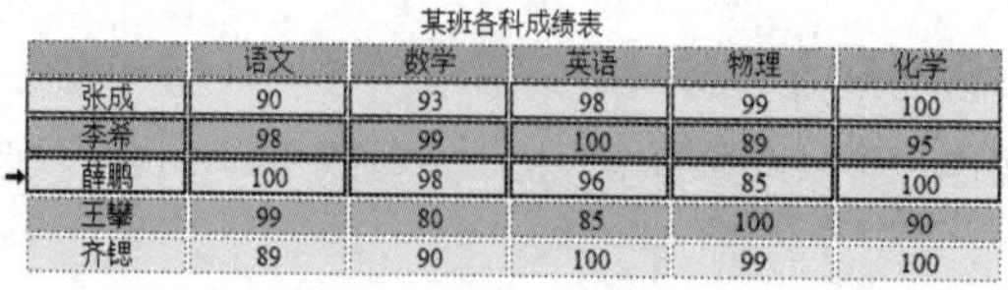

某班各科成绩表

	语文	数学	英语	物理	化学
张成	90	93	98	99	100
李希	98	99	100	89	95
薛鹏	100	98	96	85	100
王攀	99	80	85	100	90
齐锶	89	90	100	99	100

图 5-36

某班各科成绩表

	语文	数学	英语	物理	化学
张成	90	93	98	99	100
李希	98	99	100	89	95
薛鹏	100	98	96	85	100
王攀	99	80	85	100	90
齐锶	89	90	100	99	100

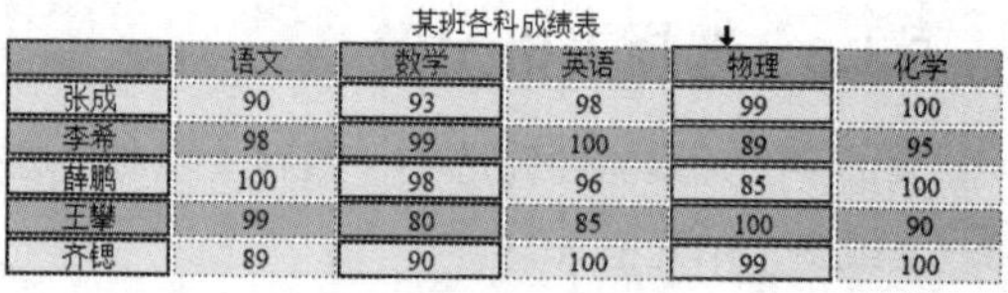

图 5-37

3. 选择单元格

选择单元格有以下 3 种方法。

（1）将光标置入想要选中的单元格中，然后在文档编辑窗口左下角的标签栏中选择“td”标签 td ，如图 5-38 所示。

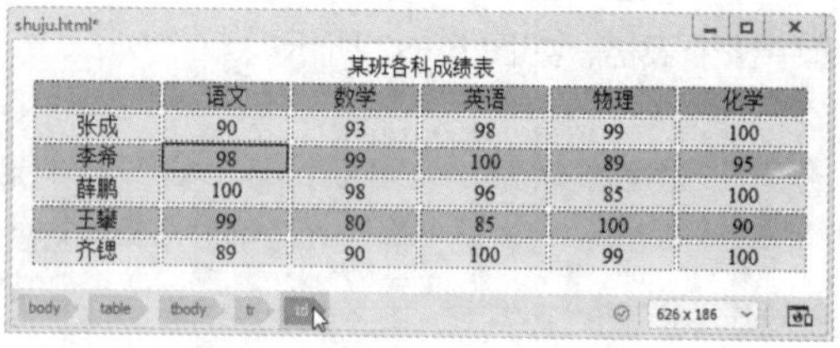

（2）单击任意单元格后，按住鼠标左键并拖曳，选择单元格。

（3）将光标置入单元格中，然后选择“编辑 > 全选”命令，或按 Ctrl+A 组合键，即可选中光标所在的单元格。

shuju.html*

某班各科成绩表

	语文	数学	英语	物理	化学
张成	90	93	98	99	100
李希	98	99	100	89	95
薛鹏	100	98	96	85	100
王攀	99	80	85	100	90
齐锶	89	90	100	99	100

body table tbody tr td 626 x 186

图 5-38

4. 选择一个矩形区域内的单元格

选择一个矩形区域内的单元格有以下 2 种方法。

（1）按住鼠标左键，从一个单元格向右下方拖曳到另一个单元格，即可选中以这两个单元格为对角顶点的矩形内的单元格。如按住鼠标左键，从“张成”单元格向右下方拖曳到“100”单元格，得到图 5-39 所示的选中区域。

（2）选择矩形左上角所在位置对应的单元格，按住 Shift 键的同时单击矩形右下角所在位置对应的单元格。由这两个单元格定义的直线为对角线的矩形区域中的所有单元格都将被选中。

5. 选择不相邻的单元格

按住 Ctrl 键的同时单击多个不相邻的单元格即选中它们；当再次单击选中的单元格时，则可取消对它们的选中，如图 5-40 所示。

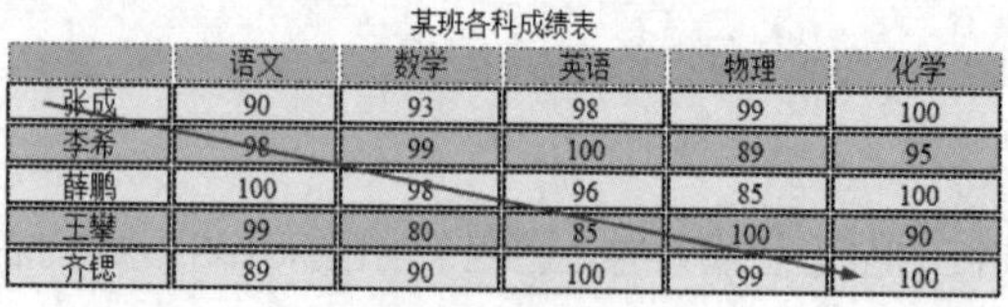

某班各科成绩表

	语文	数学	英语	物理	化学
张成	90	93	98	99	100
李希	98	99	100	89	95
薛鹏	100	98	96	85	100
王攀	99	80	85	100	90
齐锶	89	90	100	99	100

图 5-39

某班各科成绩表

	语文	数学	英语	物理	化学
张成	90	93	98	99	100
李希	98	99	100	89	95
薛鹏	100	98	96	85	100
王攀	99	80	85	100	90
齐锶	89	90	100	99	100

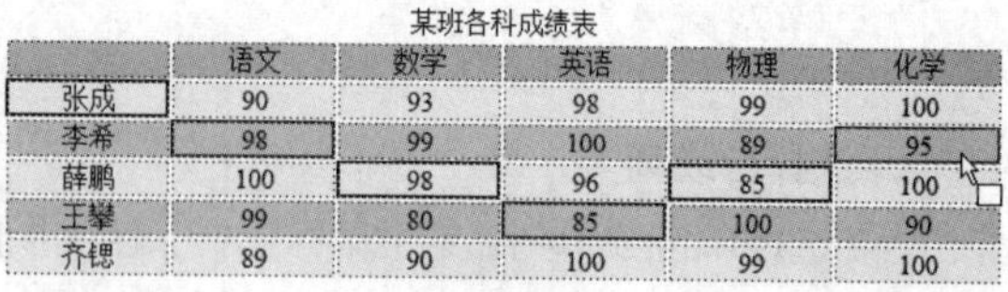

图 5-40

5.1.7 复制、剪切、粘贴表格

在 Dreamweaver 2020 中复制表格的操作和在 Word 中的一样，可以对表格中的多个单元格进行复制、剪切、粘贴操作，并保留原单元格的格式，也可以仅对单元格的内容进行操作。

1. 复制单元格

选定表格的一个或多个单元格后，选择“编辑 > 拷贝”命令，或按 Ctrl+C 组合键，将选择的内容复制到剪贴板中。剪贴板是一块由系统分配的暂时存放剪贴和复制内容的特殊内存区域。

2. 剪切单元格

选定表格的一个或多个单元格后，选择“编辑 > 剪切”命令，或按 Ctrl+X 组合键，将选择的内容剪切到剪贴板中。

必须选择连续的单元格，否则不能进行复制和剪切操作。

3. 粘贴单元格

将光标置入网页的适当位置，选择“编辑 > 粘贴”命令，或按 Ctrl+V 组合键，即可将当前剪贴板中包含格式的表格内容粘贴到光标所在位置。

4. 粘贴操作的几点说明

（1）只有剪贴板的内容和选定单元格的内容兼容，选定单元格的内容才能被替换。

（2）如果在表格外粘贴，则剪贴板中的内容将作为新表格出现，如图 5-41 所示。

（3）还可以先选择“编辑 > 拷贝”命令进行复制，然后选择“编辑 > 选择性粘贴”命令，或按 Ctrl+Shift+V 组合键，打开“选择性粘贴”对话框，如图 5-42 所示。设置完成后，单击“确定”按钮进行有选择性的粘贴。

某班各科成绩表

	语文	数学	英语	物理	化学
张成	90	93	98	99	100
李希	98	99	100	89	95
薛鹏	100	98	96	85	100
王攀	99	80	85	100	90
齐锶	89	90	100	99	100

某班各科成绩表

薛鹏	100	98	96	85	100
王攀	99	80	85	100	90
齐锶	89	90	100	99	100

图 5-41

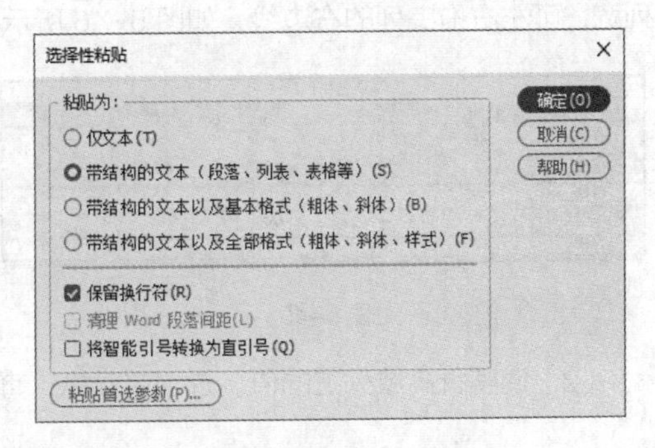

图 5-42

5.1.8 清除表格内容和删除行或列

删除表格的操作包括删除行或列，以及清除表格内容。

1. 清除表格内容

选定表格中要清除内容的单元格后，按 Delete 键即可清除所选单元格的内容。

2. 删除行或列

选定表格中要删除的行或列后，可使用以下 4 种方法来删除行或列。

（1）选择“编辑 > 表格 > 删除行”命令，或按 Ctrl+Shift+M 组合键，删除选择行。

（2）选择“编辑 > 表格 > 删除列”命令，或按 Ctrl+Shift+ – 组合键，删除选择列。

（3）在表格边框上单击鼠标右键，在弹出的快捷菜单中选择“表格 > 删除行”或“表格 > 删除列”命令，删除选择行或列。

（4）按 BackSpace 键，可以将选中的行或列删除。

5.1.9 缩放表格

创建表格后，可根据需要调整表格、行和列的大小。

1. 缩放表格

缩放表格有以下 2 种方法。

（1）将鼠标指针放在选定表格的边框上，当鼠标指针变为⟺时，如图 5-43 所示，左右拖曳边框，可以实现表格的缩放，如图 5-44 所示。

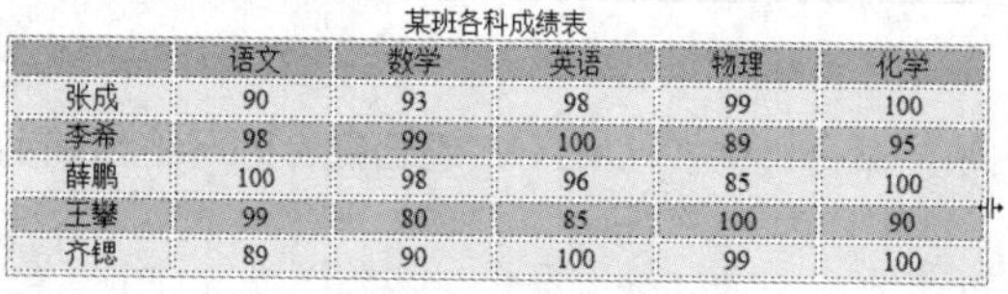

某班各科成绩表

	语文	数学	英语	物理	化学
张成	90	93	98	99	100
李希	98	99	100	89	95
薛鹏	100	98	96	85	100
王攀	99	80	85	100	90
齐锶	89	90	100	99	100

图 5-43

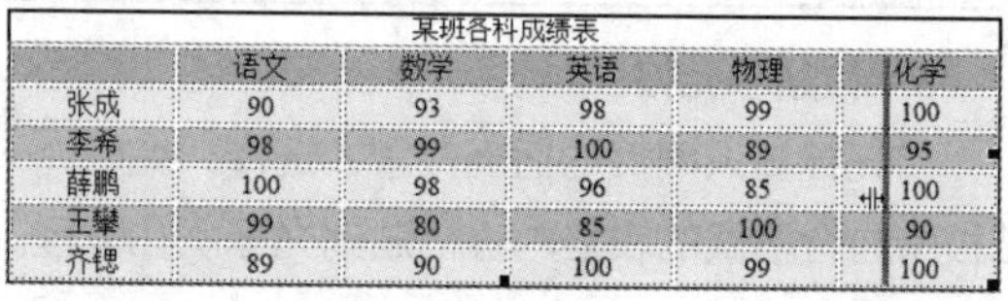

某班各科成绩表

	语文	数学	英语	物理	化学
张成	90	93	98	99	100
李希	98	99	100	89	95
薛鹏	100	98	96	85	100
王攀	99	80	85	100	90
齐锶	89	90	100	99	100

图 5-44

（2）选中表格，直接修改“属性”面板中的“宽”和“高”的值。

2. 修改行或列的大小

修改行或列的大小有以下 2 种方法。

（1）直接按住鼠标左键并拖曳。要改变行高，可上下拖曳行的底边线，如图 5-45 所示；要改变列宽，可左右拖曳列的右边线，如图 5-46 所示。

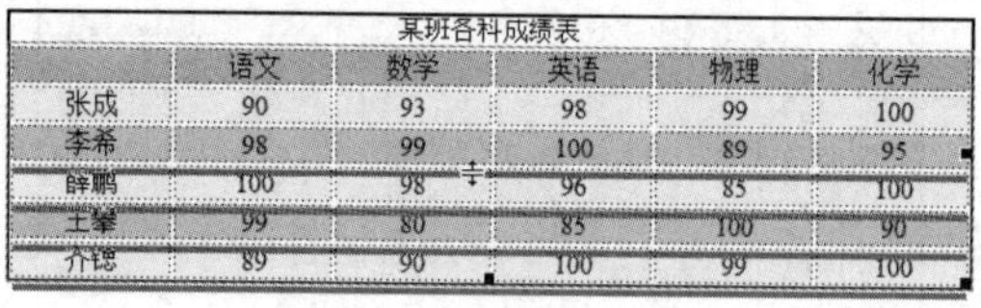

某班各科成绩表

	语文	数学	英语	物理	化学
张成	90	93	98	99	100
李希	98	99	100	89	95
薛鹏	100	98	96	85	100
王攀	99	80	85	100	90
齐锶	89	90	100	99	100

图 5-45

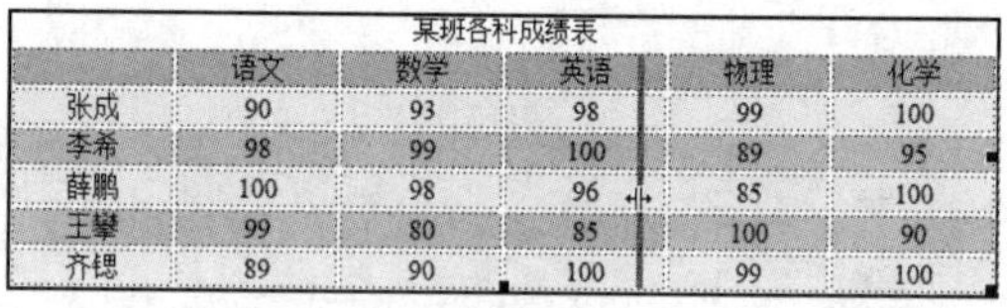

某班各科成绩表

	语文	数学	英语	物理	化学
张成	90	93	98	99	100
李希	98	99	100	89	95
薛鹏	100	98	96	85	100
王攀	99	80	85	100	90
齐锶	89	90	100	99	100

图 5-46

（2）调整行高或列宽的值。选中单元格，直接修改“属性”面板中的“宽”和“高”的值。

5.1.10 合并和拆分单元格

1. 合并单元格

有的表格项需要占用几行或几列来说明，这时需要将多个单元格合并，生成一个跨多个列或行的单元格，如图 5-47 所示。

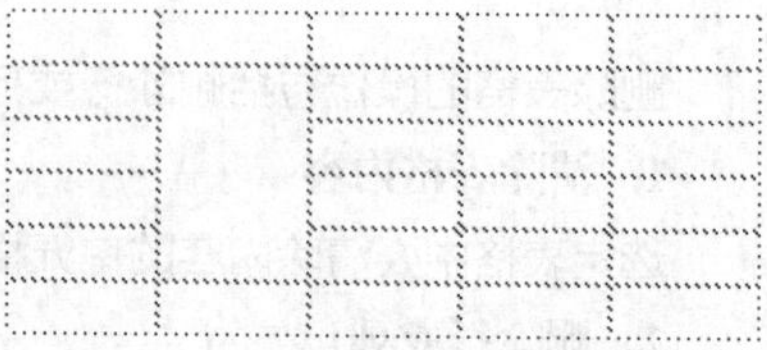

图 5-47

选择连续的单元格后，就可将它们合并成一个单元格。合并单元格有以下 4 种方法。

（1）按 Ctrl+Alt+M 组合键。

（2）选择“编辑 > 表格 > 合并单元格”命令。

（3）单击“属性”面板中的“合并所选单元格，使用跨度”按钮□。

（4）在表格边框上单击鼠标右键，在弹出的快捷菜单中选择“表格 > 合并单元格”命令。

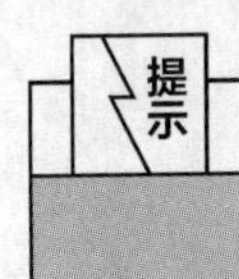

合并单元格后，合并前的多个单元格的内容将合并到一个单元格中。不相邻的单元格不能合并，并应保证合并的是矩形的单元格区域。

2. 拆分单元格

有时为了满足设计需求，要将一个表格项分成多个单元格以详细显示不同的内容，此时就必须将单元格拆分。

拆分单元格的具体操作步骤如下。

（1）选择一个要拆分的单元格。

（2）通过以下4种方法中的一种打开“拆分单元格”对话框，如图5-48所示。

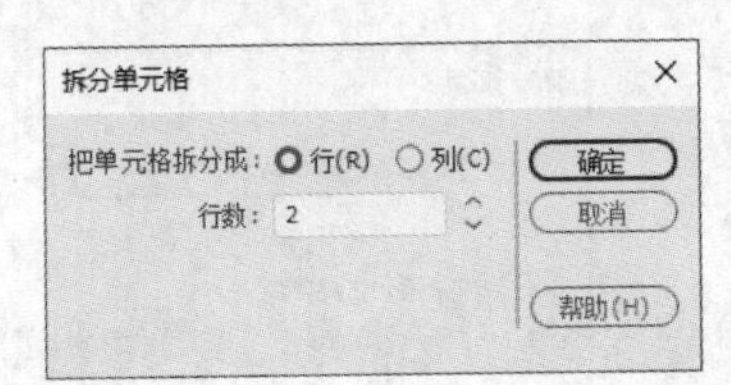

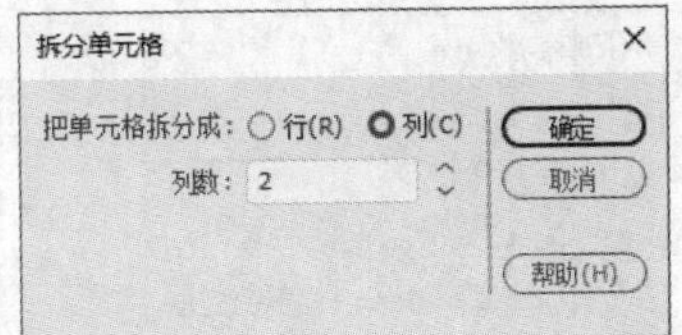

图5-48

① 按Ctrl+Alt+Shift+T组合键。

② 选择“编辑 > 表格 > 拆分单元格”命令。

③ 在“属性”面板中，单击“拆分单元格为行或列”按钮。

④ 在要拆分的单元格内单击鼠标右键，在弹出的快捷菜单中选择“表格 > 拆分单元格”命令。

“拆分单元格”对话框中各项的作用如下。

- “把单元格拆分成”选项组：设置是按行还是按列拆分单元格，它包括“行”和“列”2个单选按钮。
- “行数”或“列数”文本框：设置将指定单元格拆分成的行数或列数。

（3）根据需要进行设置，单击“确定”按钮完成单元格的拆分。

5.1.11 增加表格的行和列

如果想增加网页中表格的内容，不需要重新插入表格，通过选择“编辑 > 表格”中的相应子命令，添加行或列，即可加入新的内容。

1. 插入单行或单列

选择一个单元格后，就可以在该单元格的上下或左右插入一行或一列。

插入单行或单列有以下几种方法。

（1）插入单行。

① 选择“编辑 > 表格 > 插入行”命令，在所选单元格的上面插入一行。

② 按Ctrl+M组合键，在所选单元格的上面插入一行。

③ 在所选单元格内单击鼠标右键，在弹出的快捷菜单中选择“表格 > 插入行”命令，在所选单元格的上面插入一行。

在所选单元格的下方插入一行同理。

（2）插入列。

① 选择“编辑 > 表格 > 插入列”命令，在所选单元格的左侧插入一列。

② 按 Ctrl+Shift+A 组合键，在所选单元格的左侧插入一列。

③ 在所选单元格内单击鼠标右键，在弹出的快捷菜单中选择“表格 > 插入列”命令，在所选单元格的左侧插入一列。

在所选单元格的右侧插入一列同理。

2. 插入多行或多列

选中一个单元格，选择“编辑 > 表格 > 插入行或列”命令，弹出“插入行或列”对话框。根据需要在此对话框中进行设置，可在当前行的上面或下面插入多行，如图 5-49 所示；或在当前列左侧或右侧插入多列，如图 5-50 所示。

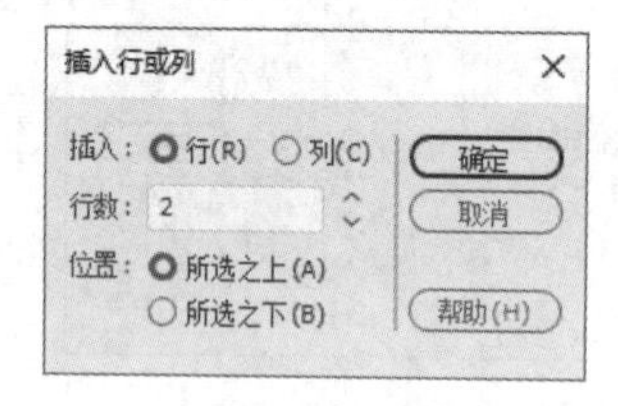

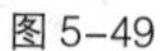
图 5-49

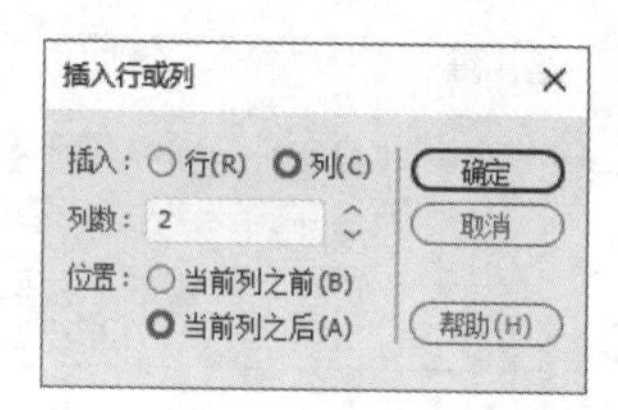

图 5-50

“插入行或列”对话框中各项的作用如下。

- “插入”选项组：设置是插入行还是列，它包括“行”和“列”2 个单选按钮。
- “行数”或“列数”文本框：设置要插入行或列的数目。
- “位置”选项组：设置新行或新列相对于所选单元格所在行或列的位置。

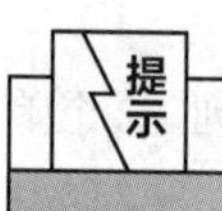

在表格的最后一个单元格中按 Tab 键会自动在表格的下方新添一行。

5.2 表格的复杂操作

要想将表格熟练地运用到实际设计工作中，只掌握表格的简单操作是不够的。本节介绍的导入/导出表格数据、表格数据排序也是读者务必要掌握的技能。

5.2.1 课堂案例——典藏博物馆网页

案例学习目标

使用“表格式数据”命令导入外部表格数据，并用相关命令进行表格美化和数据排序。

案例知识要点

使用“表格式数据”命令，导入外部表格数据；使用“属性”面板，改变单元格的宽度、高度和对齐方式；使用“CSS 设计器”面板，控制文字的字号和颜色；使用“排序表格”命令，对表格数据进行排序。

效果所在位置

云盘中的“Ch05 > 效果 > 典藏博物馆网页 > index.html”，效果如图 5-51 所示。

图 5-51

1. 导入数据表格

（1）选择“文件 > 打开”命令，在弹出的“打开”对话框中，选择云盘中的“Ch05 > 素材 > 典藏博物馆网页 > index.html”，单击“打开”按钮打开文件，如图 5-52 所示。将光标放置在要导入表格数据的位置，如图 5-53 所示。

图 5-52

图 5-53

（2）选择“文件 > 导入 > 表格式数据”命令，弹出“导入表格式数据”对话框。单击“数据文件”文本框右侧的“浏览”按钮，弹出“打开”对话框，选择云盘中的“Ch05 > 素材 >典藏博物馆网页 > SJ.txt”，单击“打开”按钮，返回“导入表格式数据”对话框，如图 5-54 所示。单击“确定”按钮，导入表格数据，效果如图 5-55 所示。

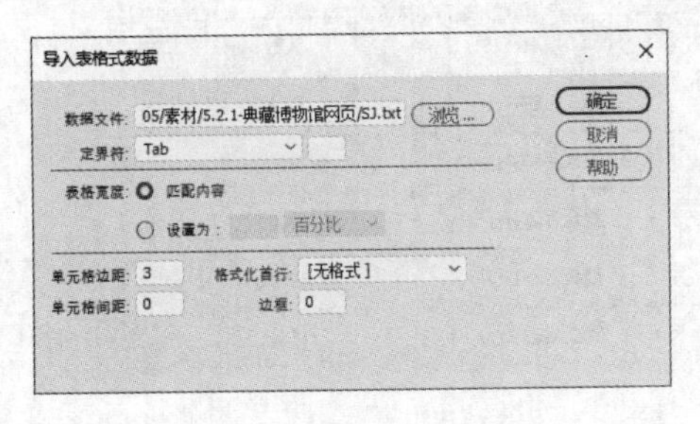

图 5-54

全部活动

活动标题	时间	地点	人数
罗中立美术馆	10月13日 周六 14:00—16:00	观众活动中心	50人
沙家浜革命历史纪念馆	10月13日 周六 10:00—12:00	观众活动中心	120人
内蒙古师范大学科学技术史博物馆	10月19日 周五 15:00—16:00	观众活动中心	100人
中国铁皮石斛博物馆	10月27日 周六 14:00—16:00	观众活动中心	150人
天津国家海洋博物馆	10月28日 周日 14:00—16:00	观众活动中心	113人

图 5-55

（3）保持表格的选中状态，在“属性”面板中，将“宽”设为 800，效果如图 5-56 所示。

全部活动

活动标题	时间	地点	人数
罗中立美术馆	10月13日 周六 14:00—16:00	观众活动中心	50人
沙家浜革命历史纪念馆	10月13日 周六 10:00—12:00	观众活动中心	120人
内蒙古师范大学科学技术史博物馆	10月19日 周五 15:00—16:00	观众活动中心	100人
中国铁皮石斛博物馆	10月27日 周六 14:00—16:00	观众活动中心	150人
天津国家海洋博物馆	10月28日 周日 14:00—16:00	观众活动中心	113人

图 5-56

（4）将第 1 列单元格全部选中，如图 5-57 所示。在“属性”面板中，将“宽”设为 260，“高”设为 35，效果如图 5-58 所示。

活动标题	时间	地点	人数
罗中立美术馆	10月13日 周六 14:00—16:00	观众活动中心	50人
沙家浜革命历史纪念馆	10月13日 周六 10:00—12:00	观众活动中心	120人
内蒙古师范大学科学技术史博物馆	10月19日 周五 15:00—16:00	观众活动中心	100人
中国铁皮石斛博物馆	10月27日 周六 14:00—16:00	观众活动中心	150人
天津国家海洋博物馆	10月28日 周日 14:00—16:00	观众活动中心	113人

图 5-57

活动标题	时间	地点	人数
罗中立美术馆	10月13日 周六 14:00—16:00	观众活动中心	50人
沙家浜革命历史纪念馆	10月13日 周六 10:00—12:00	观众活动中心	120人
内蒙古师范大学科学技术史博物馆	10月19日 周五 15:00—16:00	观众活动中心	100人
中国铁皮石斛博物馆	10月27日 周六 14:00—16:00	观众活动中心	150人
天津国家海洋博物馆	10月28日 周日 14:00—16:00	观众活动中心	113人

图 5-58

（5）选中第 2 列所有单元格，在“属性”面板的“水平”下拉列表中选择“居中对齐”选项，将“宽”设为 220。选中第 3 列和第 4 列所有单元格，在“属性”面板的“水平”下拉列表中选择“居中对齐”选项，将“宽”设为 160，效果如图 5-59 所示。

活动标题	时间	地点	人数
罗中立美术馆	10月13日 周六 14:00—16:00	观众活动中心	50人
沙家浜革命历史纪念馆	10月13日 周六 10:00—12:00	观众活动中心	120人
内蒙古师范大学科学技术史博物馆	10月19日 周五 15:00—16:00	观众活动中心	100人
中国铁皮石斛博物馆	10月27日 周六 14:00—16:00	观众活动中心	150人
天津国家海洋博物馆	10月28日 周日 14:00—16:00	观众活动中心	113人

图 5-59

（6）选择“窗口 > CSS 设计器”命令，弹出“CSS 设计器”面板，如图 5-60 所示。在“源”选项组中选择“<style>”选项；单击“选择器”选项组中的“添加选择器”按钮+，在“选择器”选项组中的文本框中输入“.bt”，按 Enter 键确认，如图 5-61 所示。在“属性”选项组中单击“文本”按钮T，显示文本属性，将“color”设为深褐色（#5b5b43），“font-size”设为 18px，如

图 5-62 所示。

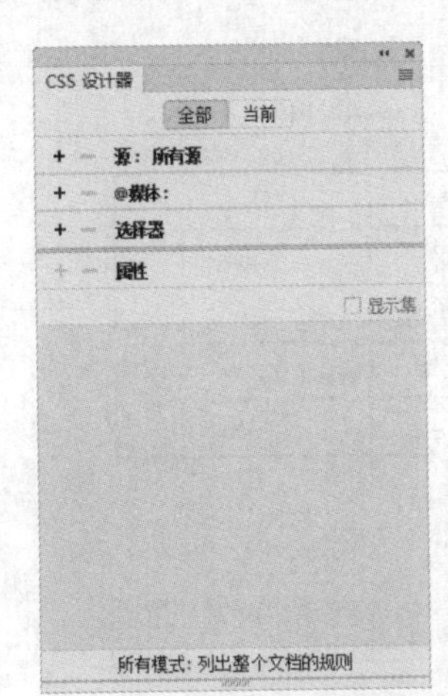

图 5-60

图 5-61

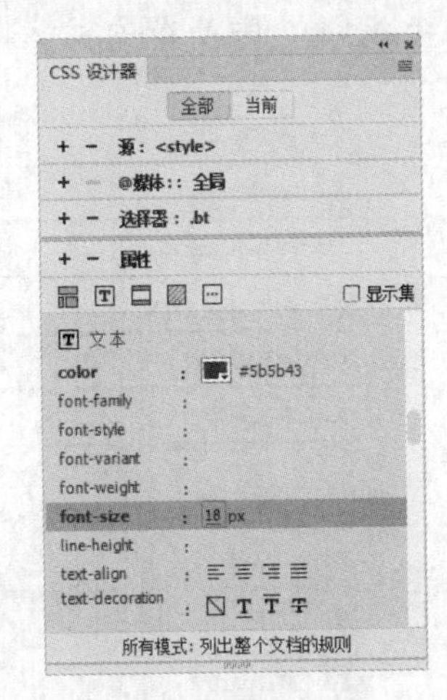

图 5-62

（7）选中图 5-63 所示的文字，在“属性”面板的“类”下拉列表中选择“.bt”选项，应用该样式，效果如图 5-64 所示。用相同的方法为其他文字应用样式，效果如图 5-65 所示。

活动标题
罗中立美术馆
沙家浜革命历史纪念馆
内蒙古师范大学科学技术史博物馆
中国铁皮石斛博物馆
天津国家海洋博物馆

图 5-63

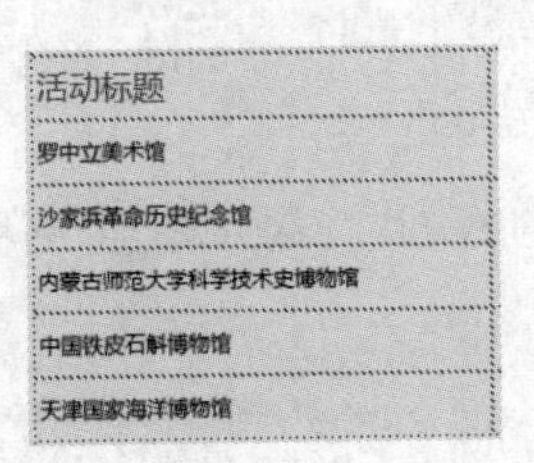

活动标题
罗中立美术馆
沙家浜革命历史纪念馆
内蒙古师范大学科学技术史博物馆
中国铁皮石斛博物馆
天津国家海洋博物馆

图 5-64

时间	地点	人数
10月13日 周六 14:00—16:00	观众活动中心	50人
10月13日 周六 10:00—12:00	观众活动中心	120人
10月19日 周五 15:00—16:00	观众活动中心	100人
10月27日 周六 14:00—16:00	观众活动中心	150人
10月28日 周日 14:00—16:00	观众活动中心	113人

图 5-65

（8）在“CSS 设计器”面板中，单击“选择器”选项组中的“添加选择器”按钮 +，在“选择器”选项组中的文本框中输入“.text”，按 Enter 键确认，效果如图 5-66 所示；在“属性”选项组中单击“文本”按钮 T，显示文本属性，将“color”设为浅褐色（#7b7b60），如图 5-67 所示。

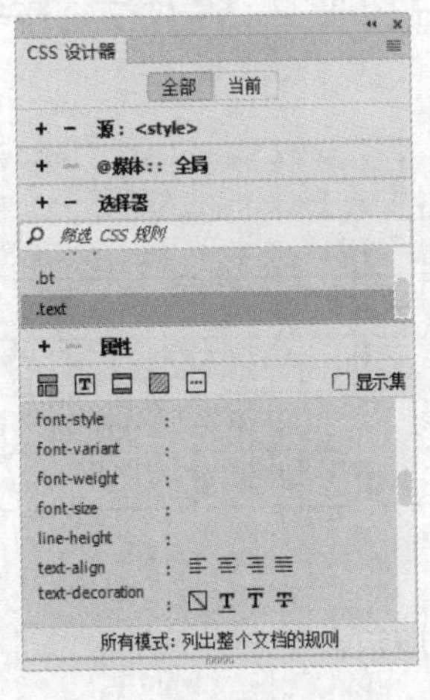

图 5-66

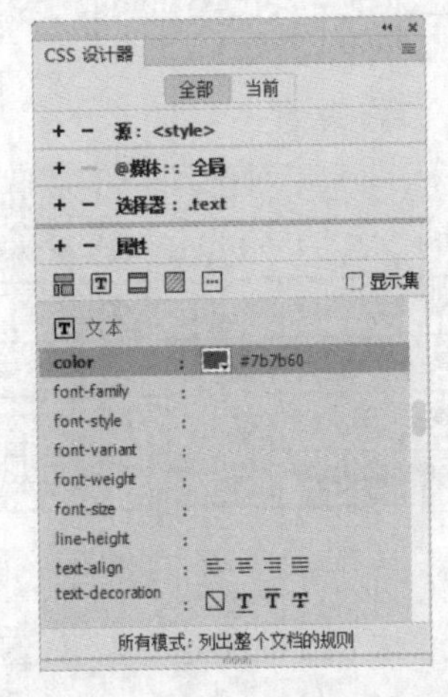

图 5-67

（9）选中图 5-68 所示的单元格，在“属性”面板的“类”下拉列表中选择“.text”选项，应用该样式，效果如图 5-69 所示。

活动标题	时间	地点	人数
罗中立美术馆	10月13日 周六 14:00—16:00	观众活动中心	50人
沙家浜革命历史纪念馆	10月13日 周六 10:00—12:00	观众活动中心	120人
内蒙古师范大学科学技术史博物馆	10月19日 周五 15:00—16:00	观众活动中心	100人
中国铁皮石斛博物馆	10月27日 周六 14:00—16:00	观众活动中心	150人
天津国家海洋博物馆	10月28日 周日 14:00—16:00	观众活动中心	113人

图 5-68

活动标题	时间	地点	人数
罗中立美术馆	10月13日 周六 14:00—16:00	观众活动中心	50人
沙家浜革命历史纪念馆	10月13日 周六 10:00—12:00	观众活动中心	120人
内蒙古师范大学科学技术史博物馆	10月19日 周五 15:00—16:00	观众活动中心	100人
中国铁皮石斛博物馆	10月27日 周六 14:00—16:00	观众活动中心	150人
天津国家海洋博物馆	10月28日 周日 14:00—16:00	观众活动中心	113人

图 5-69

（10）按住 Ctrl 键的同时选中图 5-70 所示的单元格，在“属性”面板中，将“背景颜色”设为灰色（#dcdcda），效果如图 5-71 所示。

活动标题	时间	地点	人数
罗中立美术馆	10月13日 周六 14:00—16:00	观众活动中心	50人
沙家浜革命历史纪念馆	10月13日 周六 10:00—12:00	观众活动中心	120人
内蒙古师范大学科学技术史博物馆	10月19日 周五 15:00—16:00	观众活动中心	100人
中国铁皮石斛博物馆	10月27日 周六 14:00—16:00	观众活动中心	150人
天津国家海洋博物馆	10月28日 周日 14:00—16:00	观众活动中心	113人

图 5-70

活动标题	时间	地点	人数
罗中立美术馆	10月13日 周六 14:00—16:00	观众活动中心	50人
沙家浜革命历史纪念馆	10月13日 周六 10:00—12:00	观众活动中心	120人
内蒙古师范大学科学技术史博物馆	10月19日 周五 15:00—16:00	观众活动中心	100人
中国铁皮石斛博物馆	10月27日 周六 14:00—16:00	观众活动中心	150人
天津国家海洋博物馆	10月28日 周日 14:00—16:00	观众活动中心	113人

图 5-71

（11）保存文档，按 F12 键预览效果，如图 5-72 所示。

图 5-72

2. 排序表格

（1）选中图 5-73 所示的表格，选择“编辑 > 表格 > 排序表格”命令，弹出“排序表格”对话框，如图 5-74 所示。在“排序按”下拉列表中选择“列 1”选项，在“顺序”下拉列表中选择“按字母顺序”选项，在它后面的下拉列表中选择“降序”选项，如图 5-75 所示。单击“确定”按钮，对表格数据进行排序，效果如图 5-76 所示。

活动标题	时间	地点	人数
罗中立美术馆	10月13日 周六 14:00—16:00	观众活动中心	50人
沙家浜革命历史纪念馆	10月13日 周六 10:00—12:00	观众活动中心	120人
内蒙古师范大学科学技术史博物馆	10月19日 周五 15:00—16:00	观众活动中心	100人
中国铁皮石斛博物馆	10月27日 周六 14:00—16:00	观众活动中心	150人
天津国家海洋博物馆	10月28日 周日 14:00—16:00	观众活动中心	113人

图 5-73

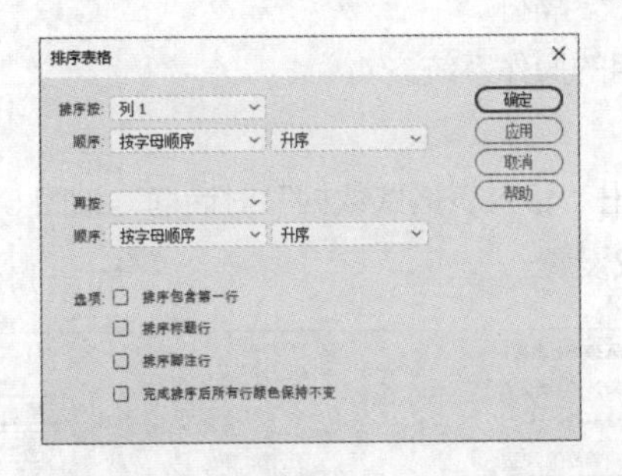

图 5-74

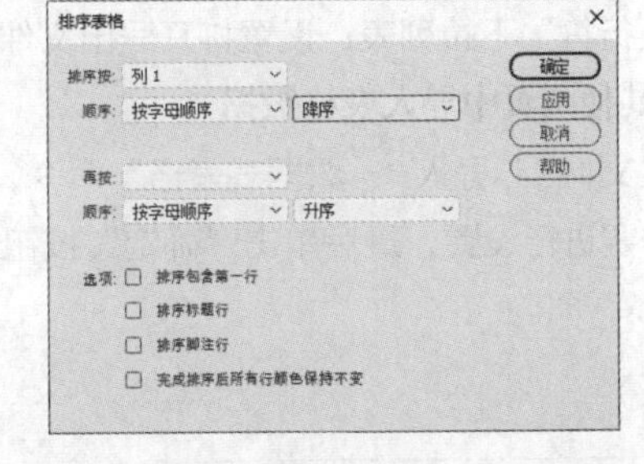

图 5-75

活动标题	时间	地点	人数
中国铁皮石斛博物馆	10月27日 周六 14:00—16:00	观众活动中心	150人
天津国家海洋博物馆	10月28日 周日 14:00—16:00	观众活动中心	113人
罗中立美术馆	10月13日 周六 14:00—16:00	观众活动中心	50人
沙家浜革命历史纪念馆	10月13日 周六 10:00—12:00	观众活动中心	120人
内蒙古师范大学科学技术史博物馆	10月19日 周五 15:00—16:00	观众活动中心	100人

图 5-76

（2）保存文档，按 F12 键预览效果，如图 5-77 所示。

图 5-77

5.2.2 导入和导出表格的数据

在 Dreamweaver 2020 中，可以将一个网页中的表格数据导出为文件或在一个网页中导入其他表格数据。导出的表格文件还可以作为文本导入 Word 文档中。

1. 将网页中的表格数据导出

选择“文件 > 导出 > 表格”命令，弹出“导出表格”对话框，如图 5-78 所示。根据需要设置参数，单击“导出”按钮，弹出“表格导出为”对话框，输入保存导出数据的文件名称，单击“保存”按钮完成设置。

“导出表格”对话框中各项的作用如下。

- “定界符”下拉列表：设置导出文件所使用的分隔符。
- “换行符”下拉列表：设置打开导出文件使用的操作系统。

2. 在其他网页中导入表格数据

选择“文件 > 导入 > 数据式表格”命令，弹出“导入表格式数据”对话框，如图 5-79 所示。然后根据需要进行设置，最后单击“确定”按钮完成设置。

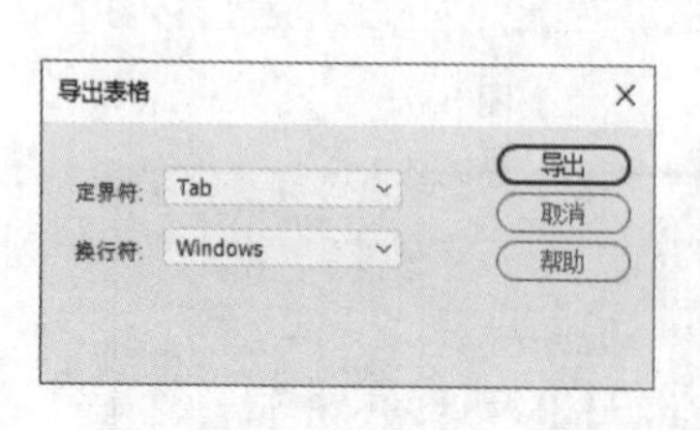

图 5-78

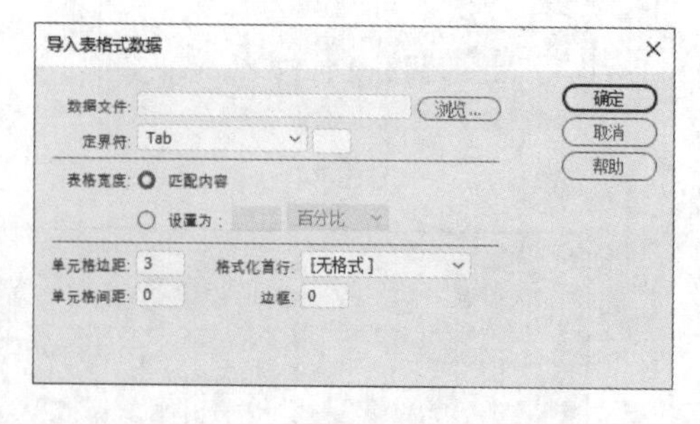

图 5-79

“导入表格式数据”对话框中各项的作用如下。

- “数据文件”文本框：单击“浏览”按钮，选择要导入的文件。

- “定界符”下拉列表：设置要导入的表格文件所使用的分隔符，包括“Tab”、逗号等选项。如果选择“其他”选项，要在右侧的文本框中输入要导入的文件使用的分隔符。
- “表格宽度”选项组：设置将要创建的表格的宽度。
- “单元格边距”文本框：以 px 为单位设置单元格内容与单元格边框之间的距离。
- “单元格间距”文本框：以 px 为单位设置相邻单元格之间的距离。
- “格式化首行”下拉列表：设置应用于表格首行的格式，包括“无格式”“粗体”“斜体”“加粗斜体”选项。
- “边框”文本框：设置表格边框的宽度。

3. 在 Word 文档中导入表格数据

在 Word 文档中选择“插入 > 对象 > 文本中的文字”命令，弹出“插入文件”对话框，在此对话框中选择要导入的文件，如图 5-80 所示。单击“插入”按钮，弹出“文件转换”对话框，如图 5-81 所示。单击“确定”按钮完成设置，导入效果如图 5-82 所示。

图 5-80

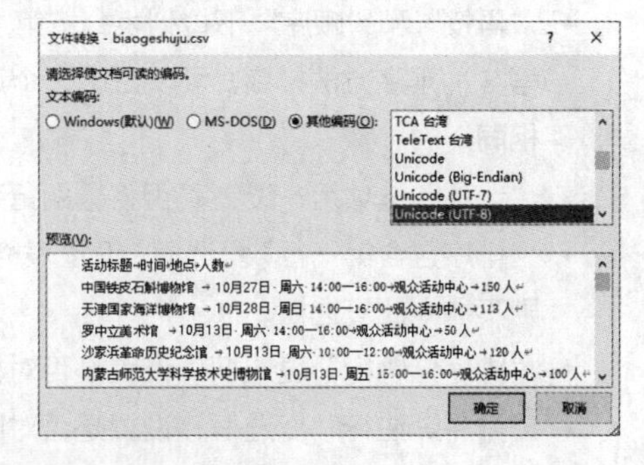

图 5-81

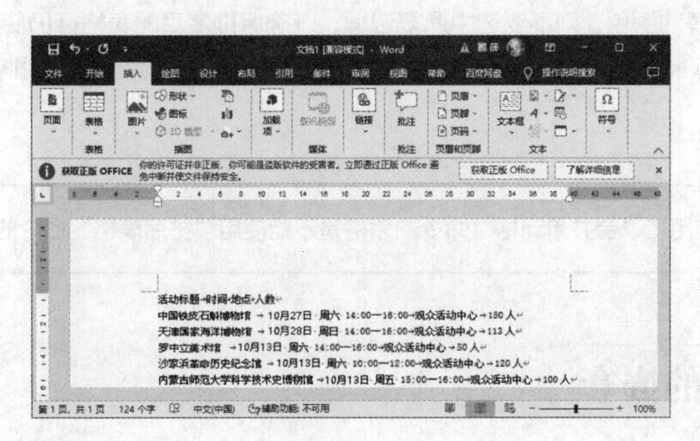

图 5-82

5.2.3 表格数据排序

在日常工作中，网站设计者常常需要对无序的表格数据进行排序，以便浏览者可以快速找到所需的数据。Dreamweaver 2020 的表格数据排序功能可以为网站设计者解决这一难题。

将插入点放到要排序的表格中，然后选择“编辑 > 表格 > 排序表格”命令，弹出“排序表格”对话框，如图 5-83 所示。根据需要进行相应设置，单击“应用”或“确定”按钮完成设置。

“排序表格”对话框中各项的作用如下。

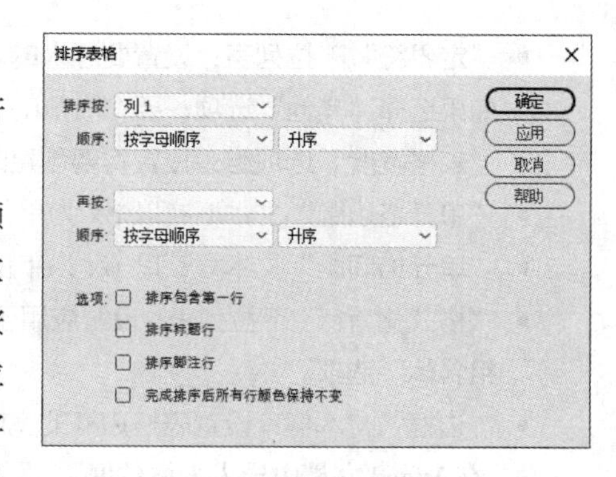

图 5-83

- “排序按”下拉列表：设置表格按哪列的值进行排序。
- “顺序”下拉列表：设置是按字母还是按数字顺序对列进行升序（从 A 到 Z 或从小数字到大数字）或降序排序。当列的内容是数字时，选择“按数字顺序”选项。如果按字母顺序对一组由 1 位或 2 位数字组成的数进行排序，则会将这些数字视为单词按照从左到右的方式进行排序，而不是按数字大小进行排序。如对于 1、2、3、10、20、30，若按字母顺序排序，则结果为 1、10、2、20、3、30；若按数字顺序排序，则结果为 1、2、3、10、20、30。
- “再按”和“顺序”下拉列表：按第 1 种排序方法排序后，当排序的列中出现相同的结果时按第 2 种排序方法排序。可以在这 2 个选项中设置第 2 种排序方法，设置方法与第 1 种排序方法相同。
- “选项”选项组：设置是否将标题行、脚注行等一起进行排序。
- “排序包含第一行”复选框：设置表格的第 1 行是否参与排序。如果第 1 行是不能移动的表头，则不选中此复选框。
- “排序标题行”复选框：设置是否对标题行进行排序。
- “排序脚注行”复选框：设置是否对脚注行进行排序。
- “完成排序后所有行颜色保持不变”复选框：设置排序后是否保持原行的颜色值。如果表格行使用 2 种交替的颜色，则不要选中此复选框，以确保排序后的表格行仍使用交替颜色。如果特定的行设置了特定的颜色，则应选中此复选框，以确保这些特定颜色与排序后正确的行关联在一起。

使用了“合并单元格”命令的表格是不能使用“排序表格”命令的。

5.3 表格的嵌套

当一个表格无法满足对网页元素的定位需求时，需要在表格的一个单元格中继续插入表格，这叫表格的嵌套，单元格中的表格即内嵌入式表格。通过内嵌入式表格可以将一个单元格分成许多行和列，而且可以继续插入内嵌入式表格。但是内嵌入式表格越多，浏览时下载页面的时间越长。因此，内嵌入式表格最好不超过 3 层。包含内嵌入式表格的网页如图 5-84 所示。

图 5-84

5.4 课堂练习——风季租车网页

练习知识要点

使用“Table”按钮，插入表格进行布局；使用“Image”按钮，插入图像；使用“CSS 设计器”面板，为单元格添加背景图像并控制文字的字号、颜色。完成效果如图 5-85 所示。

图 5-85

效果所在位置

云盘中的“Ch05 > 效果 > 风季租车网页 > index.html”。

5.5 课后习题——绿色粮仓网页

习题知识要点

使用“表格式数据”命令，导入外部表格数据；使用“排序表格”命令，将表格的数据排序。完成效果如图 5-86 所示。

图 5-86

效果所在位置

云盘中的“Ch05 > 效果 > 绿色粮仓网页 > index.html”。

06

第6章 ASP

本章主要介绍ASP动态网页基础和内置对象，包括ASP服务器的安装、ASP 语法基础、数组的创建与应用及流程控制语句等。通过对本章的学习，读者可以掌握 ASP 的基本操作。

学习要点

- ASP 服务器的运行环境、安装 IIS 的方法
- ASP 语法基础、数组的创建与应用
- VBScript 选择和循环语句
- Request 请求对象和 Response 响应对象
- Server 服务对象

素养目标

1. 培养优秀的视觉把控能力、项目理解能力
2. 培养制作动态网页的能力

6.1 ASP 动态网页基础

ASP（Active Server Page，活动服务器页面）是微软公司于 1996 年年底推出的一项 Web 应用程序开发技术，其主要功能是为生成动态交互的 Web 服务器应用程序提供功能强大的方法和技术。ASP 既不是一种语言，也不是一种开发工具，而是一种技术框架，是位于服务器端的脚本运行环境。

6.1.1 课堂案例——节能环保网页

扫码观看本案例视频

扩展阅读

案例学习目标

使用日期函数显示当前系统时间。

案例知识要点

使用“拆分”按钮和“设计”按钮，切换视图；使用函数 Now()显示当前系统时间。

效果所在位置

云盘中的“Ch06 > 效果 > 节能环保网页 > index.asp”，效果如图 6-1 所示。

图 6-1

（1）选择“文件 > 打开”命令，在弹出的“打开”对话框中，选择云盘中的“Ch06 > 素材 > 节能环保网页 > index.asp”，单击“打开”按钮，效果如图 6-2 所示。将光标置入图 6-3 所示的单元格中。

图 6-2

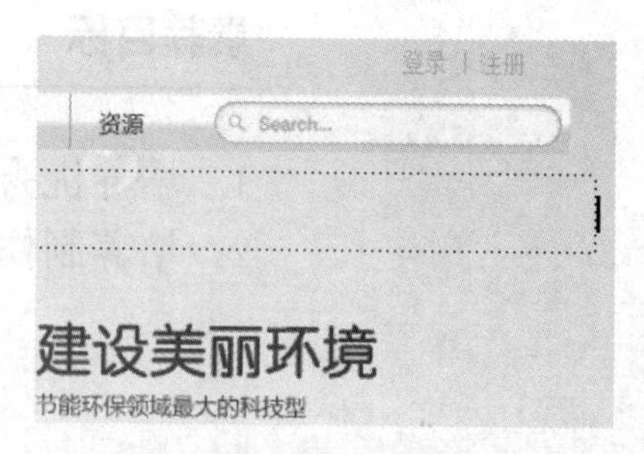

图 6-3

（2）单击文档编辑窗口上方的“拆分”按钮，切换到“拆分”视图，此时光标位于单元格标签中，如图 6-4 所示。输入文字和代码“当前时间为：<%=Now()%>”，如图 6-5 所示。

```
30        <td width="336" height="41" align="right"
          class="bj"> </td>
31        <td>
```

图 6-4

```
30        <td width="336" height="41" align="right"
          class="bj">当前时间为：<%=Now()%></td>
31        <td>
```

图 6-5

（3）单击文档编辑窗口上方的“设计”按钮，切换到“设计”视图，单元格效果如图6-6所示。保存文档，在IIS浏览器中浏览页面，效果如图6-7所示。

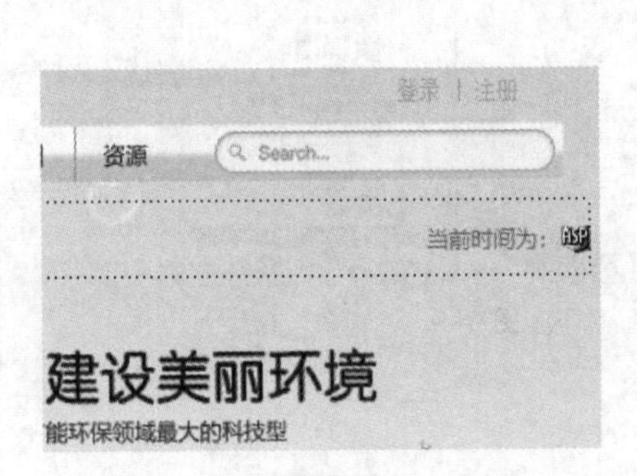

图6-6

图6-7

6.1.2　ASP服务器的安装

ASP是一种服务器端脚本运行环境，其主要功能是把脚本语言、HTML、组件和Web数据库访问功能有机地结合在一起，开发能在服务器端运行的应用程序，该应用程序可根据来自浏览器的请求生成相应的HTML文档并回送给浏览器。使用ASP可以创建以HTML网页作为用户界面，并能够与数据库进行交互的Web应用程序。

1. ASP的运行环境

ASP的运行环境如下。

（1）在Windows 2000 Server / Professional操作系统下安装并运行IIS 5.0。

（2）在Windows XP Professional操作系统下安装并运行IIS 5.1。

（3）在Windows Server 2003操作系统下安装并运行IIS 6.0。

（4）在Windows Vista / Windows Server 2008/ Windows 7 / Windows 10操作系统下安装并运行IIS 7.0。

2. 安装IIS

IIS（Internet Information Services，互联网信息服务）是微软公司提供的一种互联网基本服务，已经作为组件集成在Windows操作系统中。如果用户的计算机安装的是Windows 2000 Server或Windows Server 2003等操作系统，则在安装它们时会自动安装相应版本的IIS；如果安装的是Windows 7或Windows 10等操作系统，默认情况下不会安装IIS，这时，需要进行手动安装，步骤如下。

（1）选择“开始 > Windows系统 > 控制面板”命令，打开“控制面板”窗口，单击“程序”链接，进入“程序”窗口，单击“启用或关闭Windows功能”链接，弹出“Windows功能”窗口，如图6-8所示。在“Internet Information Services”下勾选相应的Windows功能，如图6-9所示。

（2）设置完成后，单击“确定”按钮，系统会自动添加相应功能，如图6-10所示。

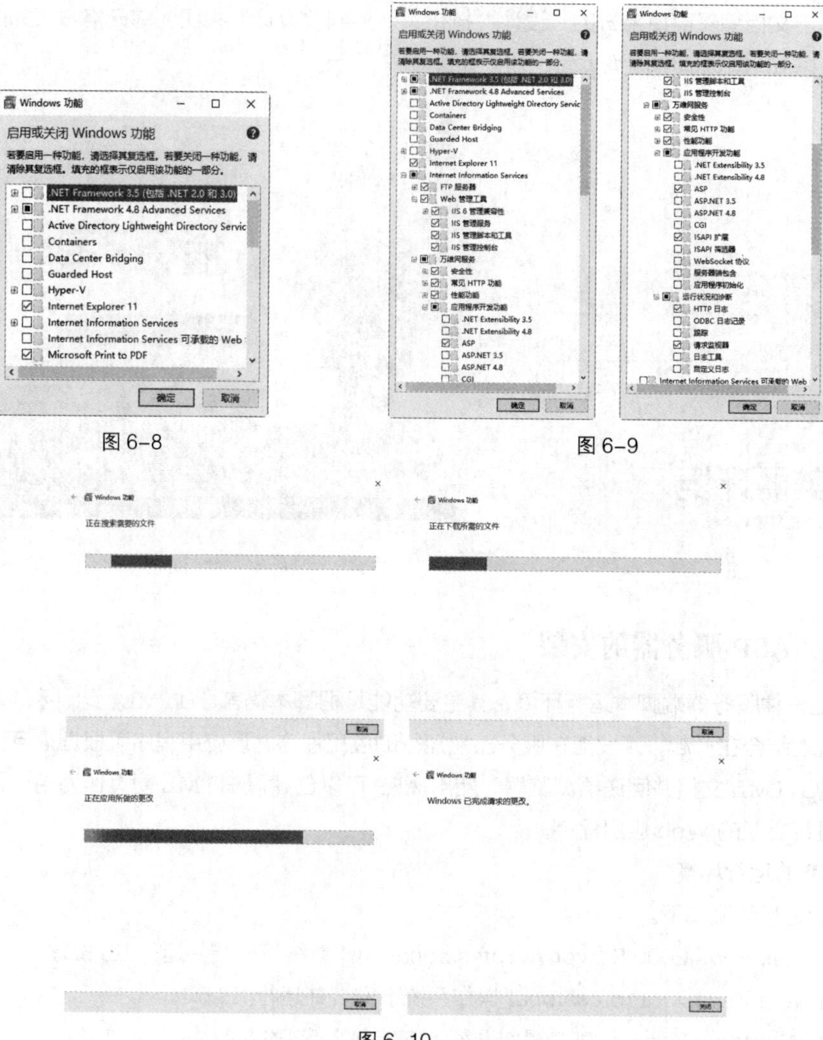
图 6-8 图 6-9

图 6-10

（3）完成以上操作后，需要对 IIS 进行简单的设置。单击“程序”窗口左上方的“控制面板主页”链接，打开“所有控制面板项”窗口，如图 6-11 所示。

图 6-11

（4）选择“所有控制面板项”窗口中的“管理工具”选项，然后双击“Internet Information Services（IIS）管理器”选项，如图 6-12 所示。

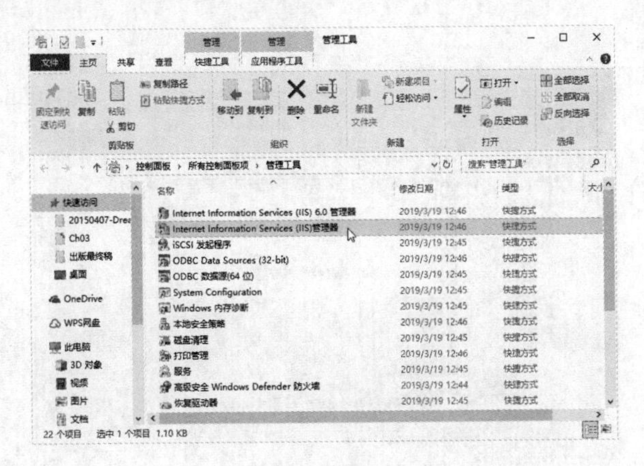

图 6-12

（5）在“Internet Information Services（IIS）管理器”窗口中双击“ASP”图标，如图 6-13 所示。

图 6-13

（6）将“启用父路径”属性设为“True”，如图 6-14 所示。

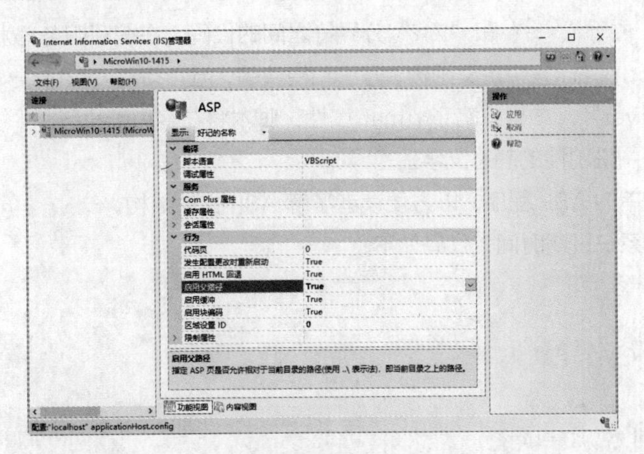

图 6-14

（7）在“Internet Information Services（IIS）管理器”窗口左侧的列表中展开选项，在“Default Web Site”选项上单击鼠标右键，在弹出的快捷菜单中选择“管理网站 > 高级设置”命令，如图 6-15 所示。

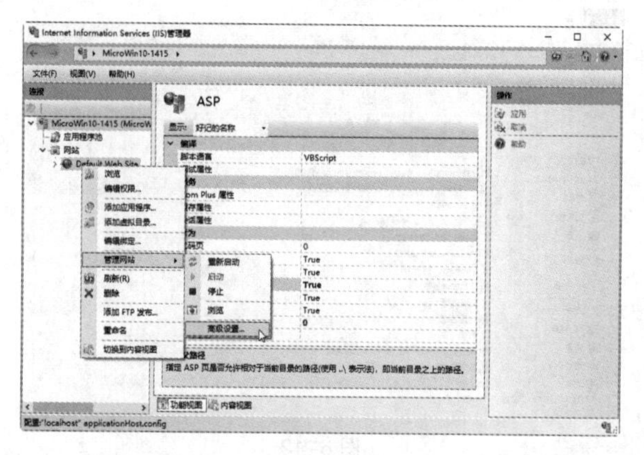

图 6-15

（8）弹出“高级设置”对话框。在该对话框中单击“物理路径”选项右侧的按钮[...]，在弹出的“浏览文件夹”对话框中选择物理路径。选择好之后，单击“确定”按钮，返回“高级设置”对话框，单击“确定”按钮，完成设置。

（9）在“Internet Information Services（IIS）管理器”对话框左侧的列表中，在“Default Web Site”选项上单击鼠标右键，在弹出的快捷菜单中选择“编辑绑定”命令，在弹出的“网站绑定”对话框中单击“添加”按钮，弹出“添加网站绑定”对话框。设置完成后单击“确定”按钮返回“网站绑定”对话框，单击“关闭”按钮完成 IIS 的安装。

6.1.3 ASP 语法基础

1. ASP 文件结构

ASP 文件是以“.asp”为扩展名的。在 ASP 文件中，可以包含以下内容。

（1）HTML 标签：HTML 包含的标签。

（2）脚本命令：包括 VBScript 或 JavaScript 脚本。

（3）ASP 代码：位于“<%”和“%>”分界符之间的代码。在编写服务器端的 ASP 脚本时，也可以在<script></script>标签中定义函数、方法和模块等，但必须在<script></script>标签内指定 runat 属性值为“server”。如果忽略了 runat 属性，脚本将在客户端执行。

（4）文本：网页中说明性的静态文字。

下面给出一个简单的 ASP 程序，以方便读者了解 ASP 文件结构。

例如，输出当前系统日期时间，代码如下：

```
<html>
<head>
<title>ASP 程序</title>
</head>
<body>
当前系统日期时间为：<%=Now()%>
```

```
</body>
</html>
```

运行以上代码，在浏览器中显示图 6-16 所示的内容。

图 6-16

以上代码是一个标准的在 HTML 文件中嵌入 ASP 程序而生成的 ASP 文件。其中，<html>和</html>分别为 HTML 文件的开始标签和结束标签；<head></head>为 HTML 文件的头部标签，在头部标签内，定义了标题标签<title></title>，用于显示 HTML 文件的标题信息；<body></body>为 HTML 文件的主体标签，文本内容“当前系统日期时间为：”以及“<%=Now()%>”都嵌在<body></body>标签内。

2. 声明脚本语言

在编写 ASP 程序时，可以声明 ASP 文件所使用的脚本语言，以便 Web 服务器知道 ASP 文件是使用何种脚本语言来编写程序的。声明脚本语言有以下 3 种方法。

（1）在 IIS 中设定默认的脚本语言。

在“Internet Information Services（IIS）管理器”窗口中将“脚本语言”设为“VBScript”，如图 6-17 所示。

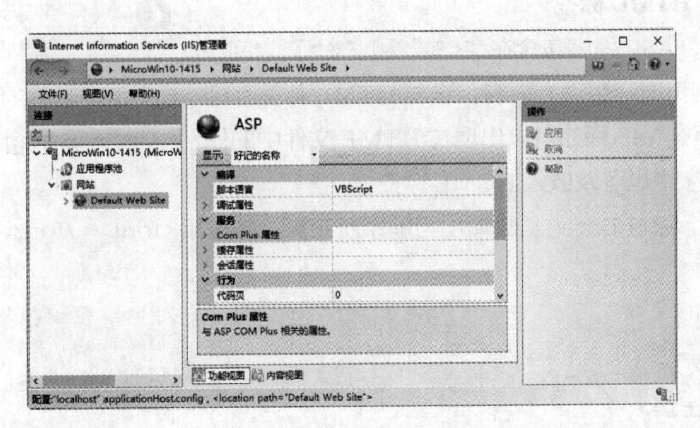

图 6-17

（2）使用@LANGUAGE 声明脚本语言。

在 ASP 处理指令中，可以使用@LANGUAGE 关键字，在 ASP 文件的开始处设置使用的脚本语言。使用这种方法声明的脚本语言，只作用于当前文件，对其他文件不会产生影响。

语法格式：

```
<%@LANGUAGE=scriptengine%>
```

其中，scriptengine 表示编译脚本的脚本引擎名称。IIS 管理器中包含两个脚本引擎，分别为 VBScript 和 JavaScript。默认情况下，文件中的脚本将由 VBScript 引擎进行编译。

例如，在 ASP 文件的第 1 行设定页面使用的脚本语言为 VBScript，代码如下：

```
<%@LANGUAGE="VBScript"%>
```

需要注意的是，如果在 IIS 管理器中设置的默认脚本语言为 VBScript，且文件中使用的也是 VBScript，则在 ASP 文件中不用声明脚本语言；如果文件中使用的脚本语言与 IIS 管理器中设置的默认脚本语言不同，则需使用@LANGUAGE 声明脚本语言。

（3）通过<script></script>标签声明脚本语言。

通过设置<script></script>标签中的 language 属性值，可以声明脚本语言。需要注意的是，此声明只作用于<script></script>标签。

语法格式：

```
<script LANGUAGE=scriptengine runat="server">
//脚本代码
</script>
```

其中，scriptengine 表示编译脚本的脚本引擎名称；runat 属性值设置为 server，表示脚本运行在服务器端。

例如，在<script></script>标签中声明脚本语言为 JavaScript，并编写程序向客户端浏览器输出指定的字符串，代码如下：

```
<script language="javascript" runat="server">
Response.Write("Hello World!"); //调用 Response 对象的 Write()方法输出指定字符串
</script>
```

运行代码，效果如图 6-18 所示。

3. ASP 程序与 HTML 标签

在 ASP 网页中，ASP 程序包含在“<%”和“%>”之间，并在浏览器中打开网页时产生动态内容。它与 HTML 标签互相协作，构成动态网页。ASP 程序可以出现在 HTML 文件中的任意位置，在 ASP 程序中也可以嵌入 HTML 标签。

图 6-18

编写 ASP 程序，通过 Date()函数输出当前系统日期，并应用<font></font>标签定义日期的颜色，代码如下：

```
<html>
<head>
<meta http-equiv="Content-Type" content="text/html; charset=gb2312"/>
<title>b</title>
</head>
<body>
今天是:
<%
  Response.Write("<font color=red>")
  Response.Write(Date())
  Response.Write("</font>")
%>
</body>
</html>
```

以上代码通过 Response 对象的 Write()方法向浏览器端输出<font></font>标签以及当前系统日期。在 IIS 浏览器中运行代码，运行结果如图 6-19 所示。

图 6-19

6.1.4 数组的创建与应用

数组是有序数据的集合。数组中的元素都属于同一个数据类型，用数组名和下标可以唯一地确定数组中的元素，下标放在紧跟数组名之后的括号中。有一个下标的数组称为一维数组，有两个下标的数组称为二维数组，以此类推。数组的最大维数为60。

1. 创建数组

在VBScript中，数组有两种类型：固定数组和动态数组。

（1）固定数组。

固定数组是指大小在程序运行时不可改变的数组，在使用前必须先声明。使用Dim语句可以声明数组。

声明数组的语法格式如下：

```
Dim array(i)
```

在VBScript中，数组的下标是从0开始计数的，所以数组的长度为“i+1”。

例如：

```
Dim ary(3)
Dim db_array(5,10)
```

声明数组后，就可以对数组的每个元素进行赋值。在对数组元素进行赋值时，必须通过数组的下标指明赋值元素的位置。

例如，在数组中使用下标为数组的每个元素赋值，代码如下：

```
Dim ary(3)
ary(0)="数学"
ary(1)="语文"
ary(2)="英语"
```

（2）动态数组。

声明数组时不指明下标，这样的数组叫作变长数组，也称为动态数组。动态数组的声明方法与固定数组的声明方法相似，唯一不同的是没有指明下标。

语法格式如下：

```
Dim array()
```

虽然动态数组声明时无须指明下标，但在使用它之前必须使用ReDim语句确定数组的维数。动态数组重新声明的语法格式如下：

```
Dim array()
ReDim array(i)
```

2. 应用数组函数

数组函数用于进行数组的操作。数组函数主要包括LBound()函数、UBound()函数、Split()函数和Erase()函数。

（1）LBound()函数。

LBound()函数用于返回一个Long型数据，返回值为指定数组维度可用的最小下标。

语法格式如下：

```
LBound (arrayname[, dimension])
```

参数说明如下。

- arrayname：必需的，表示数组变量的名称，遵循标准的变量命名规则。
- dimension：可选的，类型为Variant (Long)。1表示第1维，2表示第2维，以此类推。如不指定 dimension，则它的值默认为 1。

例如，返回数组 MyArray 第 2 维的最小可用下标，代码如下：

```
<%
Dim MyArray(5,10)
Response.Write(LBound(MyArray,12))
%>
结果为：0
```

（2）UBound()函数。

UBound()函数用于返回一个 Long 型数据，返回值为指定数组维度可用的最大下标。

语法格式如下：

```
UBound(arrayname[, dimension])
```

参数说明如下。

- arrayname：必需的，表示数组变量的名称，遵循标准的变量命名规则。
- dimension：可选的，类型为 Variant (Long)。1 表示第 1 维，2 表示第 2 维，以此类推。如果不指定 dimension，则它的值默认为 1。

例如，返回数组 MyArray 第 2 维的最大可用下标，代码如下：

```
<%
Dim MyArray(5,10)
Response.Write(UBound(MyArray,2))
%>
结果为：10
```

UBound()函数与 LBound()函数一起使用，可用于确定数组的大小。UBound()用于确定数组某一维的最大下标。

（3）Split()函数。

Split()函数用于返回一个下标从 0 开始的一维数组，它包含指定数目的子字符串。

语法格式如下：

```
Split(expression[, delimiter[, count[, compare]]])
```

参数说明如下。

- expression：必需的，包含子字符串和分隔符的字符串表达式。如果 expression 是一个长度为 0 的字符串（""），Split()则返回一个空数组，即没有元素和数据的数组。
- delimiter：可选的，用于标识子字符串边界的字符串。如果忽略，则使用空格字符（" "）作为分隔符。如果 delimiter 是一个长度为 0 的字符串，则返回的数组仅包含一个元素。
- count：可选的，要返回的子字符串数，-1 表示返回所有的子字符串。
- compare：可选的，数值，表示判别子字符串时使用的比较方式。

例如，读取字符串 str 中以符号“/”分隔的各子字符串，代码如下：

```
<%
Dim str,str_sub,i
str="ASP 程序开发/VB 程序开发/ASP.NET 程序开发"
str_sub=Split(str,"/")
For i=0 to Ubound(str_sub)
```

```
 Respone.Write(i+1&"."&str_sub(i)&"<br>")
Next
%>
```

结果为:

```
ASP 程序开发
VB 程序开发
ASP.NET 程序开发
```

(4) Erase 函数。

Erase 函数用于初始化大小固定的数组的元素，以及释放动态数组的存储空间。

语法格式如下:

```
Erase arraylist
```

所需的 arraylist 参数表示一个或多个用逗号隔开的需要清除的数组变量。

Erase 函数根据数组是固定数组还是动态数组，执行完全不同的操作。Erase 函数无须为固定数组恢复内存。

例如，定义数组元素后，利用 Erase 函数释放数组的存储空间，代码如下:

```
<%
Dim MyArray(1)
MyArray(0)="网络编程"
Erase MyArray
If MyArray(0)= "" Then
  Response.Write("数组资源已释放! ")
Else
  Response.Write(MyArray(0))
End If
%>
```

结果为:

```
数组资源已释放!
```

6.1.5 流程控制语句

在 VBScript 中，有顺序结构、选择结构和循环结构 3 种基本流程控制结构。顺序结构是程序设计中最基本的结构，程序运行时，编译器总是按照先后顺序执行程序中的所有代码。通过选择结构和循环结构可以改变代码的执行顺序。本小节介绍 VBScript 中的选择语句和循环语句。

1. 选择语句

(1) 使用 if...then...end if 语句实现单分支选择结构。

if...then...end if 语句称为单分支选择语句，可用于实现程序的单分支选择结构。该语句根据条件表达式取值是否为真(True)，决定是否执行指定的命令序列。在 VBScript 中，if...then...end if 语句的基本语法格式如下:

```
if 条件表达式 then
    …命令序列
end if
```

通常情况下,条件表达式是使用比较运算符对数值或变量进行比较的表达式。执行 if...then...end

if 语句时，首先对条件表达式进行判断，若其取值为 True，则执行命令序列；否则跳过命令序列，执行 end if 后的语句。

例如，判断给定变量的值是否为数字，如果为数字则输出指定的字符串信息，代码如下：

```
<%
Dim Num
Num=105
If IsNumeric(Num) then
  Response.Write ("变量Num的值是数字！")
end if
%>
```

（2）使用 if…then…else 语句实现双分支选择结构。

if…then…else 语句称为双分支选择语句，可用于实现程序的双分支选择结构。该语句根据条件表达式的取值，执行相应的命令序列。基本语法格式如下：

```
if 条件表达式 then
    …命令序列 1
else
    …命令序列 2
end if
```

执行该语句时，若条件表达式的取值为 True，则执行命令序列 1，否则执行命令序列 2。

（3）使用 select case 语句实现多分支选择结构。

select case 语句称为多分支选择语句，该语句可以根据变量或条件表达式的值，决定执行的命令序列。应用 select case 语句实现的功能，相当于嵌套使用 if 语句实现的功能。select case 语句的基本语法格式如下：

```
select case 变量或条件表达式
      case 结果 1
          命令序列 1
      case 结果 2
          命令序列 2
          …
      case 结果 n
          命令序列 n
      case else 结果 n+1
          命令序列 n+1
end select
```

在 select case 语句中，首先对变量或条件表达式进行运算，可以进行数学运算或字符串运算；然后将运算结果依次与结果 1 ~ 结果 n 做比较，如果找到相等的结果，则执行对应的 case 语句中的命令序列，如果未找到相同的结果，则执行 case else 语句后面的命令序列；执行命令序列后，退出 select case 语句。

2. 循环语句

（1）do…loop 循环语句。

do…loop 语句是一种灵活的循环语句。当条件表达式的取值为 True 时或条件表达式的取值变为 True 之前重复执行某循环体。根据条件表达式出现的位置，do…loop 语句的语法格式分为以下 2 种。

① 条件表达式出现在语句的开始部分。语法格式如下：

```
do while 条件表达式
   循环体
loop
```

或者：

```
do until 条件表达式
   循环体
loop
```

② 条件表达式出现在语句的结尾部分。语法格式如下：

```
do
   循环体
loop until 条件表达式
```

其中的 while 和 until 关键字的作用正好相反，while 关键字的作用是当条件表达式的取值为 True 时，执行循环体；而 until 关键字的作用是当条件表达式的取值为 False 时，执行循环体。

在 do…loop 语句中，条件表达式在前与在后的区别是：当条件表达式在前时，只有满足循环条件，才能执行循环体；而条件表达式在后时，无论是否满足循环条件，都至少执行一次循环体。

在 do…loop 语句中，还可以使用强行退出循环的语句 exit do，此语句可以放在 do…loop 语句中的任意位置，它的作用与 for 语句中的 exit for 相同。

（2）while…wend 语句。

while…wend 语句是指当当前指定的条件为 True 时执行循环体的语句。该语句与 do…loop 语句的作用相似。while…wend 语句的语法格式如下：

```
while condition
   [statements]
wend
```

参数说明如下。

- condition：数值或字符串表达式，其计算结果为 True 或 False。如果 condition 的值为 Null，则返回 False。
- statements：在条件为 True 时执行的一条或多条语句。

在 while…wend 语句中，如果 condition 的值为 True，则 statements 中的语句将被执行，然后控制权返回 while 语句，并且重新计算 condition 的值。如果 condition 的值仍为 True，则重复上面的过程；如果为 False，则执行 wend 语句之后的语句。

（3）for…next 语句。

for…next 语句是一种强制型的循环语句，它会按照循环次数重复执行循环体中的语句。其语法格式如下：

```
for counter=start to end [step number]
  statements
   [exit for]
next
```

参数说明如下。

- counter：用作循环计数器的数值变量。start 和 end 分别是 counter 的初始值和终止值；number 为 counter 的步长，决定循环体的执行情况，可以是正数或负数，默认值为 1。

- statements：表示循环体。
- exit for：为 for…next 语句提供另一种退出循环的方法，可以在 for…next 语句的任意位置放置 exit for 语句。exit for 语句经常和条件表达式一起使用。

for…next 语句可以嵌套使用，即可以把一个 for…next 循环放置在另一个 for…next 循环中，此时每个循环中的 counter 要使用不同的变量名。例如：

```
for i =0 to 10
    for j=0 to 10
      …
    next
…
next
```

（4）for each…next 语句。

for each…next 语句主要用来对数组或集合中的每个元素重复执行循环体中的语句。虽然也可以用 for…next 语句实现以上功能，但是如果不知道一个数组或集合中有多少个元素，使用 for each…next 语句是较好的选择。其语法格式如下：

```
for each 元素 in 集合或数组
   循环体
   [exit for]
next
```

（5）exit 语句。

exit 语句主要用于退出 do…loop、for…next、for each…next、function、property 或 sub 过程。其语法格式如下：

```
exit do
exit for
exit function
exit property
exit sub
```

参数说明如下。

- exit do：提供一种退出 do…loop 循环的方法，并且只能在 do…loop 循环中使用。
- exit for：提供一种退出 for 循环的方法，并且只能在 for…next 或 for each…next 循环中使用。
- exit function：立即从包含该语句的 function 过程中退出。程序会从调用 function 的语句之后继续执行。
- exit property：立即从包含该语句的 property 过程中退出。程序会从调用 property 过程的语句之后继续执行。
- exit sub：立即从包含该语句的 sub 过程中退出。程序会从调用 sub 过程的语句之后继续执行。

6.2 ASP 内置对象

为了实现网站的常见功能，ASP 提供了内置对象供用户使用。内置对象的特点是：不需要事先声明或者创建一个例，可以直接使用。常见的内置对象包括 Request 对象、Response 对象、Application 对象、Session 对象、Server 对象和 ObjectContext 对象。

6.2.1 课堂案例——乒乓球俱乐部网页

扫码观看
本案例视频

扩展阅读

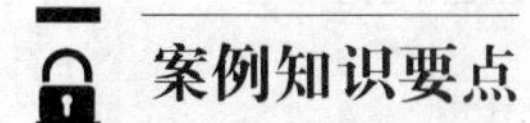

案例学习目标

使用 Request 对象获取表单数据。

案例知识要点

在“代码检查器”窗口输入代码；使用 Request 对象获取表单数据。

效果所在位置

云盘中的“Ch06 > 效果 > 乒乓球俱乐部网页 > index.asp”，效果如图 6-20 所示。

图 6-20

（1）选择“文件 > 打开”命令，在弹出的“打开”对话框中，选择云盘中的“Ch06 > 素材 > 乒乓球俱乐部网页 > index.asp”，单击“打开”按钮，效果如图 6-21 所示。将光标置入图 6-22 所示的单元格中。

图 6-21

图 6-22

（2）按 F10 键，弹出“代码检查器”窗口，在光标所在的位置输入代码，如图 6-23 所示，文档编辑窗口如图 6-24 所示。

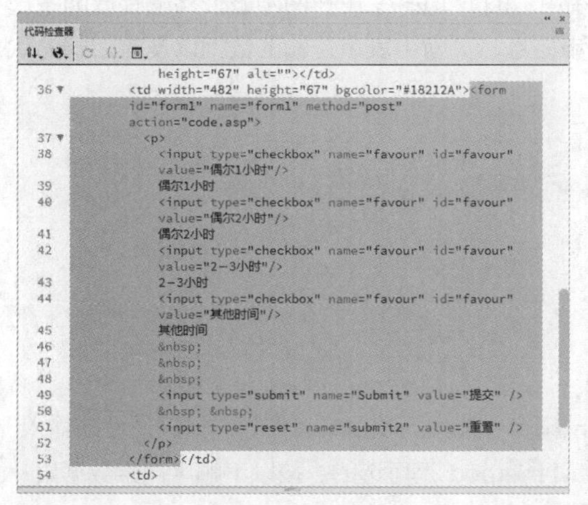

```
代码检查器
      height="67" alt=""></td>
36  <td width="482" height="67" bgcolor="#18212A"><form
      id="form1" name="form1" method="post"
      action="code.asp">
37    <p>
38      <input type="checkbox" name="favour" id="favour"
        value="偶尔1小时"/>
39      偶尔1小时
40      <input type="checkbox" name="favour" id="favour"
        value="偶尔2小时"/>
41      偶尔2小时
42      <input type="checkbox" name="favour" id="favour"
        value="2-3小时"/>
43      2-3小时
44      <input type="checkbox" name="favour" id="favour"
        value="其他时间"/>
45      其他时间
46       
47       
48       
49      <input type="submit" name="Submit" value="提交" />
50         
51      <input type="reset" name="submit2" value="重置" />
52    </p>
53  </form></td>
54  <td>
```

图 6-23

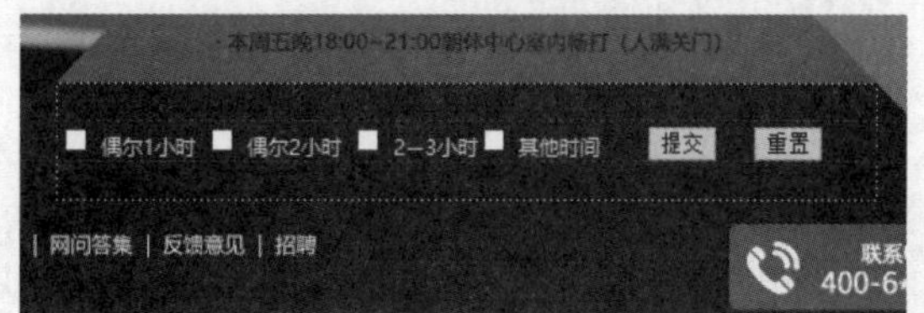

图 6-24

（3）选择“文件 > 打开”命令，在弹出的“打开”对话框中，选择云盘中的“Ch06 > 素材 > 乒乓球俱乐部网页 > code.asp”，单击“打开”按钮，将光标置入图 6-25 所示的单元格中。在“代码检查器”窗口中输入代码，如图 6-26 所示。

图 6-25

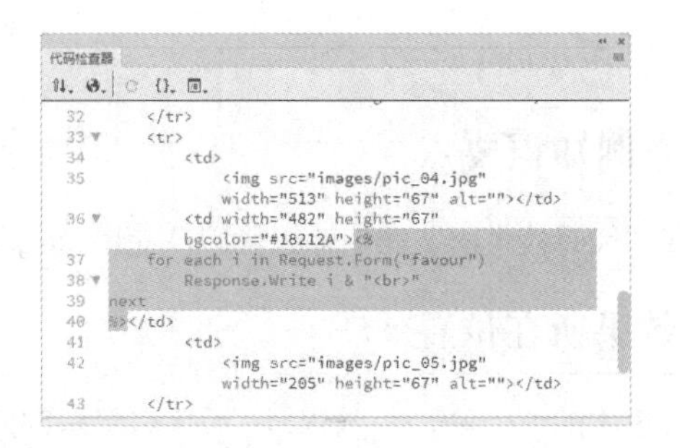

图 6-26

（4）保存文档，在 IIS 浏览器中查看 index.asp 文件，如图 6-27 和图 6-28 所示。

图 6-27

图 6-28

6.2.2 Request 对象

在客户端/服务器结构中，当客户端 Web 页面向网站服务器传递信息时，ASP 通过 Request 对象能够获取用户提交的全部信息。信息包括客户端用户的 HTTP 变量在网站服务器端存放的客户端浏览器的 Cookies 数据、附于 URL 之后的字符串信息、页面中表单传输的数据以及客户端的认证信息等。

Request 对象的语法格式如下：

```
Request [.collection | property | method](variable)
```

参数说明如下。

- collection：数据集。
- property：属性。
- method：方法。
- variable：由字符串定义的变量，用于指定要从集合中检索的项目或者作为方法和属性的输入。

使用 Request 对象时，collection、property 和 method 是可选的。按以下顺序搜索数据集：QueryString、Form、Cookies、ServerVariables 和 ClientCertificate。

例如,使用 Request 对象的 QueryString 数据集获取传递值参数 parameter 的值并赋给变量 id,代码如下:

```
<%
    Dim id

    id=Request.QueryString("parameter")
%>
```

Request 对象包括 5 个数据集、1 个属性和 1 个方法,其成员如表 6-1 所示。

表 6-1

成　员	描　述
数据集 Form	读取 HTML 表单域控件的值,即读取客户端浏览器中以 POST 方法提交的数据
数据集 QueryString	读取附于 URL 后的字符串,获取以 GET 方法提交的数据
数据集 Cookies	读取存放在客户端浏览器 Cookies 中的内容
数据集 ServerVariables	读取客户端请求的 HTTP 报头值以及 Web 服务器的环境变量值
数据集 ClientCertificate	读取客户端的验证字段
属性 TotalBytes	返回客户端发出请求的字节数
方法 BinaryRead()	以二进制方式读取客户端使用 POST 方法所传输的数据,并返回一个变量数组

1. 获取表单数据

表单是 HTML 文件的一部分,用于提交输入的数据。

在含有 ASP 动态代码的 Web 页面中,使用 Request 对象的 Form 集合收集来自客户端的以表单形式发送到服务器的数据。

语法格式如下:

```
Request.Form(element)[(index)|.count]
```

参数说明如下。

- element:集合要检索的表单元素的名称。
- index:用来获取表单中名称相同的元素值。
- count:集合中相同名称的元素的个数。

一般情况下,传输大量数据使用 POST 方法,通过 Form 集合来获取表单数据。用 GET 方法传输数据时,通过 Request 对象的 QueryString 集合来获取数据。

提交数据和读取数据的方式如表 6-2 所示。

表 6-2

提交方式	读取方式
method=post	Request.Form()
method=get	Request.QueryString()

例如,在 index.asp 文件中建立表单,在表单中插入文本框以及按钮。当用户在文本框中输入数据并单击“提交”按钮时,在 code.asp 页面中通过 Request 对象的 Form 集合获取表单传输的数据并输出。

文件 index.asp 中的代码如下:

```
<form id="form1" name="form1" method="post" action="code.asp">
    <p>用户名:
```

```
      <input type="text" name="txt_username" id="txt_username" />
    </p>
    <p>密码:
      <input type="password" name="txt_pwd" id="txt_pwd" />
    </p>
    <p>
      <input type="submit" name="Submit" id="button" value="提交" />
         
      <input type="reset" name="Submit2" id="button2" value="重置" />
    </p>
  </form>
```

文件 code.asp 中的代码如下：

```
<p>用户名为: <%=Request.Form("txt_username")%>
<P>密码为: <%=Request.Form("txt_pwd")%>
```

在 IIS 浏览器中运行 index.asp 文件，运行结果如图 6-29 和图 6-30 所示。

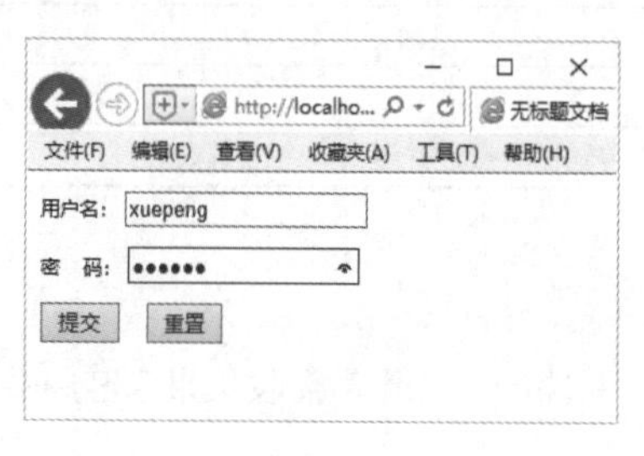

图 6-29

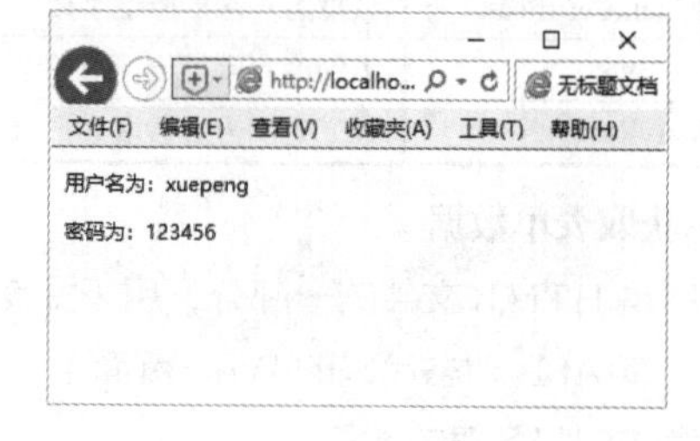

图 6-30

当表单中的多个元素具有相同名称时，可以利用 count 属性获取具有相同名称对象的总数，然后加上一个索引值，取得相同名称对象的不同值。也可以用 for each…next 语句来获取相同名称对象的不同值。

2. 检索查询字符串

利用 QueryString 集合可以检索 HTTP 查询字符串中变量的值。HTTP 查询字符串中的变量可以直接定义在超链接的 URL 中的“?”之后。例如，http://www.caaaan.com/?name=wang。

如果传递多个变量，用“&”作为分隔符将它们隔开。

语法格式如下：

```
Request.QueryString(varible)[(index)|.count]。
```

参数说明如下。

- variable：指定要检索的 HTTP 查询字符串中的变量名。
- index：用来获取 HTTP 查询字符串中相同变量名的变量值。
- count：HTTP 查询字符串中的相同名称变量的个数。

有以下 2 种情况需要在服务器端指定利用 QueryString 集合取得客户端传输的数据。

① 表单通过 GET 方法提交数据。

用此方法提交的数据与 Form 集合相似，利用 QueryString 集合可以取得在表单中以 GET 方法提交的数据。

② 利用超链接标签<a></a>传递参数。

取得标签<a></a>所传递的参数值。

3. 获取服务器端环境变量

利用 Request 对象的 ServerVariables 集合可以取得服务器端的环境变量信息。这些信息包括发出请求的浏览器信息、构成请求的 HTTP 方法、用户登录 Windows NT 的账号、客户端的 IP 地址等。服务器端环境变量对 ASP 程序有很大的帮助，使 ASP 程序能够根据不同情况进行判断，增强程序的健壮性。服务器端环境变量是只读变量，只能查看，不能设置。

语法格式如下：

```
Request.ServerVariables(server_environment_variable)
```

参数说明如下。

server_environment_variable：服务器端环境变量。

服务器端环境变量及其描述如表 6-3 所示。

表 6-3

服务器端环境变量	描 述
ALL_HTTP	客户端发送的所有 HTTP 标题文件
ALL_RAW	检索未处理表格中所有的标题。ALL_RAW 和 ALL_HTTP 不同，使用 ALL_HTTP 时，在标题文件名前面放置 HTTP_prefix，并且标题名称总是大写的；使用 ALL_RAW 时，标题名称和值只在客户端发送时才出现
APPL_MD_PATH	检索 ISAPI DLL 的（WAM）Application 的元数据库路径
APPL_PHYSICAL_PATH	检索元数据库路径相应的物理路径。IIS 通过将 APPL_MD_PATH 转换为物理（目录）路径来实现此功能
AUTH_PASSWORD	该值输入客户端的鉴定对话中。只有使用基本鉴定时，该变量才可用
AUTH_TYPE	用户访问受保护的脚本时，服务器检验用户的验证方法
AUTH_USER	未被鉴定的用户名
CERT_COOKIE	客户端验证的唯一 ID，以字符串方式返回；可作为整个客户端验证的签字
CERT_FLAGS	如有客户端验证，则 bit 0 为 1；如果客户端验证的验证人无效（不在服务器承认的 CA 列表中），bit 1 被设置为 1
CERT_ISSUER	用户验证中的颁布者字段（O=MS，OU=IAS，CN=user name，C=USA）
CERT_KEYSIZE	安全套接字层连接关键字的位数，如 128
CERT_SECRETKEYSIZE	服务器验证私人关键字的位数，如 1024
CERT_SERIALNUMBER	用户验证的序列号字段
CERT_SERVER_ISSUER	服务器验证的颁发者字段
CERT_SERVER_SUBJECT	服务器验证的主字段
CERT_SUBJECT	客户端验证的主字段
CONTENT_LENGTH	客户端发出内容的长度
CONTENT_TYPE	内容的数据类型；同附加信息的查询一起使用，如 HTTP 查询 GET、POST 和 PUT
GATEWAY_INTERFACE	服务器使用的公共网关接口（Common Gateway Interface，CGI）规格的修订，格式为 CGI/revision
HTTP_<HeaderName>	存储在标题文件中的值。未列入该表的标题文件必须以"HTTP_"作为前缀，以使 ServerVariables 集合检索其值。 注意，服务器会将 HeaderName 中的"_"字符解释为连字符。例如，用户指定 HTTP_MY_HEADER，服务器将搜索以 MY-HEADER 为名发送的标题文件
HTTPS	如果请求穿过了安全通道（Secure Socket Layer，SSL），返回 ON；如果请求来自非安全通道，则返回 OFF

续表

服务器端环境变量	描　述
HTTPS_KEYSIZE	安全套接字层连接关键字的位数，如 128
HTTPS_SECRETKEYSIZE	服务器验证私人关键字的位数，如 1024
HTTPS_SERVER_ISSUER	服务器验证的颁发者字段
HTTPS_SERVER_SUBJECT	服务器验证的主字段
INSTANCE_ID	文本格式 IIS 实例的 ID。如果实例 ID 为 1，则以字符形式出现。使用该变量可以检索请求所属的（元数据库中）Web 服务器实例的 ID
INSTANCE_META_PATH	响应请求的 IIS 实例的元数据库路径
LOCAL_ADDR	返回接收请求的服务器地址。如果在绑定多个 IP 地址的多宿主主机上查找请求所使用的地址，这个变量非常重要
LOGON_USER	用户登录 Windows NT 的账号
PATH_INFO	客户端提供的额外路径信息。可以使用虚拟路径和 PATH_INFO 服务器变量访问脚本。如果某信息来自 URL，则在发送到 CGI 脚本前就已经由服务器解码了
PATH_TRANSLATED	PATH_INFO 转换后的版本，该变量用于获取路径并进行必要的由虚拟至物理的映射
QUERY_STRING	查询 HTTP 请求中问号（?）后的信息
REMOTE_ADDR	发出请求的远程主机的 IP 地址
REMOTE_HOST	发出请求的主机名称。如果服务器无此信息，它将设置 RMOTE_ADDR 变量为空
REMOTE_USER	用户发送的未映射的用户名字符串。该名称是用户实际发送的名称，与服务器上验证过滤器修改过后的名称相对
REQUEST_METHOD	用于提出请求，相当于用于 HTTP 的 GET、HEAD、POST 等
SCRIPT_NAME	执行脚本的虚拟路径，用于自引用的 URL
SERVER_NAME	出现在自引用 URL 中的服务器主机名、DNS 化名或 IP 地址
SERVER_PORT	发送请求的端口号
SERVER_PORT_SECURE	包含 0 或 1 的字符串。如果安全端口处理了请求，该变量的值则为 1，否则该变量的值为 0
SERVER_PROTOCOL	请求信息协议的名称和修订，格式为 protocol/revision
SERVER_SOFTWARE	响应请求并运行网关的服务器软件的名称和版本，格式为 name/version
URL	提供 URL 的基本部分

4. 以二进制方式读取数据

Request 对象提供了 BinaryRead()方法，用于以二进制方式读取客户端使用 POST 方法所传输的数据。

（1）TotalBytes 属性。

Request 对象的 TotalBytes 属性为只读属性，用于取得客户端响应的数据字节数。

语法格式如下：

```
counter=Request.TotalBytes
```

参数说明如下。

counter：用于存放客户端返回的数据字节数的变量。

（2）BinaryRead()方法。

Request 对象的 BinaryRead()方法用于以二进制方式读取客户端使用 POST 方法传输的数据。

语法格式如下：

```
variant Array=Request.BinaryRead(count)
```

count：整型数据，用于表示每次读取数据的字节数，其取值介于 0 到 TotalBytes 属性获取的客户端响应数据字节数之间。

BinaryRead()方法的返回值是通用变量数组（Variant Array）。

BinaryRead()方法一般与 TotalBytes 属性配合使用，以读取提交的二进制数据。

例如，以二进制方式读取数据，代码如下：

```
<%
    Dim counter,arrays(2)
    Counter=Request.TotalBytes              '获得客户端发送的数据字节大小
    arrays(0)=Request.BinaryRead(counter)   '以二进制方式读取数据
%>
```

6.2.3 Response 对象

Response 对象用于从服务器向用户发送信息。可以使用 Response 对象控制发送给用户的信息，包括直接发送信息给浏览器、重定向浏览器到另一个 URL 或设置 Cookies 的值。Response 对象提供了标识服务器和性能的 HTTP 变量、发送给浏览器的信息和任何将在 Cookies 中存储的信息。

Response 对象只有一个集合——Cookies，该集合用于设置希望放置在客户端上的 Cookies 的值。Cookies 集合用于当前响应，将 Cookies 值发送到客户端。该集合访问方式为只写。

Response 对象的语法格式如下：

```
Response.collection | property | method
```

参数说明如下。

- collection：Response 对象的数据集合。
- property：Response 对象的属性。
- method：Response 对象的方法。

例如，使用 Response 对象的 Cookies 集合设置客户端的 Cookies 关键字并赋值，代码如下：

```
<%
Response.Cookies("user")="编程"
%>
```

Response 对象与一个 HTTP 响应对应，通过设置其属性和方法可以控制如何将服务器端的数据发送到客户端浏览器。Response 对象的成员及其描述如表 6-4 所示。

表 6-4

成　员	描　述
数据集 Cookies	设置客户端浏览器的 Cookies 值
属性 Buffer	设置输出页是否被缓冲
属性 CacheControl	设置代理服务器是否能缓存 ASP 生成的网页
属性 Status	设置服务器返回的状态行的值
属性 ContentType	响应的 HTTP 内容类型
属性 Charset	将字符集名称添加到内容类型标题中
属性 Expires	指定浏览器缓存页面距超时的时间
属性 ExpiresAbsolute	设置浏览器缓存页面超过的时间
属性 IsClientConnected	设置客户端是否与服务器断开

续表

成　员	描　述
属性 Pics	将 pics 标记的值添加到响应的标题的 pics 标记字段中
方法 Write()	直接向客户端浏览器输出数据
方法 End()	停止处理 ASP 文件并返回当前结果
方法 Redirect()	重定向当前页面，跳转到另一个 URL
方法 Clear()	清除服务器缓存的 HTML 信息
方法 Flush()	立即输出缓冲区的内容
方法 BinaryWrite()	按二进制方式向客户端浏览器输出数据，不进行任何字符集的转换
方法 AddHeader()	设置 HTML 标题
方法 AppendToLog()	在 Web 服务器的日志文件中记录日志

1. 将信息从服务器端直接发送给客户端浏览器

Write()方法是 Response 对象常用的响应方法，可以将指定的字符串信息从服务器端直接传输给客户端浏览器，实现在客户端浏览器动态地显示内容。

语法格式如下：

```
Response.Write variant
```

参数说明如下。

variant：输出到客户端浏览器的变量数据或者字符串。

在页面中插入一个简单的输出语句时，可以用简化写法，代码如下：

```
<%="输出语句"%>
<%Response.Write"输出语句"%>
```

2. 利用缓存输出数据

Web 服务器响应客户端浏览器的请求时，以信息流的方式将响应的数据发送给客户端浏览器，发送过程是先返回响应头，再返回正式的页面。在处理 ASP 页面时，如果采用信息流的发送方式，则生成一部分页面后立即发送一段信息流给浏览器。

ASP 提供了另一种发送数据的方式，即利用缓存输出。Web 服务器在生成 ASP 页面时，数据先放入缓存，等 ASP 页面全部处理完成之后，再返回用户请求。

（1）使用缓存输出。

- Buffer 属性。
- Flush()方法。
- Clear()方法。

（2）设置缓存的有效期限。

- CacheControl 属性。
- Expires 属性。
- ExpiresAbsolute 属性。

3. 重定向网页

重定向网页是指从一个网页跳转到其他页面。应用 Response 对象的 Redirect()方法可以将客户端浏览器重定向到另一个 Web 页面。如果需要从当前网页跳转到一个新的 URL，而不经过用户单击超链接或者搜索 URL，可以使用该方法。

语法格式如下：

```
Response.Redirect URL
```

参数说明如下。

URL：浏览器重定向的目标页面。

调用 Redirect()方法时，将会忽略当前页面所有的输出而直接重定向到指定的页面，即在页面中设置的响应正文内容都被忽略。

4. 向客户端输出二进制数据

利用 BinaryWrite()方法可以直接发送二进制数据，不需要进行任何字符集的转换。

语法格式如下：

```
Response.BinaryWrite Variable
```

参数说明如下。

Variable：变量，它的值是要输出的二进制数据，一般是非文本资料，比如图像文件和声音文件等。

5. 使用 Cookies 在客户端保存信息

Cookies 是一种将数据传输到客户端浏览器的文本句式，使用 Cookies 可以将某个 Web 站点的数据保存在客户端硬盘上，实现客户端与该 Web 站点持久保持会话。Response 对象与 Request 对象都包含 Cookies 集合。Request.Cookies 是一系列 Cookies 数据，同客户端 HTTP Request 一起发给 Web 服务器；而 Response.Cookies 则把 Web 服务器的 Cookies 发送到客户端。

（1）写入 Cookies。

向客户端发送 Cookies 的语法格式如下：

```
Response.Cookies("Cookies 名称")[("键名值").属性]=内容（数据）
```

注意，该语句必须放在发送给浏览器的 HTML 文件的<html></html>标签之前。

（2）读取 Cookies。

读取时，必须使用 Request 对象的 Cookies 集合。

语法格式如下：

```
<% =Request.Cookies("Cookies 名称")%>。
```

6.2.4 Session 对象

用户可以使用 Session 对象存储特定会话所需的信息。这样，当在 Web 网页之间跳转时，存储在 Session 对象中的变量将不会丢失，而是在用户会话中一直存在。

当用户请求访问 Web 网页时，如果还没有用户会话，则 Web 服务器将自动创建一个 Session 对象。当某会话过期或被舍弃后，Web 服务器将终止该会话。

语法格式如下：

```
Session.collection|property|method
```

参数说明如下。

- collection：Session 对象的集合。
- property：Session 对象的属性。
- method：Session 对象的方法。

Session 对象可以定义会话级变量。会话级变量是一种对象级的变量，属于 Session 对象，它的作用域等同于 Session 对象的作用域。

例如：<% Session("username")="userli" %>。

Session 对象的成员及其描述如表 6-5 所示。

表 6-5

成 员	描 述
集合 Contents	包含通过脚本命令添加到应用程序中的变量、对象
集合 StaticObjects	包含由<object></object>标签添加到会话中的对象
属性 SessionID	存储用户的 SessionID 信息
属性 Timeout	Session 对象的有效期，以 min 为单位
属性 CodePage	用于符号映射的代码页
属性 LCID	指定现场标识符
方法 Abandon()	释放 Session 对象占用的资源
事件 Session_OnStart	尚未建立会话的用户请求访问页面时，触发该事件
事件 Session_OnEnd	会话超时或会话被舍弃时，触发该事件

1. 返回当前会话的唯一标识符

SessionID 属性自动为每一个 Session 对象分配不同的编号，返回用户的会话标识符。

语法格式如下：

```
Session.SessionID
```

此属性会返回一个唯一的长整型数字。

例如，返回用户会话标识符，代码如下：

```
<% Response.Write Session.SessionID %>
```

2. 控制会话的结束时间

Timeout 属性用于定义会话的有效访问时间，即结束时间，以 min 为单位。如果用户在有效的时间内没有进行刷新操作或请求一个网页，则会话结束。在网页制作中可以根据需要修改该属性值。示例代码如下：

```
<%
Session.Timeout=10
Response.Write "设置会话超时为: " & Session.Timeout & "分钟"
%>
```

3. 应用 Abandon()方法清除 Session 对象

用户结束使用 Session 对象时，应当清除 Session 对象。

语法格式如下：

```
Session.Abandon()
```

如果程序中没有使用 Abandon()，Session 对象在 Timeout 属性规定的时间后，将被自动清除。

6.2.5 Application 对象

ASP 程序是在 Web 服务器上执行的，在 Web 站点中创建一个基于 ASP 的应用程序之后，可以通过 Application 对象在 ASP 应用程序的所有用户之间共享信息。也就是说，Application 对象中包含的数据可以在整个 Web 站点中被所有用户使用，并且可以在网站运行期间持久保存。用 Application 对象可以实现统计网站的在线人数、创建多用户游戏以及多用户聊天室等。

语法格式如下：

```
Application.collection | method
```

参数说明如下。

- collection：Application 对象的数据集合。
- method：Application 对象的方法。

Application 对象可以定义应用级变量。应用级变量是一种对象级的变量，属于 Application 对象，它的作用域等同于 Application 对象的作用域。

例如：<%application("username")="manager"%>。

Application 对象的主要作用是为 Web 站点的 ASP 应用程序提供全局变量。

Application 对象的成员及描述如表 6-6 所示。

表 6-6

成 员	描 述
集合 Contents	Application 对象的所有可用的变量集合，不包括由<object></object>标签建立的变量
集合 StaticObjects	在 Global.asa 文件中通过<object></object>建立的变量集合
方法 Contents.Remove()	从 Application 对象的 Contents 集合中删除一个项目
方法 Contents.RemoveAll()	从 Application 对象的 Contents 集合中删除所有项目
方法 Lock()	锁定 Application 变量
方法 Unlock()	解除 Application 变量的锁定
事件 Session_OnStart	当应用程序的第一个页面被请求时，触发该事件
事件 Session_OnEnd	当 Web 服务器关闭时，触发该事件

1. 锁定和解锁 Application 对象

可以利用 Application 对象的 Lock()和 Unlock()方法确保在同一时刻只有一个用户可以修改和存储 Application 对象集合中的变量。前者用来避免其他用户修改 Application 对象集合的任何变量，后者则允许其他用户对 Application 对象集合的变量进行修改，如表 6-7 所示。

表 6-7

方 法	用 途
Lock()	禁止非锁定用户修改 Application 对象集合中的变量
Unlock()	允许非锁定用户修改 Application 对象集合中的变量

2. 制作网站计数器

Global.asa 文件用来存放执行任何 ASP 应用程序期间的 Application、Session 对象，当 Application 或者 Session 对象被第一次调用或者结束调用时，就会执行 Global.asa 文件内的对应程序。一个应用程序只能对应一个 Global.asa 文件，该文件只有存放在网站的根目录下才能正常运行。

Global.asa 文件的基本结构如下：

```
<script language="VBScript" runat="server">
sub Application_OnStart
   …
end sub
```

```
sub Session_OnStart
   …
end sub
sub Session_OnEnd
   …
end sub
sub Application_OnEnd
   …
end sub
</Script>
```

相关说明如下。

- Application_OnStart 事件：在 ASP 应用程序中的 ASP 页面第一次被访问时触发。
- Session_OnStart 事件：在创建 Session 对象时触发。
- Session_OnEnd 事件：在结束 Session 对象时触发，即会话超时或者会话被舍弃时触发。
- Application_OnEnd 事件：在 Web 服务器被关闭时触发，即结束 Application 对象时触发。

在 Global.asa 文件中，用户必须使用 ASP 所支持的脚本语言并且在<script></script>标签之内进行相关定义，不能定义非 Application 对象或者 Session 对象的模板，否则将产生执行上的错误。

通过在 Global.asa 文件的 Application_OnStart 事件中定义 Application 变量，可以统计网站的访问量。

6.2.6 Server 对象

Server 对象的作用是访问有关服务器的属性和方法，大多数属性和方法是作为组件实例提供的。语法格式如下：

```
Server.property|method
```

参数说明如下。

- property：Server 对象的属性。
- method：Server 对象的方法。

例如，通过 Server 对象创建一个名为 Conn 的 ADODB 的 Connection 对象实例，代码如下：

```
<%
   Dim Conn
set Conn=Server.CreateObject("ADODB.Connection")
%>
```

Server 对象的成员及描述如表 6-8 所示。

表 6-8

成 员	描 述
属性 ScriptTimeout	用来指定脚本文件执行的最长时间。如果超出最长时间脚本文件还没有执行完毕，就自动停止执行，并显示超时错误
方法 CreateObject()	用于创建组件、应用程序或脚本对象的实例，利用它可以调用其他外部程序或组件的功能
方法 HTMLEncode()	可以将字符串中的特殊字符（<、>和空格等）自动转换为字符实体
方法 URLEncode()	用来转换字符串，不过它是按照 URL 规则对字符串进行转换的。按照该规则，URL 字符串中如果出现空格、?、&等特殊字符，则接收端有可能接收不到准确的字符，因此就需要进行相应的转换
方法 MapPath()	可以将虚拟路径转化为物理路径

续表

成　员	描　述
方法 Execute()	用来停止执行当前网页，转而执行新的网页。执行完毕后返回原网页，继续执行 Execute()方法后面的语句
方法 Transfer()	该方法和 Execute()方法非常相似，唯一的区别是执行完新的网页后，并不返回原网页，而是停止执行过程

1. 设置 ASP 脚本的执行时间

Server 对象的 ScriptTimeout 属性用于获取和设置请求超时时间，即设定脚本（程序）在结束前最大可运行时间。当使用服务器组件时，超时限制将不再生效。代码如下：

```
Server.ScriptTimeout=NumSeconds
```

NumSeconds 用于指定脚本在服务器结束前的最长可运行秒数，默认值为 90。可以在“Internet Information Services（IIS）管理器”窗口的“应用程序配置”中更改这个默认值，如果将其设置为 -1，则脚本将永远不会超时。

2. 创建服务器组件实例

调用 Server 对象的 CreateObject()方法可以创建已注册到服务器上的 ActiveX 服务器组件实例，这样可以通过使用 ActiveX 服务器组件扩展 ASP 的功能，实现一些仅依赖脚本语言所无法实现的功能。对于建立在组件模型上的对象，ASP 有特定的调用接口，只要在操作系统上登记注册了组件程序，计算机就会在系统注册表里维护这些资源，以供程序员调用。

语法格式如下：

```
Server.CreateObject(progID)
```

参数说明如下。

progID：指定要创建的对象的类型。其语法格式如下：

```
[Vendor.] component[.Version].
```

- Vendor：表示拥有某对象的应用名。
- component：表示对象组件的名称。
- Version：表示版本号。

例如，创建一个名为 FSO 的 FileSyestemObject 对象实例，并将其保存在 Session 对象变量中，代码如下：

```
<%
   Dim FSO=Server.CreateObject("Scripting.FileSystemObject")
   Session("ofile")=FSO
%>
```

CreateObject()方法仅能用来创建外置对象的实例，不能用来创建系统内置对象的实例。用该方法创建的对象实例仅在创建它的页面中是有效的，当处理完该页面程序后，创建的对象会自动消失。若想在其他页面引用该对象，可以将对象实例存储在 Session 对象或者 Application 对象中。

3. 获取文件的真实物理路径

Server 对象的 MapPath()方法可将指定的相对、虚拟路径映射到服务器上相应的物理路径中。

语法格式如下：

```
Server.MapPath(string)
```

参数说明如下。

string：用于指定虚拟路径的字符串。

虚拟路径如果以“\”或者“/”开头，MapPath()方法将返回服务器端的宿主目录；如果虚拟路径以其他字符开头，MapPath()方法将把这个虚拟路径视为相对路径，相对于当前调用 MapPath()方法的页面，返回其他物理路径。

若想取得当前运行的 ASP 文件所在的真实路径，可以使用 Request 对象的服务器变量 PATH_INFO 来映射当前文件的物理路径。

4. 输出 HTML 源代码

HTMLEncode()方法用于对指定的字符串进行 HTML 编码。

语法格式如下：

```
Server.HTMLEncode(string)
```

参数说明如下。

string：指定要编码的字符串。

当服务器端向浏览器输出 HTML 标签时，浏览器将其解释为 HTML 标签，并按照标签指定的格式显示在浏览器上。使用 HTMLEncode()方法可以实现在浏览器中原样输出 HTML 标签字符，即浏览器不对这些标签进行解释。

HTMLEncode()方法可以将指定的字符串进行 HTML 编码，将字符串中的 HTML 标签字符转换为实体。例如，HTML 标签字符“<”和“>”经编码会转化为“>”和“<”。

6.2.7 ObjectContext 对象

ObjectContext 对象是一个以组件为主的事务处理对象，可以保证事务的成功完成。系统允许用户在网页中直接配合 Microsoft Transaction Server（微软事务服务器 MTS）使用 ObjectContext 对象，从而高效开发或管理 Web 服务器应用程序。

事务是一个操作序列，这些序列可以视为一个整体。如果其中的某一个步骤没有完成，所有与该步骤相关的内容都将取消。

事务用于对数据库进行可靠的操作。

在 ASP 中使用@TRANSACTION 关键字来标识正在运行的页面要以 MTS 事务服务器进行处理。

语法格式如下：

```
<%@TRANSACTION=value%>
```

其中@TRANSACTION 的取值有 4 个，如表 6-9 所示。

表 6-9

值	描　述
Required	开始一个新的事务或加入一个已经存在的事务处理中
Required_New	每次都开始一个新的事务
Supported	加入一个现有的事务处理中，但不开始一个新的事务
Not_Supported	既不加入也不开始一个新的事务

ObjectContext 对象提供了两个方法和两个事件，用于控制 ASP 的事务处理。ObjectContext 对象的成员及其描述如表 6-10 所示。

表 6-10

成　员	描　述
方法 SetAbort()	终止当前网页所启动的事务处理，将此事务先前所做的处理撤销到初始状态
方法 SetComplete()	成功提交事务，完成事务处理
事件 OnTransactionAbort	事务终止时触发的事件
事件 OnTransactionCommit	事务成功提交时触发的事件

SetAbort()方法用于终止当前网页所启动的事务处理，而且将此事务先前所做的处理撤销到初始状态，即事务回滚；SetComplete()方法用于终止当前网页所启动的事务处理，而且将成功地完成事务的提交。

语法格式如下：

```
'SetAbort 方法
ObjectContext.SetAbort()
'SetComplete 方法
ObjectContext.SetComplete()
```

ObjectContext 对象提供了 OnTransactionCommit 和 OnTransactionAbort 两个事件，前者在事务完成时被触发，后者在事务失败时被触发。

语法格式如下：

```
sub OnTransactionCommit()
'处理程序
end sub
sub OnTransactionAbort()
'处理程序
end sub
```

6.3 课堂练习——挖掘机网页

练习知识要点

使用“Form 集合”命令，获取表单数据，如图 6-31 所示。

图 6-31

效果所在位置

云盘中的“Ch06 > 效果 > 挖掘机网页 > code.asp”。

6.4 课后习题——建筑信息咨询网页

习题知识要点

使用 Response 对象的 Write()方法，向浏览器端输出标签，显示日期，如图 6-32 所示。

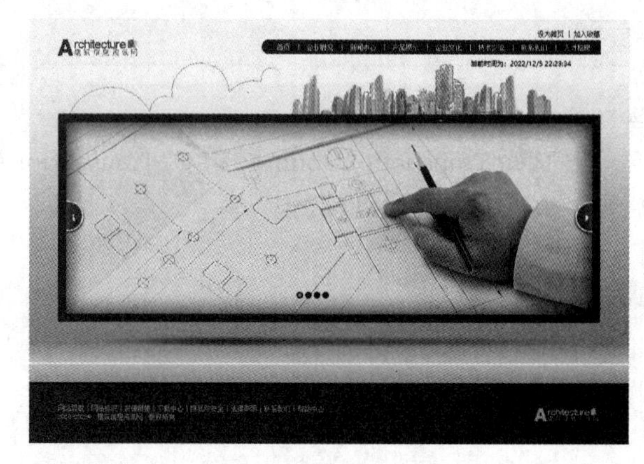

图 6-32

效果所在位置

云盘中的“Ch06 > 效果 > 建筑信息咨询网页 > index.asp”。

07 第 7 章 CSS

CSS（Cascading Style Sheets，串联样式表）是万维网联盟（World Wide Web Consortium，W3C）设定为标准的辅助 HTML 设计的新特性，能保持整个 HTML 网站的统一外观。CSS 功能强大、操作灵活，用 CSS 改变一个文件就可以改变很多网页的外观，而且其个性化的页面表现效果更能吸引访问者。Dreamweaver 2020 提供了功能复杂、使用方便的 CSS，方便网站设计师制作个性化网页。

学习要点

- CSS 的概念
- “CSS 设计器”面板和样式类型
- CSS 样式的创建及应用
- 编辑 CSS 样式的方法
- CSS 样式的属性
- CSS 过渡效果的应用

素养目标

1. 培养以用户为中心的互联网思维
2. 培养提升网页美感的能力
3. 提高网页布局的能力

7.1 CSS 的概念

CSS 一般译为“层叠样式表”或“串联样式表”。CSS 对 HTML 3.2 之前版本的语法进行了变革，将某些 HTML 标签属性简化。比如要将一段文字的大小变成 36px，在 HTML 3.2 中要写成“<p><font size="36">文字的大小</font></p>”，标签的层层嵌套使 HTML 程序很臃肿；而用 CSS，写成“<p style="font-size:36px">文字的大小</p>”即可。

CSS 使用 HTML 格式的代码，浏览器处理起来速度比较快。可以说 CSS 是 HTML 的一部分，它将对象引入 HTML 中，可以通过脚本程序调用和改变对象的属性，从而产生动态效果。比如，当鼠标指针放到文字上时，文字变大，对应的 CSS 代码为<p onMouseOver="className='aa'">动态文字</p>。

7.2 CSS 样式

CSS 是一种能够真正做到网页表现与内容分离的样式设计语言。相对于传统 HTML 而言，CSS 能够对网页中对象的排版进行像素级的精确控制，支持几乎所有的字体、字号等样式，拥有对网页对象和模型样式进行编辑的能力，并且能够进行初步交互设计，是目前基于文本展示最优秀的样式设计语言之一。

7.2.1 “CSS 设计器”面板

使用“CSS 设计器”面板可以创建、编辑和删除 CSS 样式，并且可以将外部样式表附加到文档中。

1. 打开“CSS 设计器”面板

打开“CSS 设计器”面板有以下 2 种方法。

（1）选择“窗口 > CSS 设计器”命令。

（2）按 Shift+F11 组合键。

“CSS 设计器”面板如图 7-1 所示，该面板有 4 个选项组，分别是“源”选项组、“@媒体”选项组、“选择器”选项组和“属性”选项组。

- “源”选项组：用于创建样式、附加样式、删除内部样式表和附加样式表。
- “@媒体”选项组：用于控制所选源中的所有媒体查询。
- “选择器”选项组：用于显示所选源中的所有选择器。
- “属性”选项组：用于显示所选选择器的相关属性，包括“布局”按钮、“文本”按钮、“边框”按钮、“背景”按钮和“更多”按钮，显示在“属性”选项组的顶部，如图 7-2 所示。添加属性后，在属性的右侧出现“禁用 CSS 属性”按钮和“删除 CSS 属性”按钮，如图 7-3 所示。

“禁用 CSS 属性”按钮：单击该按钮可以将相应属性禁用；再次单击可启用相应属性。

“删除 CSS 属性”按钮：单击该按钮可以删除相应属性。

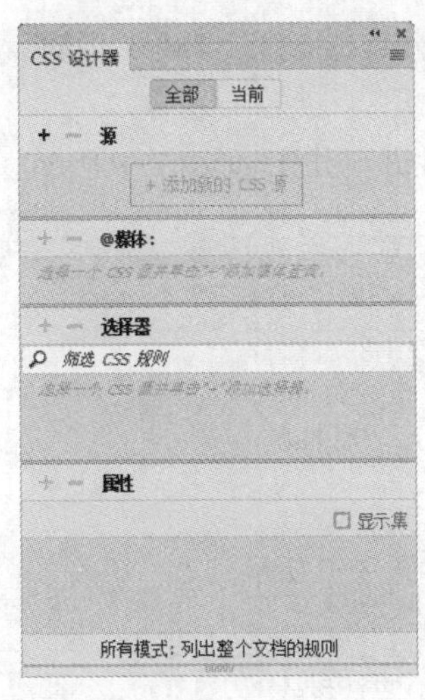

图 7-1

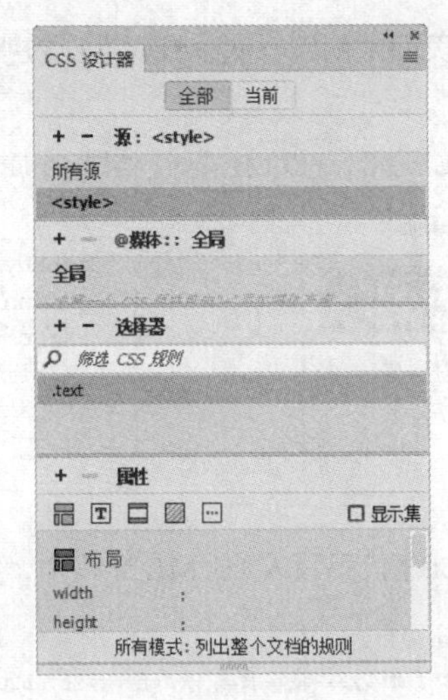

图 7-2

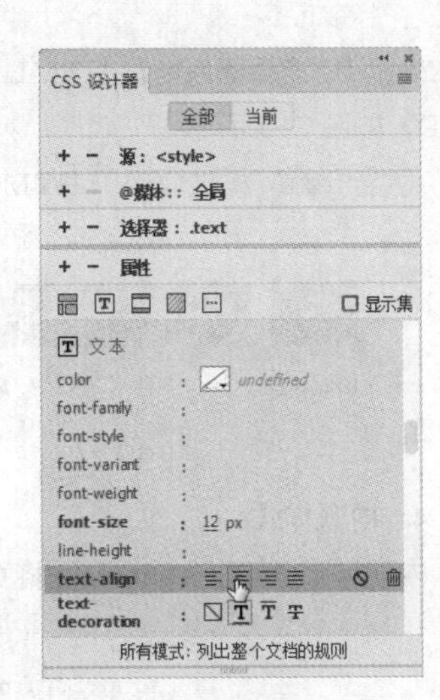

图 7-3

2. CSS 的功能

CSS 的功能归纳如下。

（1）能灵活地控制网页中文字的字体、颜色、字号、位置和间距等。

（2）能方便地为网页中的元素设置不同的背景颜色和背景图片。

（3）能精确地控制网页中各元素的位置。

（4）能为文字或图片设置滤镜效果。

（5）能与脚本语言结合制作动态效果。

7.2.2 CSS 样式的类型

CSS 样式可分为类选择器、标签选择器、ID 选择器、内联样式、复合选择器等类型。

1. 类选择器

类选择器可以将样式属性应用于页面中所有的 HTML 元素。类选择器的名称必须以“.”为前缀，其后面加类名，属性和值必须符合 CSS 规范，如图 7-4 所示。

将“.text”样式应用于 HTML 元素，HTML 元素将以 class 属性进行引用，如图 7-5 所示。

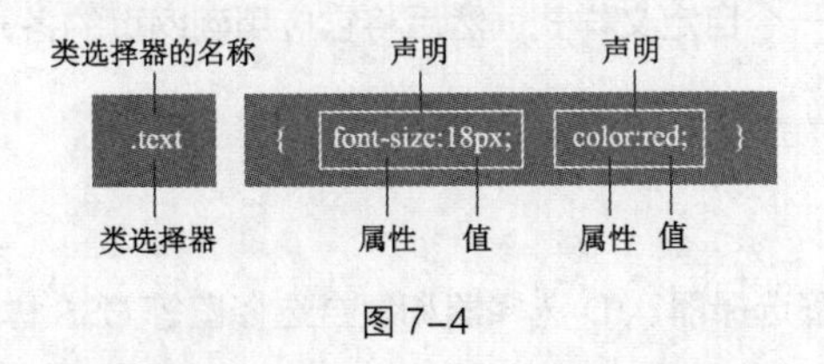

图 7-4

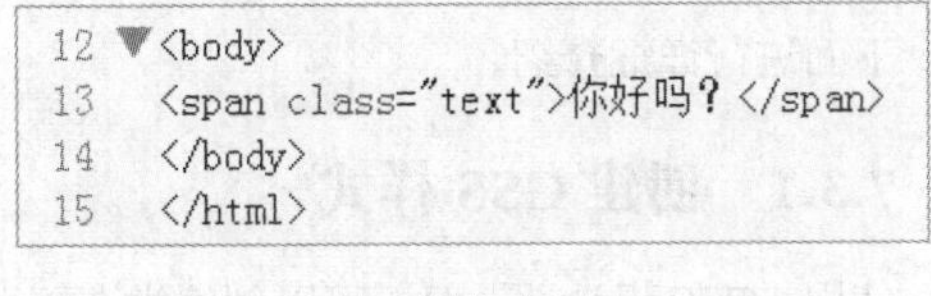

图 7-5

2. 标签选择器

标签选择器可以对页面中的同一标签进行声明，如对<p></p>标签进行声明，那么页面中所有的<p></p>标签将会使用相同的样式，如图 7-6 所示。

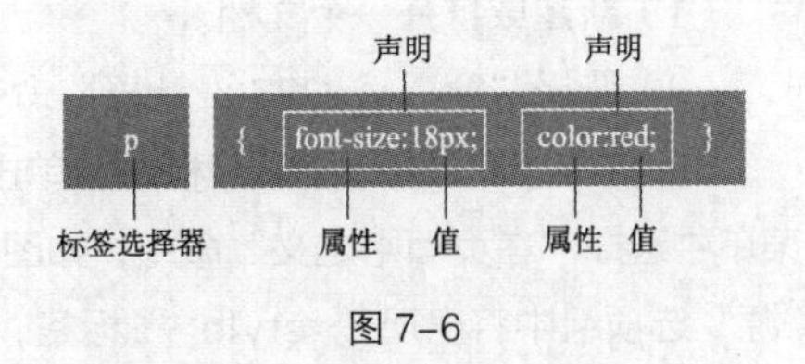

图 7-6

3. ID 选择器

ID 选择器与类选择器的使用方法基本相同，唯一的不同之处是 ID 选择器只能在 HTML 页面中使用一次，针对性比较强。ID 选择器以“#”为前缀，其后加 ID，如图 7-7 所示。

将“#text”样式应用于 HTML 元素，HTML 标签将以 id 属性进行引用，如图 7-8 所示。

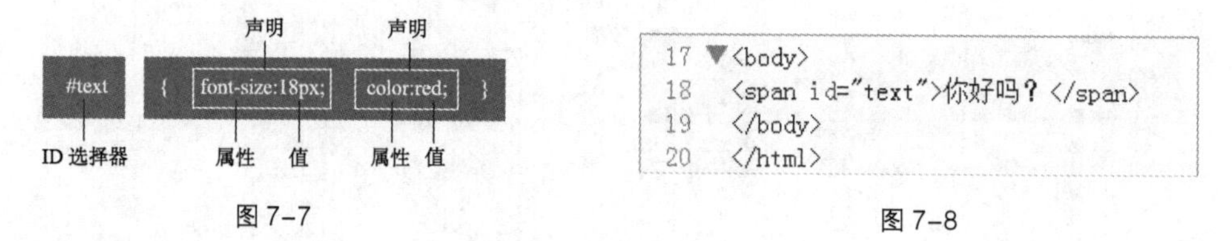

图 7-7

图 7-8

4. 内联样式

内联样式直接以 style 属性将 CSS 代码写入 HTML 标签中，如图 7-9 所示。

```
17 ▼<body>
18   <p style="font-family: '微软雅黑'; font-size: 12px;">你好吗？</p>
19   </body>
```

图 7-9

5. 复合选择器

复合选择器可以将风格完全相同或部分相同的选择器同时声明，包括同级别声明和嵌套式声明，如图 7-10 所示。

```
14 ▼h1, h3, h4 {
15        font-family: "微软雅黑";
16        color: #FF0004;
17   }
```

（a）同级别声明

```
14 ▼td p {
15        font-family: "微软雅黑";
16        color: #FF0004;
17   }
```

（b）嵌套式声明

图 7-10

7.3 CSS 样式的创建与应用

若要为不同网页元素设定相同的格式，可先创建一个自定义样式，然后将它应用到网页的各元素上。下面进行详细介绍。

7.3.1 创建 CSS 样式

使用“CSS 设计器”面板可以创建类选择器、标签选择器、ID 选择器和复合选择器等 CSS 样式。创建 CSS 样式的操作步骤如下。

（1）新建或打开一个文档。

（2）选择“窗口 > CSS 设计器”命令，弹出“CSS 设计器”面板，如图 7-11 所示。

（3）在“CSS 设计器”面板中，单击“源”选项组中的“添加 CSS 源”按钮+，在弹出的下拉菜单中选择“在页面中定义”命令，如图 7-12 所示，以确认 CSS 样式的保存位置。选择该命令后在“源”选项组中将出现“<style>”标签，如图 7-13 所示。

各命令的作用介绍如下。

- “创建新的 CSS 文件”命令：用于创建一个独立的 CSS 文件，并将其附加到当前文档中。
- “附加现有的 CSS 文件”命令：用于将现有的 CSS 文件附加到当前文档中。
- “在页面中定义”命令：用于将 CSS 文件定义在当前文档中。

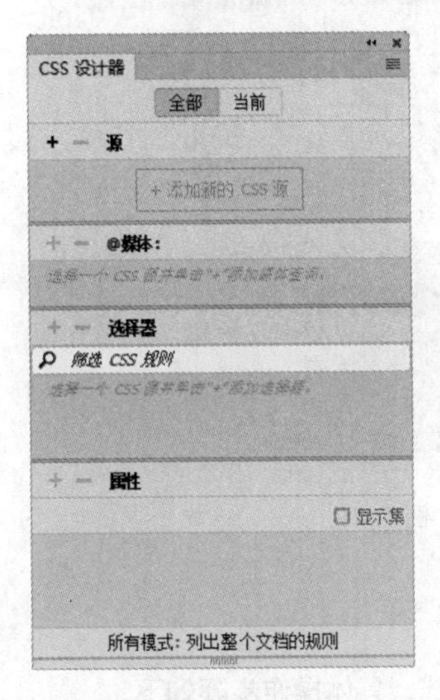

图 7-11

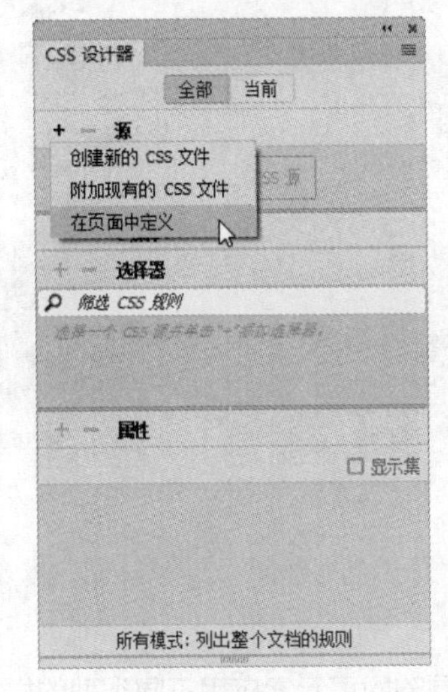

图 7-12

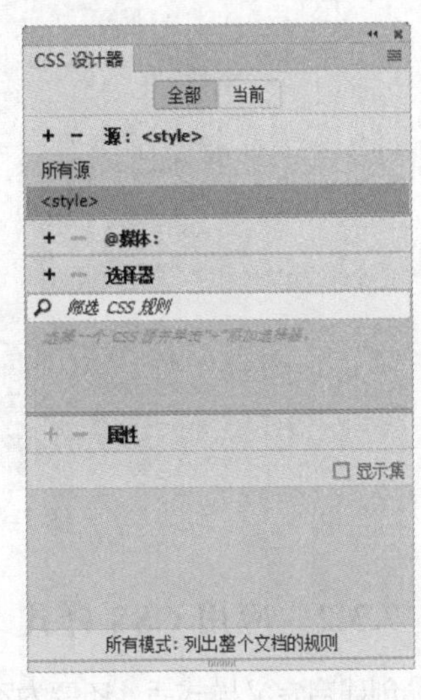

图 7-13

（4）单击“选择器”选项组中的“添加选择器”按钮**+**，在“选择器”选项组中出现一个文本框，如图 7-14 所示。根据样式的类型输入名称，如定义类选择器，首先输入“.”，如图 7-15 所示，然后输入名称（如“text”），按 Enter 键确认，如图 7-16 所示。

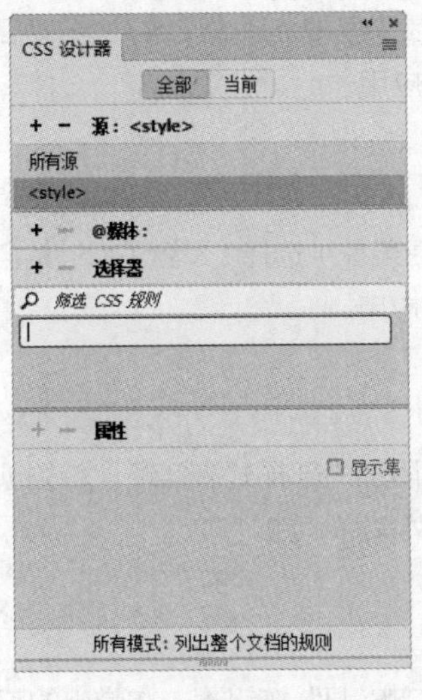

图 7-14

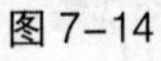

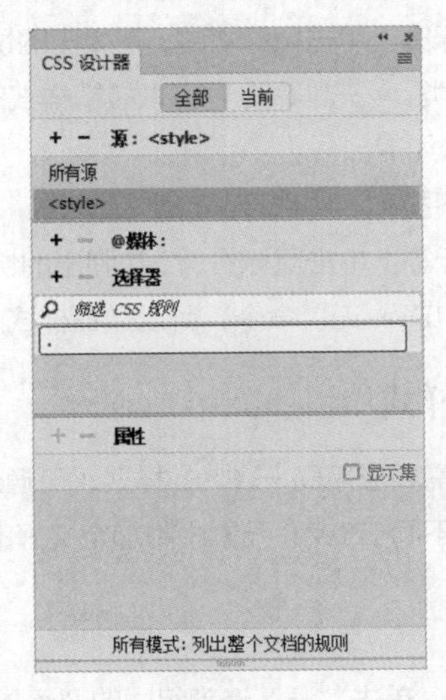

图 7-15

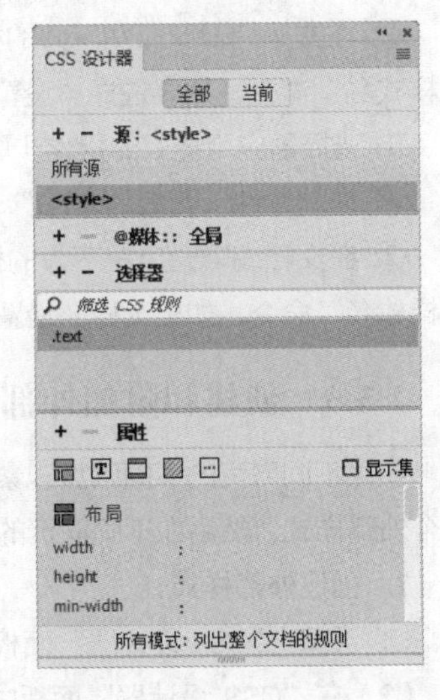

图 7-16

（5）在“属性”选项组中单击“文本”按钮**T**，显示文本的 CSS 属性，如图 7-17 所示。根据需要设置属性，如图 7-18 所示。

图 7-17

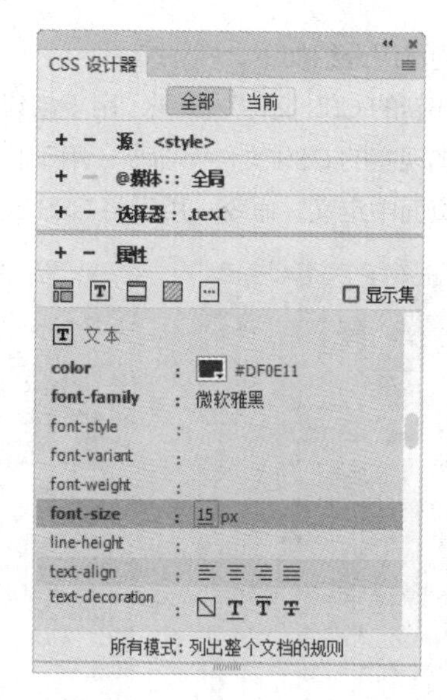

图 7-18

7.3.2 应用 CSS 样式

创建自定义样式后，还要为不同的网页元素应用不同类型的样式，具体操作步骤如下。

（1）在文档编辑窗口中选择网页元素。

（2）选择器类型不同，应用样式的方法也不同。

类选择器应用样式的操作步骤如下。

① 在“属性”面板的“类”下拉列表中选择某自定义样式。

② 在文档编辑窗口左下方的标签上单击鼠标右键，在弹出的快捷菜单中选择“设置类 > 某自定义样式名”命令。如果选择“设置类 > 无”命令，可以撤销样式的应用。

ID 选择器应用样式的操作步骤如下。

① 在“属性”面板的“ID”下拉列表中选择某自定义样式。

② 在文档编辑窗口左下方的标签上单击鼠标右键，在弹出的快捷菜单中选择“设置 ID > 某自定义样式名”命令。如果选择“设置 ID > 无”命令，可以撤销样式的应用。

7.3.3 创建和附加外部样式

如果不同网页的不同网页元素需要应用同一 CSS 样式，可通过附加外部样式来实现。首先创建一个外部样式，然后在不同网页的不同 HTML 元素中附加定义好的外部样式即可。

1. 创建外部样式

（1）打开“CSS 设计器”面板。

（2）在“CSS 设计器”面板中，单击“源”选项组中的“添加 CSS 源”按钮+，在弹出的下拉菜单中选择“创建新的 CSS 文件”命令，如图 7-19 所示；弹出“创建新的 CSS 文件”对话框，如图 7-20 所示。

（3）单击“文件/URL”文本框右侧的“浏览”按钮，弹出“将样式表文件另存为”对话框。在“文件名”文本框中输入自定义样式的文件名，如图 7-21 所示。单击“保存”按钮，返回“创建新的

CSS 文件”对话框，如图 7-22 所示。

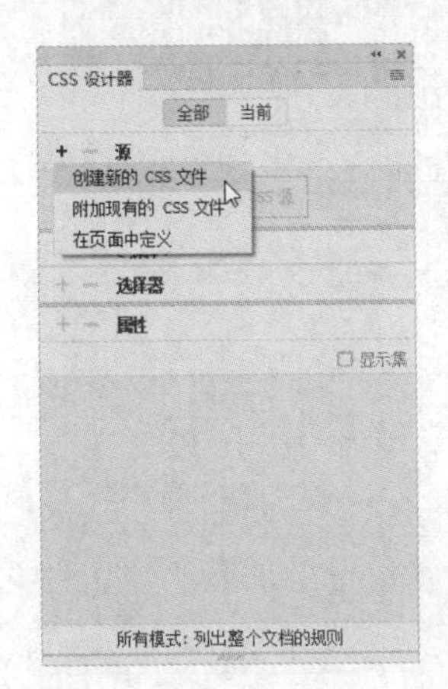

图 7-19

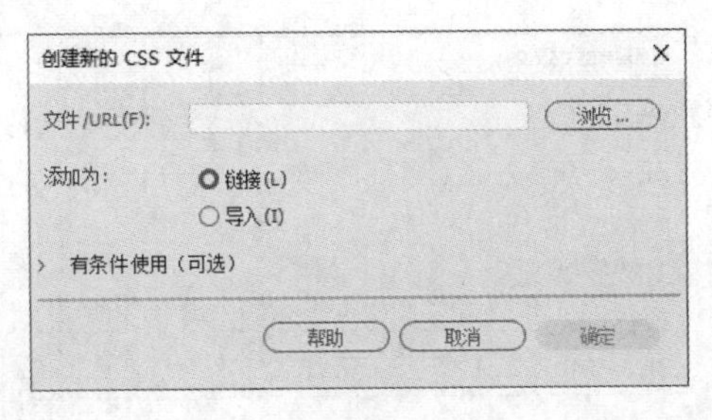

图 7-20

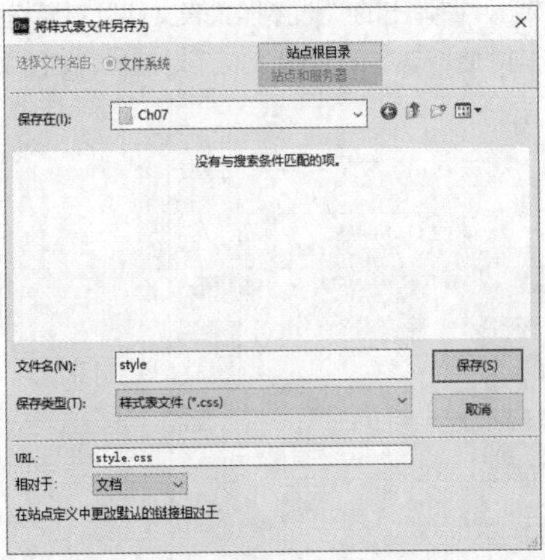

将样式表文件另存为
选择文件名自：文件系统
站点根目录
站点和服务器
保存在(I): Ch07
没有与搜索条件匹配的项。
文件名(N): style
保存(S)
保存类型(T): 样式表文件 (*.css)
取消
URL: style.css
相对于：文档
在站点定义中更改默认的链接相对于

图 7-21

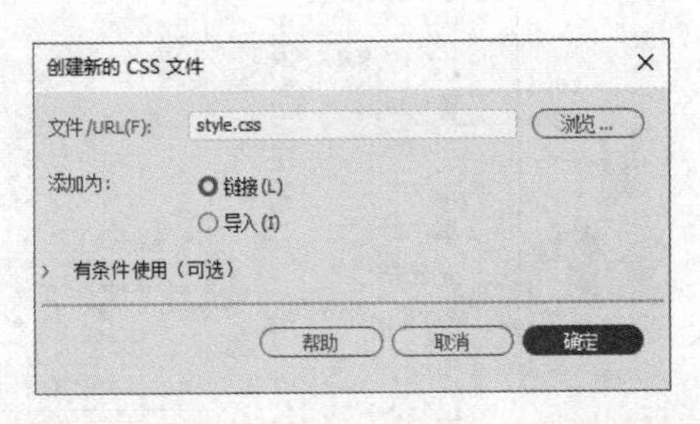

图 7-22

（4）单击“确定”按钮，完成外部样式的创建。刚创建的外部样式会出现在“CSS 设计器”面板的“源”选项组中，如图 7-23 所示。

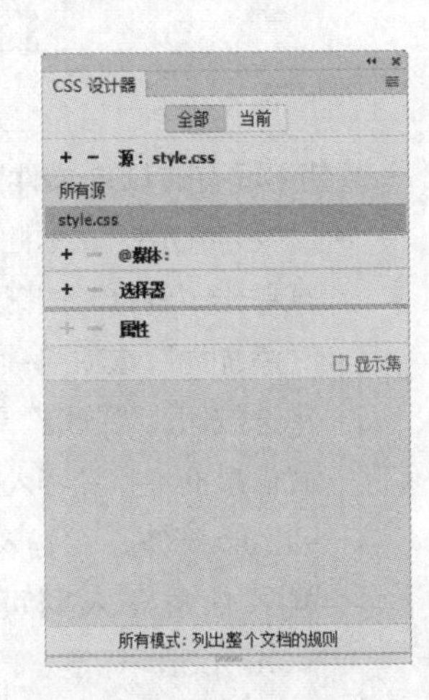

图 7-23

2. 附加外部样式

为不同网页的不同网页元素附加相同的外部样式，具体操作步骤如下。

（1）在文档编辑窗口中选择网页元素。

（2）通过以下 3 种方法中的一种打开“使用现有的 CSS 文件”对话框，如图 7-24 所示。

① 选择“文件 > 附加样式表”命令。

② 选择“工具 > CSS > 附加样式表”命令。

③ 在“CSS 设计器”面板中，单击“源”选项组中的“添加 CSS 源”按钮+，在弹出的下拉菜单中选择“附加现有的 CSS 文件”命令，如图 7-25 所示。

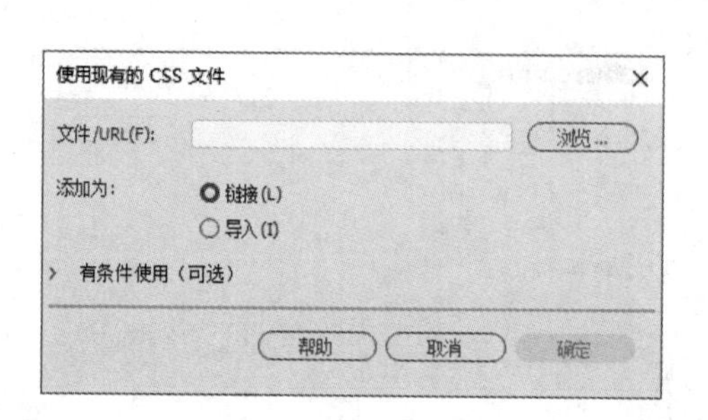

图 7-24

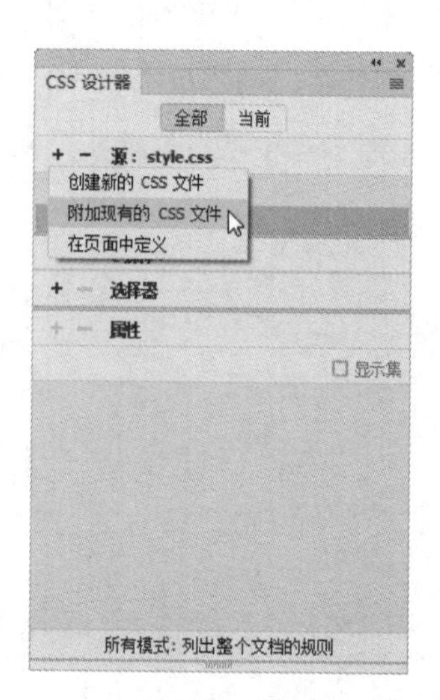

图 7-25

（3）单击“文件/URL”文本框右侧的“浏览”按钮，在弹出的“选择样式表文件”对话框中选择 CSS 样式，如图 7-26 所示。单击“确定”按钮，返回“使用现有的 CSS 文件”对话框，如图 7-27 所示。

图 7-26

“使用现有的 CSS 文件”对话框中各项的作用如下。

- “文件/URL”文本框：在其中输入外部样式文件名，或单击“浏览”按钮选择外部样式文件。
- “添加为”选项组：包括“链接”和“导入”两个单选按钮。“链接”单选按钮用于传递外部 CSS 样式信息而不将其导入网页文档，在页面代码中生成<link>标签。“导入”单选按钮用于将外部 CSS 样式信息导入网页文档，在页面代码中生成<@Import>标签。

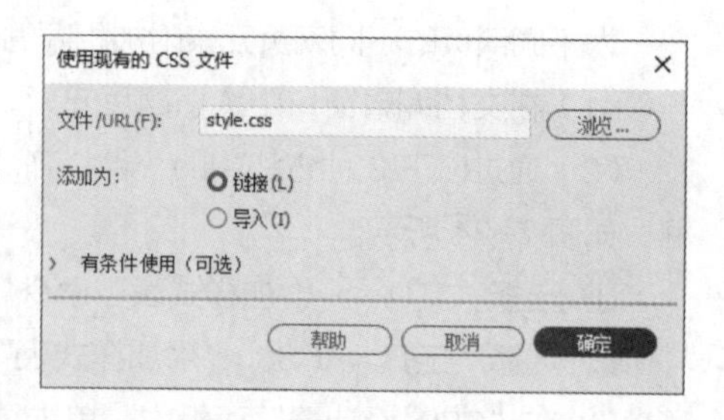

图 7-27

（4）单击“确定”按钮，完成外部样式的附加。刚附加的外部样式会出现在“CSS 设计器”面板的“源”选项组中。

7.4 编辑样式

网站设计者有时需要修改应用于文档的内部样式和外部样式。如果修改内部样式，系统会自动重新设置受它控制的所有 HTML 对象的格式；如果修改外部样式，系统会自动重新设置与它链接的所有 HTML 文档。

编辑样式有以下 2 种方法。

（1）先在“CSS 设计器”面板的“选择器”选项组中选中某样式，然后在“属性”选项组中根据需要设置 CSS 属性，如图 7-28 所示。

（2）在“属性”面板中，单击“编辑规则”按钮，如图 7-29 所示，弹出“.text 的 CSS 规则定义”对话框，如图 7-30 所示。根据需要设置 CSS 属性，单击“确定”按钮完成设置。

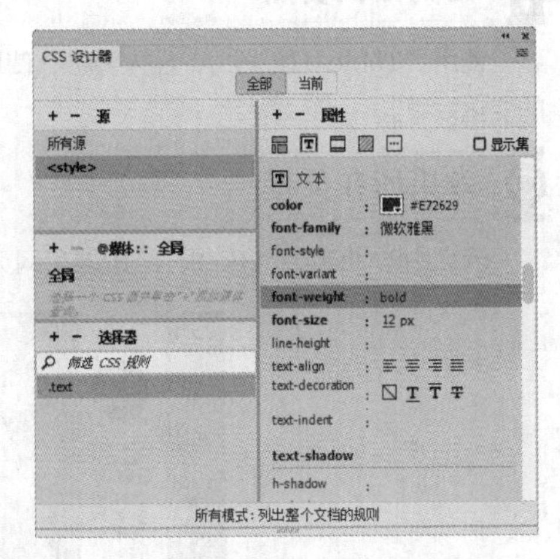

图 7-28

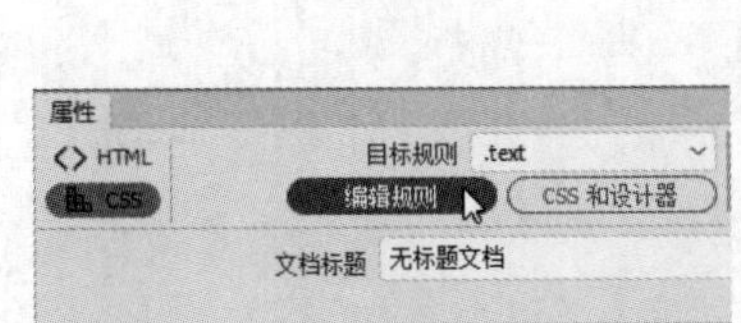

图 7-29

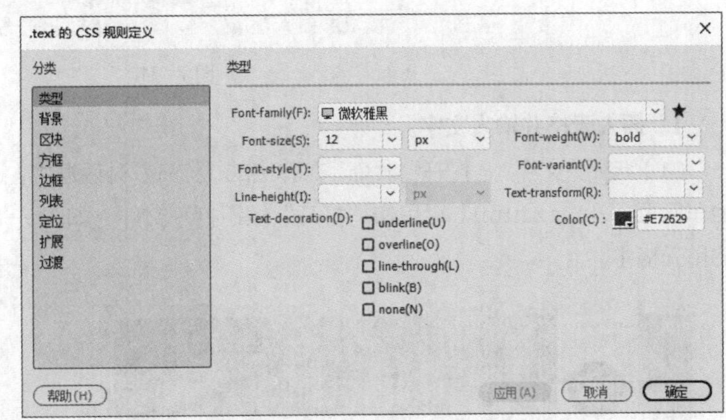

图 7-30

7.5 CSS 样式的属性

CSS 样式可用于控制网页元素的外观，如定义字体、颜色、边距等，这些都是通过设置 CSS 样式的属性来实现的。CSS 样式的属性包括“布局”、“文本”、“边框”和“背景”4 个分类，分别用于设定不同网页元素的外观。下面分别进行介绍。

7.5.1 课堂案例——山地车网页

案例学习目标

使用“CSS 设计器”面板，制作导航按钮样式。

案例知识要点

使用“Table”按钮，插入表格；使用“CSS 设计器”面板，设置导航按钮在鼠标指针经过时的变化效果。

效果所在位置

云盘中的“Ch07 > 效果 > 山地车网页 > index.html”，效果如图 7-31 所示。

图 7-31

1. 插入表格并输入文字

（1）选择“文件 > 打开”命令，在弹出的“打开”对话框中，选择云盘中的“Ch07 > 素材 > 山地车网页 > index.html”，单击“打开”按钮打开文件，如图 7-32 所示。将光标置入图 7-33 所示的单元格中。

图 7-32

图 7-33

（2）在“插入”面板的“HTML”选项卡中单击“Table”按钮，在弹出的“Table”对话框中进行设置，如图 7-34 所示。单击“确定”按钮完成表格的插入，效果如图 7-35 所示。

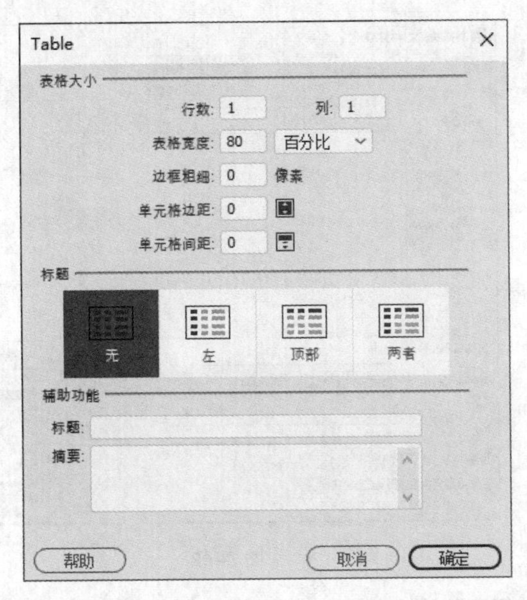

图 7-34

图 7-35

（3）在“属性”面板的“表格”文本框中输入“Nav”，如图 7-36 所示。在单元格中输入文字和空格，如图 7-37 所示。

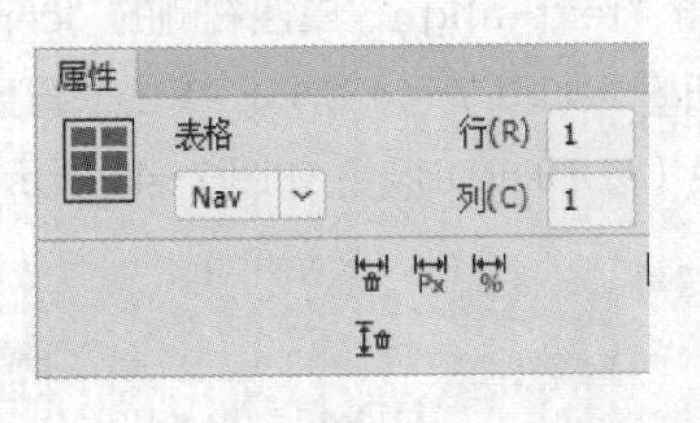

图 7-36

图 7-37

（4）选中文字“帮我选择”，如图 7-38 所示，在“属性”面板的“链接”文本框中输入“#”，为文字制作空链接，如图 7-39 所示。用相同的方法为其他文字添加链接，效果如图 7-40 所示。

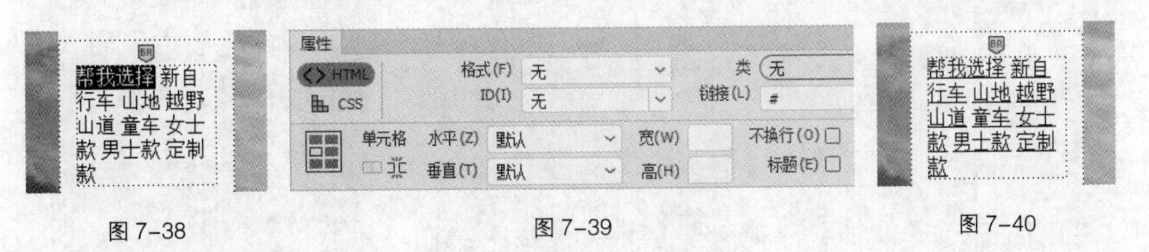

图 7-38　　图 7-39　　图 7-40

2. 设置 CSS 样式属性

（1）选择“窗口 > CSS 设计器”命令，弹出“CSS 设计器”面板。单击“源”选项组中的“添加 CSS 源”按钮 **+**，在弹出的下拉菜单中选择“创建新的 CSS 文件”命令，弹出“创建新的 CSS 文件”对话框，如图 7-41 所示。单击“文件/URL”文本框右侧的“浏览”按钮，弹出“将样式表文件另存为”对话框。在“文件名”文本框中输入“style”，如图 7-42 所示。单击“保存”按钮，返回“创建新的 CSS 文件”对话框。单击“确定”按钮，完成样式的创建。

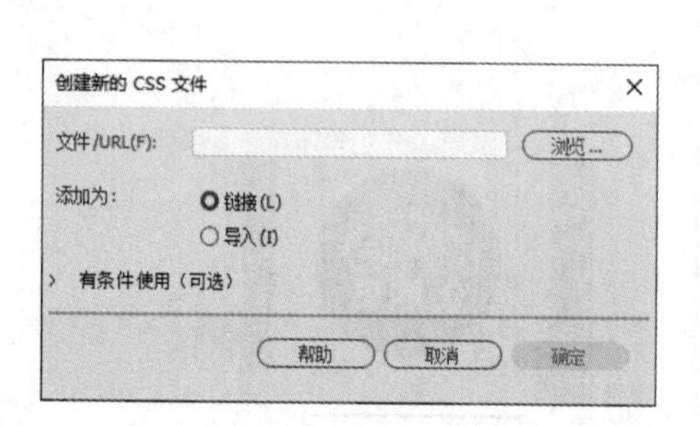

图 7-41

图 7-42

（2）单击“选择器”选项组中的“添加选择器”按钮➕，在“选择器”选项组中出现文本框，输入样式名称“#Nav a:link, #Nav a:visited”，按 Enter 键确认输入，如图 7-43 所示。在“属性”选项组中单击“文本”按钮，显示文本属性，将“color”设为黑色（#000000）、“font-family”设为“微软雅黑”、“font-size”设为 12px，单击“text-align”属性右侧的“center”按钮，单击“text-decoration”属性右侧的“none”按钮，如图 7-44 所示；单击“背景”按钮，显示背景属性，将“background-color”设为灰白色（#DDDBDB），如图 7-45 所示。

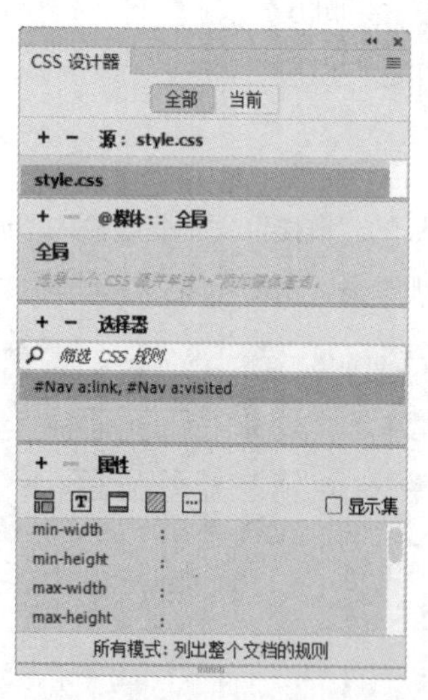

图 7-43

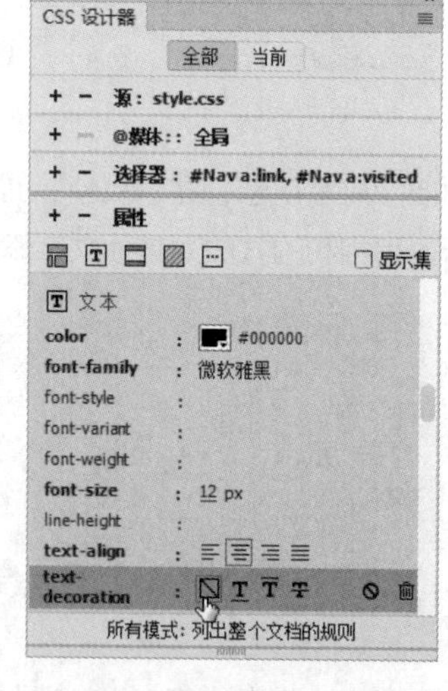

图 7-44

图 7-45

（3）单击“布局”按钮，显示布局属性，将“display”设为“block”、“padding”设为 4px，如图 7-46 所示；单击“边框”按钮，显示边框属性，单击“border”下方的“全部”按钮，将“width”设为 2px、“style”设为“solid”、“color”设为白色（#FFFFFF）、“border-radius”设为 14px 0px 14px 0px，如图 7-47 所示。

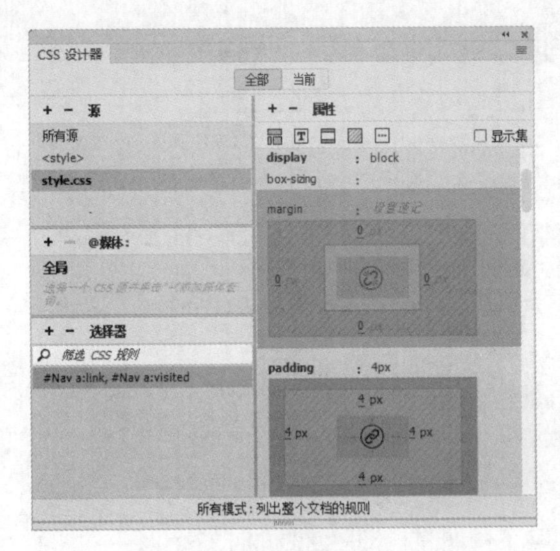

图 7-46

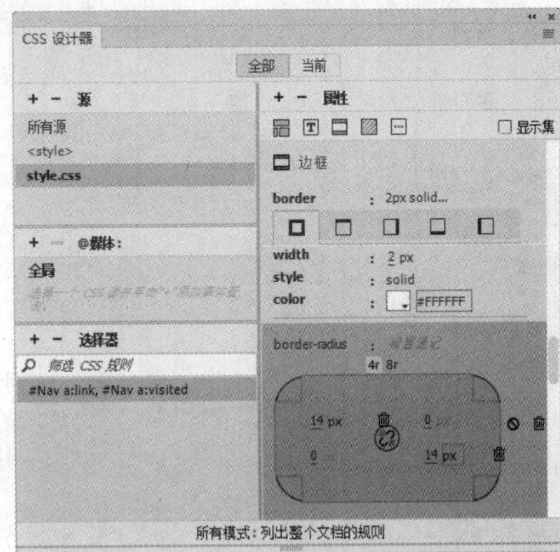

图 7-47

（4）单击“选择器”选项组中的“添加选择器”按钮➕，在“选择器”选项组中出现文本框，输入样式名称“#Nav a:hover”，按 Enter 键确认输入，如图 7-48 所示。在“属性”选项组中单击“背景”按钮▨，显示背景属性，将“background-color”设为白色（#FFFFFF），如图 7-49 所示；单击“布局”按钮▤，显示布局属性，将“margin”“padding”都设为 2px，如图 7-50 所示。

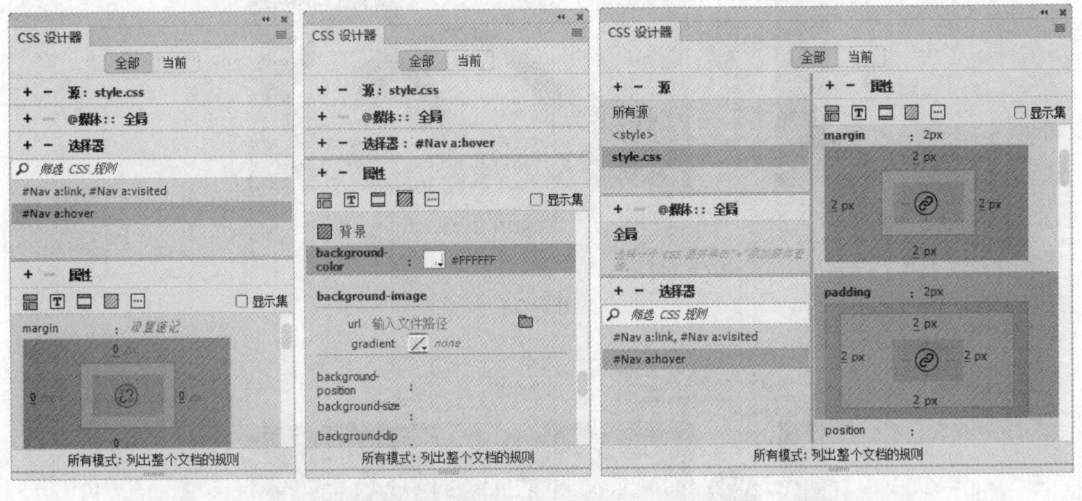

图 7-48　　图 7-49　　图 7-50

（5）单击“文本”按钮🅃，显示文本属性，将“color”设为蓝色（#29679C），单击“text-decoration”属性右侧的“underline”按钮🅃，如图 7-51 所示；单击“边框”按钮▭，显示边框属性，单击“border”显示下方的“全部”按钮▣，将“width”设为 1px、“style”设为“solid”、“color”设为蓝色（#29679C），如图 7-52 所示。

（6）保存文档，按 F12 键预览效果，如图 7-53 所示。当鼠标指针经过导航按钮时，导航按钮的背景和边框颜色改变，效果如图 7-54 所示。

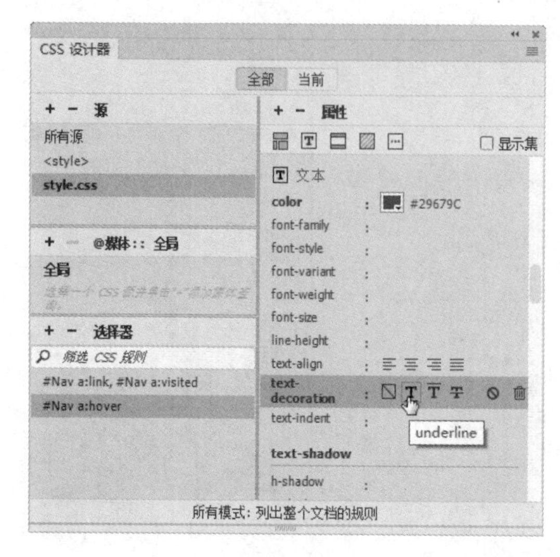

图 7-51

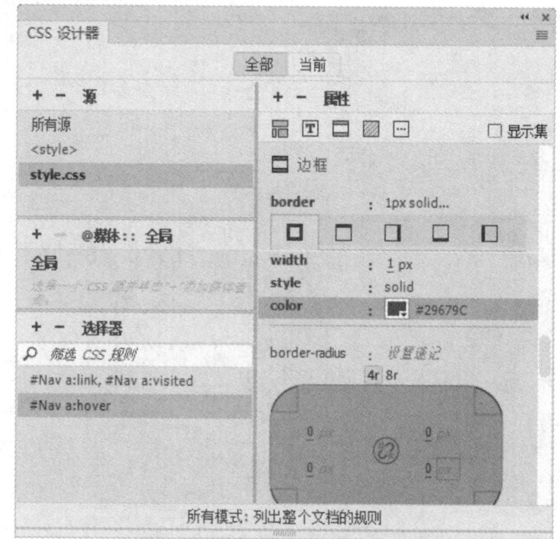

图 7-52

图 7-53

图 7-54

7.5.2 布局属性

“布局”选项组用于控制网页中块元素的大小、边距、填充和位置等属性，如图 7-55 所示。

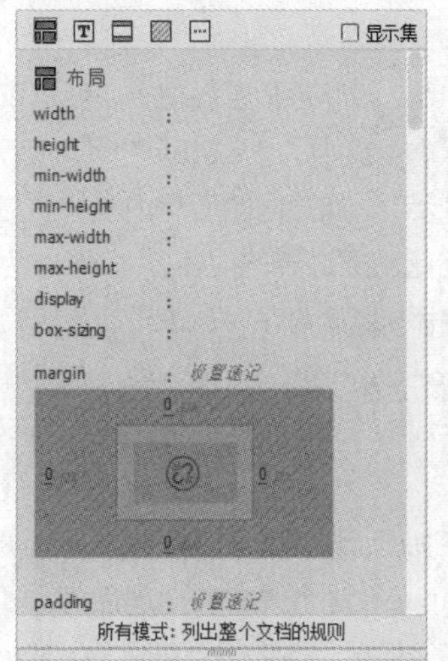

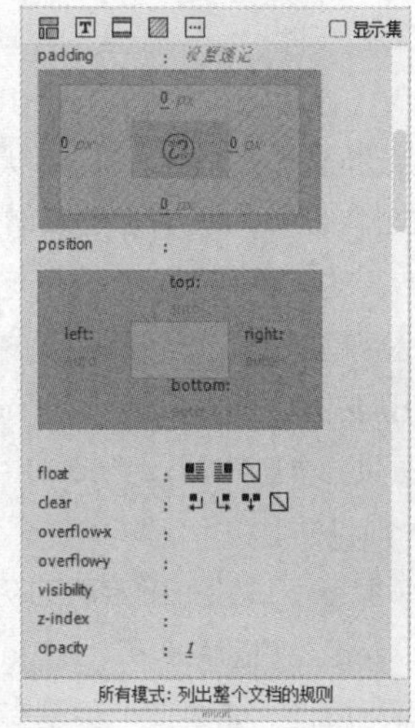

图 7-55

“布局”选项组包括以下 CSS 属性。

- “width”（宽）和“height”（高）属性：设置元素的宽度和高度，使盒子的宽度不受它所包含内容的影响。
- “min-width”（最小宽度）和“min-height”（最小高度）属性：设置元素的最小宽度和最小高度。
- “max-width”（最大宽度）和“max-height”（最大高度）属性：设置元素的最大宽度和最大高度。
- “display”（显示）属性：指定是否显示以及如何显示元素。其中“none”（无）属性值表示关闭应用此属性的元素的显示。
- “margin”（边界）属性：控制围绕块元素的间隔数量，包括“top”（上）、“bottom”（下）、“left”（左）和“right”（右）4 个属性值。若单击“更改所有属性”按钮，则可设置块元素有相同的间隔效果；否则块元素有不同的间隔效果。
- “padding”（填充）属性：控制元素内容与盒子边框的间距，包括“top”、“bottom”、“left”和“right”4 个属性值。若单击“更改所有属性”按钮，则可为块元素的各个边设置相同的填充效果；否则单独设置块元素的各个边的填充效果。
- “position”（定位）属性：确定定位的类型，包括“static”（静态）、“absolute”（绝对）、“fixed”（固定）和“relative”（相对）4 个属性值。“static”属性值表示以对象在文档中的位置为坐标原点，将层放在它所在文本中的位置；“absolute”属性值表示以页面左上角为坐标原点，使用“position”属性中输入的坐标值来放置层；“fixed”属性值表示以页面左上角为坐标原点放置内容，当用户滚动页面时，内容将在当前位置保持固定；“relative”属性值表示以对象在文档中的位置为坐标原点，使用“position”属性中输入的坐标值来放置层。确定定位类型后，可通过“top”“right”“bottom”“left”4 个属性值来确定元素在网页中的具体位置。

- “float”（浮动）属性：设置网页元素（如文本、层、表格等）的浮动效果。
- “clear”（清除）属性：清除设置的浮动效果。
- “overflow-x”（水平溢位）和“overflow-y”（垂直溢位）属性：仅适用于 CSS 层，用于确定在层的内容超出它的边界时的显示状态。其中，“visible”（可见）属性值表示当层的内容超出层的边界时，层向右下方扩展以增大层，使层内的所有内容均可见；“hidden”（隐藏）属性值表示保持层的大小并剪辑层内任何超出层边界的内容；“scroll”（滚动）属性值表示不论层的内容是否超出层的边界都在层内添加滚动条；“auto”（自动）属性值表示滚动条仅在层的内容超出层的边界时才显示；“no-content”（无内容）属性值表示没有满足内容框的内容时，则隐藏整个内容框；“no-display”（无显示）属性值表示没有满足内容框的内容时，则删除整个内容框。
- “visibility”（显示）属性：确定层的初始显示条件，包括“inherit”（继承）、“visible”（可见）、“hidden”（隐藏）和“collapse”（合并）4 个属性值。“inherit”属性值表示继承父级层的可见属性。如果某个层没有父级层，则它将是可见的。“visible”属性值表示无论父级层如何设置，都显示层的内容。“hidden”属性值表示无论父级层如何设置，都隐藏层的内容。如果不设置“visibility”属性，则默认情况下大多数浏览器都继承父级层的属性。
- “z-index”（z 轴）属性：确定层的堆叠顺序，为元素设置重叠效果。编号较大的层显示在编号较小的层的上面。该属性值为整数，可以为正，也可以为负。
- “opacity”（不透明度）属性：设置元素的不透明度，取值范围为 0～1，当值为 0 时表示元素完全透明，当值为 1 时表示元素完全不透明。

7.5.3 文本属性

“文本”选项组用于控制网页中文本的字体、字号、颜色、行距、缩进、对齐、阴影和列表等属性，如图 7-56 所示。

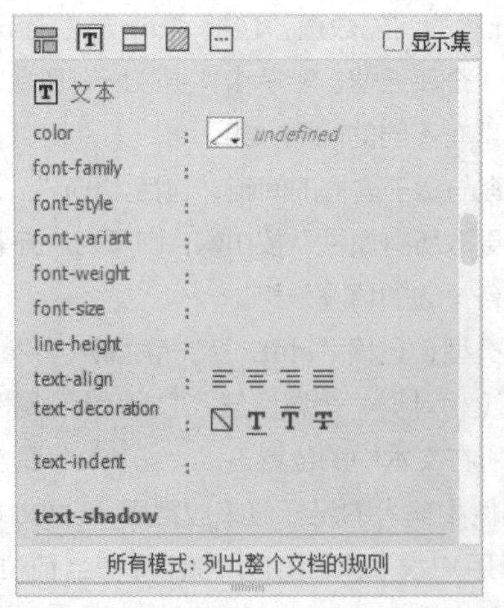

图 7-56

“文本”选项组包括以下 CSS 属性。

- “color”（颜色）属性：设置文本的颜色。
- “font-family”（字体）属性：设置文本的字体。
- “font-style”（样式）属性：指定字体的风格为“normal”（正常）、“italic”（斜体）或“oblique”（偏斜体）。默认设置为“normal”。
- “font-variant”（变体）属性：将正常文本缩小一半后大写显示。IE 不支持该属性。Dreamweaver 2020 不在文档编辑窗口中显示该属性。
- “font-weight”（粗细）属性：设置字体的粗细效果，包含“normal”（正常）、“bold”（粗体）、“bolder”（特粗）、“lighter”（细体）和具体粗细值多个属性。通常“normal”属性值等于 400px，“bold” 属性值等于 700px。
- “font-size”（字号）属性：定义文本的字号，在其下拉列表中选择具体数值和度量单位。一般以 px 为单位，这可以有效地防止浏览器破坏文本的显示效果。
- “line-height”（行高）属性：设置文本所在行的高度，在其下拉列表中选择具体数值和度量单位。若选择“normal”属性值，则自动计算字号以适应行高。
- “text-align”（文本对齐）属性：设置区块文本的对齐方式，包括“left”（左对齐）按钮、“center”（居中）按钮、“right”（右对齐）按钮和“justify”（两端对齐）按钮 4 个按钮。
- “text-decoration”（修饰）属性：控制链接文本的显示状态，包括“none”（无）按钮、“underline”（下画线）按钮、“overline”（上画线）按钮、“Line-through”（删除线）按钮 4 个按钮。正常文本的默认设置是选中“none”按钮，链接的默认设置为选中“underline”按钮。
- “text-indent”（文本缩进）属性：设置区块文本的缩进。若让区块文本突出显示，则该属性值为负值，但显示效果主要取决于浏览器。
- “text-shadow”（文本阴影）属性：设置文本的阴影效果，可以为文本添加一个或多个阴影效果。“h-shadow”（水平阴影位置）属性值用于设置阴影的水平位置；“v-shadow”（垂直阴影位置）属性值用于设置阴影的垂直位置；“blur”（模糊）属性值用于设置阴影的边缘模糊效果；“color”（颜色）属性值用于设置阴影的颜色。
- “text-transform”（大小写）属性：将选定内容中的每个单词的首字母大写，或将文本设置为全部大写或小写。它包括“none”按钮、“capitalize”（首字母大写）按钮Ab、“uppercase”（大写）按钮AB和“lowercase”（小写）按钮ab 4 个按钮。
- “letter-spacing”（字母间距）属性：设置字母的间距。若要减小字母间距，则可以将该属性设置为负值。IE 4.0 和更高版本以及 Netscape Navigator 6.0 支持该属性。
- “word-spacing”（单词间距）属性：设置单词的间距。若要减小单词间距，则可以将该属性设置为负值，但其显示效果取决于浏览器。
- “white-space”（空格）属性：控制元素中空格的输入，包括“normal”、“nowrap”（不换行）、“pre”（保留）、“pre-line”（保留换行符）和“pre-wrap”（保留换行）5 个属性值。
- “vertical-align”（垂直对齐）属性：控制文字或图像相对于其母体元素的垂直对齐位置。

若将图像同其母体元素文字的顶部垂直对齐，则该图像将在该行文字的顶部显示。该属性包括“baseline”（基线）、“sub”（下标）、“super”（上标）、“top”（顶部）、“text-top”（文本顶对齐）、“middle”（中线对齐）、“bottom”（底部）和“text-bottom”（文本底对齐）8 个属性值。“baseline”属性值表示将元素的基准线同母体元素的基准线对齐；“top”属性值表示将元素的顶部同最高的母体元素对齐；“bottom”属性值表示将元素的底部同最低的母体元素对齐；“sub”属性值表示将元素以下标形式显示；“super”属性值表示将元素以上标形式显示；“text-top”属性值表示将元素顶部同母体元素文字的顶部对齐；“middle”属性值表示将元素中点同母体元素文字的中点对齐；“text-bottom”属性值表示将元素底部同母体元素文字的底部对齐。

- “list-style-position”（位置）属性：用于描述列表的位置，包括“inside”（内）按钮和“outside”（外）按钮2 个按钮。
- “list-style-image”（项目符号图像）属性：为项目符号指定自定义图像，包括“URL”（链接）和“none”2 个属性值。
- “list-style-type”（类型）属性：设置项目符号或编号的外观，在其下拉列表中有 21 个选项，其中比较常用的有“disc”（圆点）、“circle”（圆圈）、“square”（方块）、“decimal”（数字）、“lower-roman”（小写罗马数字）、“upper-roman”（大写罗马数字）、“lower-alpha”（小写字母）、“upper-alpha”（大写字母）和“none”等。

7.5.4 边框属性

“边框”选项组用于控制块元素的边框粗细、样式、颜色及圆角等属性，如图 7-57 所示。

“边框”选项组包括以下 CSS 属性。

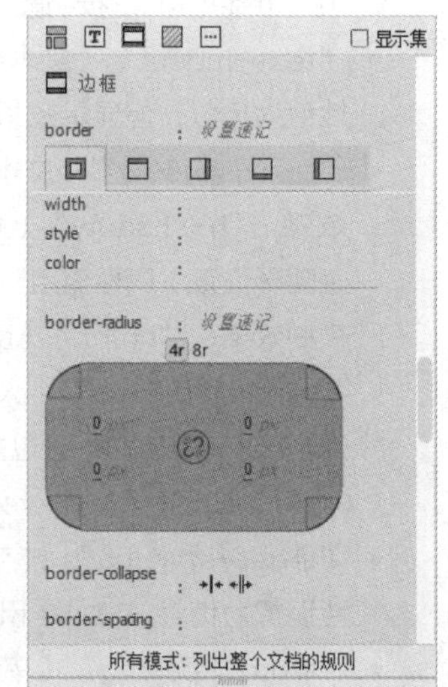

图 7-57

- “border”（边框）属性：以速记的方法设置所有边框的粗细、样式及颜色。如果需要对单个边框或多个边框进行自定义，可以单击“border”属性下方的“所有边”按钮、“顶部”按钮、“右侧”按钮、“底部”按钮、“左侧”按钮，显示相应的属性。通过“width”（宽度）、“style”（样式）和“color”（颜色）3 个属性值来设置边框的显示效果。
- “width”（宽度）属性值：设置块元素边框线的粗细，在其下拉列表中包括“thin”（细）、“medium”（中）、“thick”（粗）和具体值 4 个选项。
- “style”（样式）属性值：设置块元素边框线的样式，在其下拉列表中包括“none”、“dotted”（点划线）、“dashed”（虚线）、“solid”（实线）、“double”（双线）、“groove”（槽状）、“ridge”（脊状）、“inset”（凹陷）、“outset”（凸出）和“hidden（隐藏）”10 个选项。若取消选中“全部相同”复选框，则可为块元素的各边框设置不同的样式。
- “color”（颜色）属性值：设置块元素边框线的颜色。若取消选中“全部相同”复选框，则可为块元素的各边框设置不同的颜色。

- “border-radius”（圆角）属性：以速记的方法设置所有边角的半径。例如，设置速记为“10px”，表示所有边角的半径均为 10px。如果需要设置单个边角的半径，则可直接在相应的边角处输入数值，如图 7-58 所示。它包含以下两个按钮。

4r：单击此按钮，边角以 4r 的方式输入，如图 7-59 所示。

8r：单击此按钮，边角以 8r 的方式输入，如图 7-60 所示。

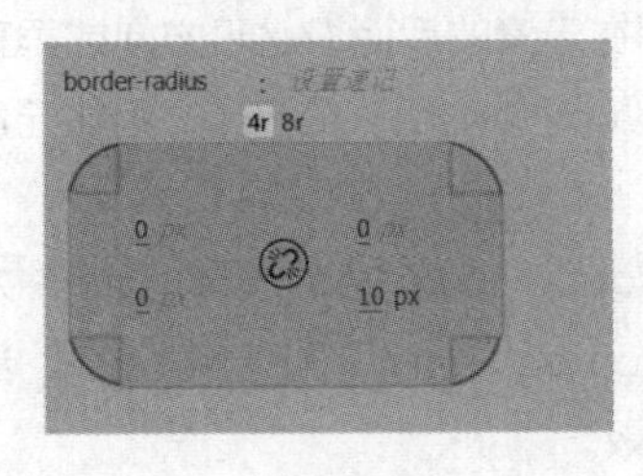

图 7-58

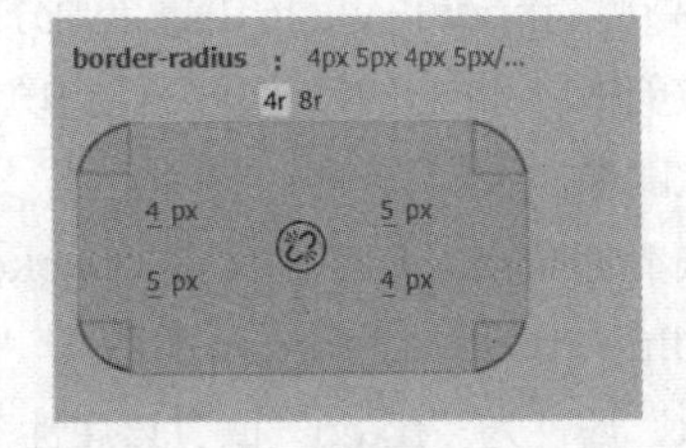

图 7-59

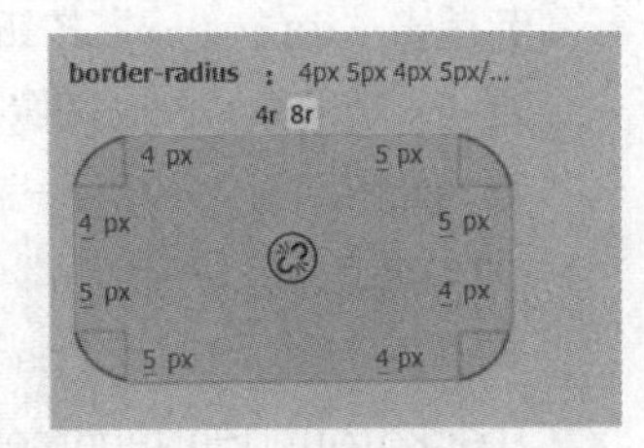

图 7-60

- “border-collapse”（边框折叠）属性：设置边框是否折叠为单一边框显示，包括“collapse”（合并）按钮和“separate”（分离）按钮 2 个按钮。
- “border-spacing”（边框空间）属性：设置 2 个相邻边框之间的距离，仅用于“border-collapse”属性选中“separate”按钮时。

7.5.5 背景属性

“背景”选项组用于为网页元素添加背景图像或背景颜色等，如图 7-61 所示。

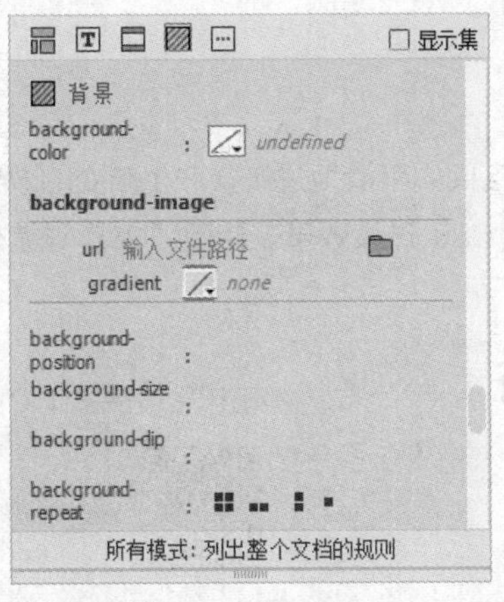

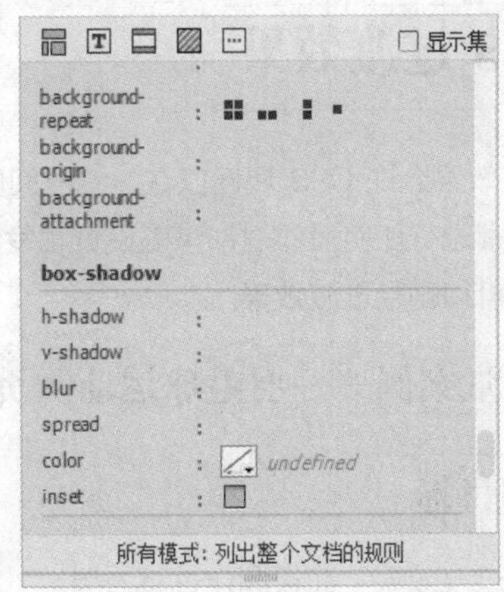

图 7-61

“背景”选项组包括以下 CSS 属性。

- “background-color”（背景颜色）属性：设置网页元素的背景颜色。
- “background-image”（背景图像）属性：设置网页元素的背景图像。
- “background-position”（背景位置）属性：设置背景图像相对于元素的初始位置，包括“left”、“right”、“center”（水平居中）、“top”、“bottom”和“center”（垂直居中）6 个属性值。该属性可将背景图像与页面中心垂直和水平对齐。

- “background-size”（背景尺寸）属性：设置背景图像的宽度和高度来确定背景图像的大小。
- “background-clip”（背景剪辑）属性：设置背景的绘制区域，包括“padding-box”（剪辑内边距）、“border-box”（剪辑边框）、“content-box”（剪辑内容框）3 个属性值。
- “background-repeat”（重复）属性：设置背景图像的平铺方式，包括“repeat”（重复）按钮、“repeat-x”（横向重复）按钮、“repeat-y”（纵向重复）按钮和“no-repeat”（不重复）按钮 4 个按钮。若单击“repeat”按钮，则在元素的后面水平或垂直平铺图像；若单击“repeat-x”按钮或“repeat-y”按钮，则分别在元素的后面沿水平方向或垂直方向平铺图像，此时图像被剪辑以适应元素的边界；若单击“no-repeat”按钮，则在元素开始处按原图大小显示一次图像。
- “background-origin”（背景原点）属性：设置“background-position”属性以哪种方式进行定位，包括“padding-box”“border-box”“content-box”3 个属性值。当“background-attachment”属性为“fixed”时，该属性无效。
- “background-attachment”（背景滚动）属性：设置背景图像固定或随页面内容的移动而移动，包括“scroll”（滚动）和“fixed”（固定）两个属性值。
- “box-shadow”（边框阴影）属性：设置边框阴影效果，可为边框添加一个或多个阴影。通过“h-shadow”（水平阴影位置）和“v-shadow”（垂直阴影位置）属性值设置阴影的水平和垂直位置；通过“blur”（模糊）属性值设置阴影的边缘模糊效果；通过“color”（颜色）属性值设置阴影的颜色；通过“inset”（可选）属性值设置外部阴影与内部阴影之间的切换效果。

7.6 CSS 过渡效果

CSS 的过渡效果允许 CSS 属性值在一定时间区间内平滑地过渡，产生渐变的效果。单击、鼠标指针经过或对元素进行任何操作时都可以设置触发 CSS 过渡效果。使用“CSS 过渡效果”面板即可直观地创建、编辑和删除过渡效果。

7.6.1 课堂案例——羽毛球运动网页

案例学习目标

使用“CSS 过渡效果”面板制作过渡效果。

案例知识要点

使用“CSS 设计器”面板，设置文字的字体、颜色；使用“CSS 过渡效果”面板，设置文字的变色效果。

效果所在位置

云盘中的“Ch07 > 效果 > 羽毛球运动网页 > index.html”，效果如图 7-62 所示。

（1）选择“文件 > 打开”命令，在弹出的“打开”对话框中，选择云盘中的“Ch07 > 素材 > 羽毛球运动网页 > index.html”，单击“打开”按钮打开文件，效果如图7-63所示。

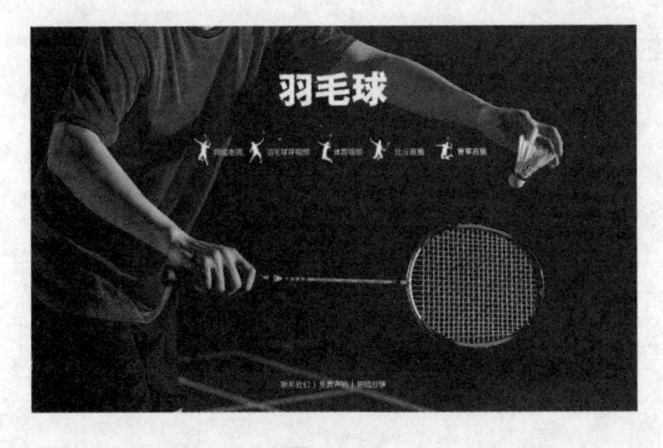

图7-62

图7-63

（2）选择“窗口 > CSS设计器”命令，弹出“CSS设计器”面板。单击“选择器”选项组中的“添加选择器”按钮+，在“选择器”选项组中出现文本框，输入样式名称“.text”，按Enter键确认输入，如图7-64所示；在“属性”选项组中单击“文本”按钮T，显示文本属性，将“color”设为白色（#FFFFFF）、“font-family”设为“方正韵动粗黑简体”、“font-size”设为61px，如图7-65所示。

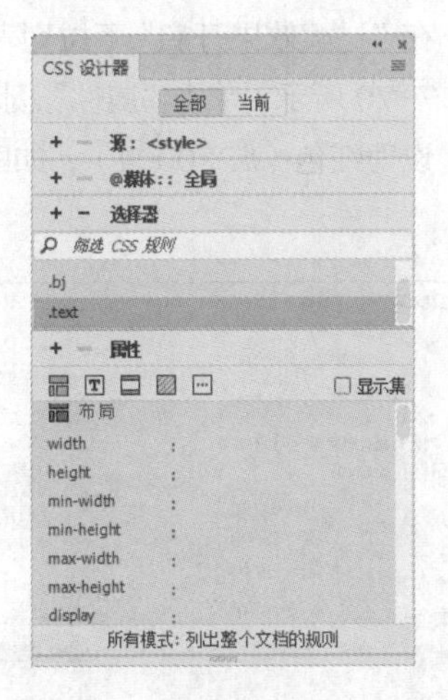

图7-64

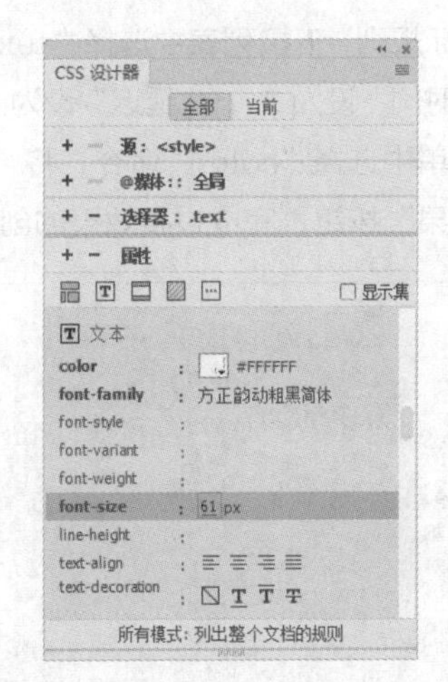

图7-65

（3）选中图7-66所示的文字，在“属性”面板的“类”下拉列表中选择“.text”选项，应用该样式，效果如图7-67所示。

图7-66

图7-67

（4）选择“窗口 > CSS过渡效果”命令，弹出“CSS过渡效果”面板，如图7-68所示。单击

“新建过渡效果”按钮+，弹出“新建过渡效果”对话框，如图 7-69 所示。

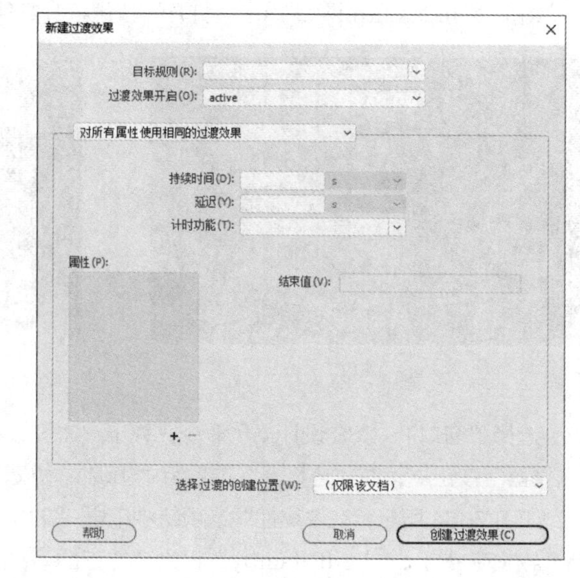

图 7-68

图 7-69

（5）在“目标规则”下拉列表中选择“.text”选项，在“过渡效果开启”下拉列表中选择“hover”选项，将“持续时间”设为 2s，“延迟”设为 1s，如图 7-70 所示；单击“属性”列表下方的按钮+，在弹出的下拉菜单中选择“color”命令，将“结束值”设为红色（#FF0004），如图 7-71 所示。单击“创建过渡效果”按钮，完成过渡效果的创建。

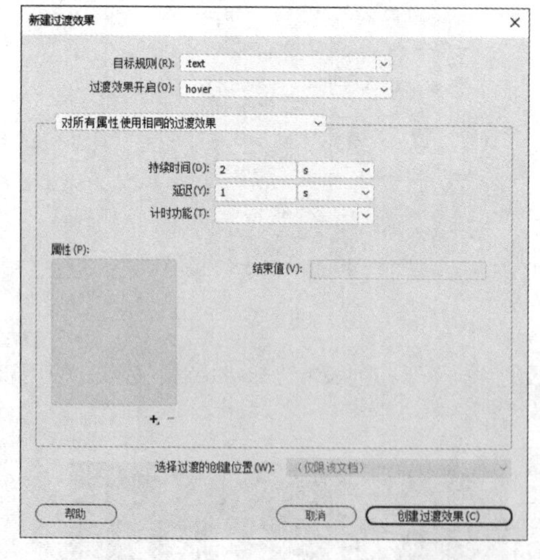

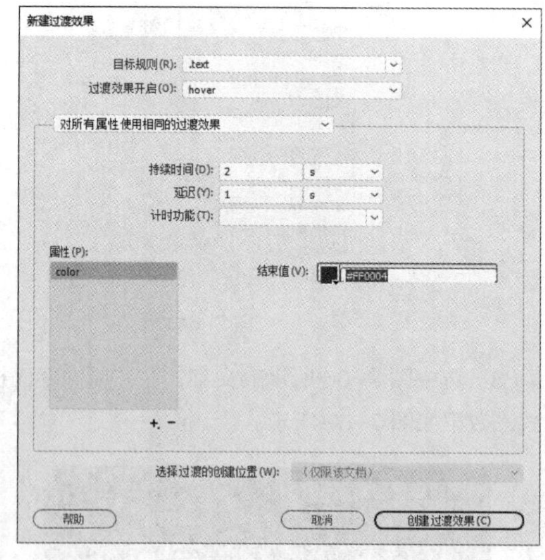

图 7-70

图 7-71

（6）在 Dreamweaver 2020 中看不到过渡的真实效果，只有在浏览器中才能看到真实效果。保存文档，按 F12 键预览效果，如图 7-72 所示。当鼠标指针悬停在“羽毛球”文字上时，文字延迟 1s 变为红色，如图 7-73 所示。

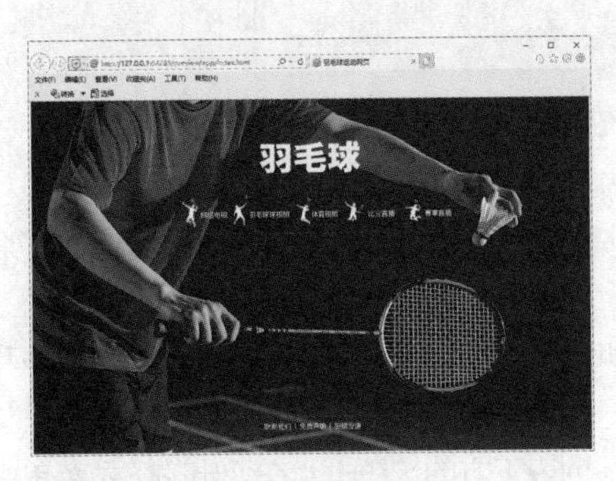

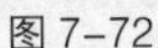
图 7–72

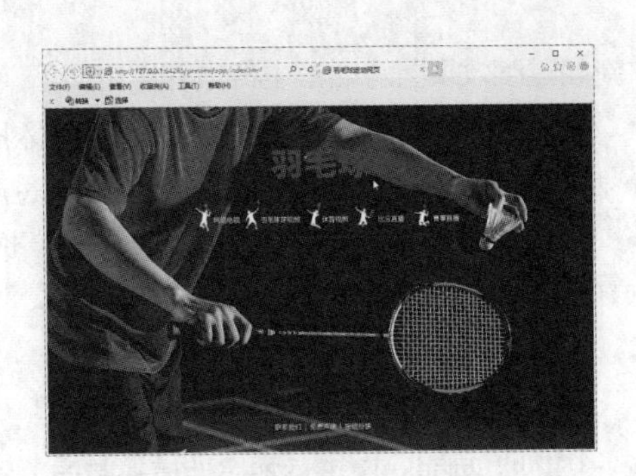
图 7–73

7.6.2 “CSS 过渡效果”面板

在“CSS 过渡效果”面板中可以新建、删除和编辑 CSS 过渡效果，如图 7–74 所示。其中按钮的作用如下。

- “新建过渡效果”按钮 +：单击此按钮，可以创建新的过渡效果。
- “删除选定的过渡效果”按钮 −：单击此按钮，可以将选定的过渡效果删除。
- “编辑所选过渡效果”按钮 ✎：单击此按钮，可以在弹出的“编辑过渡效果”对话框中修改所选的过渡效果属性。

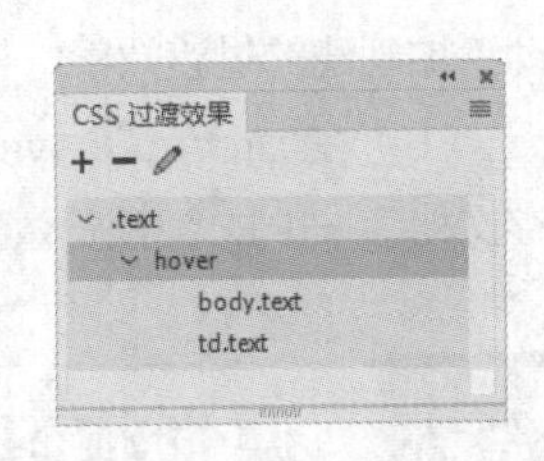

图 7–74

7.6.3 创建 CSS 过渡效果

在创建 CSS 过渡效果时，需要为元素指定过渡效果类。如果在创建过渡效果类之前已选择元素，则过渡效果类会自动应用于选定的元素。

创建 CSS 过渡效果的操作步骤如下。

（1）新建或打开一个文档。

（2）选择“窗口 > CSS 过渡效果”命令，弹出“CSS 过渡效果”面板，如图 7–75 所示。

（3）单击“新建过渡效果”按钮 +，弹出“新建过渡效果”对话框，如图 7–76 所示。

图 7–75

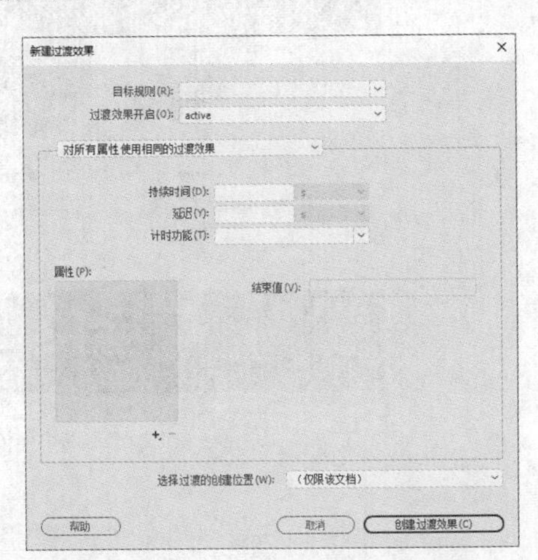

图 7–76

“新建过渡效果”对话框中各项的作用如下。

- “目标规则”下拉列表：用于选择或输入所要创建的过渡效果的类型。
- “过渡效果开启”下拉列表：用于设置过渡效果以哪种类型触发。
- “对所有属性使用相同的过渡效果”选项：选择此选项，“持续时间”、“延迟”和“计时功能”的值相同。
- “对每个属性使用不同过渡效果”选项：选择此选项，可以将“持续时间”、“延迟”和“计时功能”设置为不同的值。
- “属性”列表：用于添加属性值。单击“属性”列表下方的按钮+，在弹出的下拉菜单中选择需要的属性即可。
- “结束值”文本框：用于设置添加属性后的值。
- “选择过渡的创建位置”下拉列表：用于设置过渡效果保存的位置，包括“（仅限该文档）”和“（新建样式表文件）”两个选项。

（4）设置好后，单击“创建过渡效果”按钮，完成过渡效果的创建，“CSS 过渡效果”面板中自动添加创建的过渡效果。

（5）在 Dreamweaver 2020 中看不到过渡的真实效果，只有在浏览器中才能看到真实效果。保存文档，按 F12 键预览效果。

7.7 课堂练习——电商网页

练习知识要点

使用“CSS 设计器”面板，设置文字的字号、颜色及行距等。完成效果如图 7-77 所示。

图 7-77

效果所在位置

云盘中的“Ch07 > 效果 > 电商网页 > index.html”。

7.8 课后习题——鲜花速递网页

习题知识要点

使用“CSS 设计器”面板，设置文字的字体、颜色及字号；使用“CSS 过渡效果”面板，为文字添加阴影效果。完成效果如图 7-78 所示。

图 7-78

效果所在位置

云盘中的“Ch07 > 效果 > 鲜花速递网页 > index.html”。

08

第 8 章 模板和库

制作网页的时候，为了保持网站中各网页风格的统一，需要在每个网页中制作一些相同的内容，如相同的导航条、图标等。网页设计初学者可能需要花费大量的时间和精力在这些重复性的工作上。其实，为了提高网页设计者的工作效率，Dreamweaver 2020 提供了模板和库功能，利用它们，即可从这些重复性工作中解脱出来。

学习要点

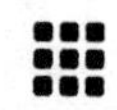

- “资源”面板的使用
- 模板、可编辑区域、重复区域、重复表格的创建
- 重命名、修改、删除模板文件，用模板最新版本更新
- 创建库项目
- 重命名、删除、修改库项目，用最新库项目更新

素养目标

1. 提高对模板和库的分析和应用能力
2. 激发研究出提高设计效率方法的兴趣

8.1 “资源”面板

“资源”面板用于管理和使用网站的各种元素，如图像或视频文件等。选择“窗口 > 资源”命令，即可弹出“资源”面板，如图 8-1 所示。

“资源”面板提供了“站点”和“收藏”2 种查看资源的方式，“站点”列表中显示站点的所有资源，“收藏”列表中仅显示用户曾明确选择的资源。在这 2 个列表中，资源被分成“图像”、“颜色”、“URLs”、“媒体”、“脚本”、“模板”、“库”7 种类别，显示在“资源”面板的左侧。“图像”面板中只显示 GIF、JPEG 或 PNG 格式的图像文件；“颜色”面板中显示站点的文档和样式表中使用的颜色，包括文本颜色、背景颜色和链接颜色；“URLs”面板中显示当前站点的文档中的外部链接，包括 FTP、Gopher、HTTP、HTTPS、JavaScript、电子邮件（mailto）和本地文件（file://）类型的链接；“媒体”面板中显示任意版本的“*.swf”文件，但不显示 Flash 源文件、“*.quicktime”或“*.mpeg”文件；“脚本”面板中显示独立的 JavaScript 或 VBScript 文件；“模板”面板中显示模板文件，方便用户在多个页面中重复使用同一页面布局；“库”面板中显示定义的库项目。

在“模板”面板中，底部排列着 4 个按钮，分别是“插入”按钮、“刷新站点列表”按钮、“编辑”按钮、“添加到收藏夹”按钮。“插入”按钮用于将“资源”面板中选定的元素直接插入文档中；“刷新站点列表”按钮用于刷新“站点”列表；“编辑”按钮用于编辑当前选定的元素；“添加到收藏夹”按钮用于将选定的元素添加到收藏夹。单击“资源”面板右上方的“菜单”按钮，弹出一个下拉菜单，下拉菜单中包括“资源”面板中的一些常用命令，如图 8-2 所示。

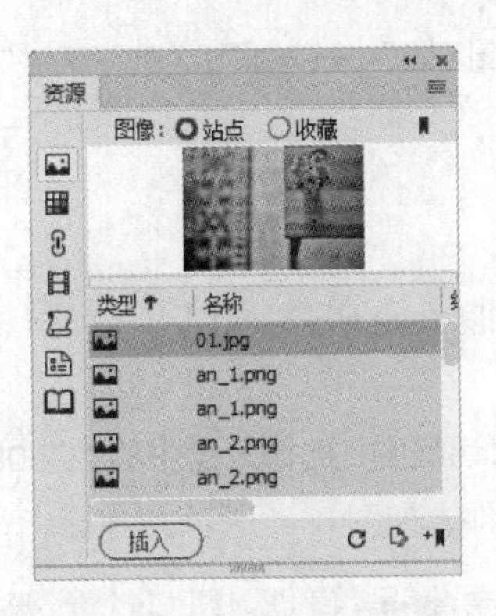

图 8-1

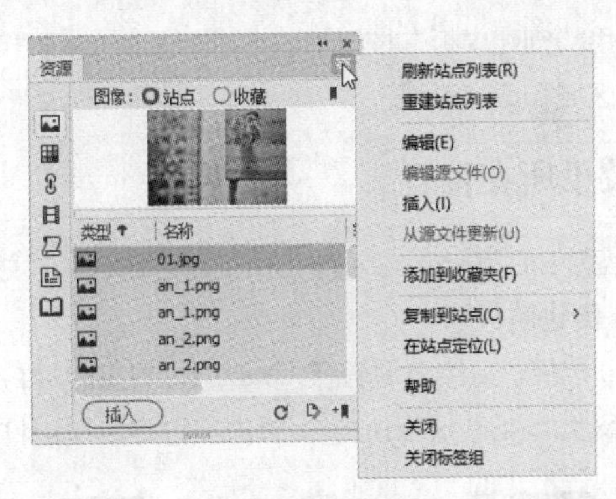

图 8-2

8.2 模板

模板可理解成模具，当需要制作相同的东西时，只需将原始素材放入模板中即可实现，既省时又省力。Dreamweaver 2020 提供模板也是基于此目的，如果要制作大量相同或相似的网页，只需在某一页面布局设计好之后将它保存为模板，然后利用模板创建相同布局的网页，并且可以在修改模板的同时修改应用了相应模板的所有页面的布局。这样可大大提高网页设计者的工作效率。

将文档另存为模板时，Dreamweaver 2020 自动锁定文档的大部分区域。模板创作者需指定模板文档中的哪些区域可编辑，哪些网页元素应长期保留、不可编辑。

Dreamweaver 2020 中共有 4 种类型的模板区域。

（1）可编辑区域：基于模板的文档中的未锁定区域，它是模板用户可以编辑的部分。模板创作者可以将模板的任何区域指定为可编辑区域。要让模板生效，它应该至少包含一个可编辑区域；否则，将无法编辑基于模板的页面。

（2）重复区域：文档中设置为重复的布局部分。例如，可以设置重复一个表格行。通常重复区域是可编辑的，这样模板用户可以编辑重复元素的内容，同时使设计本身处于模板创作者的控制之下。在基于模板的文档中，模板用户可以根据需要，使用重复区域的控制选项添加或删除重复区域的副本。可在模板中插入 2 种类型的重复区域——重复区域和重复表格。

（3）可选区域：页面中出现文本或图像的部分，其在文档中显示与否，由模板用户控制。

（4）可编辑的可选区域：在模板中解锁标签属性，以便该属性可以在基于模板的页面中编辑。

8.2.1 课堂案例——时尚前沿网页

案例学习目标

使用“插入”面板中“模板”选项卡中的按钮，创建模板网页。

案例知识要点

使用“创建模板”按钮，创建模板；使用“可编辑区域”按钮和“重复区域”按钮，制作可编辑区域和重复区域。

效果所在位置

云盘中的“Templates > ShiShang.dwt”，效果如图 8-3 所示。

1. 创建模板

（1）选择“文件 > 打开”命令，在弹出的“打开”对话框中，选择云盘中的“Ch08 > 素材 > 时尚前沿网页 > index.html”，单击“打开”按钮打开文件，如图 8-4 所示。

图 8-3

图 8-4

（2）在“插入”面板的“模板”选项卡中，单击“创建模板”按钮，在弹出的“另存模板”对话框中进行设置，如图 8–5 所示。单击“保存”按钮，弹出“Dreamweaver”提示对话框，如图 8–6 所示。单击“是”按钮，将当前文档另存为模板文档，文档名称也随之改变，如图 8–7 所示。

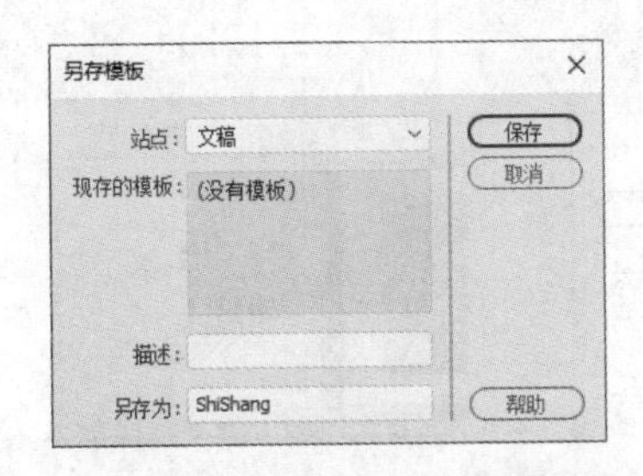

图 8–5

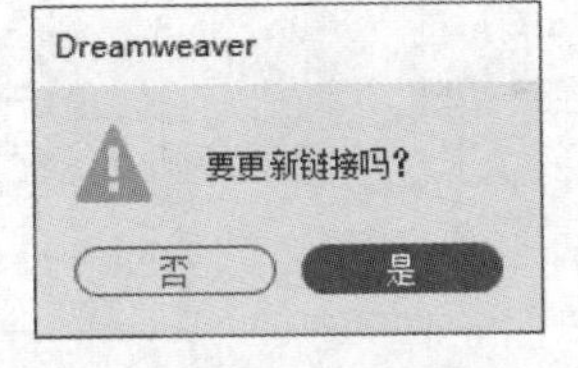

图 8–6

图 8–7

2. 创建可编辑区域和重复区域

（1）选中图 8–8 所示的图片，在“插入”面板的“模板”选项卡中，单击“可编辑区域”按钮，弹出“新建可编辑区域”对话框，在“名称”文本框中输入名称，如图 8–9 所示。单击“确定”按钮创建可编辑区域，如图 8–10 所示。

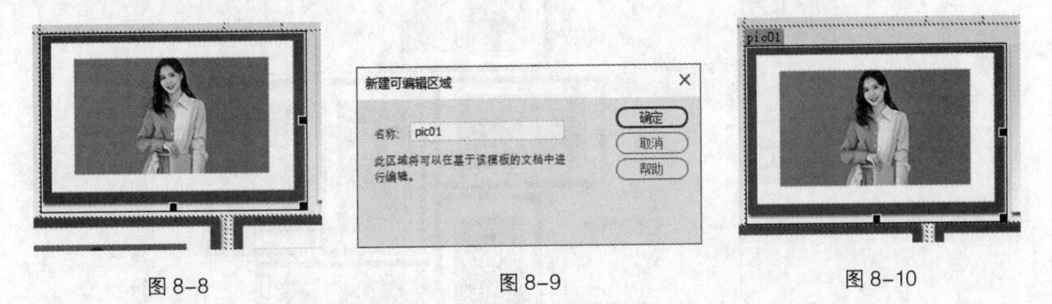

图 8–8　　图 8–9　　图 8–10

（2）选中图 8–11 所示的单元格，在“插入”面板的“模板”选项卡中，单击“重复区域”按钮，在弹出的“新建重复区域”对话框中进行设置，如图 8–12 所示。单击“确定”按钮，效果如图 8–13 所示。

图 8–11

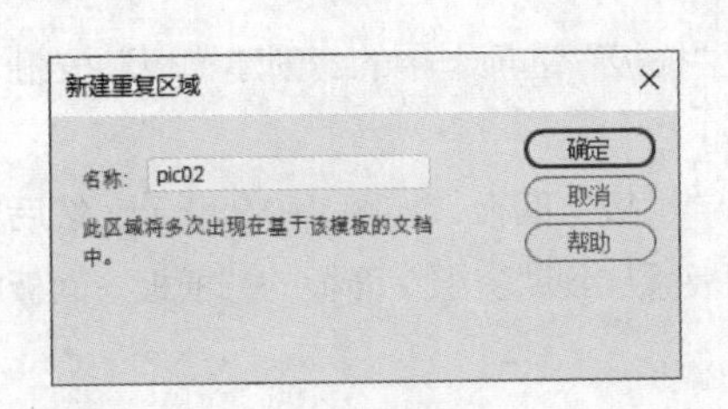

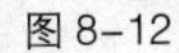

图 8–12

图 8–13

（3）选中图 8-14 所示的图像，在“插入”面板的“模板”选项卡中，再次单击“可编辑区域”按钮，在弹出的“新建可编辑区域”对话框中进行设置，如图 8-15 所示。单击“确定”按钮，创建可编辑区域，如图 8-16 所示。

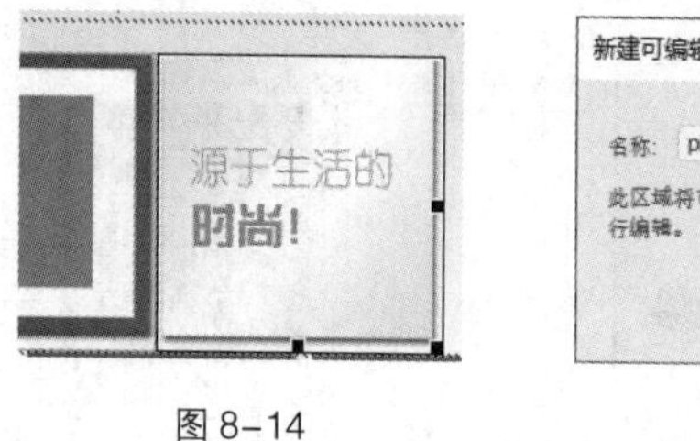

图 8-14

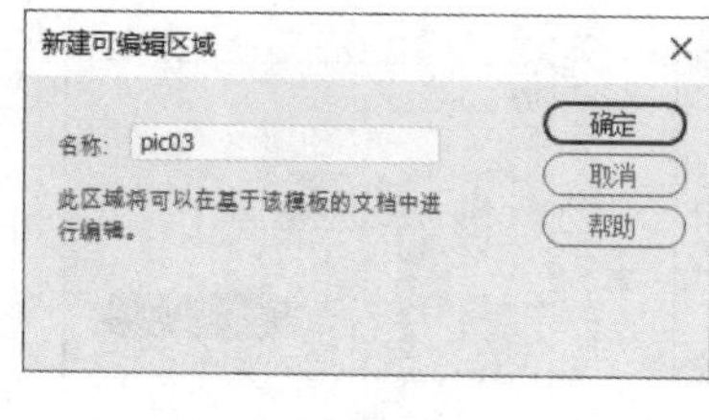

图 8-15

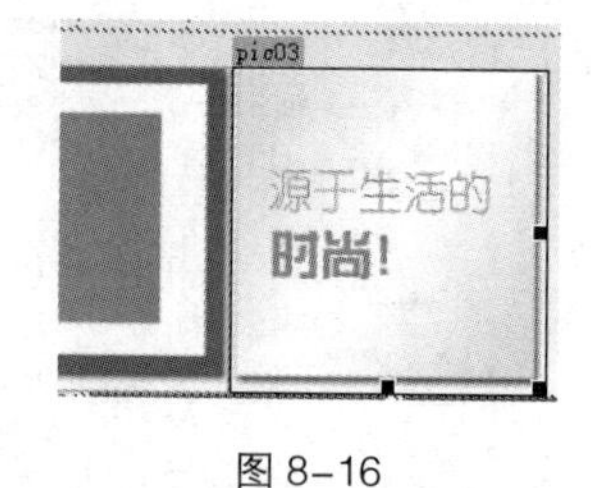

图 8-16

（4）模板网页制作完成，如图 8-17 所示。

图 8-17

8.2.2 创建模板

在 Dreamweaver 2020 中创建模板非常容易。当用户创建模板之后，Dreamweaver 2020 会自动把模板存储在站点的本地根目录下的“Templates”子文件夹中，文件扩展名为“.dwt”。如果此子文件夹不存在，当存储一个新模板时，Dreamweaver 2020 会自动生成此子文件夹。

1. 创建空白模板

创建空白模板有以下 3 种方法。

（1）在打开的文档编辑窗口中单击“插入”面板中“模板”选项卡中的“创建模板”按钮，将当前文档转换为模板文档。

（2）在“资源”面板中单击“模板”按钮，打开“模板”面板，如图 8-18 所示。然后单击下方的“新建模板”按钮，创建空白模板。此时新的模板添加到“资源”面板的“模板”面板中。为该模板设置名称，如图 8-19 所示。

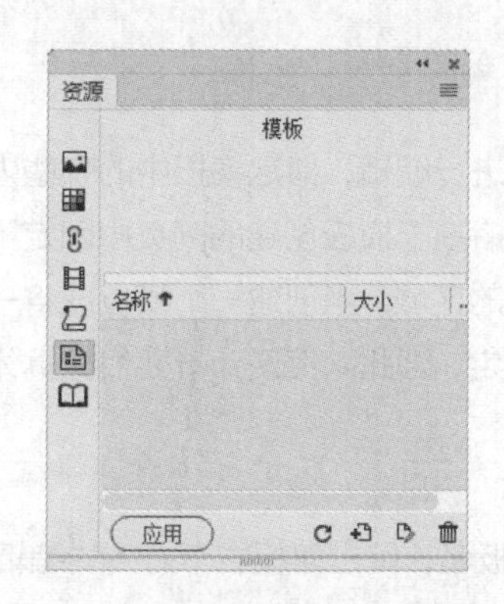

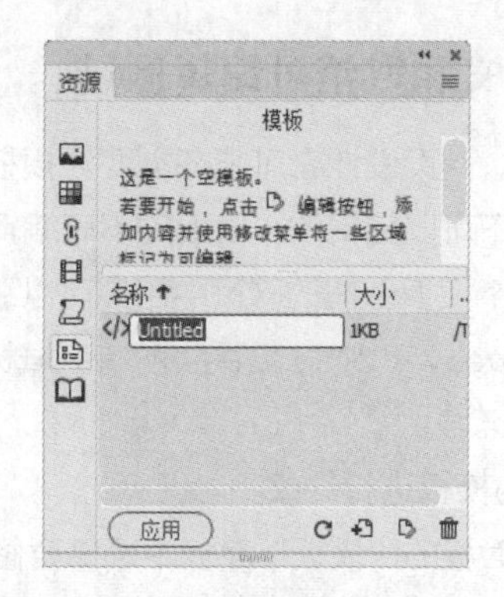

图 8-18　　　　图 8-19

（3）在“资源”面板的“模板”面板中单击鼠标右键，在弹出的快捷菜单中选择“新建模板”命令。

如果要修改新建的空白模板，则先在“模板”面板中选中该模板，然后单击“资源”面板右下方的“编辑”按钮；如果要重命名新建的空白模板，则单击“资源”面板右上方的“菜单”按钮，从弹出的下拉菜单中选择“重命名”命令，然后输入新名称即可。

2. 将现有文档存为模板

（1）选择“文件 > 打开”命令，弹出“打开”对话框，如图 8-20 所示，选择要作为模板的网页，然后单击“打开”按钮打开文件。

（2）选择“文件 > 另存模板”命令，弹出“另存模板”对话框，输入模板名称，如图 8-21 所示。

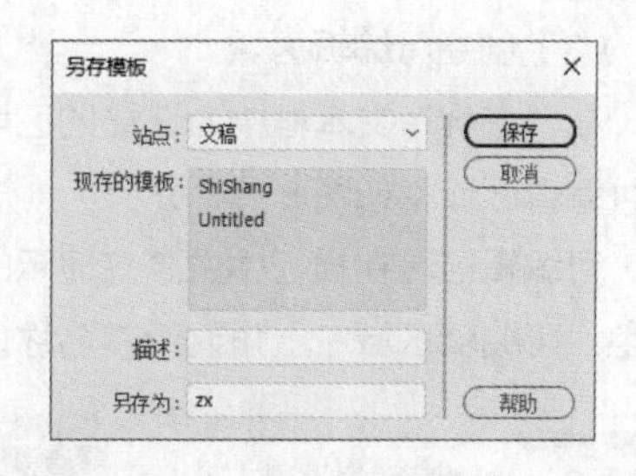

图 8-20　　　　图 8-21

（3）单击“保存”按钮，弹出“Dreamweaver”提示对话框，单击“是”按钮。此时文档编辑窗口标题栏显示“《模板》zx.dwt”字样，表明当前文档是一个模板文档，如图 8-22 所示。

图 8-22

8.2.3 定义和取消可编辑区域

创建模板后，网页设计者可能还需要对模板的内容进行编辑，指定模板中的哪些内容是可以编辑的，哪些内容是不可以编辑的。模板的不可编辑区域是指基于模板创建的网页中固定不变的元素；可编辑区域是指基于模板创建的网页中用户可以编辑修改的区域。当创建一个模板或将一个网页另存为模板时，Dreamweaver 2020 默认将所有区域标志为锁定，因此网页设计者要根据具体要求定义和修改模板的可编辑区域。

1. 对已有的模板进行修改

在“资源”面板的“模板”面板中选择要修改的模板名，单击面板右下方的“编辑”按钮或双击模板名，就可以在文档编辑窗口中编辑该模板了。

当模板应用于文档时，用户只能在可编辑区域中进行修改，无法修改不可编辑区域。

2. 定义可编辑区域

（1）选择区域。

选择区域有以下 2 种方法。

① 在文档编辑窗口中选择要设置为可编辑区域的文本或内容。

② 在文档编辑窗口中将插入点放在要插入可编辑区域的地方。

（2）打开“新建可编辑区域”对话框。

打开“新建可编辑区域”对话框有以下 4 种方法。

① 在“插入”面板的“模板”选项卡中，单击“可编辑区域”按钮。

② 按 Ctrl + Alt + V 组合键。

③ 选择“插入 > 模板 > 可编辑区域”命令。

④ 在文档编辑窗口中单击鼠标右键，在弹出的快捷菜单中选择“模板 > 新建可编辑区域”命令。

（3）创建可编辑区域。

在“名称”文本框中为选择的区域输入唯一的名称，如图 8-23 所示。然后单击“确定”按钮创建可编辑区域，如图 8-24 所示。

可编辑区域在模板中由高亮显示的矩形框围绕，该矩形框使用在“首选项”对话框中设置的高亮颜色。可编辑区域左上角显示其名称。

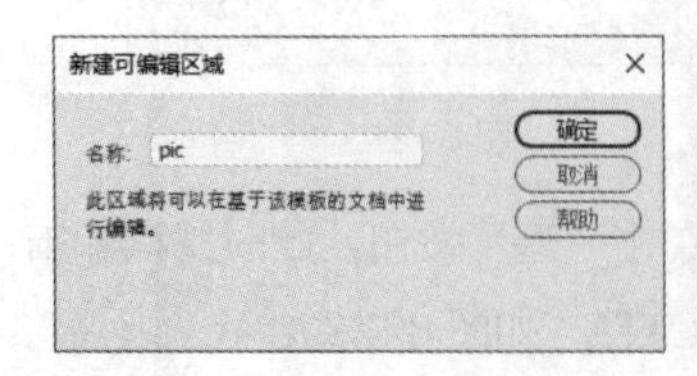

图 8-23

图 8-24

（4）使用可编辑区域的注意事项如下。

- 不要在“名称”文本框中输入特殊字符。
- 同一模板中的多个可编辑区域不能使用相同的名称。

- 可以将整个表格或单独的单元格标志为可编辑区域，但不能将多个单元格标志为单个可编辑区域。如果选定<td></td>标签，则可编辑区域中包括单元格周围的区域；如果未选定，则可编辑区域将只影响单元格中的内容。
- 层和层内容是单独的元素。层可编辑时可以更改层的位置及其内容，而层的内容可编辑时只能更改层的内容而不能更改其位置。
- 在一个普通网页文档中插入一个可编辑区域时，Dreamweaver 2020 会警告该文档将自动另存为模板。
- 可编辑区域不能嵌套插入。

3. 定义可编辑的重复区域

重复区域是可以根据需要在基于模板的页面中复制任意次数的模板部分。重复区域通常定义于表格中，但也可以为其他页面元素定义重复区域。但是重复区域不是可编辑区域，若要使重复区域中的内容可编辑，必须在重复区域内插入可编辑区域。

定义可编辑的重复区域的具体操作步骤如下。

（1）选择区域。

（2）打开“新建重复区域”对话框。

打开“新建重复区域”对话框有以下 3 种方法。

① 在“插入”面板的“模板”选项卡中，单击“重复区域”按钮。

② 选择“插入 > 模板 > 重复区域”命令。

③ 在文档编辑窗口中单击鼠标右键，在弹出的快捷菜单中选择“模板 > 新建重复区域”命令。

（3）定义重复区域。

在“名称”文本框中为重复区域输入唯一的名称，如图 8-25 所示。单击“确定”按钮，将重复区域插入模板中。最后选择重复区域或其中的一部分，如表格、行或单元格，定义可编辑区域，如图 8-26 所示。

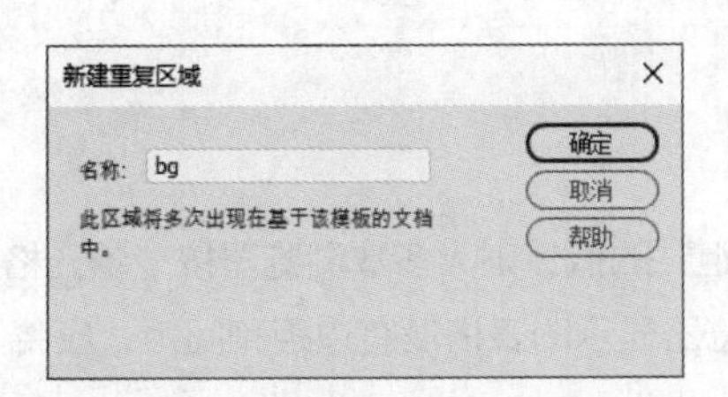

图 8-25

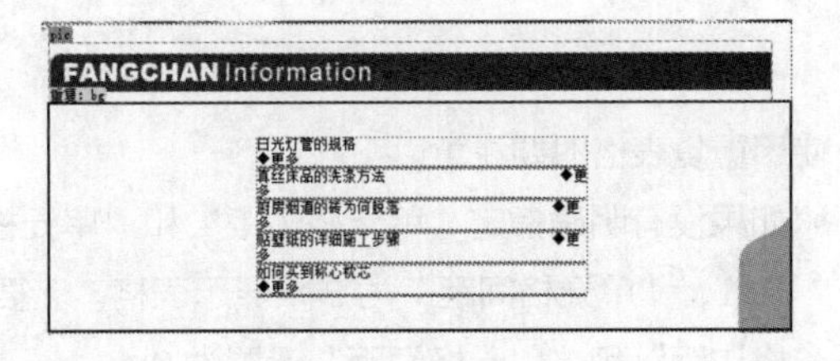

图 8-26

在一个重复区域内可以插入另一个重复区域。

4. 定义可编辑的重复表格

如果制作的网页内容需要经常变化，可使用“重复表格”命令创建模板。通过此命令可以定义表格属性，并且可以设置哪些表格中的单元格可编辑。在利用此命令创建的模板中，可以方便地增加或减少表格中格式相同的行，满足网页布局经常变化的需求。

定义可编辑的重复表格的具体操作步骤如下。

（1）将插入点放在文档编辑窗口中要插入重复表格的位置。

（2）打开“插入重复表格”对话框，如图 8-27 所示。

打开“插入重复表格”对话框有以下 2 种方法。

① 在“插入”面板的“模板”选项卡中，单击“重复表格”按钮。

② 选择“插入 > 模板 > 重复表格”命令。

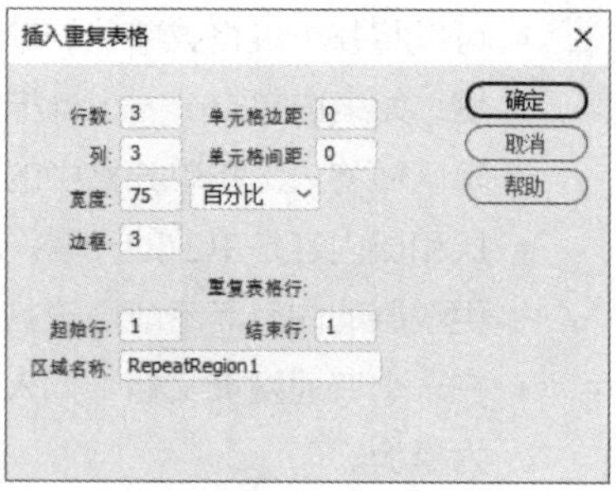

“插入重复表格”对话框中各项的作用说明如下。

图 8-27

- “行数”文本框：设置表格的行数。
- “列”文本框：设置表格的列数。
- “单元格边距”文本框：设置单元格内容和单元格边界之间的距离（单位为 px）。
- “单元格间距”文本框：设置相邻的表格单元格之间的距离（单位为 px）。
- “宽度”文本框/下拉列表：以 px 为单位或以浏览器窗口宽度的百分比设置表格的宽度。
- “边框”文本框：以 px 为单位设置表格边框的宽度。
- “重复表格行”设置组：设置表格中的哪些行包括在重复区域中。
- “起始行”文本框：将输入的行号对应的行设置为重复区域中的第一行。
- “结束行”文本框：将输入的行号对应的行设置为重复区域中的最后一行。
- “区域名称”文本框：为重复区域设置唯一的名称。

（3）按需要进行设置，单击“确定”按钮，重复表格即出现在模板中，如图 8-28 所示。

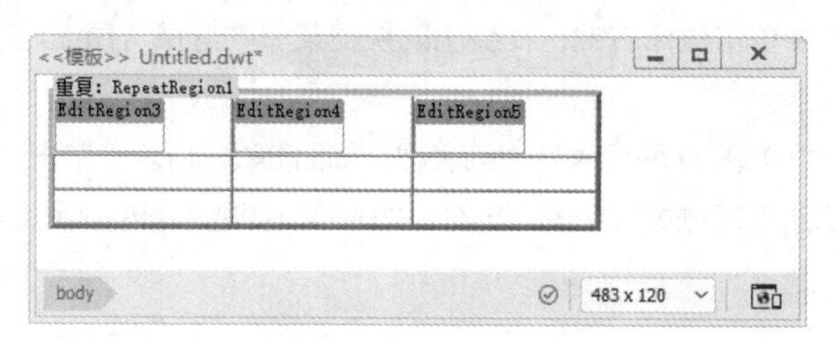

图 8-28

使用重复表格时要注意以下几点。

- 如果没有明确指定“单元格边距”和“单元格间距”的值，则大多数浏览器按“单元格边距”为 1、“单元格间距”为 2 来显示表格。若要浏览器显示的表格没有边距和间距，应将“单元格边距”和“单元格间距”设置为 0。
- 如果没有明确指定“边框”的值，则大多数浏览器按“边框”为 1 显示表格。若要浏览器显示的表格没有边框，应将“边框”设置为 0。若要在“边框”设置为 0 时查看单元格和表格边框，则可选择“查看 > 可视化助理 > 表格边框”命令。
- 重复表格可以包含在重复区域内，但不能包含在可编辑区域内。

5. 取消可编辑区域标记

使用“取消可编辑区域”命令可取消可编辑区域的标记，使之成为不可编辑区域。取消可编辑区域标记有以下 2 种方法。

（1）先选择可编辑区域，然后选择“工具 > 模板 > 删除模板标记”命令，此时该区域变成不可编辑区域。

（2）先选择可编辑区域，然后在文档编辑窗口下方的可编辑区域标签上单击鼠标右键，在弹出的快捷菜单中选择“删除标签”命令，如图 8-29 所示，此时该区域变成不可编辑区域。

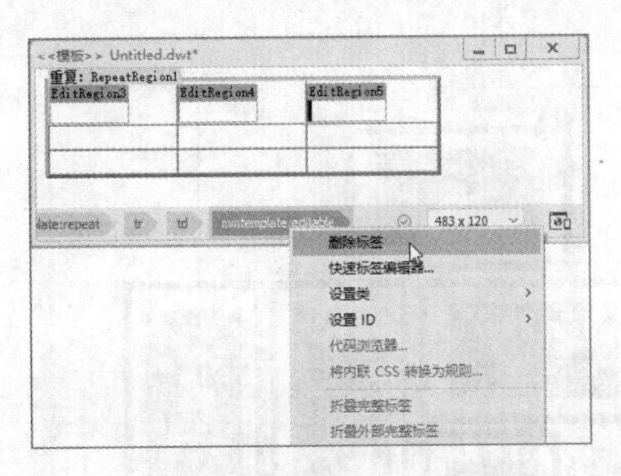

图 8-29

8.2.4 创建基于模板的网页

创建基于模板的网页有 2 种方法：一是使用“新建”命令创建基于模板的新文档；二是利用“资源”面板中的模板来创建基于模板的网页。

1. 使用“新建”命令创建基于模板的新文档

选择“文件 > 新建”命令，打开“新建文档”对话框，打开“网站模板”选项卡。在“站点”列表中选择网站的站点，如“文稿”，然后从右侧的列表中选择一个模板文件，如图 8-30 所示。单击“创建”按钮，创建基于模板的新文档。

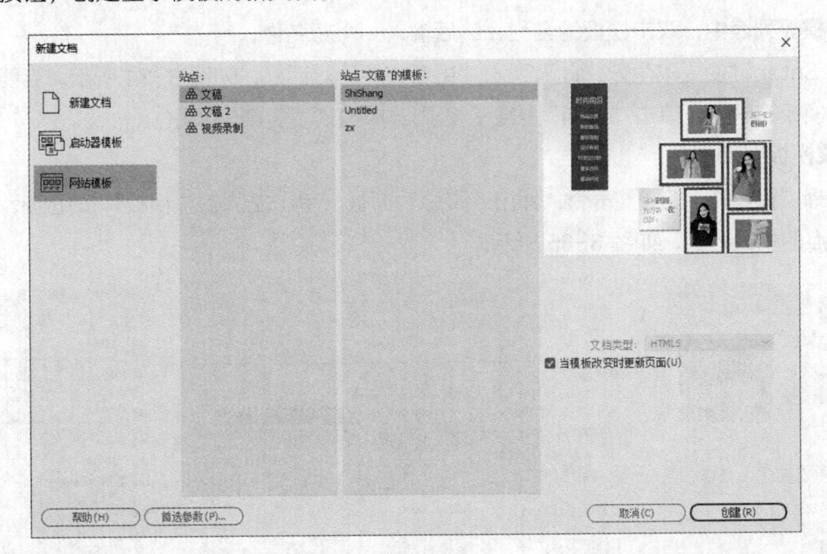

图 8-30

编辑完文档后，选择“文件 > 保存”命令，保存所创建的文档。在文档编辑窗口中按照模板中的设置建立了一个新的页面，并且可以向可编辑区域内添加信息，如图 8-31 所示。

2. 利用“资源”面板中的模板创建基于模板的网页

新建 HTML 文档，选择“窗口 > 资源”命令，弹出“资源”面板。在“资源”面板中，单击左侧的“模板”按钮，然后从“模板”面板中选择相应的模板，最后单击面板下方的“应用”按钮，如图 8-32 所示，在文档中应用该模板。

图 8-31

图 8-32

8.2.5 管理模板

1. 重命名模板文件

（1）选择“窗口 > 资源”命令，弹出“资源”面板，单击左侧的“模板”按钮，面板右侧显示出当前站点的模板列表，如图 8-33 所示。

（2）在模板列表中，双击模板的名称，然后输入一个新名称。

（3）按 Enter 键使更改生效，此时弹出“更新文件”对话框，如图 8-34 所示。若要更新网站中所有基于此模板的网页，单击“更新”按钮；否则，单击“不更新”按钮。

2. 修改模板文件

（1）选择“窗口 > 资源”命令，弹出“资源”面板，单击左侧的“模板”按钮，面板右侧显示出当前站点的模板列表，如图 8-35 所示。

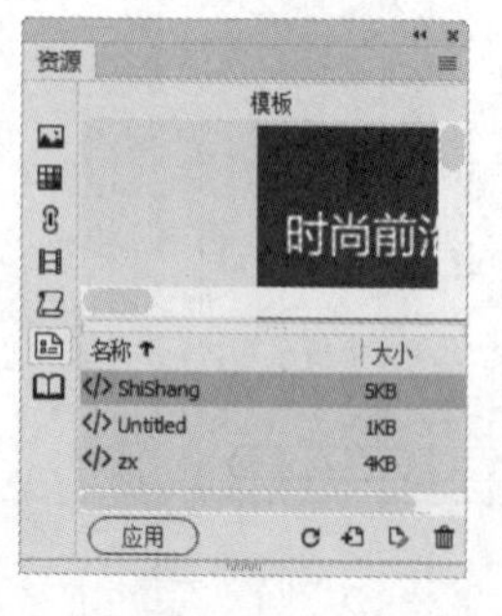

图 8-33

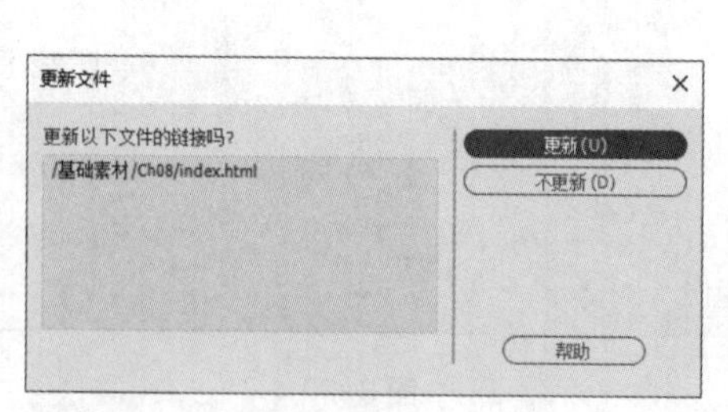

图 8-34

图 8-35

（2）在模板列表中双击要修改的模板，将其打开，根据需要修改模板内容。例如，为表格第 2 行添加背景色，如图 8-36 和图 8-37 所示。

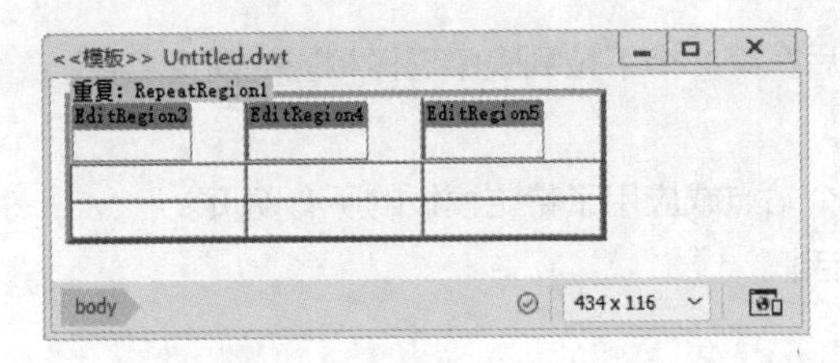

图 8-36

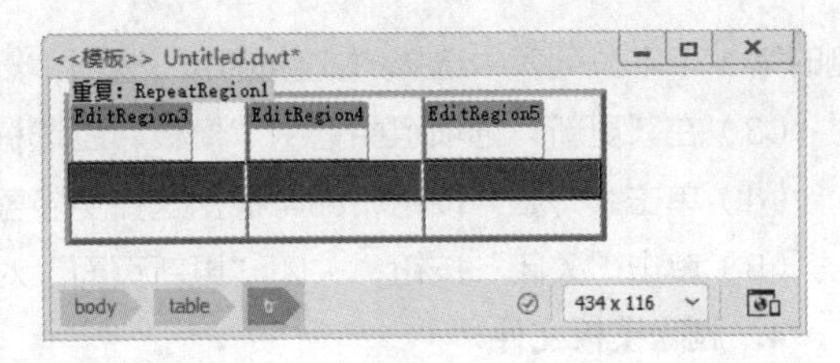

图 8-37

3. 用模板最新版本更新

用模板的最新版本更新整个站点或应用了特定模板的所有网页，具体操作步骤如下。

（1）打开“更新页面”对话框。

选择“工具 > 模板 > 更新页面”命令，弹出“更新页面”对话框，如图 8-38 所示。

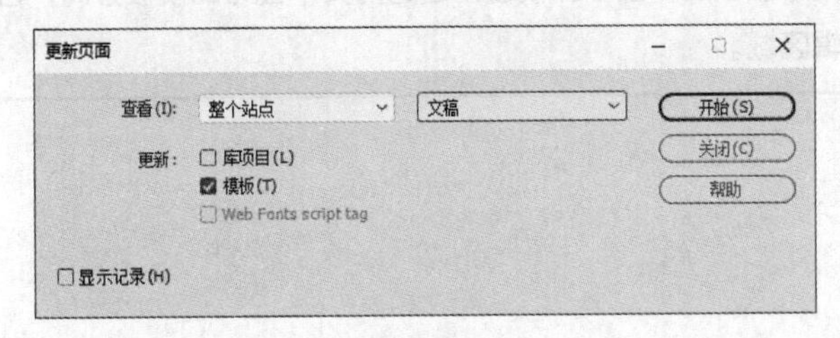

图 8-38

“更新页面”对话框中各项的作用如下。

- “查看”下拉列表：设置是用模板的最新版本更新整个站点还是更新应用了特定模板的所有网页。
- “更新”选项组：设置更新的类别。这里选中“模板”复选框。
- “显示记录”复选框：设置是否显示 Dreamweaver 2020 更新文件的记录。如果选中“显示记录”复选框，则其下方的文本框中将显示试图更新的文件信息，以及是否成功更新的信息，如图 8-39 所示。

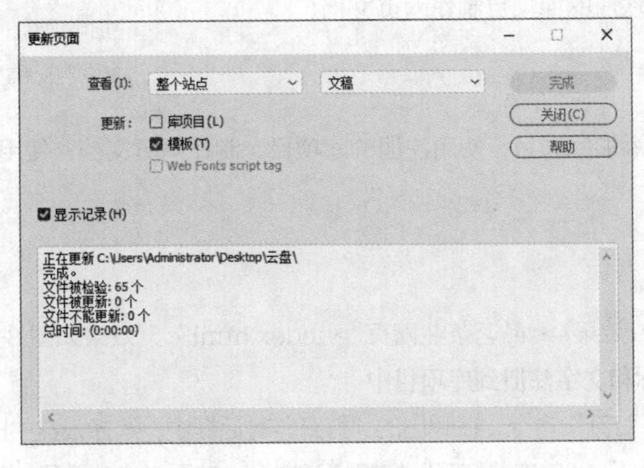

图 8-39

（2）若用模板的最新版本更新整个站点，则在“查看”右侧的第 1 个下拉列表中选择“整个站点”选项，然后在第 2 个下拉列表中选择站点名称；若更新应用了特定模板的所有网页，则在“查看”右侧的第 1 个下拉列表中选择“文件使用”选项，然后在第 2 个下拉列表中选择相应的网页名称。

（3）在“更新”选项组中选中“模板”复选框。

（4）单击“开始”按钮，即可根据选择更新整个站点或应用了特定模板的所有网页。

（5）单击“关闭”按钮，关闭“更新页面”对话框。

4. 删除模板文件

选择“窗口 > 资源”命令，弹出“资源”面板。单击左侧的“模板”按钮，面板右侧显示出当前站点的模板列表。单击模板的名称选择某一模板，单击面板下方的“删除”按钮，并确认删除该模板，该模板文件即可从当前站点中删除。

删除某一模板后，基于此模板创建的网页不会与此模板分离，它们还保留此模板的结构和可编辑区域。

8.3 库

库是存储重复使用的页面元素的集合，是一种特殊的 Dreamweaver 2020 文件，也称为库项目或库文件。一般情况下，优先创建为库项目的应该是经常重复使用或更新的页面元素，需要时可将库项目插入网页中。当修改某一库项目时，所有包含该库项目的页面都将被更新。因此，使用库项目可大大提高网页设计者的工作效率。

8.3.1 课堂案例——品茗茶业网页

扫码观看本案例视频

扩展阅读

案例学习目标

添加库项目并使用注册的库项目制作网页文档。

案例知识要点

使用“库”面板，添加库项目；使用注册的库项目，制作网页文档；使用“CSS 设计器”面板，更改文本的颜色。

效果所在位置

云盘中的“Ch08 > 效果 > 品茗茶业网页 > index.html”，效果如图 8-40 所示。

1. 把经常用的图标和文字注册到库项目中

（1）选择“文件 > 打开”命令，在弹出的“打开”对话框中，选择云盘中的“Ch08 > 素材 > 品茗茶业网页 > index.html”，单击“打开”按钮打开文件，如图 8-41 所示。选择“窗口 > 资源”命令，弹出“资源”面板，在“资源”面板中，单击左侧的“库”按钮，打开“库”面板，如图 8-42 所示。

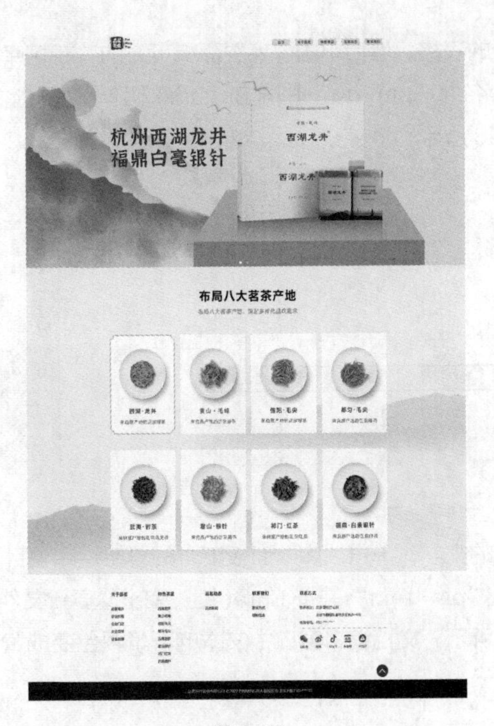

图 8-40

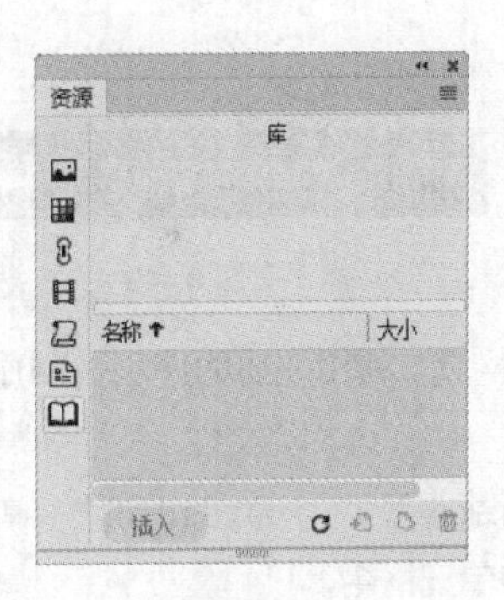

图 8-41

图 8-42

（2）选中图 8-43 所示的图像，然后单击“库”面板下方的“新建库项目”按钮，将选定的图像添加为库项目，如图 8-44 所示。在可输入状态下，将其重命名为“pm-logo”。按 Enter 键，弹出“更新文件”对话框，如图 8-45 所示。单击“更新”按钮，“库”面板如图 8-46 所示。

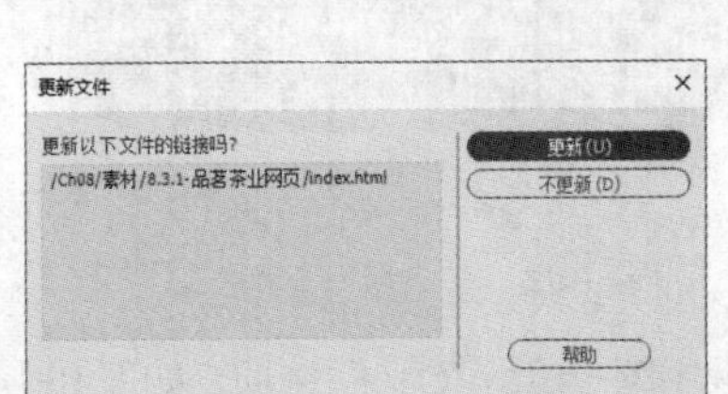

图 8-43　　图 8-44　　图 8-45　　图 8-46

（3）选中图 8–47 所示的表格，然后单击“库”面板下方的“新建库项目”按钮，将选定的图像添加为库项目，将其重命名为“pm–dh”并按 Enter 键。弹出“更新文件”对话框，单击“更新”按钮，“库”面板如图 8–48 所示。

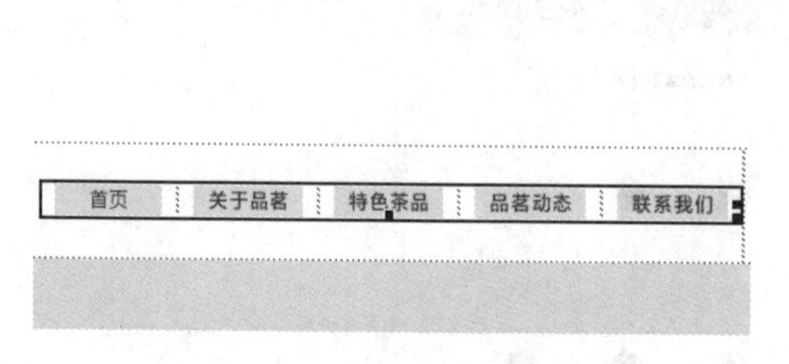

图 8–47

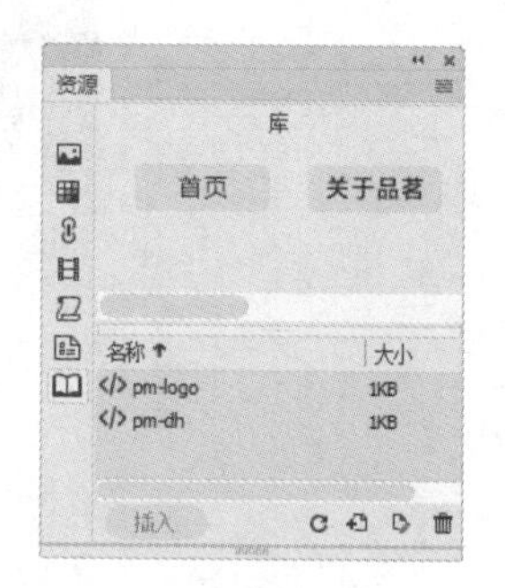

图 8–48

（4）选中图 8–49 所示的文字，单击“库”面板下方的“新建库项目”按钮，将选定的文字添加为库项目，将其重命名为“pm–text”并按 Enter 键，弹出“更新文件”对话框，单击“更新”按钮，“库”面板如图 8–50 所示。文档编辑窗口中文本的背景颜色变成黄色，效果如图 8–51 所示。

图 8–49　　图 8–50　　图 8–51

2. 利用注册的库项目制作网页文档

（1）选择“文件 > 打开”命令，在弹出的“打开”对话框中，选择云盘中的“Ch08 > 素材 > 品茗茶业网页 > ziye.html”，单击“打开”按钮打开文件，如图 8–52 所示。将光标置入图 8–53 所示的单元格中。

图 8–52

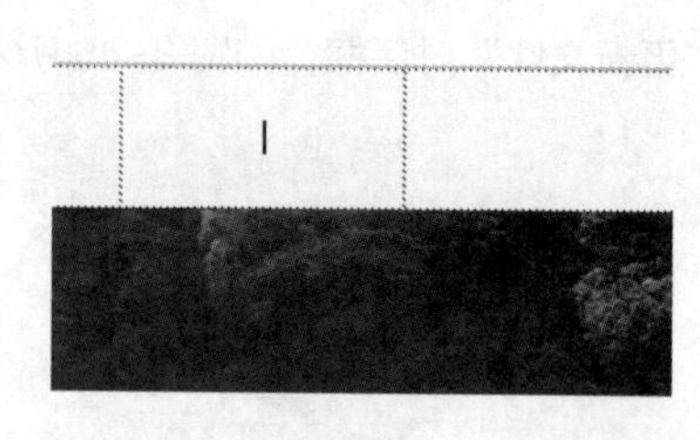
图 8–53

（2）选中“库”面板中的“pm–logo”选项，如图 8–54 所示，按住鼠标左键并将其拖曳到单元格中，如图 8–55 所示。松开鼠标左键，效果如图 8–56 所示。

图 8-54

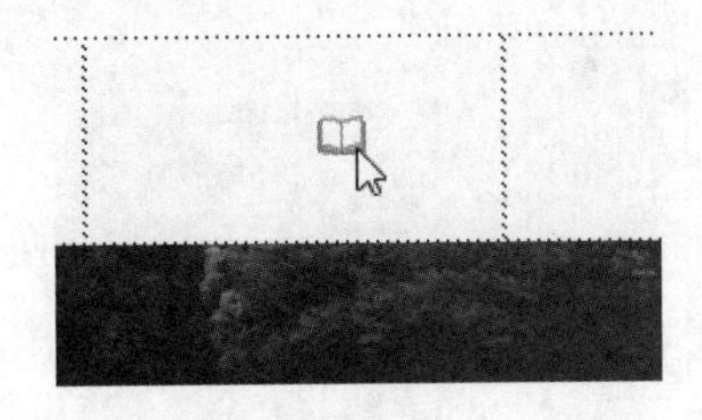

图 8-55

图 8-56

（3）选中“库”面板中的“pm-dh”选项，如图 8-57 所示，按住鼠标左键并将其拖曳到单元格中，效果如图 8-58 所示。

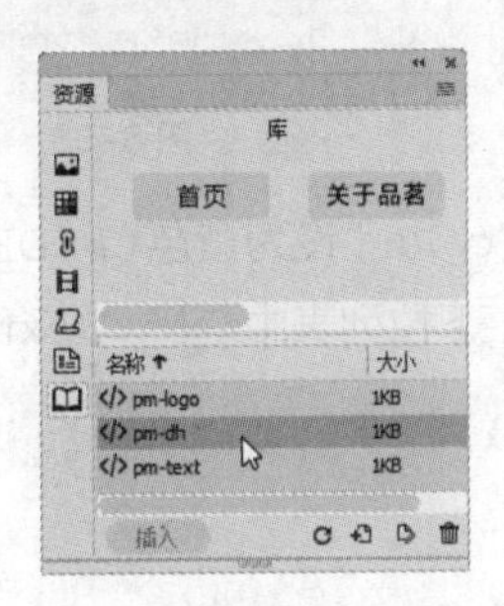

图 8-57

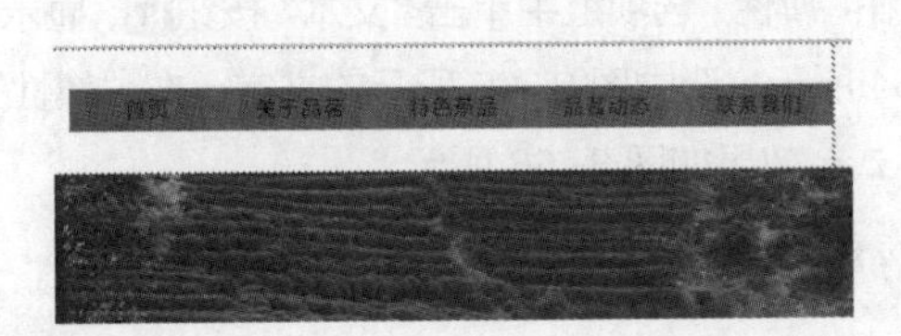

图 8-58

（4）选中“库”面板中的“pm-text”选项，按住鼠标左键并将其拖曳到底部的单元格中，效果如图 8-59 所示。保存文档，按 F12 键，预览效果如图 8-60 所示。

品茗茶叶股份有限公司 ©2022 PINMINGTEA 版权所有 京ICP备1501****号

图 8-59

图 8-60

3. 修改注册的库项目

（1）返回 Dreamweaver 2020 工作界面，在“库”面板中双击“pm-text”选项，进入库项目的编辑界面，效果如图 8-61 所示。

（2）选择“窗口 > CSS 设计器”命令，弹出“CSS 设计器”面板。单击“源”选项组中的“添加 CSS 源”按钮 +，在弹出的下拉菜单中选择“在页面中定义”命令，如图 8-62 所示；单击“选择器”选项组中的“添加选择器”按钮 +，在“选择器”选项组中的文本框中输入“.text”，按 Enter

键确认，效果如图 8-63 所示。

图 8-61

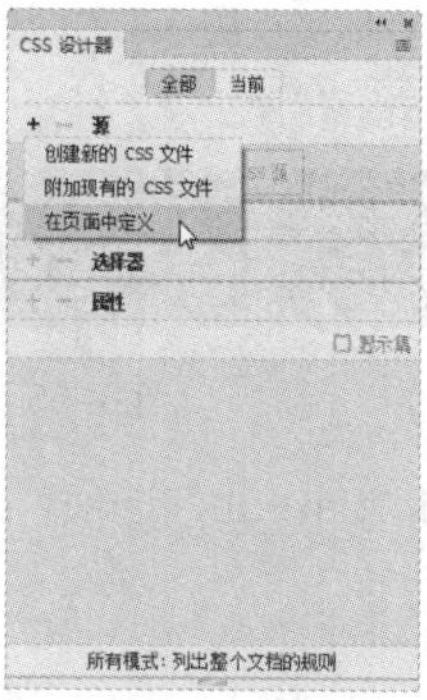

图 8-62

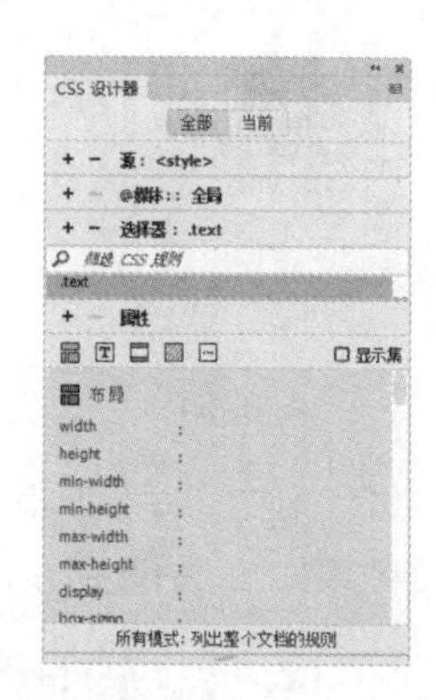

图 8-63

（3）在“属性”选项组中单击“文本”按钮，显示文本属性，将“color”设为黄色（#EDBA05），如图 8-64 所示。选中图 8-65 所示的文字，在“属性”面板的“类”下拉列表中选择“.text”选项，应用该样式，效果如图 8-66 所示。

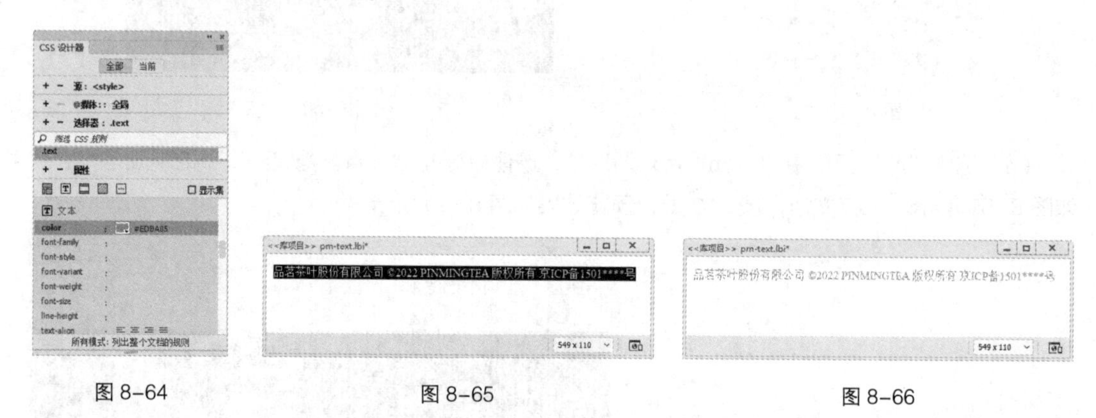

图 8-64　图 8-65　图 8-66

（4）选择“文件 > 保存”命令，弹出“更新库项目”对话框，如图 8-67 所示。单击“更新”按钮，弹出“更新页面”对话框，单击“关闭”按钮。返回“ziye.html”编辑窗口，按 F12 键预览效果，可以看到文字的颜色发生改变，如图 8-68 所示。

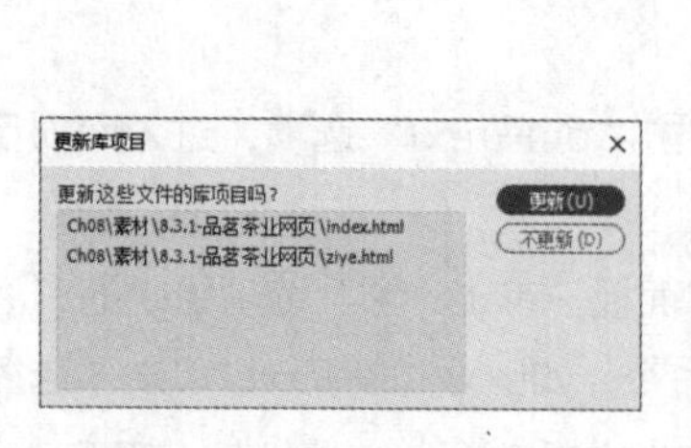

图 8-67

图 8-68

8.3.2 创建库项目

库项目可以包含文档<body></body>部分中的任意元素，包括文本、表格、表单、Java Applet、插件、ActiveX 元素、导航条和图像等。库项目只是对网页元素的引用，原始文件必须保存在指定的位置。

1. 基于选定内容创建库项目

先在文档编辑窗口中选择要创建为库项目的网页元素，然后创建库项目，并为新的库项目设置一个名称。

创建库项目有以下 3 种方法。

（1）单击“库”面板底部的“新建库项目”按钮。

（2）在“库”面板中单击鼠标右键，在弹出的快捷菜单中选择“新建库项目”命令。

（3）选择“工具 > 库 > 增加对象到库”命令。

Dreamweaver 2020 在站点本地根文件夹的“Library”文件夹中将每个库项目都保存为一个单独的文件（文件扩展名为“.lbi”）。

2. 创建空白库项目

（1）确保没有在文档编辑窗口中选择任何内容。选择“窗口 > 资源”命令，弹出“资源”面板。单击“库”按钮，打开“库”面板。

（2）单击“库”面板底部的“新建库项目”按钮，一个新的无标题的库项目被添加到列表中，如图 8-69 所示。为该库项目输入一个名称，并按 Enter 键确定。

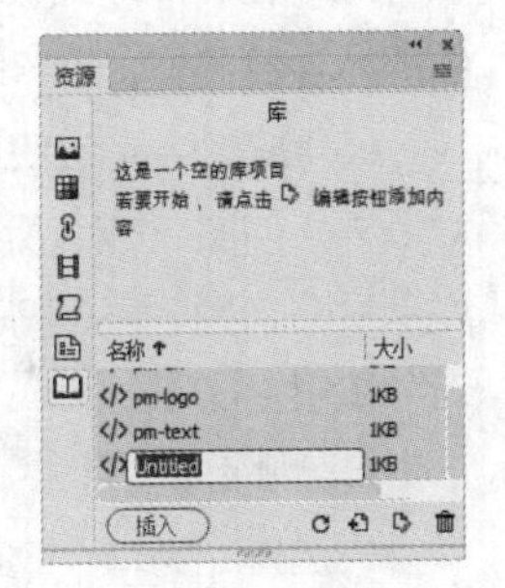

图 8-69

8.3.3 向页面中添加库项目

当向页面中添加库项目时，应把实际内容以及对库项目的引用一起插入文档中。此时，无须提供原项目页面就可以正常显示。在页面中插入库项目的具体操作步骤如下。

（1）将插入点放在文档编辑窗口中的合适位置。

（2）选择“窗口 > 资源”命令，弹出“资源”面板。单击“库”按钮，打开“库”面板。将库项目插入网页中，效果如图 8-70 所示。

将库项目插入网页有以下 2 种方法。

① 将一个库项目从“库”面板中拖曳到文档编辑窗口。

② 在“库”面板中选择一个库项目，然后单击面板底部的“插入”按钮。

若要在文档中插入库项目的内容而不包括对库项目的引用，可在从“资源”面板向文档中拖曳库项目时同时按住 Ctrl 键，插入的效果如图 8-71 所示。如果用这种方法插入库项目，则可以在文档中编辑库项目，但当更新库项目时，使用库项目的文档不会随之更新。

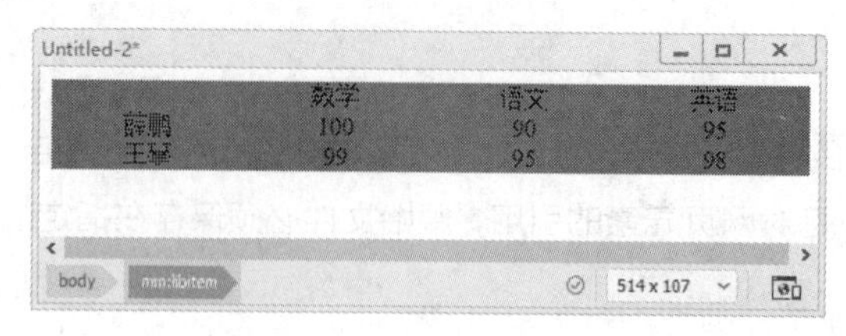

图 8-70

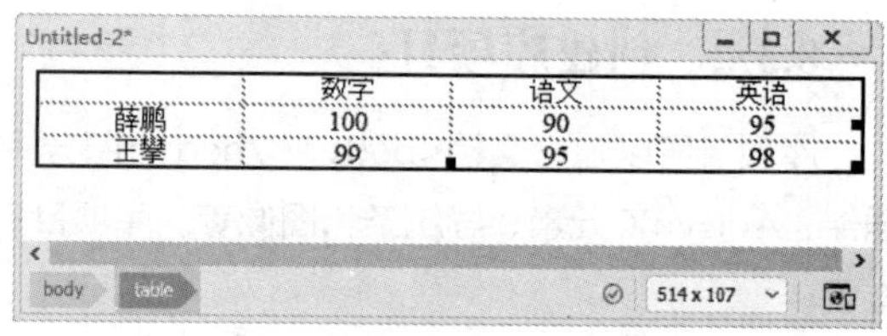

图 8-71

8.3.4 管理库项目

当修改某个库项目后，会同时更新使用该库项目的所有文档。如果选择不更新，那么文档将不会更新但仍保持与库项目的关联，可以在以后进行更新。

对库项目的更改包括重命名库项目、删除库项目、重新创建已删除的库项目、修改库项目、用最新库项目更新。

1. 重命名库项目

重命名库项目可以断开其与文档或模板的连接。重命名库项目的具体操作步骤如下。

（1）选择“窗口 > 资源”命令，弹出“资源”面板。单击“库”按钮，打开“库”面板。

（2）在“库”面板中选中要编辑的库项目，单击选中的库项目名称，使名称可编辑，然后输入一个新名称。

（3）按 Enter 键使更改生效，此时弹出“更新文件”对话框，如图 8-72 所示。若要更新站点中所有使用该库项目的文档，单击“更新”按钮；否则，单击“不更新”按钮。

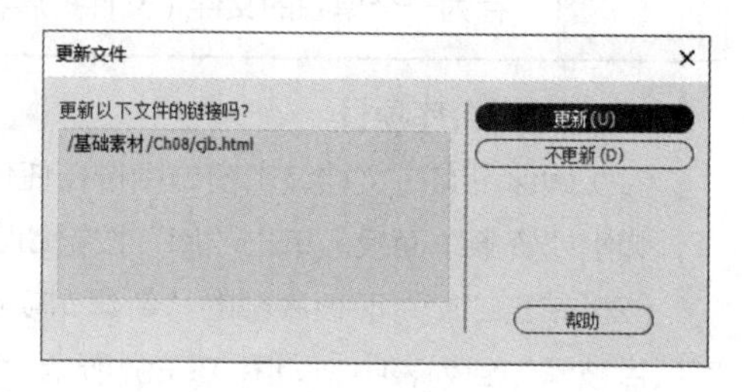

图 8-72

2. 删除库项目

先选择“窗口 > 资源”命令，弹出“资源”面板，然后单击“库”按钮，打开“库”面板，删除选择要删除的库项目。删除库项目有以下 2 种方法。

（1）在“库”面板中选择库项目，单击面板底部的“删除”按钮，然后确认删除该库项目。

（2）在“库”面板中选择库项目，然后按 Delete 键并确认删除该库项目。

删除一个库项目后，将无法使用“编辑 > 撤销”命令来找回它，只能重新创建。删除一个库项目后，不会更改任何使用该库项目的文档的内容。

3. 重新创建已删除的库项目

若网页中已插入了一个库项目，但该库项目被误删，此时，可以重新创建库项目。重新创建已删除的库项目的具体操作步骤如下。

（1）在网页中选择被删除的库项目的一个实例。

（2）选择“窗口 > 属性”命令，弹出“属性”面板，如图 8-73 所示。单击“重新创建”按钮，此时在“库”面板中将显示该库项目。

图 8-73

4. 修改库项目

选择“窗口 > 资源”命令，弹出“资源”面板，单击左侧的“库”按钮，面板右侧显示出当前站点的库项目列表，如图 8-74 所示。

在库项目列表中双击要修改的库项目或单击面板底部的“编辑”按钮来打开库项目，如图 8-75 所示。此时，可以根据需要修改库项目的内容。

图 8-74

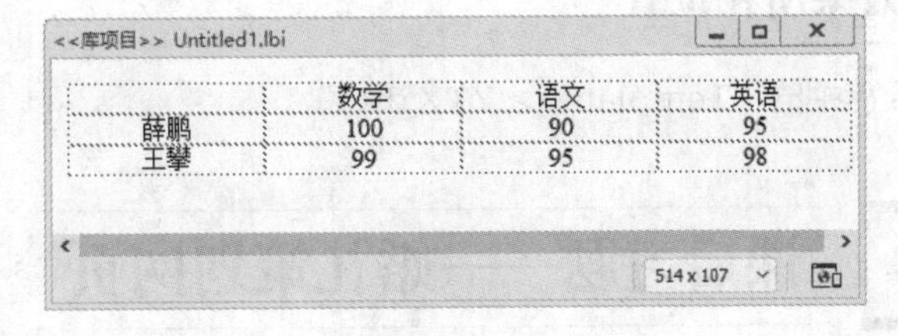

图 8-75

5. 用最新库项目更新

用库项目的最新版本更新整个站点或插入了特定库项目的所有网页，具体操作步骤如下。

（1）打开“更新页面”对话框。

（2）用库项目的最新版本更新整个站点，首先在“查看”右侧的第 1 个下拉列表中选择“整个站点”选项，然后在第 2 个下拉列表中选择站点名称。若更新插入特定库项目的所有网页，则在“查看”右侧的第 1 个下拉列表中选择“文件使用”选项，然后在第 2 个下拉列表中选择相应的网页名称。

（3）在“更新”选项组中选中“库项目”复选框。

（4）单击“开始”按钮，即可根据选择更新整个站点或插入了特定库项目的所有网页。

（5）单击“关闭”按钮关闭“更新页面”对话框。

8.4 课堂练习——游天下网页

练习知识要点

使用“创建模板”按钮，创建模板；使用“可编辑区域”按钮和“重复区域”按钮，制作可编辑区域和可编辑的重复区域。完成效果如图 8-76 所示。

扫码观看
本案例视频

图 8-76

效果所在位置

云盘中的“Templates > YTX.dwt”。

8.5 课后习题——婚礼策划网页

习题知识要点

使用“库”面板添加库项目；使用注册的库项目制作网页文档。完成效果如图 8-77 所示。

扫码观看
本案例视频

图 8-77

效果所在位置

云盘中的“Ch08 > 效果 > 婚礼策划网页 > index.html”。

09 第 9 章 表单

随着网络的普及，越来越多的人在网上拥有了自己的个人网站。一般情况下，个人网站的设计者除了想宣传自己的相关内容外，还希望收到他人的反馈信息。表单为网站设计者提供了通过网络接收用户数据的平台，如注册会员页、网上订货页、检索页等，都是通过表单来收集用户数据的。因此，表单是网站管理者与浏览者间沟通的桥梁。

学习要点

- 表单的使用方法
- 单行文本域、密码文本域和多行文本域的创建
- 单选按钮、单选按钮组、复选框、复选框组的创建
- 下拉列表、滚动列表的创建
- 文件域、图像按钮和普通按钮的创建
- 电子邮件文本域、URL 文本域、Tel 文本域、搜索文本域、数字文本域、范围文本域和颜色的插入
- 日期、时间类表单的插入

素养目标

1. 提升网页表单的设计效果和实用性
2. 激发制作网页表单的学习兴趣

9.1 表单

扫码观看
本案例视频

9.1.1 课堂案例——用户登录网页

案例学习目标

利用表格进行页面布局；使用表单插入单行文本域、密码文本域并设置相应的属性。

案例知识要点

使用“表单”按钮，插入表单；使用“Table”按钮，插入表格；使用表单中的“文本”按钮，插入单行文本域；使用表单中的“密码”按钮，插入密码文本域；使用“属性”面板设置表格、单行文本域、密码文本域的属性。

效果所在位置

云盘中的“Ch09 > 效果 > 用户登录网页 > index.html”，效果如图 9-1 所示。

图 9-1

1. 插入表单和表格

（1）选择“文件 > 打开”命令，在弹出的“打开”对话框中，选择云盘中的“Ch09 > 素材 > 用户登录网页 > index.html”，单击“打开”按钮打开文件，如图 9-2 所示。将光标置入图 9-3 所示的单元格中。

（2）单击“插入”面板中“表单”选项卡中的“表单”按钮，插入表单，如图 9-4 所示。单击“插入”面板中“HTML”选项卡中的“Table”按钮，在弹出的“Table”对话框中进行设置，如图 9-5 所示。单击“确定”按钮，完成表格的插入，效果如图 9-6 所示。

图 9-2

图 9-3

图 9-4

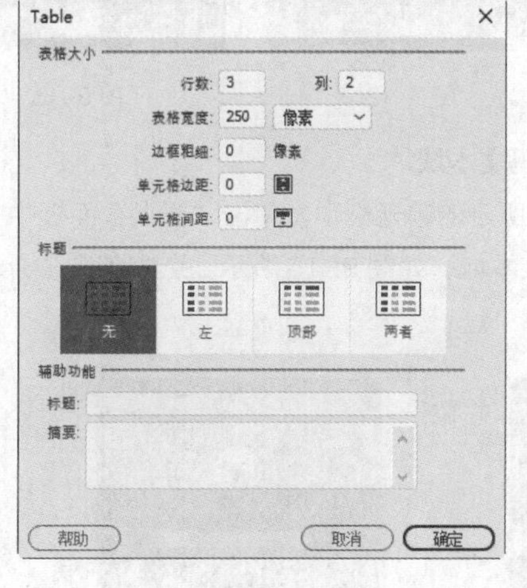

图 9-5

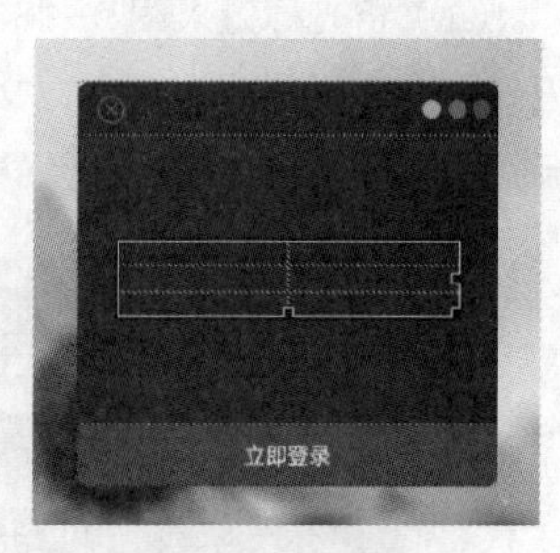

图 9-6

（3）选中图 9-7 所示的单元格，单击“属性”面板中的“合并所选单元格，使用跨度”按钮，将选中单元格合并，效果如图 9-8 所示。在“属性”面板的“水平”下拉列表中选择“居中对齐”选项，将“高”设为 80，效果如图 9-9 所示。

（4）单击“插入”面板中“HTML”选项卡中的“Image”按钮，在弹出的“选择图像源文件”对话框中，选择云盘中的“Ch09 > 素材 > 用户登录网页 > images > img01.png”。单击“确定”按钮完成图片的插入，效果如图 9-10 所示。

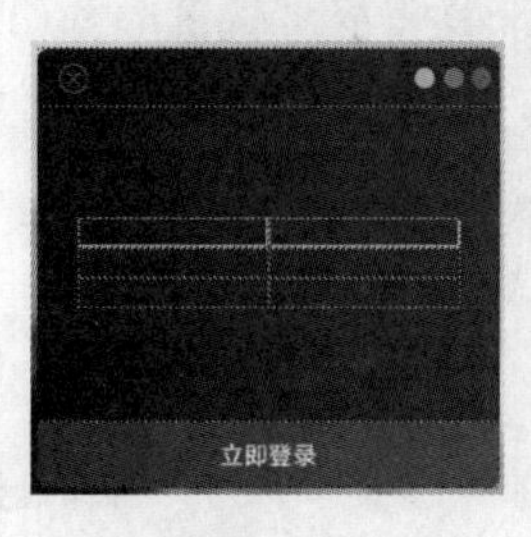

图 9-7

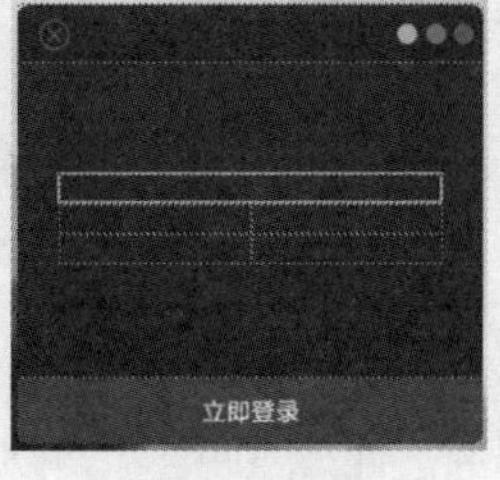

图 9-8

图 9-9

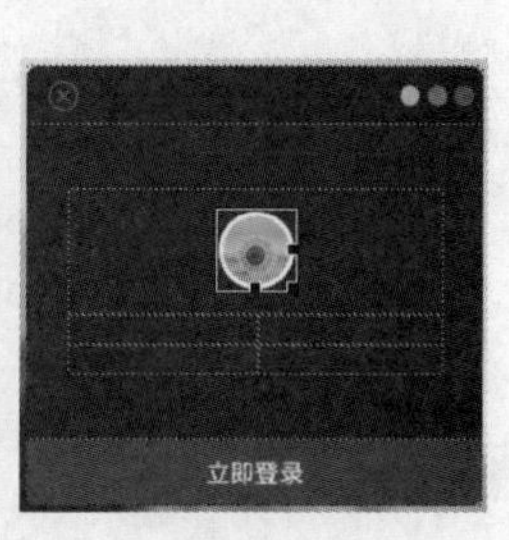

图 9-10

（5）将光标置入第 2 行第 1 列单元格中，如图 9-11 所示。在“属性”面板中，将“宽”设为 50，“高”设为 40。用相同的方法设置第 3 行第 1 列单元格的“宽”和“高”，效果如图 9-12 所示。

（6）将光标置入第 2 行第 1 列单元格中，单击“插入”面板中“HTML”选项卡中的“Image”按钮，在弹出的“选择图像源文件”对话框中，选择云盘中的“Ch09 > 素材 > 用户登录网页 > images > img02.png”，单击“确定”按钮完成图片的插入，效果如图 9-13 所示。用相同的方法将云盘中的“Ch09 > 素材 > 用户登录网页 > images > img03.png”插入相应的单元格中，效果如图 9-14 所示。

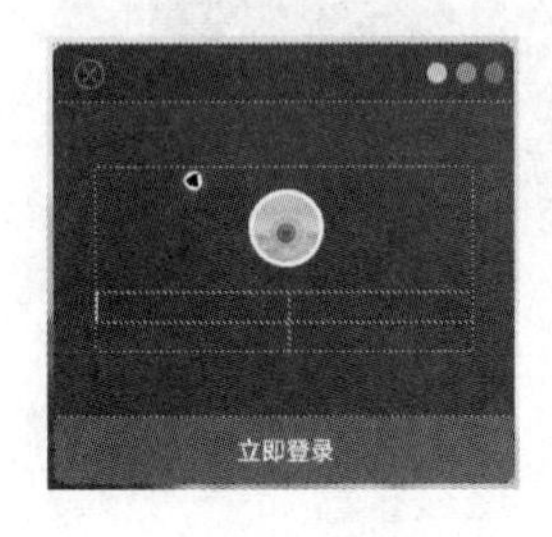

图 9-11

图 9-12

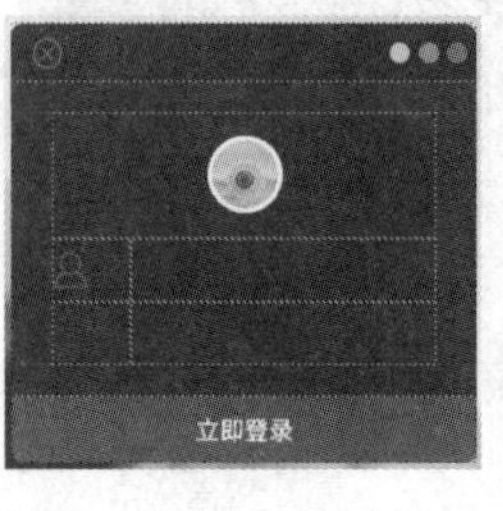

图 9-13

图 9-14

2. 插入单行文本域与密码文本域

（1）将光标置入图 9-15 所示的单元格中，单击“插入”面板中“表单”选项卡中的“文本”按钮，在单元格中插入单行文本域，如图 9-16 所示。选中英文“Text Field:”，按 Delete 键将其删除，效果如图 9-17 所示。

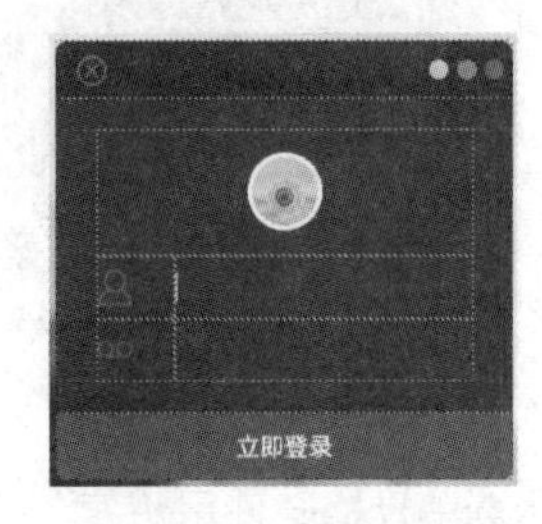

图 9-15

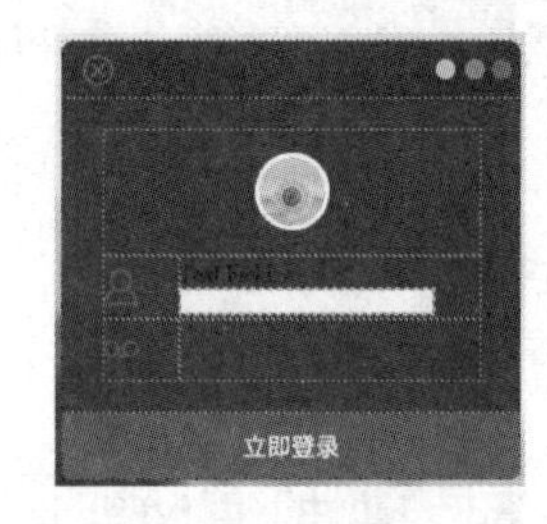

图 9-16

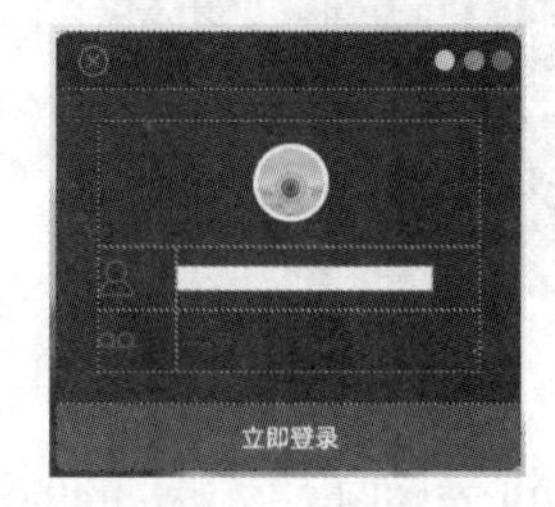

图 9-17

（2）选中单行文本域，在“属性”面板中，将“Size”设为 20，如图 9-18 所示，效果如图 9-19 所示。

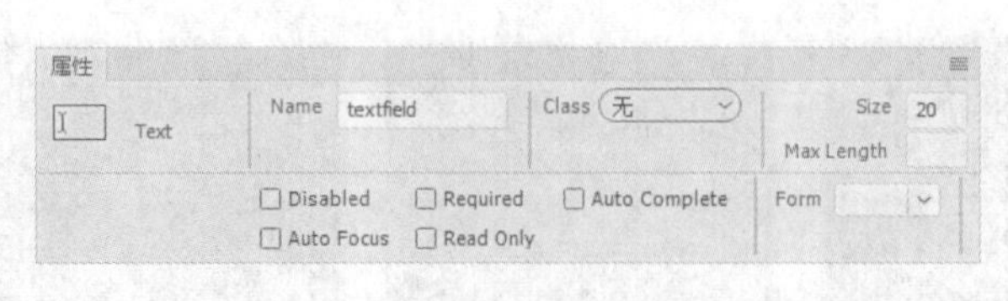

图 9-18

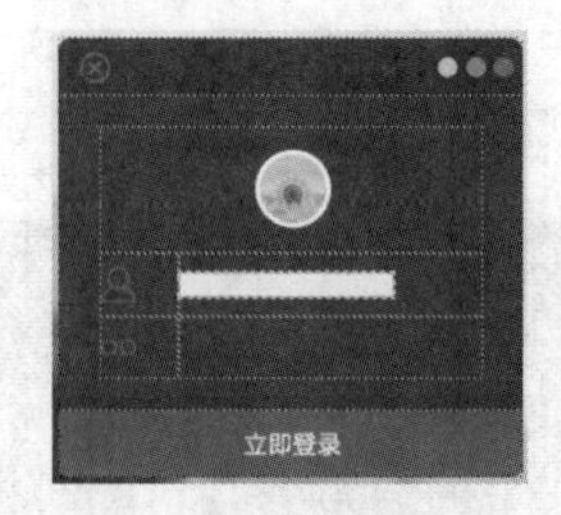

图 9-19

（3）将光标置入图 9-20 所示的单元格中，单击“插入”面板中“表单”选项卡中的“密码”按钮，在单元格中插入密码文本域，如图 9-21 所示。选中英文“Password:”，按 Delete 键将其删除，效果如图 9-22 所示。

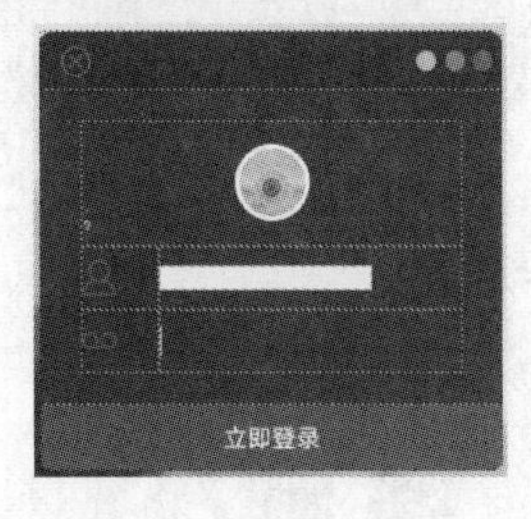

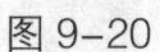
图 9-20

图 9-21

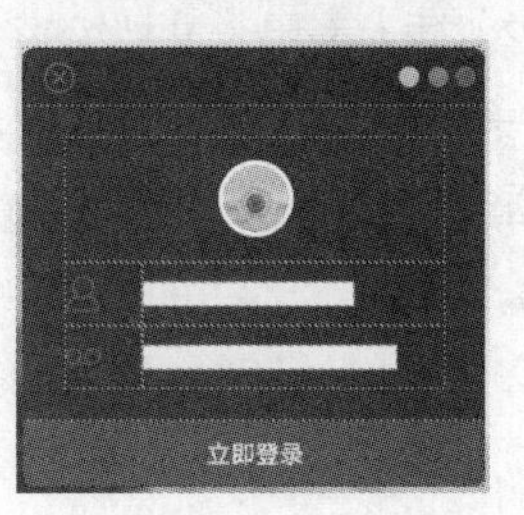

图 9-22

（4）选中密码文本域，在“属性”面板中，将“Size”设为 21，如图 9-23 所示，效果如图 9-24 所示。

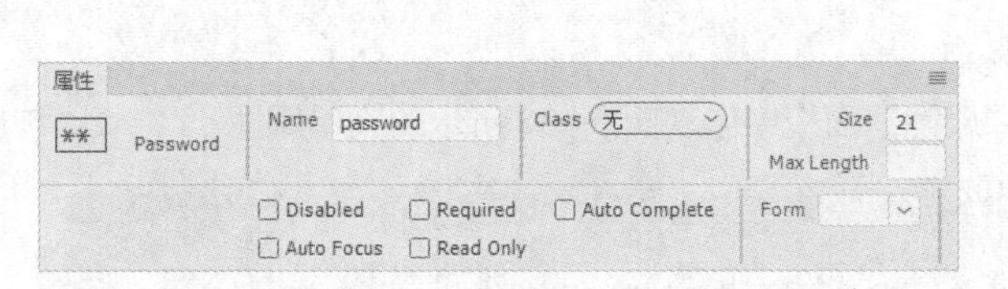

图 9-23

图 9-24

（5）保存文档，按 F12 键预览效果，如图 9-25 所示。

图 9-25

9.1.2 创建表单

表单是一个“容器”，用来存放表单对象，并负责将表单对象的值提交给服务器端的某个程序处理。所以在添加文本域、按钮等表单对象之前，要先创建表单。

在文档中插入表单的具体操作步骤如下。

（1）在文档编辑窗口中，将光标置入希望插入表单的位置。

（2）插入表单，文档编辑窗口中出现红色的虚轮廓线指示表单域，如图 9-26 所示。

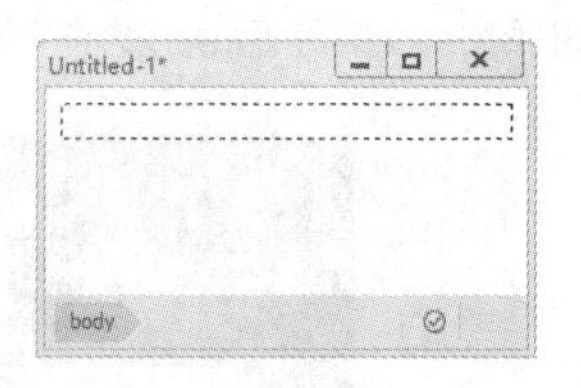

图 9-26

插入表单有以下几种方法。

① 单击“插入”面板中“表单”选项卡中的“表单”按钮，或直接拖曳“表单”按钮到文档中。

② 选择“插入 > 表单 > 表单”命令。

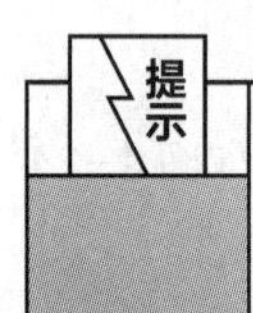

一个页面中可包含多个表单，每一个表单都是用<form></form>标签来标志的。在插入表单后，如果没有看到表单的轮廓线，可选择“查看 > 可视化助理 > 不可见元素”命令来显示表单的轮廓线。

9.1.3 表单的属性

在文档编辑窗口中选择表单，“属性”面板中出现图 9-27 所示的表单属性。

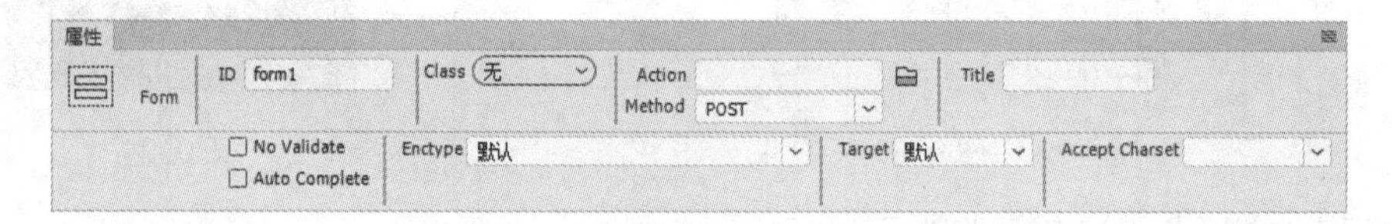

图 9-27

表单“属性”面板中各项的介绍如下。

- “ID”文本框：为表单设置名称。
- “Class”下拉列表：将 CSS 规则应用于表单。
- “Action” 文本框：识别并处理表单信息的服务器端应用程序。
- “Method”下拉列表：定义表单数据处理的方法，包括以下 3 个选项。“默认”选项：使用浏览器的默认设置将表单数据发送到服务器，通常默认方法为 GET。“GET”选项：在 HTTP 请求中嵌入表单数据并传送给服务器。“POST”选项：将表单数据附加到请求相应网页的 URL 中传送给服务器。
- “Title”文本框：用来设置表单域的标题。
- “No Validate”复选框：HTML5 新增的表单属性，选中该复选框，表示当前表单不对表单中的内容进行验证。
- “Auto Complete”复选框：HTML5 新增的表单属性，选中该复选框，表示启用表单的自动完成功能。
- “Enctype”下拉列表：用来设置发送数据的编码类型，共有 3 个选项，分别是“application/x-www-form-urlencoded”和“multipart/form-data”，默认的编码类型是“application/x-www-form-urlencoded”。“application/ x-www-form-urlencoded”通常和“POST”方法协同使用。如果表单中包含文件上传域，则应该选择“multipart/form-data”选项。

- “Target”下拉列表：指定一个窗口，在该窗口中显示调用程序所返回的数据。
- “Accept Charset”下拉列表：用于设置服务器表单数据所接受的字符集，共有 3 个选项，分别是“默认”、“UTF-8”和“ISO-8859-1”。

9.1.4 文本域

制作网页时通常使用表单的文本域来接收用户输入的信息，文本域包括单行文本域、多行文本域、密码文本域 3 种。一般情况下，当用户输入较少的信息时，使用单行文本域接收；当用户输入较多的信息时，使用多行文本域接收；当用户输入密码等保密信息时，使用密码文本域接收。

1. 插入单行文本域

要在表单域中插入单行文本域，先将光标置于表单内需要插入单行文本域的位置，然后插入单行文本域，如图 9-28 所示。

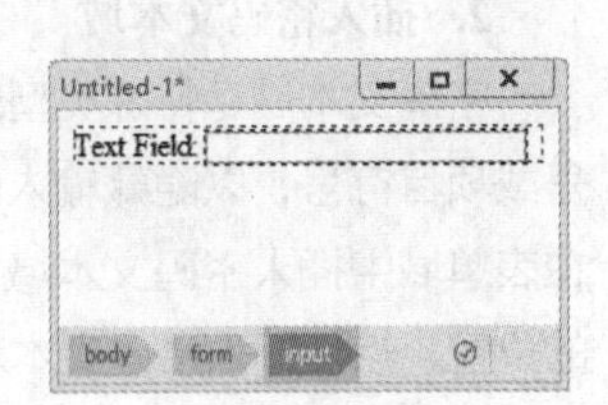

图 9-28

插入单行文本域有以下 2 种方法。

（1）单击“插入”面板中“表单”选项卡中的“文本”按钮，可在文档编辑窗口中添加单行文本域。

（2）选择“插入 > 表单 > 文本”命令，在文档编辑窗口的表单中出现一个单行文本域。

在“属性”面板中会显示单行文本域的属性，如图 9-29 所示。在这里用户可根据需要设置单行文本域的各项属性，具体说明如下。

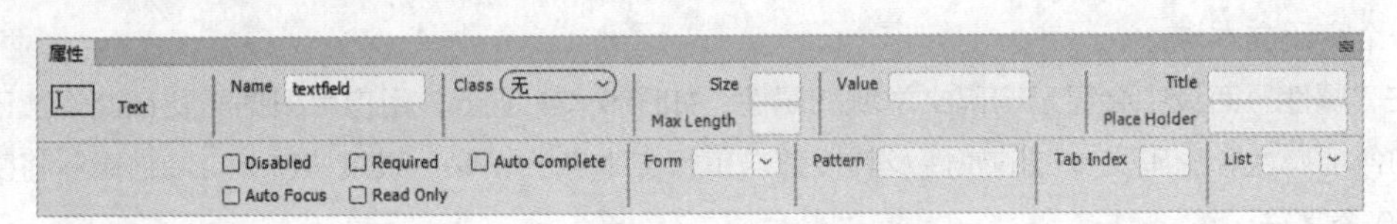

图 9-29

- “Name”文本框：用来设置单行文本域的名称。
- “Class”下拉列表：将 CSS 规则应用于单行文本域。
- “Size”文本框：用来设置单行文本域中最多显示的字符数。
- “Max Length”文本框：用来设置单行文本域中最多输入的字符数。
- “Value”文本框：用来设置提示性文本。
- “Title”文本框：用来设置单行文本域的标题。
- “Place Holder”文本框：HTML5 新增的表单属性。用户可在此设置单行文本域预期值的提示信息，该提示信息会在单行文本域为空时显示，并在单行文本域获得焦点时消失。
- “Disabled”复选框：选中该复选框，表示禁用单行文本域，被禁用的单行文本域既不可用，又不可单击。
- “Auto Focus”复选框：HTML5 新增的表单属性。选中该复选框，当网页被加载时，单行文本域会自动获得焦点。
- “Required”复选框：HTML5 新增的表单属性。选中该复选框，则在提交表单之前必须填写相应单行文本域。
- “Read Only”复选框：选中该复选框，表示当前单行文本域具有只读属性，不能对该单行文本域的内容进行修改。

- “Auto Complete”复选框：HTML5 新增的表单属性。选中该复选框，表示启用单行文本域的自动完成功能。
- “Form”下拉列表：用于设置表单元素相关的表单标签的 ID，可以在该下拉列表中选择网页中已经存在的表单域标签。
- “Pattern”文本框：HTML5 新增的表单属性，用于设置单行文本域的模式或格式。
- “Tab Index”文本框：用于设置表单元素的 Tab 键控制次序。
- “List”下拉列表：HTML5 新增的表单属性，用于设置引用的数据列表，其中包含单行文本域的预定义选项。

2. 插入密码文本域

密码文本域是特殊类型的文本域。当用户在密码文本域中输入文本时，所输入的文本被替换为星号或项目符号，以隐藏输入的文本，保护这些信息不被他人看到。若要在表单域中插入密码文本域，先将光标置于表单内需要插入密码文本域的位置，然后插入密码文本域，如图 9-30 所示。

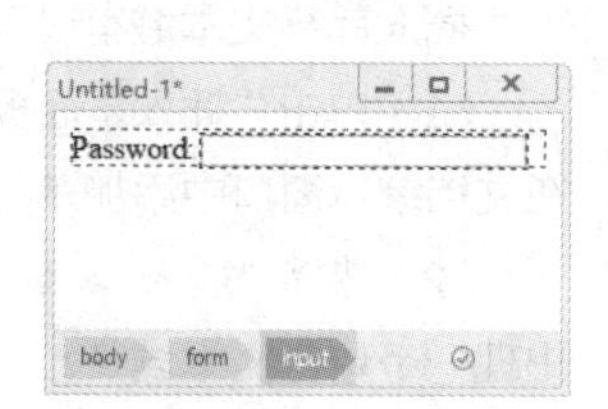

图 9-30

插入密码文本域有以下 2 种方法。

（1）单击“插入”面板中“表单”选项卡中的“密码”按钮，可在文档编辑窗口中添加密码文本域。

（2）选择“插入 > 表单 > 密码”命令，在文档编辑窗口的表单中出现一个密码文本域。

在“属性”面板中会显示密码文本域的属性，如图 9-31 所示，用户可根据需要在此设置密码文本域的各项属性。密码文本域的属性及其设置与单行文本域的相似，只是“Max Length”将密码限制为 10 个字符。

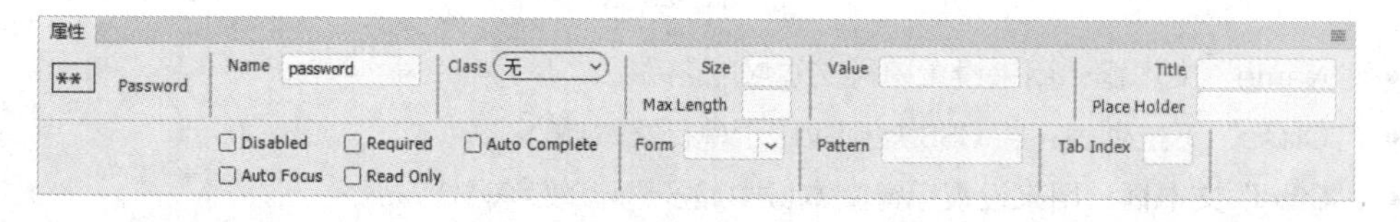

图 9-31

3. 插入多行文本域

多行文本域提供了一个较大的区域，供用户输入内容。在此可以指定用户最多输入的可见行数以及字符的宽度。如果输入的文本不符合这些设置，则多行文本域将按照换行属性中指定的设置进行滚动。

要在表单域中插入多行文本域，先将光标置于表单内需要插入多行文本域的位置，然后插入多行文本域，如图 9-32 所示。

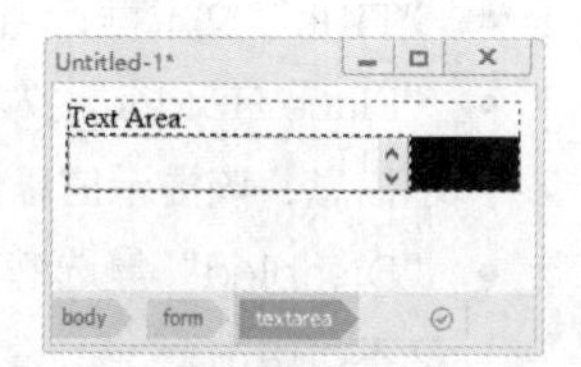

图 9-32

插入多行文本域有以下 2 种方法。

（1）单击“插入”面板中“表单”选项卡中的“文本区域”按钮，可在文档编辑窗口中添加多行文本域。

（2）选择“插入 > 表单 > 文本区域”命令，在文档编辑窗口的表单中会出现一个多行文本域。

“属性”面板中显示了多行文本域的属性，如图 9-33 所示，用户可根据需要在此设置多行文本域的各项属性，主要属性说明如下。

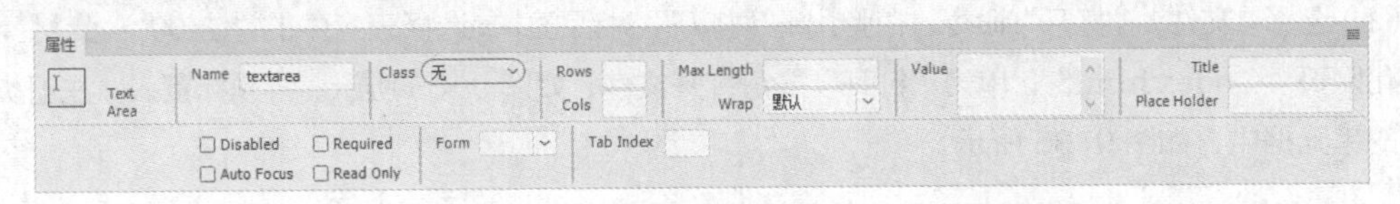

图 9–33

- “Rows”文本框：用于设置多行文本域的可见高度，以行计数。
- “Cols”文本框：用于设置多行文本域的字符宽度。
- “Wrap”下拉列表：通常情况下，当用户在多行文本域中输入文本后，浏览器会将它们按照输入时的状态发送给服务器。注意，只有在用户按 Enter 键的地方才会换行。如果希望启用换行功能，可以将“Wrap”设置为“virtual”或“physical”，这样当用户输入的一行文本超过多行文本域的宽度时，浏览器会自动将多余的文字移动到下一行显示。
- “Value”文本框：用于设置多行文本域的初始值。

9.2 单选按钮和复选框

在表单中有 2 种选择式按钮，若要从一组选项中选择一个选项，设计时应使用单选按钮；若要从一组选项中选择多个选项，设计时应使用复选框。

9.2.1 课堂案例——传统文化网页

案例学习目标

使用表单中的按钮为页面添加单选按钮和复选框。

案例知识要点

使用“单选按钮”按钮 ◉，插入单选按钮；使用“复选框”按钮 ☑，插入复选框。

效果所在位置

云盘中的“Ch09 > 效果 > 传统文化网页 > index.html”，效果如图 9–34 所示。

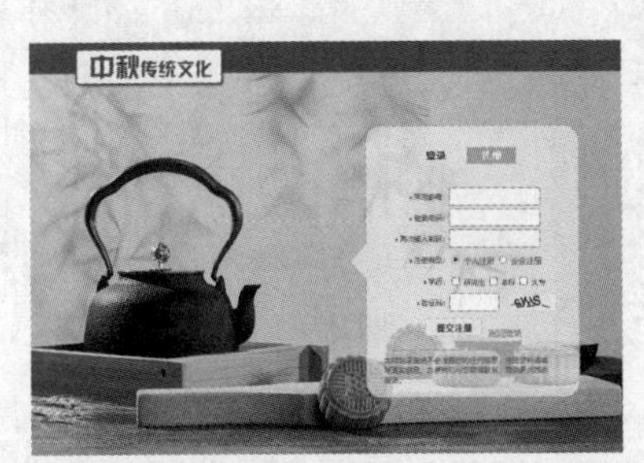

图 9–34

1. 插入单选按钮

（1）选择“文件 > 打开”命令，在弹出的“打开”对话框中，选择云盘中的“Ch09 > 素材 > 传统文化网页 > index.html”，单击“打开”按钮打开文件，如图 9-35 所示。将光标置入“注册类型”右侧的单元格中，如图 9-36 所示。

图 9-35

图 9-36

（2）单击“插入”面板中“表单”选项卡中的“单选按钮”按钮，在光标所在位置插入一个单选按钮，效果如图 9-37 所示。保持单选按钮的选中状态，按 Ctrl+C 组合键，将其复制到剪贴板中；在“属性”面板中，选中“Checked”复选框，效果如图 9-38 所示。选中英文“Radio Button”并将其更改为“个人注册”，效果如图 9-39 所示。

图 9-37

图 9-38

图 9-39

（3）将光标置入文字“个人注册”的右侧，如图 9-40 所示。按 Ctrl+V 组合键，将剪贴板中的单选按钮粘贴到光标所在位置，效果如图 9-41 所示。输入文字“企业注册”，效果如图 9-42 所示。

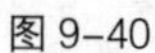
图 9-40

图 9-41

图 9-42

2. 插入复选框

（1）将光标置入“学历”右侧的单元格中，单击“插入”面板中“表单”选项卡中的“复选框”按钮，在单元格中插入一个复选框，效果如图 9-43 所示。选中英文“Checkbox”并将其更改为

“研究生”，如图 9-44 所示。用相同的方法插入多个复选框，并分别输入文字，效果如图 9-45 所示。

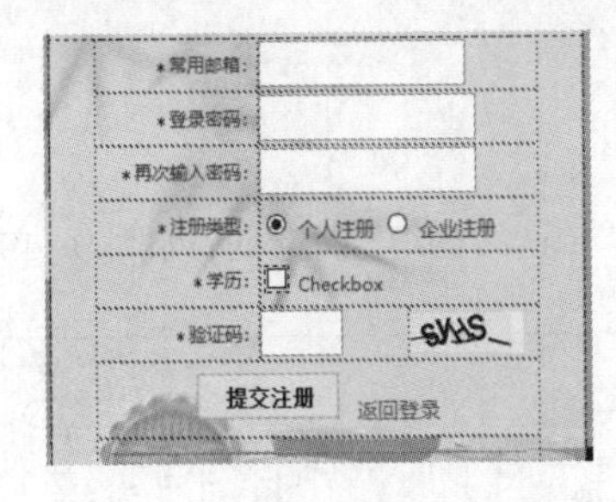

图 9-43

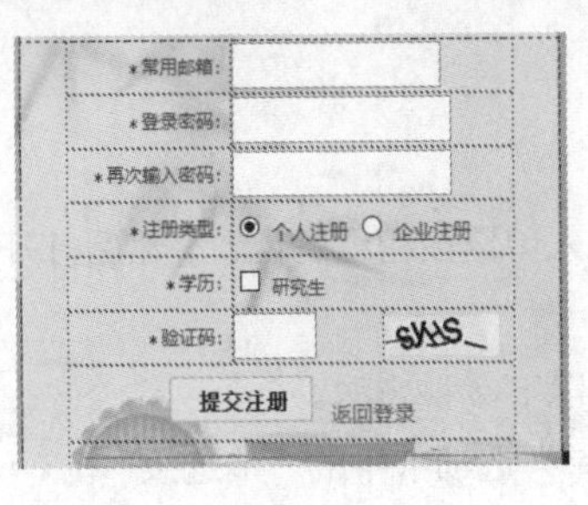

图 9-44

图 9-45

（2）保存文档，按 F12 键预览效果，如图 9-46 所示。

图 9-46

9.2.2 单选按钮

为了使单选按钮的布局更加合理，通常逐个插入单选按钮。若要在表单域中插入单选按钮，先将光标放置在表单内需要插入单选按钮的位置，然后插入单选按钮，如图 9-47 所示。

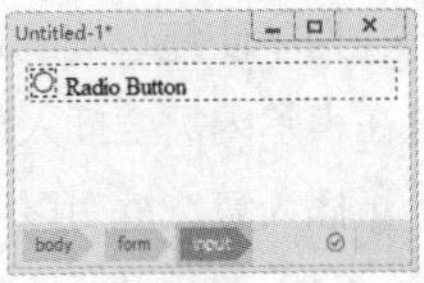

Untitled-1*
Radio Button
body form input

图 9-47

插入单选按钮有以下 2 种方法。

（1）单击“插入”面板中“表单”选项卡中的“单选按钮”按钮，在文档编辑窗口的表单中出现一个单选按钮。

（2）选择“插入 > 表单 > 单选按钮”命令，在文档编辑窗口的表单中出现一个单选按钮。

“属性”面板中显示了单选按钮的属性，如图 9-48 所示，可以根据需要在此设置单选按钮的各项属性，相关说明如下。

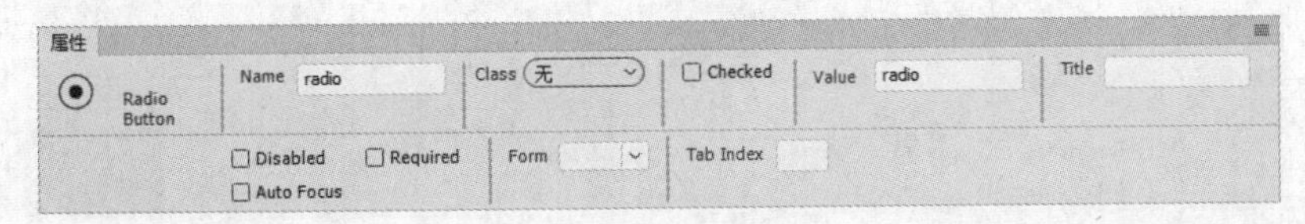

图 9-48

- “Checked”复选框：设置单选按钮的初始状态，即当浏览器载入表单时，单选按钮是否处于选中的状态。

9.2.3 单选按钮组

先将光标放置在表单内需要插入单选按钮组的位置，然后打开“单选按钮组”对话框，如图 9-49 所示。

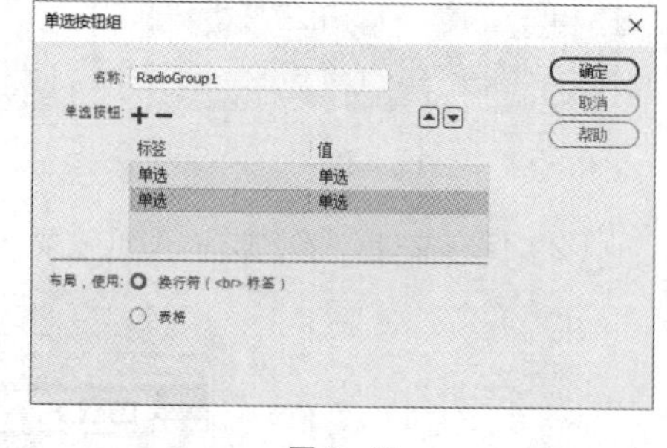

图 9-49

打开“单选按钮组”对话框有以下 2 种方法。

（1）单击“插入”面板中“表单”选项卡中的“单选按钮组”按钮。

（2）选择“插入 > 表单 > 单选按钮组”命令。

“单选按钮组”对话框中各项的作用如下。

- “名称”文本框：用于设置单选按钮组的名称，单选按钮组的名称不能相同。
- 按钮＋和－：用于在单选按钮组内添加或删除单选按钮。
- 按钮▲和▼：用于重新排序单选按钮。
- “标签”列：设置单选按钮右侧的提示信息。
- “值”列：设置单选按钮代表的值，一般为字符型数据，即当用户选定某个单选按钮时，表单指定的处理程序获得的值。
- “换行符”或“表格”单选按钮：使用换行符或表格来设置单选按钮的布局方式。

根据需要进行设置，单击“确定”按钮，在文档编辑窗口的表单中出现单选按钮组，如图 9-50 所示。

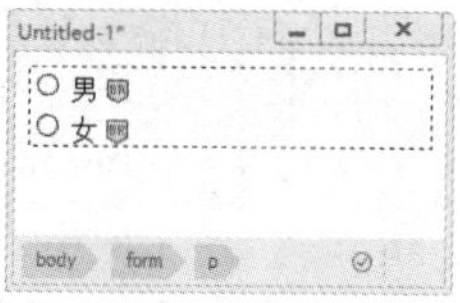

图 9-50

9.2.4 复选框

为了使复选框的布局更加合理，通常逐个插入复选框。若要在表单域中插入复选框，先将光标放置在表单内需要插入复选框的位置，然后插入复选框，如图 9-51 所示。

图 9-51

插入复选框有以下 2 种方法。

（1）单击“插入”面板“表单”选项卡中的“复选框”按钮，在文档编辑窗口的表单中出现一个复选框。

（2）选择“插入 > 表单 > 复选框”命令，在文档编辑窗口的表单中出现一个复选框。

“属性”面板中显示了复选框的属性，如图 9-52 所示，可以根据需要在此设置复选框的各项属性。

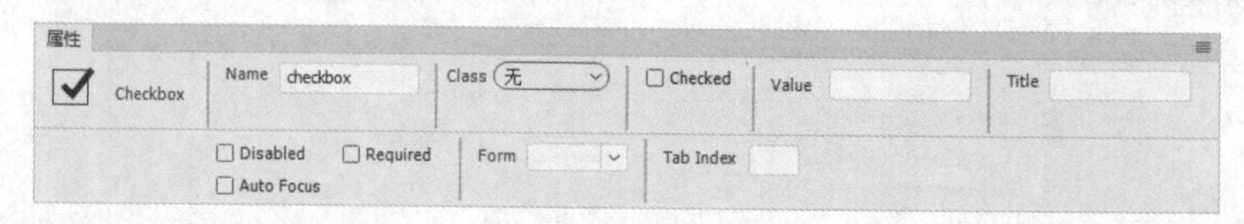

图 9-52

插入复选框组的操作与插入单选按钮组的类似，故此处不赘述。

9.3 下拉列表、滚动列表、文件域和按钮

9.3.1 课堂案例——健康测试网页

扫码观看
本案例视频

扩展阅读

案例学习目标

插入下拉列表。

案例知识要点

使用“选择”按钮，插入下拉列表；使用“属性”面板，设置下拉列表的属性。

效果所在位置

云盘中的“Ch09 > 效果 > 健康测试网页 > index.html”，效果如图 9-53 所示。

（1）选择“文件 > 打开”命令，在弹出的“打开”对话框中，选择云盘中的“Ch09 > 素材 > 健康测试网页 > index.html”，单击“打开”按钮打开文件，如图 9-54 所示。

图 9-53

图 9-54

（2）将光标置入图 9-55 所示的位置，单击“插入”面板中“表单”选项卡中的“选择”按钮，在光标所在的位置插入下拉列表，如图 9-56 所示。

健康指数测试

年 月 日 性别： 男 女 来自

开始测试 >>

图 9-55

健康指数测试

年 Select: 月 日 性别： 男 女 来自

开始测试 >>

图 9-56

（3）选中英文“Select:”，如图 9-57 所示，按 Delete 键将其删除，效果如图 9-58 所示。

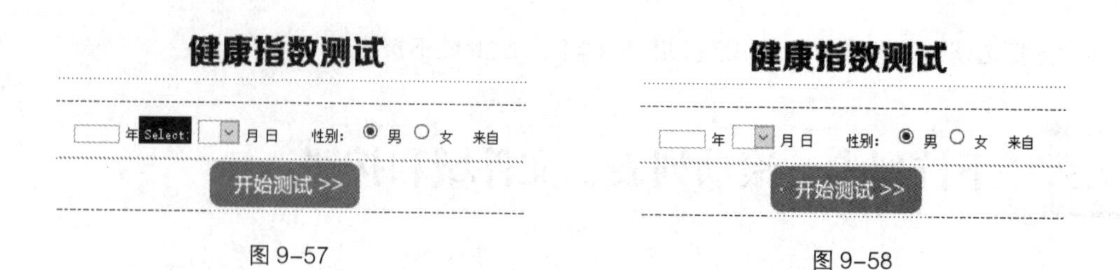

图 9-57　　图 9-58

（4）选中下拉列表，在“属性”面板中单击“列表值”按钮，在弹出的“列表值”对话框中添加图 9-59 所示的内容，添加完成后单击“确定”按钮，效果如图 9-60 所示。

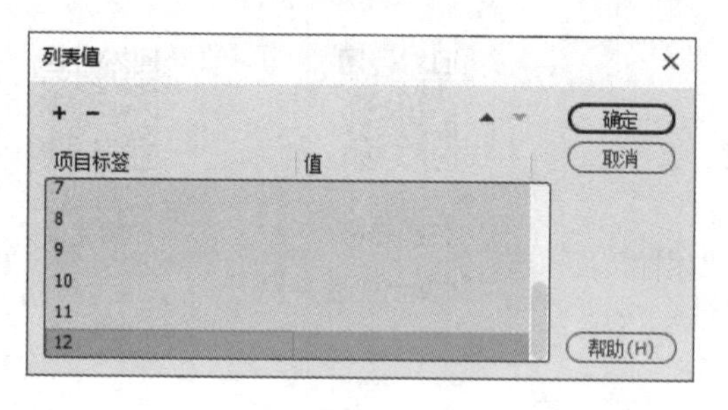

健康指数测试

年 10 月 日 性别: 男 女 来自

开始测试 >>

图 9-59　　图 9-60

（5）在“属性”面板的“Selected”下拉列表中选择“--”选项，如图 9-61 所示。用相同的方法在适当的位置插入下拉列表，并设置适当的值，效果如图 9-62 所示。

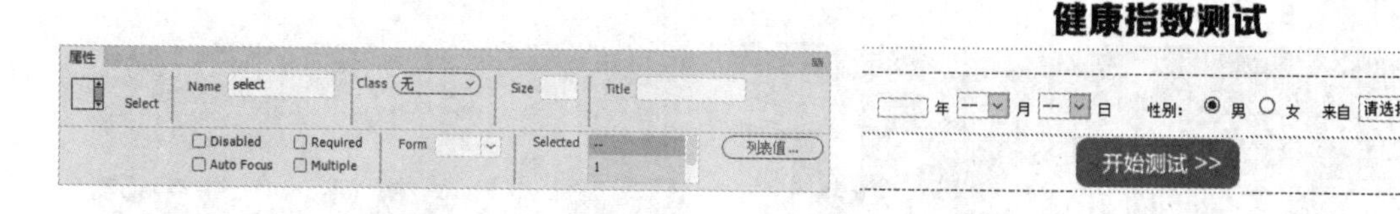

图 9-61　　图 9-62

（6）保存文档，按 F12 键预览效果，如图 9-63 所示。可以从“月”选项左侧的下拉列表中选择任意选项，如图 9-64 所示。

图 9-63　　图 9-64

9.3.2 创建下拉列表和滚动列表

在表单中有2种类型的列表，一种是下拉列表，另一种是滚动列表，它们都包含一个或多个选项。当用户需要在预先设定的选项中选择一个或多个选项时，可使用“选择”按钮创建下拉列表或滚动列表。

1. 插入下拉列表

若要在表单域中插入下拉列表，先将光标放置在表单内需要插入下拉列表的位置，然后插入下拉列表，如图9-65所示。

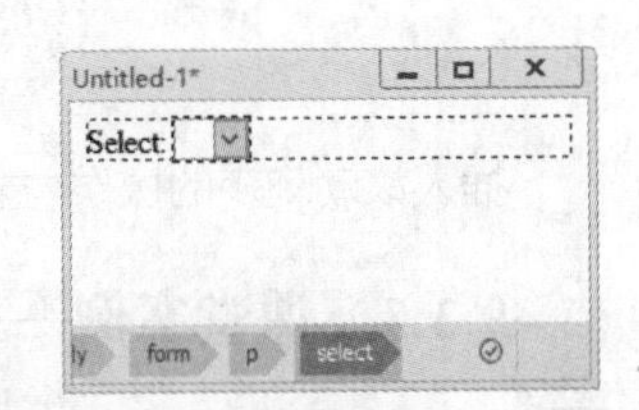

图9-65

插入下拉列表有以下2种方法。

（1）单击“插入”面板中“表单”选项卡中的“选择”按钮，在文档编辑窗口的表单中添加下拉列表。

（2）选择“插入 > 表单 > 选择”命令，在文档编辑窗口的表单中添加下拉列表。

“属性”面板中显示了下拉列表的属性，如图9-66所示，可以根据需要在此设置下拉列表的属性。

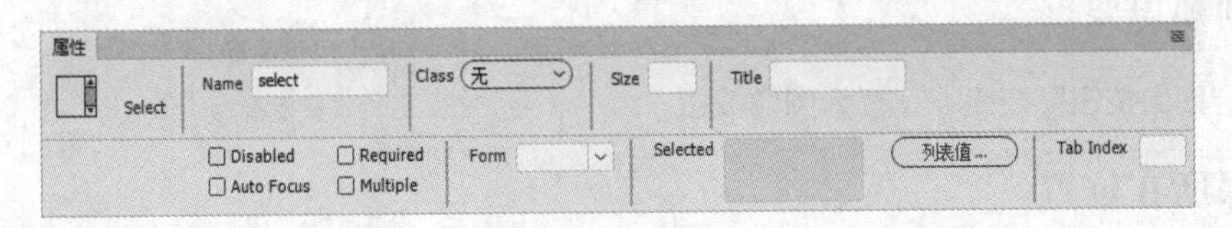

图9-66

下拉列表“属性”面板中主要项的作用如下。

- “Size”文本框：用来设置下拉列表在页面中的显示高度。
- “Selected”文本框：用来设置下拉列表中默认选择的选项。
- “列表值”按钮：单击此按钮，弹出图9-67所示的“列表值”对话框，在该对话框中可单击按钮+或按钮-在下拉列表中添加或删除选项。选项在下拉列表中出现的顺序与在“列表值”对话框中出现的顺序一致。在浏览器载入页面时，下拉列表中的第1个选项是默认选项。

2. 插入滚动列表

若要在表单域中插入滚动列表，先将光标放置在表单内需要插入滚动列表的位置，然后插入滚动列表，如图9-68所示。

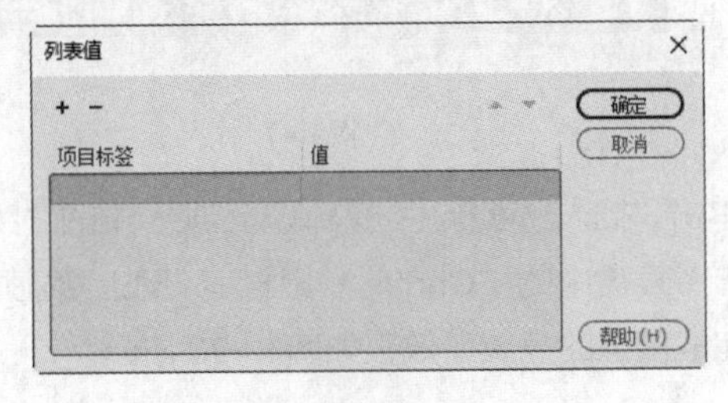

图9-67

图9-68

插入滚动列表有以下几种方法。

（1）单击“插入”面板中“表单”选项卡的“选择”按钮，在文档编辑窗口的表单中出现滚动列表。

（2）选择“插入 > 表单 > 选择”命令，在文档编辑窗口的表单中出现滚动列表。“属性”面板中显示了滚动列表的属性，如图 9-69 所示，可以根据需要设置滚动列表的属性。

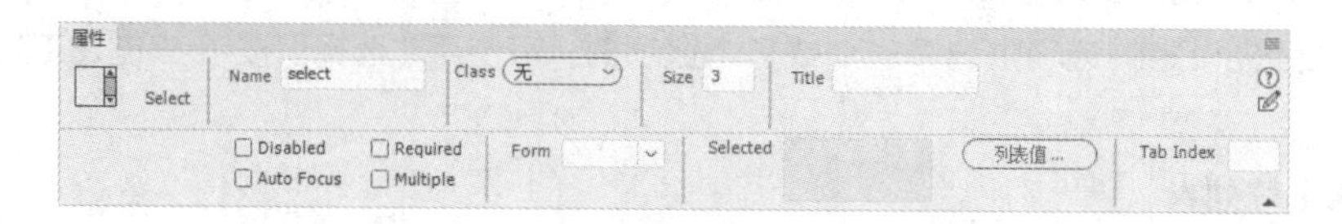

图 9-69

插入滚动列表的操作与插入下拉列表的类似，故此处不赘述。

9.3.3 课堂案例——网上营业厅网页

案例学习目标

为网页添加图像按钮。

案例知识要点

使用“图像按钮”按钮，插入图像按钮。

效果所在位置

云盘中的“Ch09 > 效果 > 网上营业厅网页 > index.html”，效果如图 9-70 所示。

（1）选择“文件 > 打开”命令，在弹出的“打开”对话框中，选择云盘中的“Ch09 > 素材 > 网上营业厅网页 > index.html”，单击“打开”按钮打开文件，如图 9-71 所示。

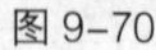
图 9-70

图 9-71

（2）将光标置入图 9-72 所示的单元格中，单击“插入”面板中“表单”选项卡中的“图像按钮”按钮，在弹出的“图像源文件”对话框中，选择云盘中的“Ch09 > 素材 > 网上营业厅网页 > images > img_1.png”，单击“确定”按钮，完成图像的插入，效果如图 9-73 所示。

图 9-72

图 9-73

（3）将光标置入图 9-74 所示的单元格中，单击“插入”面板中“表单”选项卡中的“图像按钮”按钮，在弹出的“图像源文件”对话框中，选择云盘中的“Ch09 > 素材 > 网上营业厅网页 > images > img_2.png”，单击“确定”按钮，完成图像的插入，效果如图 9-75 所示。

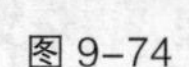

图 9-74

图 9-75

（4）保存文档，按 F12 键预览效果，如图 9-76 所示。

图 9-76

9.3.4 创建文件域

在网页中要实现访问者上传文件的功能，需要在表单中插入文件域。文件域的外观与文本域类似，只是文件域中还包含一个“浏览”按钮，如图 9-77 所示。访问者可以手动输入要上传文件的路径，也可以使用“浏览”按钮定位并选择相应文件。

提示

文件域要求使用 POST 方法将文件从浏览器传输到服务器，文件被传输至的服务器地址由表单的“操作”文本框指定。

要在表单域中插入文件域，先将光标放置在表单内需要插入文件域的位置，然后插入文件域。

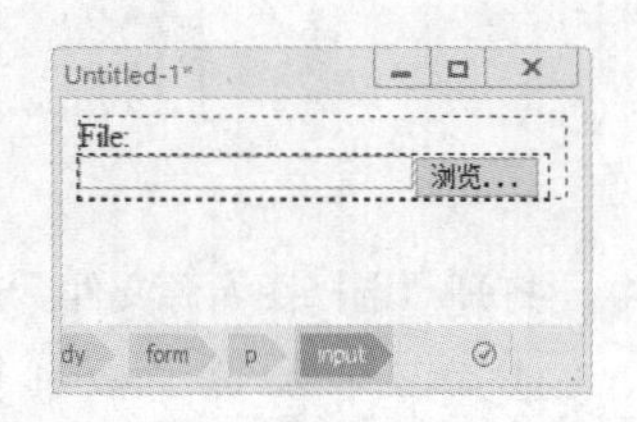

图 9-77

插入文件域有以下 2 种方法。

（1）将光标置入表单域，单击“插入”面板中“表单”选项卡中的“文件”按钮，在文档编辑窗口中的单元格中出现一个文件域。

（2）选择“插入 > 表单 > 文件”命令，在文档编辑窗口的表单中出现一个文件域。

“属性”面板中显示了文件域的属性，如图 9-78 所示，可以根据需要在此设置文件域的各项属性。

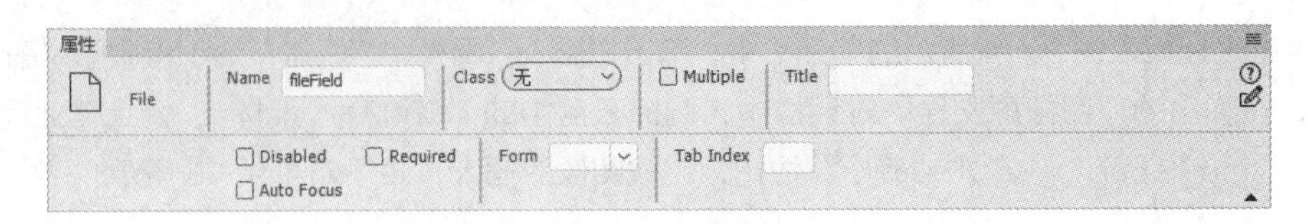

图 9-78

文件域“属性”面板主要项的作用如下。

- “Multiple”复选框：HTML5 新增的表单属性，选中该复选框，表示文件域可以直接接收多个值。
- “Required”复选框：HTML5 新增的表单属性，选中该复选框，表示在提交表单之前必须设置相应的值。

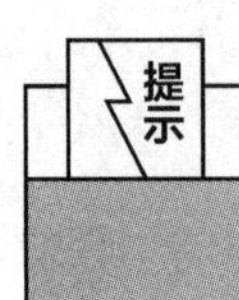

在使用文件域之前，要与服务器管理员联系，确认允许上传匿名文件，否则此选项无效。

9.3.5 插入图像按钮

Dreamweaver 2020 默认的按钮样式比较死板，为了满足设计需要，可使用自定义的图像按钮。插入图像按钮（创建图像域）的具体操作步骤如下。

（1）将光标放置在表单内需要插入图像按钮的位置。

（2）打开“选择图像源文件”对话框，选择作为按钮的图像文件，如图 9-79 所示。

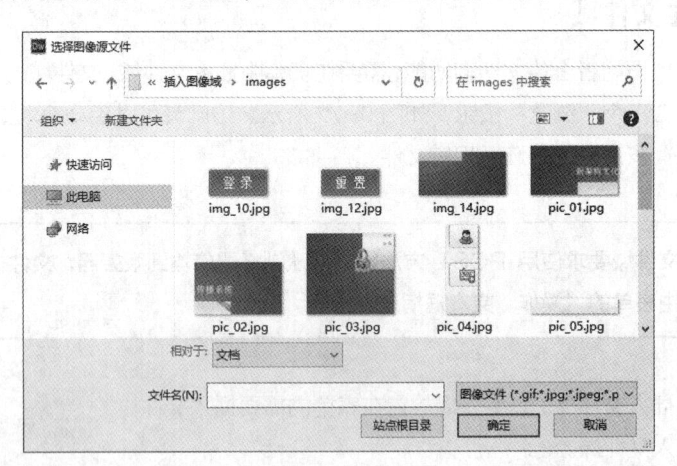

图 9-79

打开“选择图像源文件”对话框有以下几种方法。

① 单击“插入”面板中“表单”选项卡中的“图像按钮”按钮。

② 选择“插入 > 表单 > 图像”命令。

（3）在“属性”面板中出现图 9-80 所示的图像按钮的属性，可以根据需要在此设置图像按钮的各项属性。

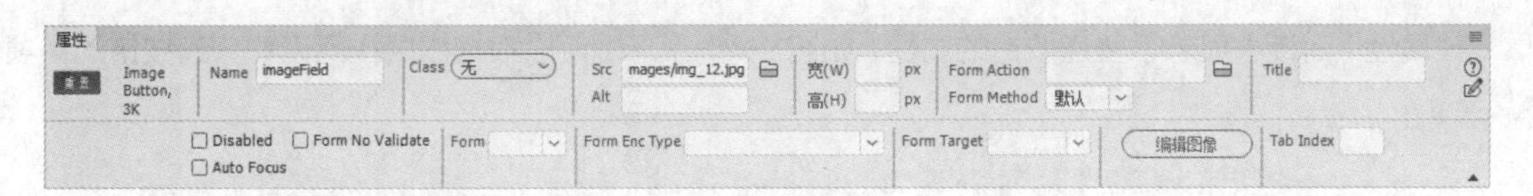

图 9-80

图像按钮“属性”面板中主要项的作用如下。

- “Src”文本框：设置图像按钮所使用的图像地址。
- “宽”和“高”文本框：设置图像按钮的宽度和高度。
- “Form Action”文本框：设置图像按钮使用的图像。
- “Form Method”下拉列表：设置如何发送表单数据。
- “编辑图像”按钮：单击该按钮，将启动外部图像编辑软件对图像按钮所使用的图像进行编辑。

（4）若要将某个 JavaScript 行为附加到图像按钮上，则选择该图像，然后在“行为”面板中选择相应的行为。

（5）完成设置后保存并预览网页，效果如图 9-81 所示。

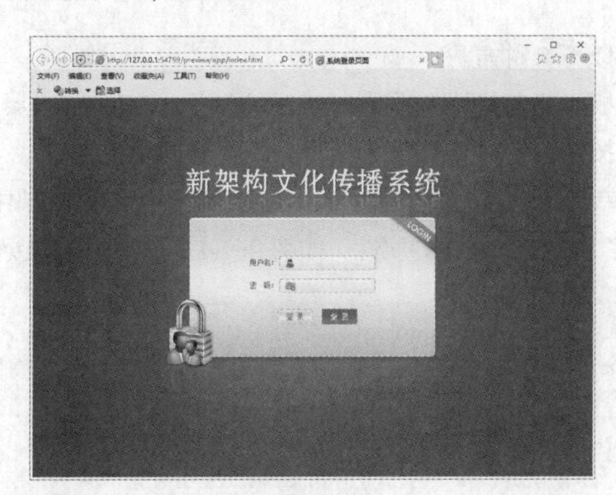

图 9-81

9.3.6 插入普通按钮

表单中按钮的作用是控制表单的操作。一般情况下，表单中设有“提交”按钮、“重置”按钮和普通按钮等，浏览者在网上注册 QQ 号、邮箱或会员时会见到。Dreamweaver 2020 将按钮分为 3 种类型，即普通按钮、“提交”按钮和“重置”按钮。其中，插入普通按钮时需要指定单击普通按钮时要执行的操作，例如添加一个 JavaScript 脚本，使得浏览者单击某个普通按钮时打开另一个页面。

要在表单域中插入普通按钮，先将光标放置在表单内需要插入普通按钮的位置，然后插入普通按钮，如图 9-82 所示。

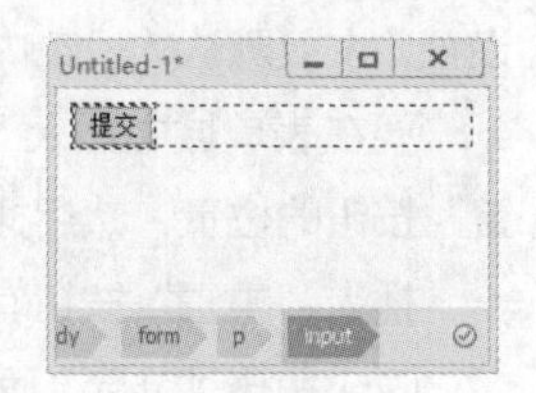

图 9-82

插入普通按钮有以下 2 种方法。

（1）单击“插入”面板中“表单”选项卡中的“按钮”按钮，在文档编辑窗口中的单元格中出现一个普通按钮。

（2）选择“插入 > 表单 > 按钮”命令，在文档编辑窗口的表单中出现一个普通按钮。

“属性”面板中显示了普通按钮的属性，如图 9-83 所示，可以根据需要在此设置普通按钮的各项属性。

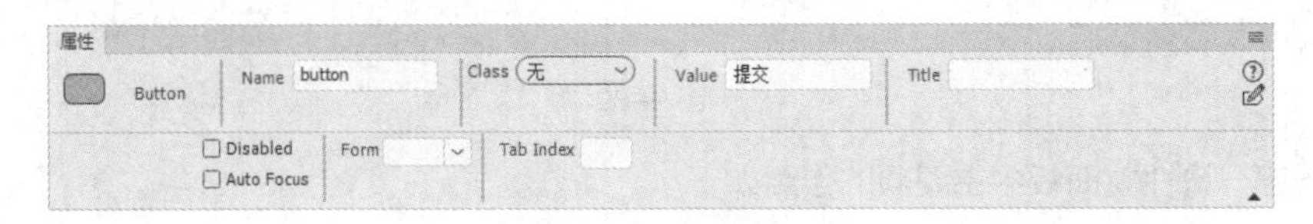

图 9-83

普通按钮相关属性的设置与前面介绍的表单元素属性的设置基本相同，这里就不赘述了。

9.3.7 插入“提交”按钮

“提交”按钮的作用是在用户单击“提交”按钮时，将表单数据提交到表单域的 Action 属性指定的处理程序中进行处理。

要在表单域中插入“提交”按钮，先将光标放置在表单内需要插入“提交”按钮的位置，然后插入“提交”按钮。

插入“提交”按钮有以下 2 种方法。

（1）单击“插入”面板中“表单”选项卡中的“‘提交’按钮”按钮，在文档编辑窗口中的单元格中出现一个“提交”按钮。

（2）选择“插入>表单>‘提交’按钮”命令，在文档编辑窗口的表单中出现一个“提交”按钮。

“属性”面板中显示了“提交”按钮的属性，如图 9-84 所示，可以根据需要在此设置“提交”按钮的各项属性。

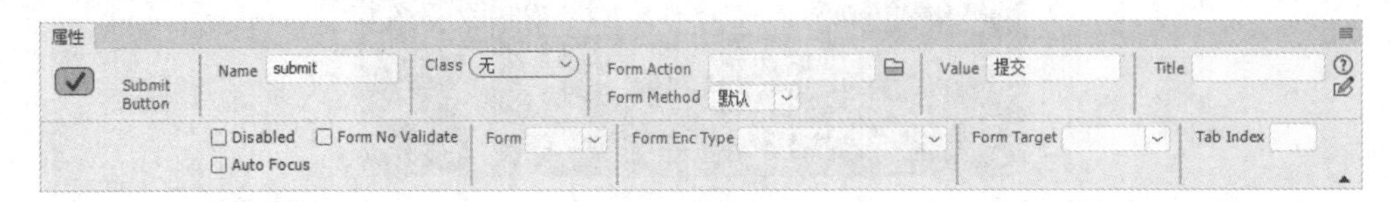

图 9-84

“提交”按钮相关属性的设置与前面介绍的表单元素属性的设置基本相同，这里就不赘述了。

9.3.8 插入“重置”按钮

“重置”按钮的作用是在用户单击“重置”按钮时，将清除表单中所做的设置，恢复默认的设置内容。

要在表单域中插入“重置”按钮，先将光标放置在表单内需要插入“重置”按钮的位置，然后插入“重置”按钮，如图 9-85 所示。

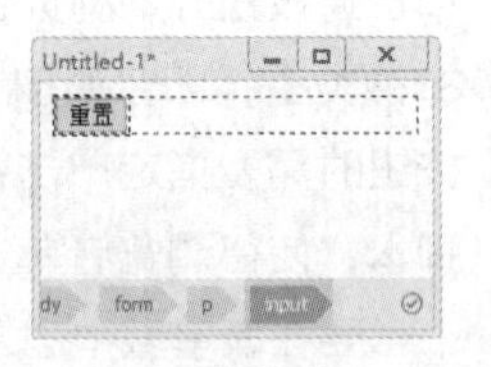

图 9-85

插入“重置”按钮有以下 2 种方法。

（1）单击“插入”面板中“表单”选项卡中的“‘重置’按钮”按钮，在文档编辑窗口中的单元格中出现一个“重置”按钮。

（2）选择“插入>表单>‘重置’按钮”命令，在文档编辑窗口的表单中出现一个“重置”按钮。

“属性”面板中显示了“重置”按钮的属性，如图 9-86 所示，可以根据需要在此设置“重置”按钮的各项属性。

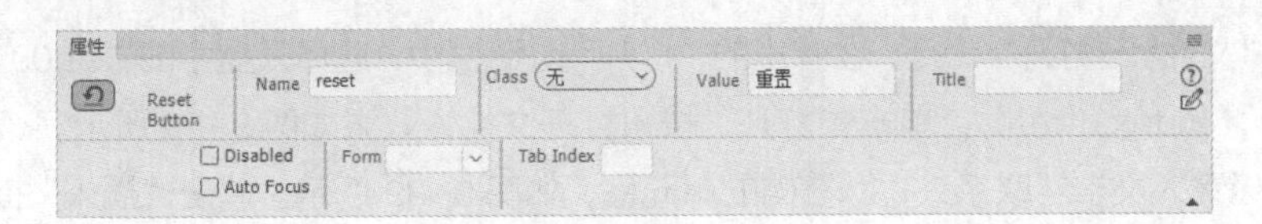

图 9-86

“重置”按钮相关属性的设置与前面介绍的表单元素属性的设置基本相同，这里就不赘述了。

9.4 创建 HTML5 表单元素

目前基于 HTML5 的应用越来越多，Adobe 公司为了适应 HTML5 的发展，在 Dreamweaver 2020 中增加了许多全新的 HTML5 表单元素。在表单功能方面，HTML5 不仅增加了一系列功能性的表单、表单元素和表单特性，还增加了自动验证表单的功能。本节对它们进行详细介绍。

9.4.1 课堂案例——森林动物园网页

案例学习目标

插入单行文本域、Tel 文本域、日期表单、“提交”按钮和“重置”按钮并设置属性。

扫码观看
本案例视频

扩展阅读

案例知识要点

使用“文本”按钮插入单行文本域；使用“Tel”按钮插入 Tel 文本域；使用“日期”按钮插入日期表单；使用“文本区域”按钮插入多行文本域；使用“‘提交’按钮”按钮和“‘重置’按钮”按钮分别插入“提交”和“重置”按钮；使用“属性”面板设置各表单的属性。

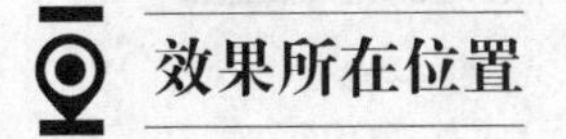

效果所在位置

云盘中的“Ch09 > 效果 > 森林动物园网页 > index.html”，效果如图 9-87 所示。

图 9-87

（1）选择“文件 > 打开”命令，在弹出的“打开”对话框中，选择云盘中的“Ch09 > 素材 > 森林动物园网页 > index.html”，单击“打开”按钮打开文件，效果如图 9-88 所示。

（2）将光标置入文字“联系人：”右侧的单元格，如图 9-89 所示。单击“插入”面板中“表单”选项卡中的“文本”按钮，在单元格中插入单行文本域。选中文字“Text Field:”，按 Delete 键将其删除。选中单行文本域，在“属性”面板中将“Size”设为 18，效果如图 9-90 所示。

图 9-88

图 9-89

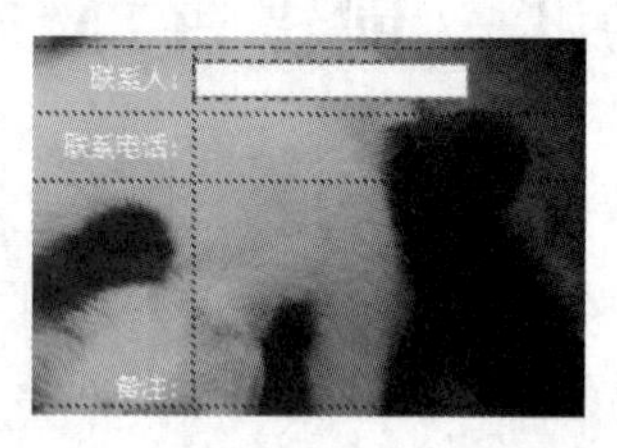

图 9-90

（3）用相同的方法在文字“票数：”右侧的单元格中插入一个单行文本域，并在“属性”面板中设置相应的属性，效果如图 9-91 所示。将光标置入文字“联系电话：”右侧的单元格，单击“插入”面板中“表单”选项卡中的“Tel”按钮，在单元格中插入 Tel 文本域。选中文字“Tel：”，按 Delete 键将其删除，效果如图 9-92 所示。

（4）选中 Tel 文本域，在“属性”面板中将“Size”设为 18，“Max Length”设为 11，效果如图 9-93 所示。

图 9-91

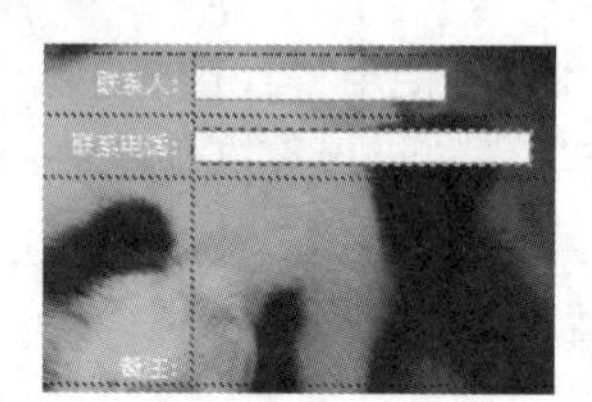

图 9-92

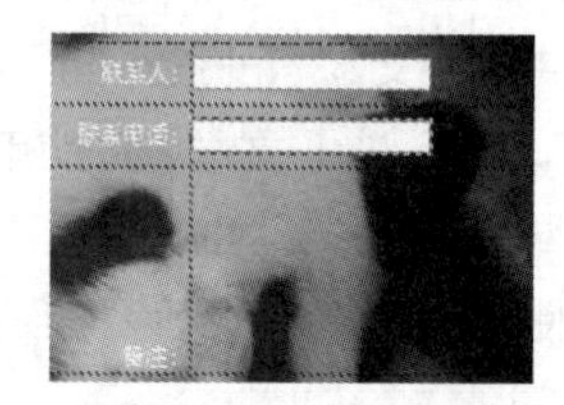

图 9-93

（5）将光标置入文字“参观日期：”右侧的单元格，单击“插入”面板中“表单”选项卡中的“日期”按钮，在光标所在的位置插入日期表单。选中文字“Date:”，按 Delete 键将其删除，效果如图 9-94 所示。

（6）将光标置入文字“备注：”右侧的单元格，单击“插入”面板中“表单”选项卡中的“文本区域”按钮，在光标所在的位置插入多行文本域。选中文字“Text Area:”，按 Delete 键将其删除，效果如图 9-95 所示。

图 9-94

图 9-95

（7）选中多行文本域，在“属性”面板中将“Rows”设为 6、“Cols”设为 56，效果如图 9-96 所示。将光标置入图 9-97 所示的单元格。

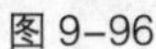
图 9-96

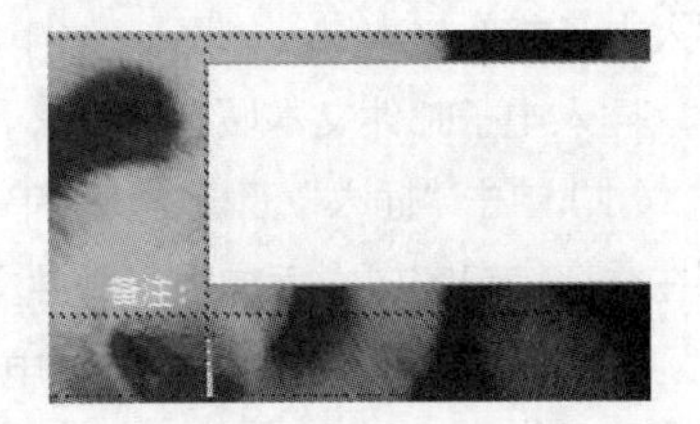

图 9-97

（8）单击“插入”面板中“表单”选项卡中的“‘提交’按钮”按钮，在光标所在的位置插入一个“提交”按钮，效果如图 9-98 所示。将光标置于“提交”按钮的右侧，单击“插入”面板中“表单”选项卡中的“‘重置’按钮”按钮，在光标所在的位置插入一个“重置”按钮，效果如图 9-99 所示。

图 9-98

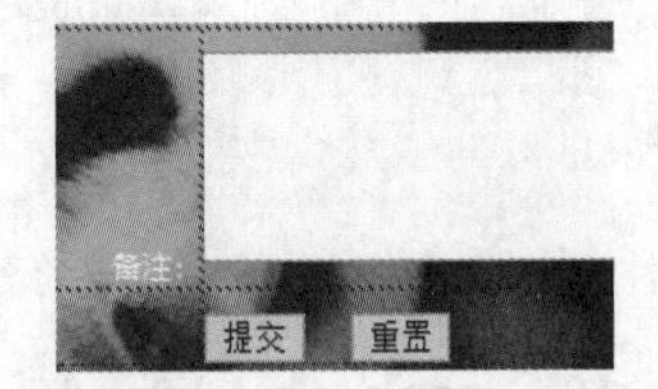

图 9-99

（9）保存文档，按 F12 键预览效果，如图 9-100 所示。

图 9-100

9.4.2 插入电子邮件文本域

Dreamweaver 2020 为了适应 HTML5 的发展，增加了许多全新的 HTML5 表单元素，电子邮件文本域就是其中的一种。

电子邮件文本域是专门为输入邮箱地址而定义的文本框，相应程序会验证输入的文本是否符合邮箱地址的格式，若不符合会提示验证错误。

要在表单域中插入电子邮件文本域，先将光标置于表单内需要插入电子邮件文本域的位置，然后插入电子邮件文本域，如图 9-101 所示。

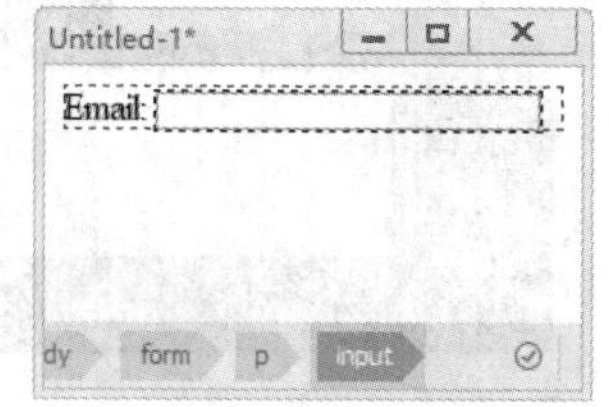

图 9-101

插入电子邮件文本域有以下 2 种方法。

（1）单击“插入”面板中“表单”选项卡中的“电子邮件”按钮，可在文档编辑窗口中添加电子邮件文本域。

（2）选择“插入 > 表单 > 电子邮件”命令，在文档编辑窗口的表单中出现一个电子邮件文本域。

“属性”面板中显示了电子邮件文本域的属性，如图 9-102 所示，可根据需要在此设置电子邮件文本域的各项属性。

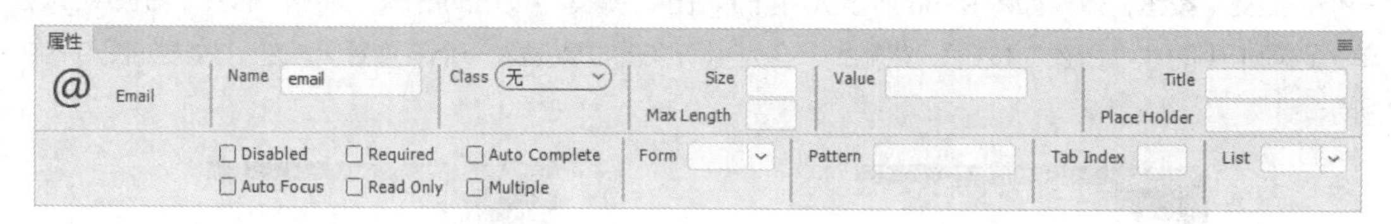

图 9-102

电子邮件文本域相关属性的设置与前面介绍的表单元素属性的设置基本相同，这里不赘述了。

9.4.3 插入 URL 文本域

URL 文本域是专门为输入 URL 而定义的文本框，在验证输入的文本格式时，如果文本框中的内容不符合 URL 的格式，会提示验证错误。

要在表单域中插入 URL 文本域，先将光标置于表单内需要插入 URL 文本域的位置，然后插入 URL 文本域，如图 9-103 所示。

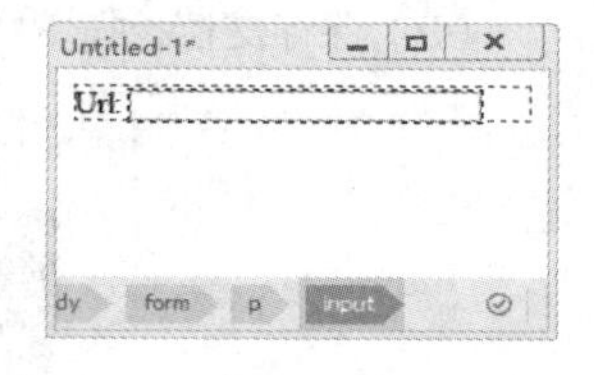

图 9-103

插入 URL 文本域有以下 2 种方法。

（1）单击“插入”面板中“表单”选项卡中的“Url”按钮，在文档编辑窗口的表单中出现一个 URL 文本域。

（2）选择“插入 > 表单 > Url”命令，在文档编辑窗口的表单中出现一个 URL 文本域。

“属性”面板中显示了 URL 文本域的属性，如图 9-104 所示，可以根据需要在此设置 URL 文本域的各项属性。

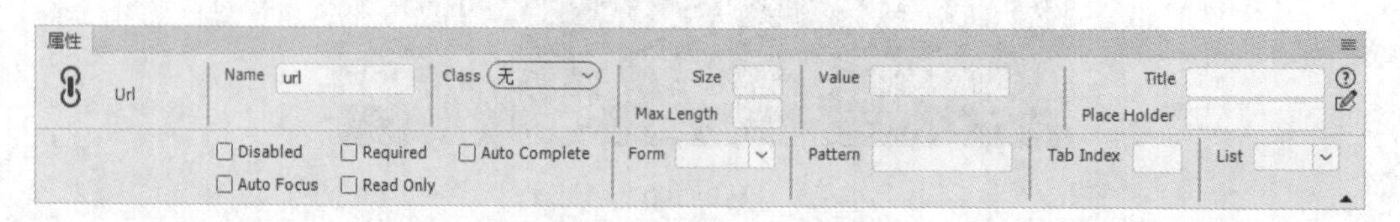

图 9-104

URL 文本域相关属性的设置与前面介绍的表单元素属性的设置基本相同，这里不赘述了。

9.4.4 插入 Tel 文本域

Tel 文本域是专门为输入电话号码而定义的文本框，没有特殊的验证规则。要在表单域中插入 Tel

文本域，先将光标置于表单内需要插入 Tel 文本域的位置，然后插入 Tel 文本域，如图 9-105 所示。

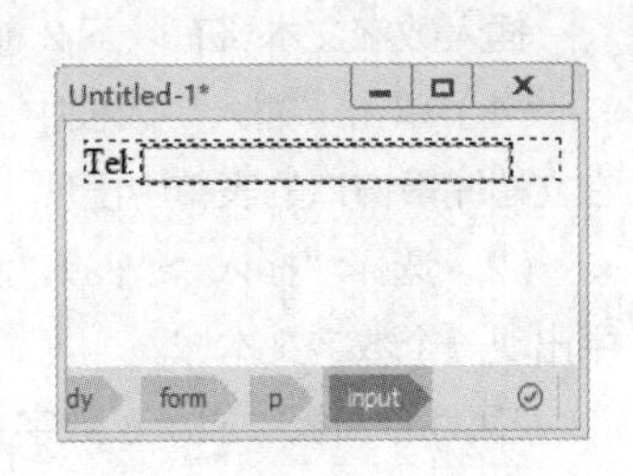

图 9-105

插入 Tel 文本域有以下 2 种方法。

（1）单击“插入”面板中“表单”选项卡中的“Tel”按钮，在文档编辑窗口的表单中出现一个 Tel 文本域。

（2）选择“插入 > 表单 > Tel”命令，在文档编辑窗口的表单中出现一个 Tel 文本域。

“属性”面板中显示了 Tel 文本域的属性，如图 9-106 所示，可以根据需要在此设置 Tel 文本域的各项属性。

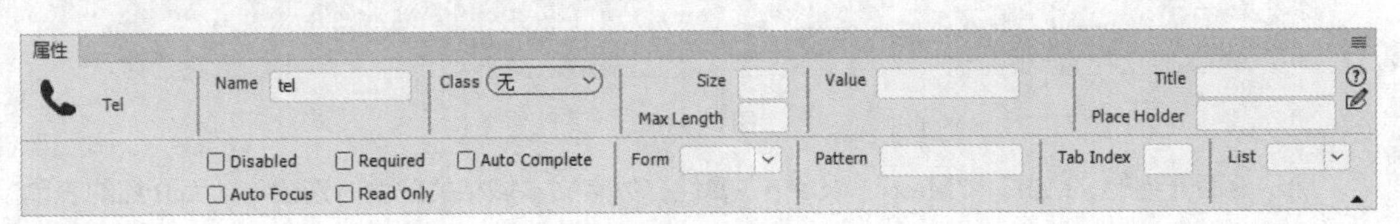

图 9-106

Tel 文本域相关属性的设置与前面介绍的表单元素属性的设置基本相同，这里不赘述了。

9.4.5 插入搜索文本域

搜索文本域是专门为输入搜索内容而定义的文本框，没有特殊的验证规则。要在表单域中插入搜索文本域，先将光标置于表单内需要插入搜索文本域的位置，然后插入搜索文本域，如图 9-107 所示。

插入搜索文本域有以下 2 种方法。

（1）单击“插入”面板中“表单”选项卡中的“搜索”按钮，在文档编辑窗口的表单中出现一个搜索文本域。

（2）选择“插入 > 表单 > 搜索”命令，在文档编辑窗口的表单中出现一个搜索文本域。

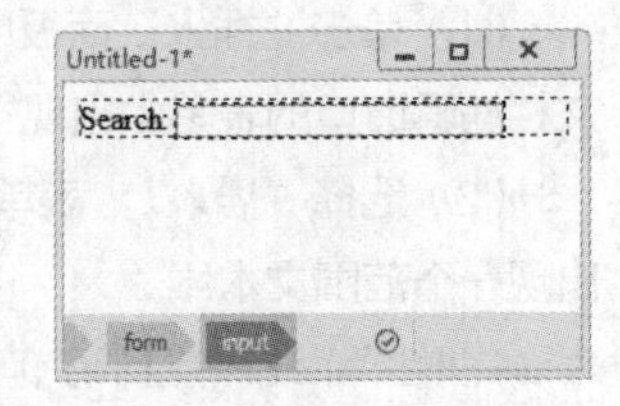

图 9-107

“属性”面板中显示了搜索文本域的属性，如图 9-108 所示，可以根据需要在此设置搜索文本域的各项属性。

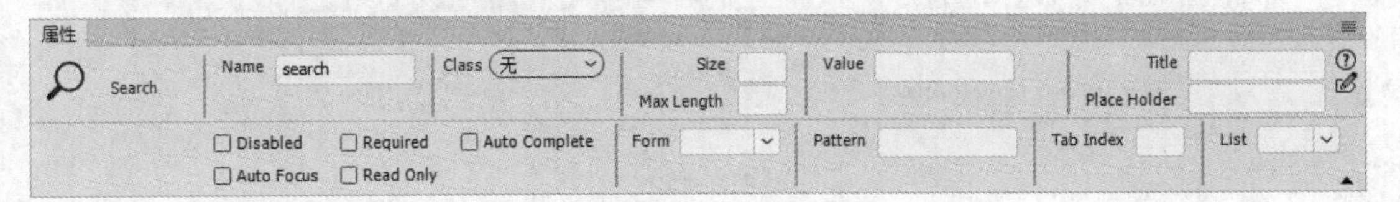

图 9-108

搜索文本域相关属性的设置与前面介绍的表单元素属性的设置基本相同，这里不赘述了。

9.4.6 插入数字文本域

数字文本域是专门为输入特定的数字而定义的文本框，具有“Min”“Max”“Step”属性，分别表示允许输入的最小值、最大值和调整步长。要在表单域中插入数字文本域，先将光标置于表单内需要插入数字文本域的位置，然后插入数字文本域，如图 9-109 所示。

插入数字文本域有以下 2 种方法。

（1）单击“插入”面板中“表单”选项卡中的“数字”按钮，在文档编辑窗口的表单中出现一个数字文本域。

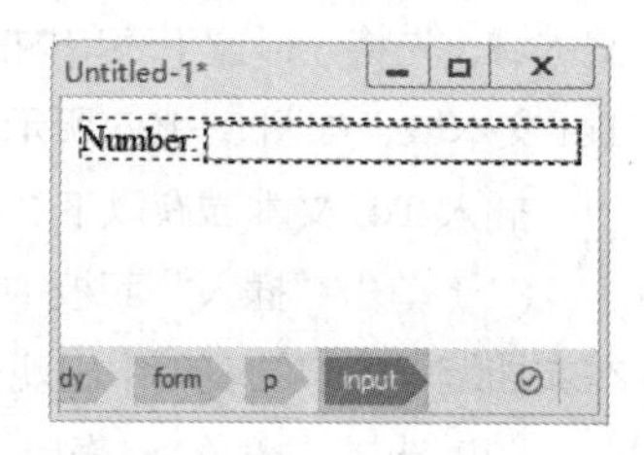

图 9-109

（2）选择“插入 > 表单 > 数字”命令，在文档编辑窗口的表单中出现一个数字文本域。

“属性”面板中显示了数字文本域的属性，如图 9-110 所示，可以根据需要在此设置数字文本域的各项属性。

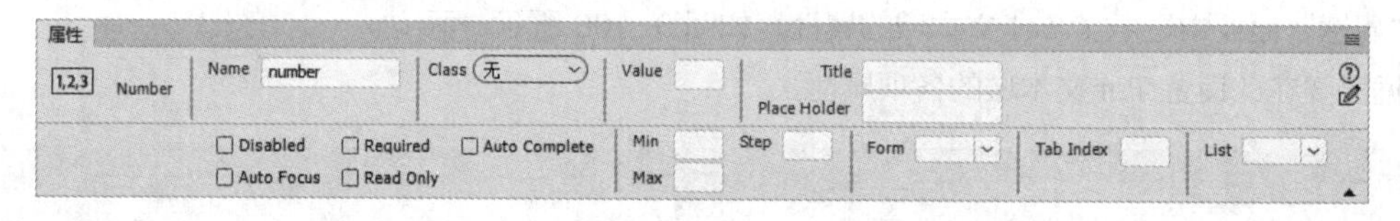

图 9-110

除了上面介绍的“Min”“Max”“Step”属性，数字文本域相关属性的设置与前面介绍的表单元素属性的设置基本相同，这里不赘述了。

9.4.7 插入范围文本域

范围文本域将文本框显示为滑动条，作为某一特定范围内的数值选择器。要在表单域中插入范围文本域，先将光标置于表单内需要插入范围文本域的位置，然后插入范围文本域，如图 9-111 所示。

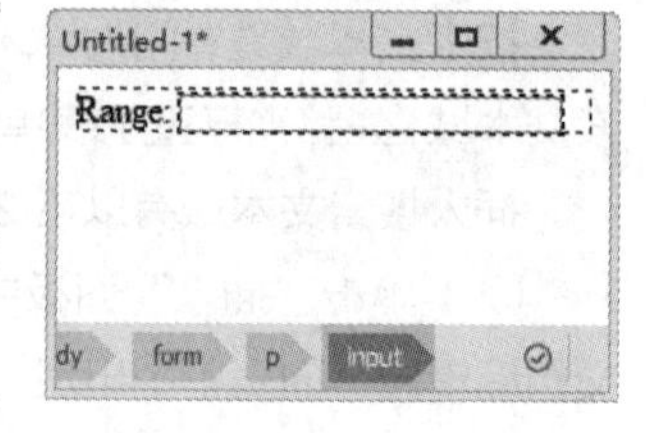

图 9-111

插入范围文本域有以下 2 种方法。

（1）单击“插入”面板中“表单”选项卡中的“范围”按钮，在文档编辑窗口的表单中出现一个范围文本域。

（2）选择“插入 > 表单 > 范围”命令，在文档编辑窗口的表单中出现一个范围文本域。

“属性”面板中显示了范围文本域的属性，如图 9-112 所示，可以根据需要在此设置范围文本域的各项属性。

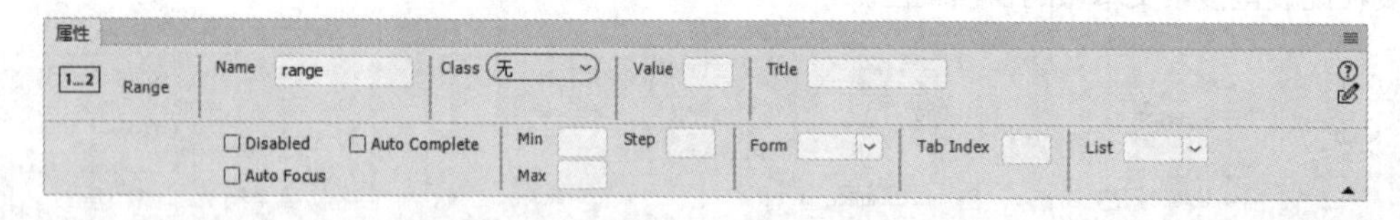

图 9-112

范围文本域相关属性的设置与前面介绍的表单元素属性的设置基本相同，这里不赘述了。

9.4.8 插入颜色文本域

将颜色文本域应用于网页时会默认提供一个颜色选择器，大部分浏览器还不能支持该表单元素，但 Chrome、火狐浏览器等支持该表单元素，如图 9-113 所示。

要在表单域中插入颜色文本域，先将光标置于表单内需要插入颜色文本域的位置，然后插入颜色文本域，如图 9-114 所示。

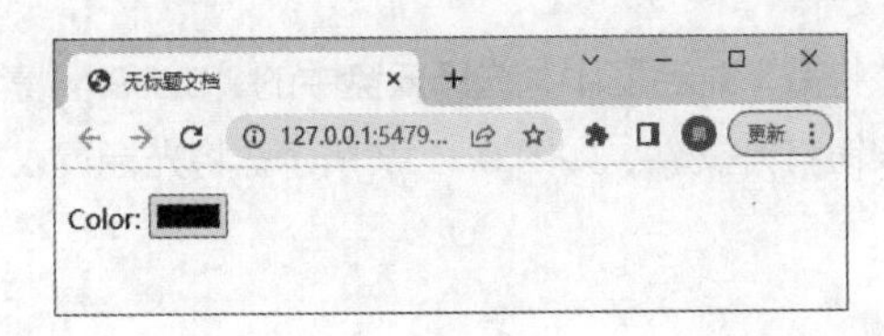

图 9-113

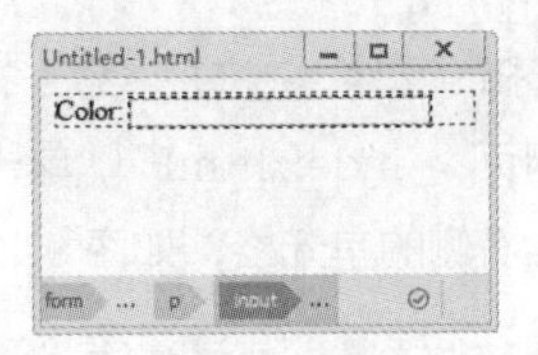

图 9-114

插入颜色文本域有以下 2 种方法。

（1）单击“插入”面板中“表单”选项卡中的“颜色”按钮，在文档编辑窗口的表单中出现一个颜色文本域。

（2）选择“插入 > 表单 > 颜色”命令，在文档编辑窗口的表单中出现一个颜色文本域。

“属性”面板中显示了颜色文本域的属性，如图 9-115 所示，可以根据需要在此设置颜色文本域的各项属性。

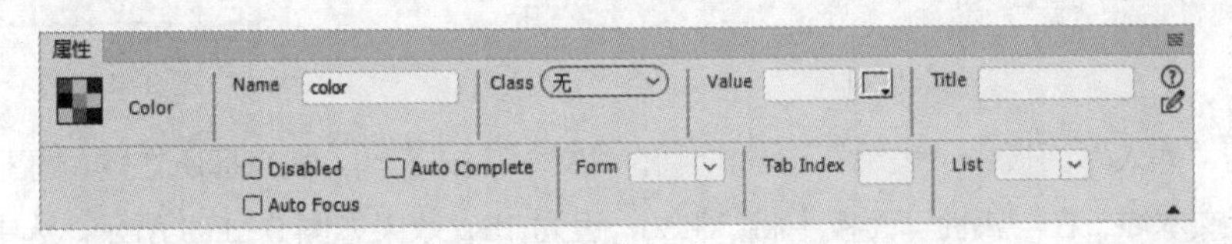

图 9-115

颜色文本域相关属性的设置与前面介绍的表单元素属性的设置基本相同，这里不赘述了。

9.4.9 课堂案例——鑫飞越航空网页

扫码观看
本案例视频

扩展阅读

案例学习目标

插入日期表单元素。

案例知识要点

使用“日期”按钮，插入日期表单元素。

效果所在位置

云盘中的“Ch09 > 效果 > 鑫飞越航空网页 > index.html”，效果如图 9-116 所示。

图 9-116

（1）选择“文件 > 打开”命令，在弹出的“打开”对话框中，选择云盘中的“Ch09 > 素材 > 鑫飞越航空网页 > index.html”，单击“打开”按钮打开文件，如图 9-117 所示。将光标置入文字“出发城市：”右侧的单元格，如图 9-118 所示。

图 9-117

图 9-118

（2）单击“插入”面板中“表单”选项卡中的“文本”按钮，在光标所在的位置插入单行文本域。选中单行文本域，在“属性”面板中将“Size”设为 15，效果如图 9-119 所示。选中文字“Text Field:”，如图 9-120 所示，按 Delete 键将其删除，效果如图 9-121 所示。

（3）用相同的方法在文字“到达城市：”右侧的单元格中插入单行文本域，并设置相应的属性，效果如图 9-122 所示。

图 9-119

图 9-120

图 9-121

图 9-122

（4）将光标置入文字“出发日期：”右侧的单元格，如图 9-123 所示。单击“插入”面板中“表单”选项卡中的“日期”按钮，在光标所在的位置插入日期表单元素。选中文字“Date:”，按 Delete 键将其删除，效果如图 9-124 所示。

（5）用相同的方法在文字“回程日期：”右侧的单元格中插入日期表单元素，效果如图 9-125 所示。

图 9-123

图 9-124

图 9-125

（6）保存文档，按 F12 键预览效果。可以在日期列表中选择需要的日期，如图 9-126 所示。

图 9-126

9.4.10 插入月表单元素

月表单元素的作用是为用户提供一个月选择器，大部分浏览器还不支持该表单元素，但 Chrome、360、Opera 等浏览器支持该表单元素，如图 9-127 所示。

要在表单域中插入月表单元素，先将光标置于表单内需要插入月表单元素的位置，然后插入月表单元素，如图 9-128 所示。

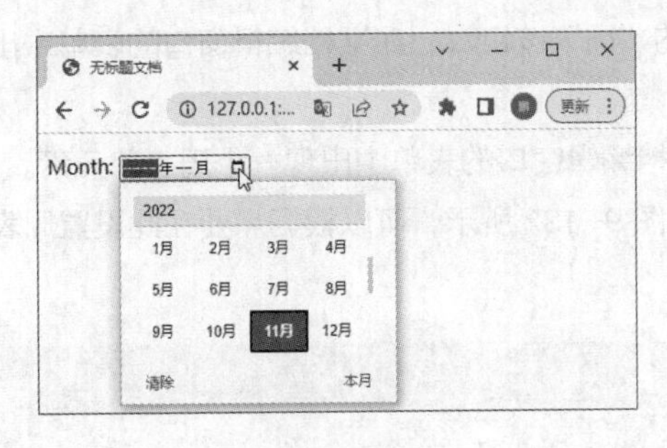

图 9-127

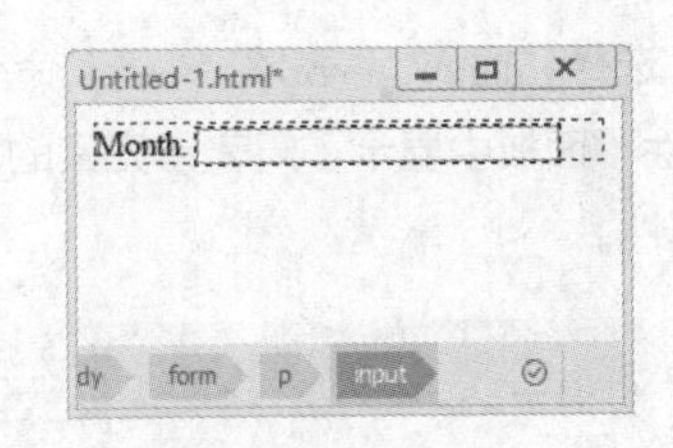

图 9-128

插入月表单元素有以下 2 种方法。

（1）单击“插入”面板中“表单”选项卡中的“月”按钮，在文档编辑窗口的表单中出现一个月表单元素。

（2）选择“插入 > 表单 > 月”命令，在文档编辑窗口的表单中出现一个月表单元素。

“属性”面板中显示了月表单元素的属性，如图 9-129 所示，可以根据需要在此设置月表单元素的各项属性。

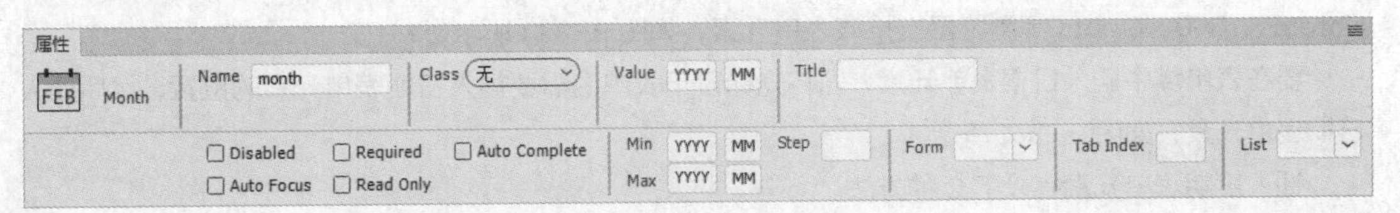

图 9-129

月表单元素相关属性的设置与前面介绍的表单元素属性的设置基本相同，这里不赘述了。

9.4.11 插入周表单元素

周表单元素的作用是为用户提供一个周选择器，大部分浏览器还不支持该表单元素，但 Chrome、360、Opera 等浏览器支持该表单元素，如图 9-130 所示。

要在表单域中插入周表单元素，先将光标置于表单内需要插入周表单元素的位置，然后插入周表单元素，如图 9-131 所示。

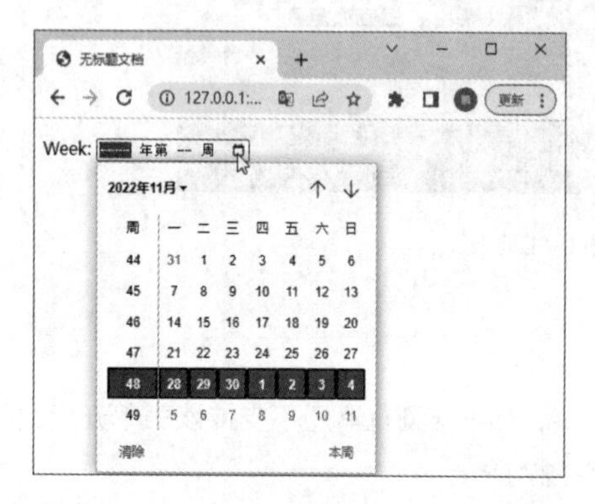

图 9-130

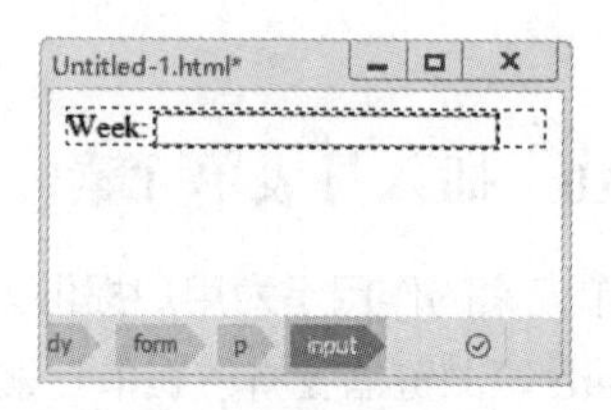

图 9-131

插入周表单元素有以下 2 种方法。

（1）单击“插入”面板中“表单”选项卡中的“周”按钮，在文档编辑窗口的表单中出现一个周表单元素。

（2）选择“插入 > 表单 > 周”命令，在文档编辑窗口的表单中出现一个周表单元素。

“属性”面板中显示了周表单元素的属性，如图 9-132 所示，可以根据需要在此设置周表单元素的各项属性。

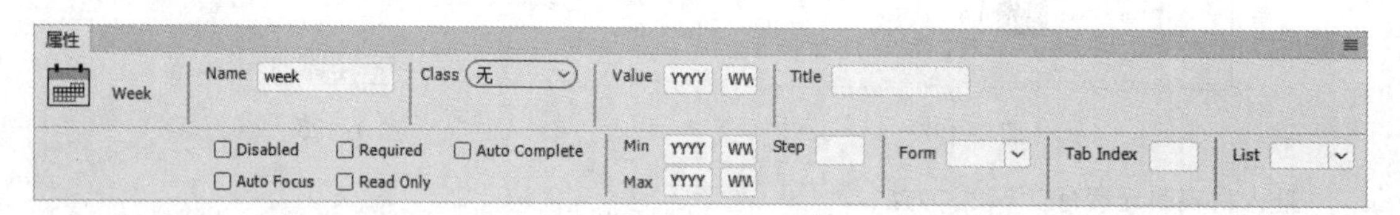

图 9-132

周表单元素相关属性的设置与前面介绍的表单元素属性的设置基本相同，这里不赘述了。

9.4.12 插入日期表单元素

日期表单元素的作用是为用户提供一个日期选择器，大部分浏览器还不支持该表单元素，但 Chrome、360、Opera 等浏览器支持该表单元素，如图 9-133 所示。

要在表单域中插入日期表单元素，先将光标置于表单内需要插入日期表单元素的位置，然后插入日期表单元素，如图 9-134 所示。

插入日期表单元素有以下 2 种方法。

（1）单击“插入”面板中“表单”选项卡中的“日期”按钮，在文档编辑窗口的表单中出现一个日期表单元素。

（2）选择“插入 > 表单 > 日期”命令，在文档编辑窗口的表单中出现一个日期表单元素。

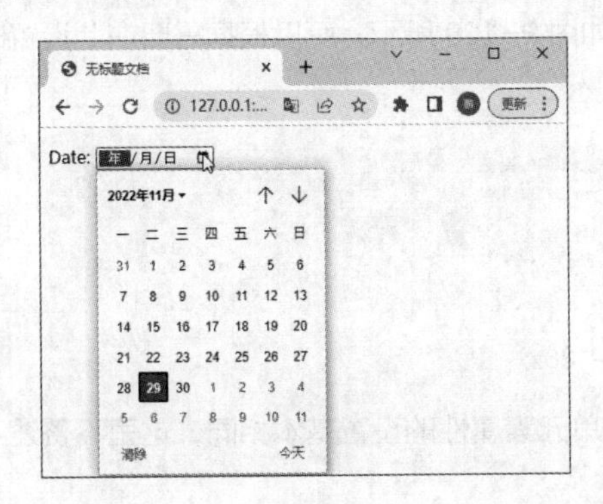

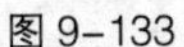
图 9-133

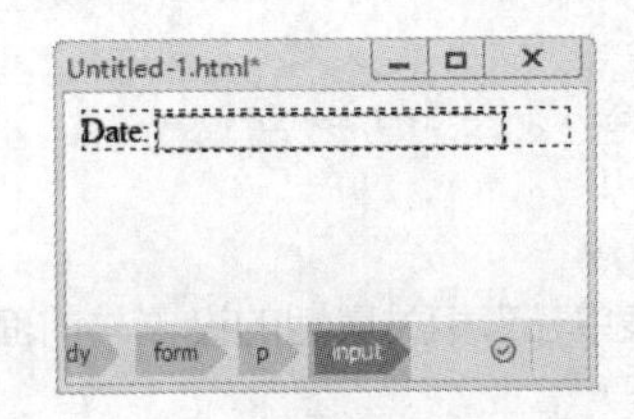

图 9-134

“属性”面板中显示了日期表单元素的属性，如图 9-135 所示，可以根据需要在此设置日期表单元素的各项属性。

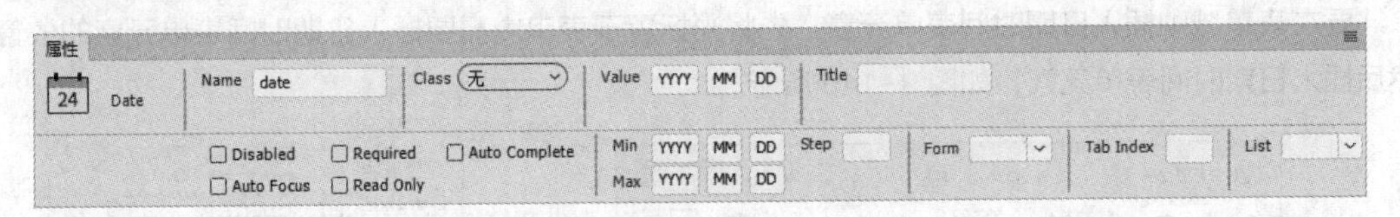

图 9-135

日期表单元素相关属性的设置与前面介绍的表单元素属性的设置基本相同，这里不赘述了。

9.4.13 插入时间表单元素

时间表单元素的作用是为用户提供一个时间选择器，大部分浏览器还不支持该表单元素，但 Chrome、360、Opera 等浏览器支持该表单元素，如图 9-136 所示。

要在表单域中插入时间表单元素，先将光标置于表单内需要插入时间表单元素的位置，然后插入时间表单元素，如图 9-137 所示。

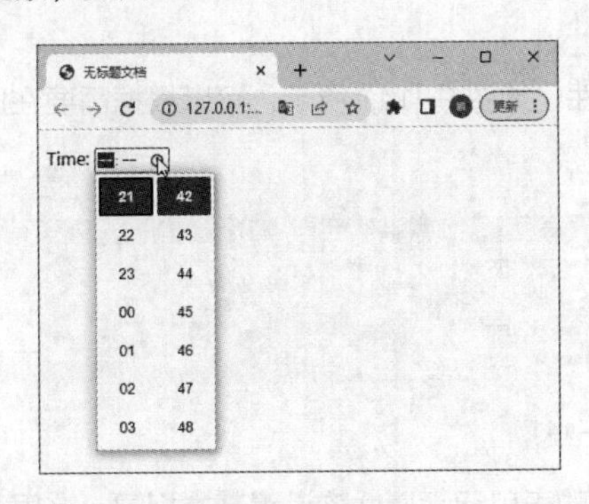

图 9-136

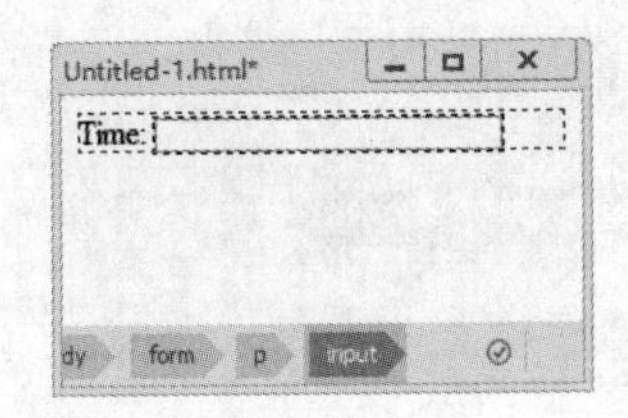

图 9-137

插入时间表单元素有以下 2 种方法。

（1）单击“插入”面板中“表单”选项卡中的“时间”按钮，在文档编辑窗口的表单中出现一个时间表单元素。

（2）选择“插入 > 表单 > 时间”命令，在文档编辑窗口的表单中出现一个时间表单元素。

“属性”面板中显示了时间表单元素的属性，如图 9-138 所示，可以根据需要在此设置时间表单元素的各项属性。

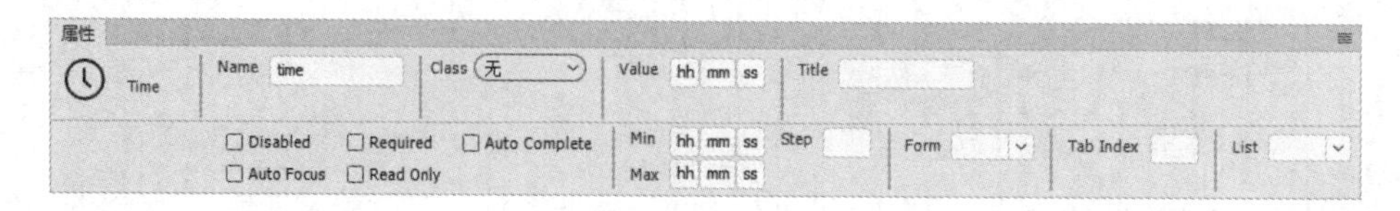

图 9-138

时间表单元素相关属性的设置与前面介绍的表单元素属性的设置基本相同，这里不赘述了。

9.4.14 插入日期时间表单元素

日期时间表单元素的作用是为用户提供一个完整的日期时间选择器，大部分浏览器还不支持该表单元素，但 Chrome、360、Opera 等浏览器支持该表单元素，如图 9-139 所示。

要在表单域中插入日期时间表单元素，先将光标置于表单内需要插入日期时间表单元素的位置，然后插入日期时间表单元素，如图 9-140 所示。

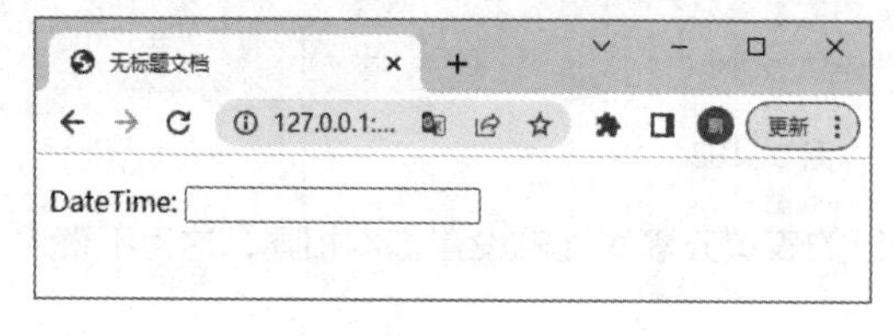

图 9-139

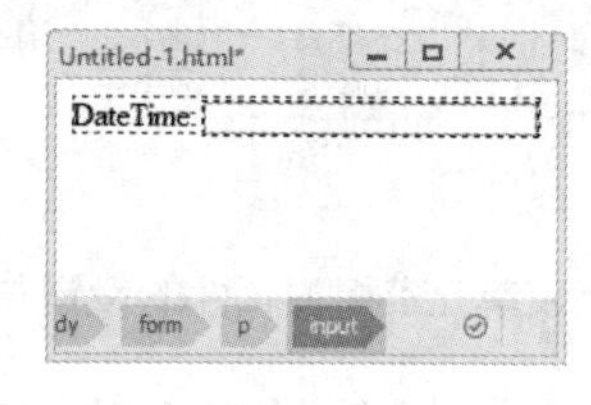

图 9-140

插入日期时间表单元素有以下 2 种方法。

（1）单击“插入”面板中“表单”选项卡中的“日期时间”按钮，在文档编辑窗口的表单中出现一个日期时间表单元素。

（2）选择“插入 > 表单 > 日期时间”命令，在文档编辑窗口的表单中出现一个日期时间表单元素。

“属性”面板中显示了日期时间表单元素的属性，如图 9-141 所示，可以根据需要在此设置日期时间表单元素的各项属性。

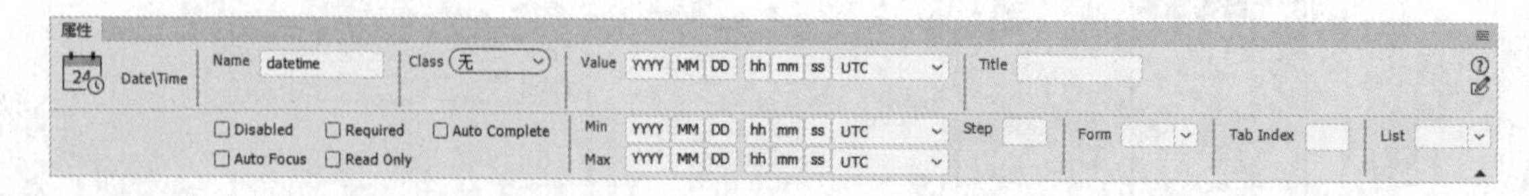

图 9-141

日期时间表单元素相关属性的设置与前面介绍的表单元素属性的设置基本相同，这里不赘述了。

9.4.15 插入日期时间（当地）表单元素

日期时间（当地）表单元素的作用是为用户提供一个完整的日期时间（不包含时区）选择器，大部分浏览器中还不支持该表单元素，但 Chrome、360、Opera 等浏览器支持该表单元素，如图 9-142 所示。

要在表单域中插入日期时间（当地）表单元素，先将光标置于表单内需要插入日期时间（当地）表单元素的位置，然后插入日期时间（当地）表单元素，如图 9-143 所示。

图 9-142

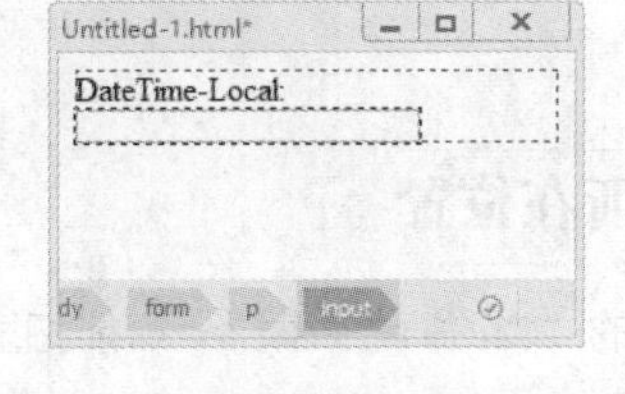

图 9-143

插入日期时间（当地）表单元素有以下 2 种方法。

（1）单击“插入”面板中“表单”选项卡中的“日期时间（当地）”按钮，在文档编辑窗口的表单中出现一个日期时间（当地）表单元素。

（2）选择“插入 > 表单 > 日期时间（当地）”命令，在文档编辑窗口的表单中出现一个日期时间（当地）表单元素。

“属性”面板中显示了日期时间（当地）表单元素的属性，如图 9-144 所示，可以根据需要在此设置日期时间（当地）表单元素的各项属性。

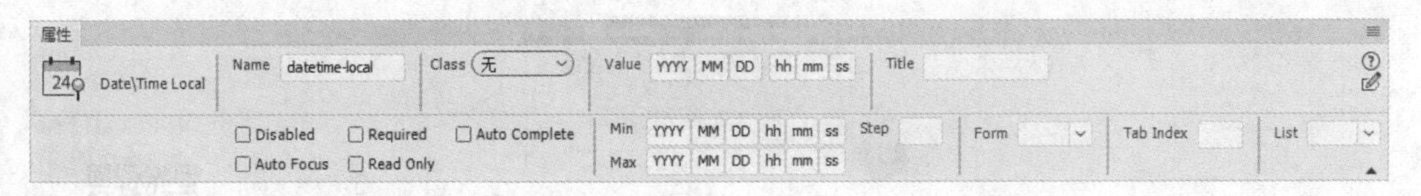

图 9-144

日期时间（当地）表单元素相关属性的设置与前面介绍的表单元素属性的设置基本相同，这里不赘述了。

9.5 课堂练习——智能扫地机器人网页

练习知识要点

使用“表单”按钮插入表单；使用“Table”按钮插入表格，进行页面布局；使用“图像按钮”按钮插入图像按钮；使用“复选框”按钮插入复选框；使用“文本”按钮插入单行文本域；使用“Tel”按钮插入 Tel 文本域。完成效果如图 9-145 所示。

图 9-145

效果所在位置

云盘中的“Ch09 > 效果 > 智能扫地机器人网页 > index.html”。

9.6 课后习题——职业培训网页

习题知识要点

使用“文本”按钮，插入单行文本域；使用“图像按钮”按钮，插入图像按钮；使用“单选按钮”按钮，插入单选按钮。完成效果如图 9-146 所示。

图 9-146

效果所在位置

云盘中的“Ch09 > 效果 > 房屋评估网页 > index.html”。

10 第 10 章 行为

行为是 Dreamweaver 2020 预置的 JaveScript 程序库，每个行为包括一个动作和一个事件。任何一个动作都需要一个事件激活，两者相辅相成。动作是一段已编辑好的 JaveScript 代码，这段代码在特定事件被激活时执行。本章主要讲解行为和动作的应用方法，通过对这些内容的学习，读者可以在网页中熟练应用行为和动作，使制作的网页更加生动精彩。

学习要点

- “行为”面板的使用
- 调用 JavaScript、打开浏览器窗口和转到 URL
- 检查插件、检查表单和交换图像
- 容器的文本、状态栏文本、文本域文字的设置
- 跳转菜单和跳转菜单开始的设置

素养目标

1. 培养运用逻辑思维方法解决问题的能力
2. 激发对添加行为的学习兴趣

10.1 行为

行为可理解为在网页中进行的一系列动作，以实现用户与网页间的交互。行为代码是 Dreamweaver 2020 提供的内置代码，运行于客户端的浏览器中。

10.1.1 “行为”面板

使用“行为”面板为网页元素指定动作和事件方便快捷。在文档编辑窗口中，选择“窗口 > 行为”命令，或按 Shift+F4 组合键，即可打开“行为”面板，如图 10-1 所示。

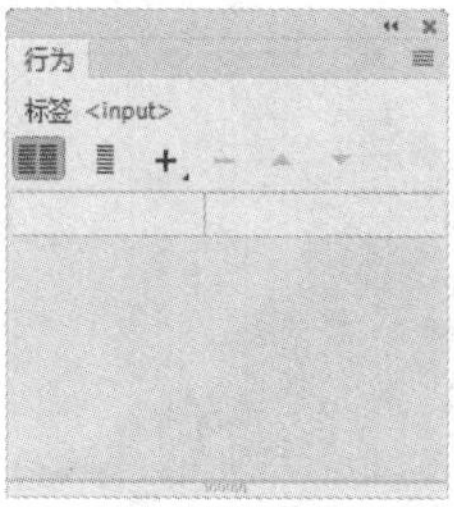

图 10-1

“行为”面板由以下几部分组成。

- “添加行为”按钮 +：单击此按钮，将弹出下拉菜单，从下拉菜单中选择一个行为即可添加行为。
- “删除事件”按钮 -：用于删除所选的事件和动作。
- “增加事件值”按钮▲、“降低事件值”按钮▼：用来调整动作的顺序。在“行为”面板中，所有事件和动作按照它们在面板中的显示顺序发生，设计时要根据实际情况调整动作的顺序。

10.1.2 应用行为

1. 将行为附加到网页元素上

将某个行为附加到网页元素上，具体操作步骤如下。

（1）在文档编辑窗口中选择一个元素，例如一个图像或一个链接。若要将行为附加到整个网页，则单击文档编辑窗口左下方的标签栏的“body”标签。

（2）选择“窗口 > 行为”命令，弹出“行为”面板。

（3）单击“添加行为”按钮 +，并在弹出的下拉菜单中选择一个动作，如图 10-2 所示。弹出相应的参数设置对话框，在其中进行设置后，单击“确定”按钮。

（4）在“行为”面板的事件列表中显示了动作的默认事件，单击该事件，会出现箭头按钮 ⌄。单击该按钮，弹出包含全部事件的事件列表，如图 10-3 所示，可根据需要选择相应的事件。

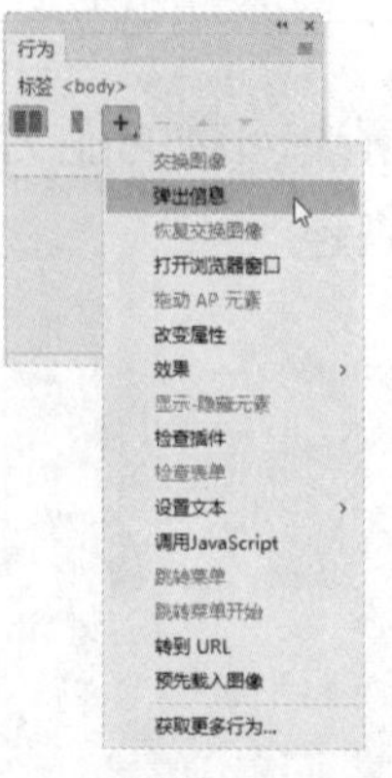

图 10-2

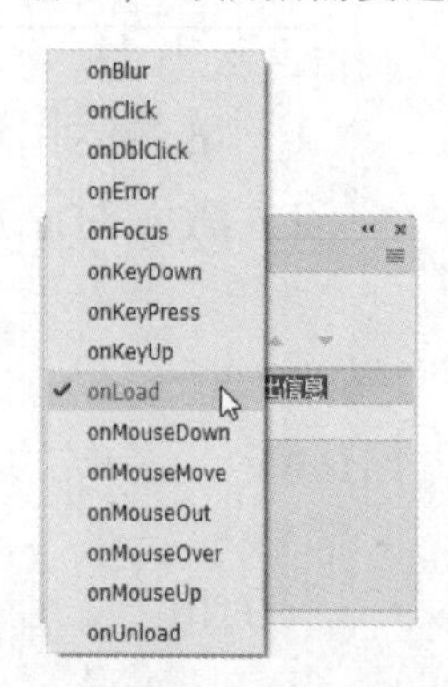

图 10-3

2. 将行为附加到文本上

将某个行为附加到所选的文本上，具体操作步骤如下。

（1）为文本添加一个空链接。

（2）选择“窗口 > 行为”命令，弹出“行为”面板。

（3）选中链接文本，单击“添加行为”按钮+，从弹出的下拉菜单中选择一个动作，如“弹出信息”动作，并在弹出的对话框中设置该动作的参数，如图 10-4 所示。

（4）在“行为”面板的事件列表中显示了动作的默认事件，单击该事件，会出现箭头按钮。单击该按钮，弹出包含全部事件的事件列表，如图 10-5 所示，可根据需要选择相应的事件。

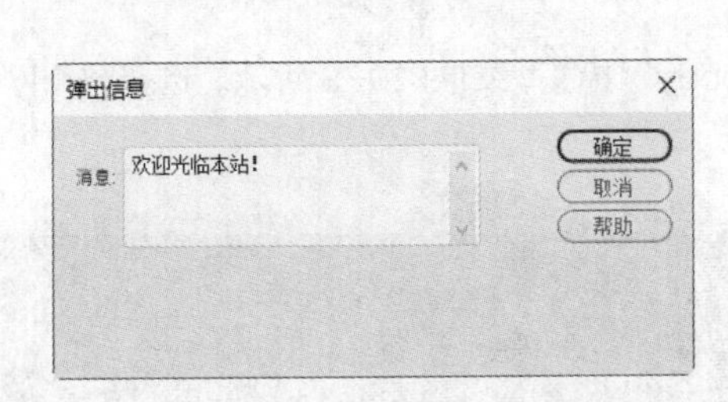

图 10-4

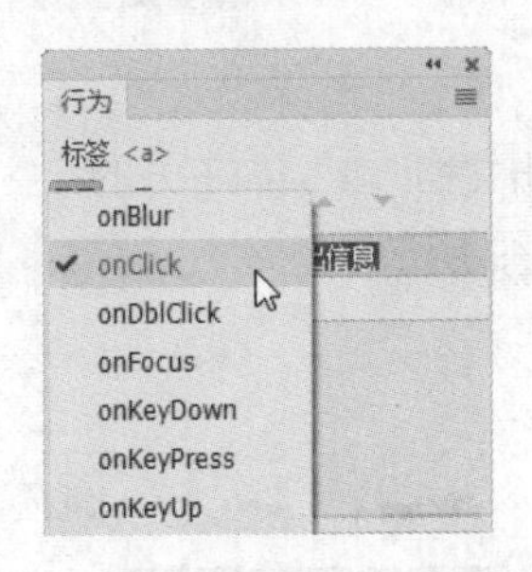

图 10-5

10.2 动作

动作是 Dreamweaver 2020 系统预先定义好的用于完成指定任务的代码。因此，网页设计者需要了解系统所提供的动作，掌握每个动作的功能以及实现这些功能的方法。下面将介绍几个常用的动作。

10.2.1 课堂案例——婚戒网页

案例学习目标

使用行为在网页中显示指定大小和功能的弹出窗口。

扫码观看
本案例视频

扩展阅读

案例知识要点

使用“打开浏览器窗口”命令，制作在网页中显示的指定大小和功能的弹出窗口。

效果所在位置

云盘中的“Ch10 > 效果 > 婚戒网页 > index.html”，效果如图 10-6 所示。

（1）选择“文件 > 打开”命令，在弹出的“打开”对话框中，选择云盘中的“Ch10 > 素材 > 婚戒网页 > index.html”，单击“打开”按钮打开文件，如图 10-7 所示。

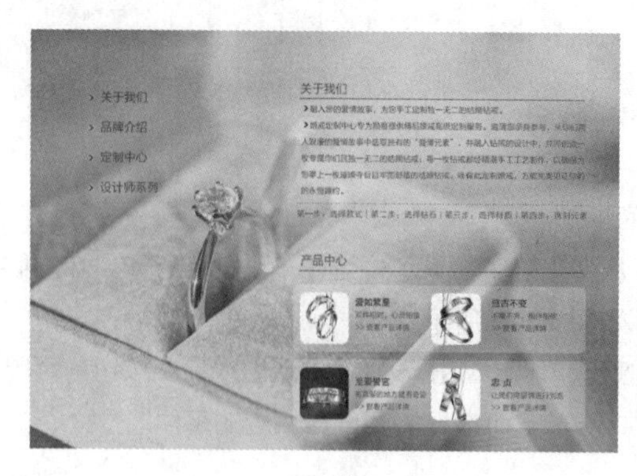

图 10-6

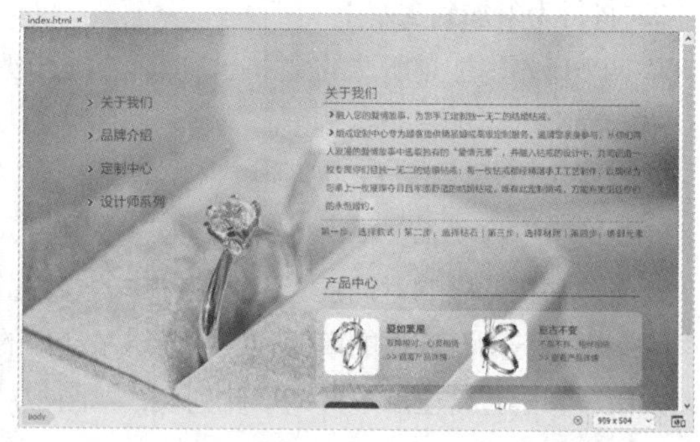

图 10-7

（2）单击文档编辑窗口下方的标签栏中的“body”标签，如图 10-8 所示。选择整个网页文档，效果如图 10-9 所示。

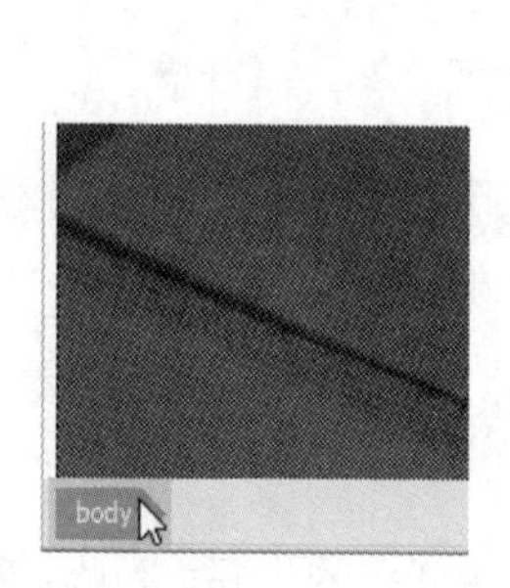

图 10-8

图 10-9

（3）按 Shift+F4 组合键，弹出“行为”面板，单击面板中的“添加行为”按钮+，在弹出的下拉菜单中选择“打开浏览器窗口”命令，弹出“打开浏览器窗口”对话框，如图 10-10 所示。

（4）单击“要显示的 URL”文本框右侧的“浏览”按钮，在弹出的“选择文件”对话框中，选择云盘中的“Ch10 > 素材 > 婚戒网页 > ziye.html”，如图 10-11 所示。

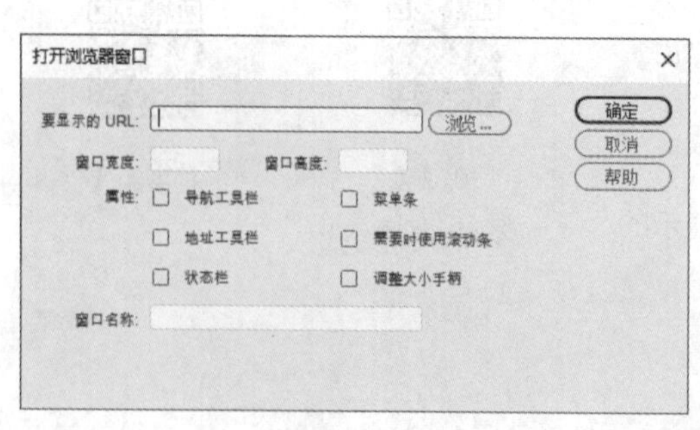

图 10-10

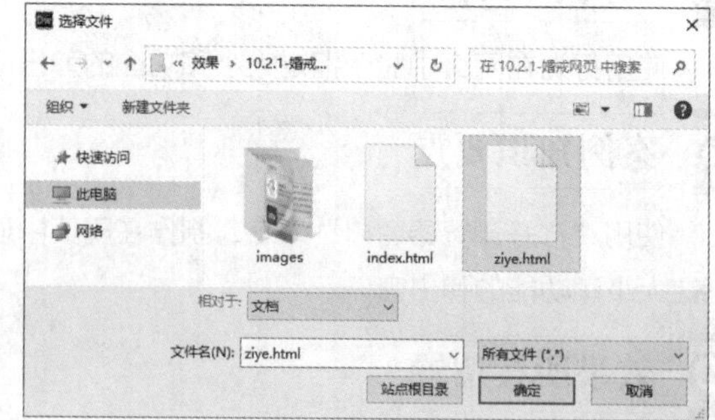

图 10-11

（5）单击“确定”按钮，返回“打开浏览器窗口”对话框，其他的设置如图 10-12 所示。单击“确定”按钮，返回“行为”面板，单击“事件”选项右侧的箭头按钮⌄，在弹出的事件列表中选择

“onClick”选项，如图 10-13 所示。

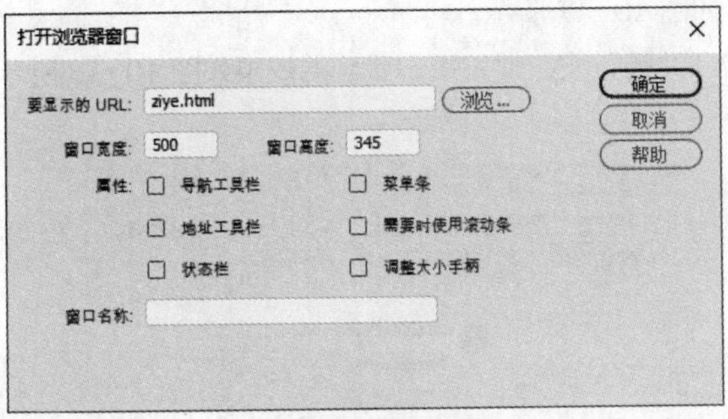

图 10-12

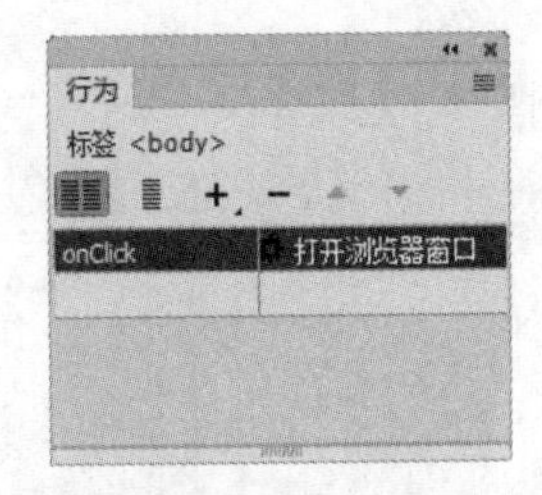

图 10-13

（6）保存文档，按 F12 键预览效果，在页面中单击会弹出窗口，如图 10-14 所示。

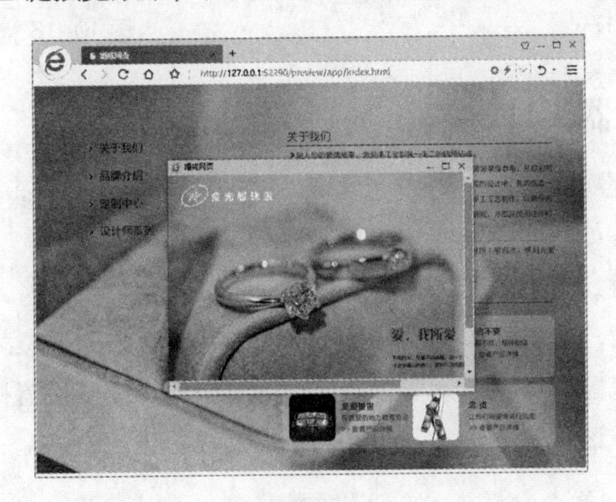

图 10-14

10.2.2　调用 JavaScript

“调用 JavaScript”动作的功能是当发生某个事件时调用自定义函数或 JavaScript 代码。使用“调用 JavaScript”动作的具体操作步骤如下。

（1）选择一个网页元素对象，如“刷新”按钮，如图 10-15 所示，打开“行为”面板。

（2）在“行为”面板中，单击“添加行为”按钮 +，从弹出的下拉菜单中选择“调用 JavaScript”动作，弹出“调用 JavaScript”对话框，如图 10-16 所示。在“JavaScript”文本框中输入 JavaScript 代码或用户想要触发的函数名。例如，用户想在单击“刷新”按钮时刷新网页，可以输入“window.location.reload()”；想在单击“关闭”按钮时关闭网页，可以输入“window.close()”。单击“确定”按钮完成设置。

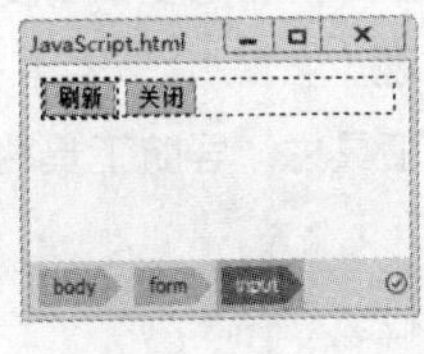

图 10-15

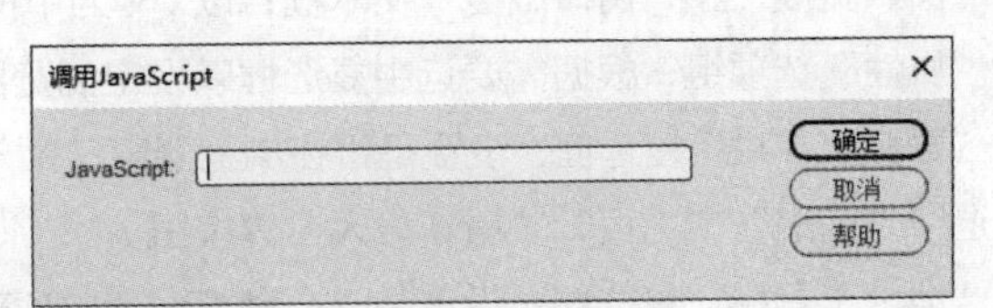

图 10-16

（3）如果不是默认事件，则单击该事件会出现箭头按钮 。单击该按钮，弹出包含全部事件的事件列表，用户可根据需要选择相应的事件，如图 10-17 所示。

（4）保存页面并用浏览器打开。当单击“关闭”按钮时，用户看到的效果如图 10-18 所示。

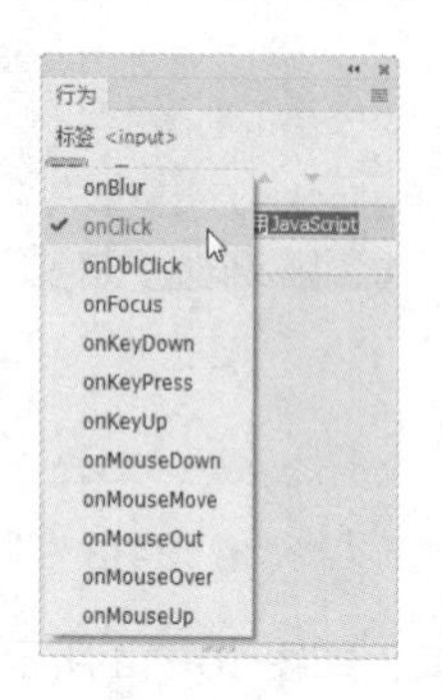

图 10-17

图 10-18

10.2.3 打开浏览器窗口

使用“打开浏览器窗口”动作可以在一个新的窗口中访问指定的 URL，还可以指定新窗口的属性、特征和名称，具体操作步骤如下。

（1）打开一个网页文件，选择一张图片，如图 10-19 所示。

（2）打开“行为”面板，单击“添加行为”按钮 +，并在弹出的下拉菜单中选择“打开浏览器窗口”动作，弹出“打开浏览器窗口”对话框。在该对话框中根据需要设置相应参数，如图 10-20 所示。单击“确定”按钮完成设置。

图 10-19

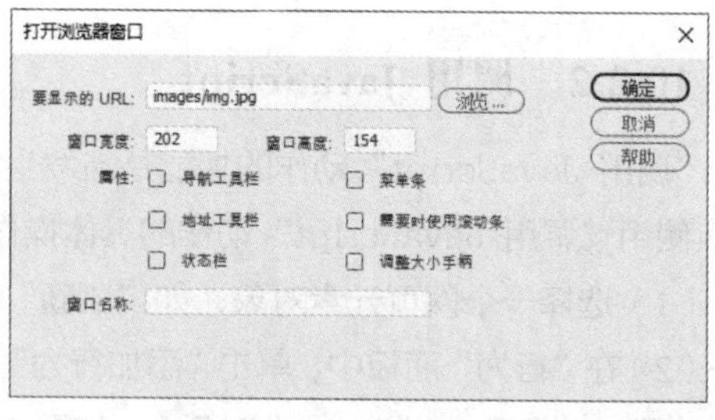

图 10-20

“打开浏览器窗口”对话框中各项的作用如下。

- “要显示的 URL”文本框：必选项，用于设置要显示网页的地址。
- “窗口宽度”和“窗口高度”文本框：以 px 为单位设置浏览器窗口的宽度和高度。
- “属性”选项组：根据需要选中复选框以设定浏览器窗口的外观。
- “导航工具栏”复选框：设置是否在浏览器窗口顶部显示导航工具栏。导航工具栏中包括“后退”“前进”“主页”“重新载入”等按钮。
- “地址工具栏”复选框：设置是否在浏览器窗口顶部显示地址栏。
- “状态栏”复选框：设置是否在浏览器窗口底部显示状态栏，用以显示提示、状态等信息。

- “菜单条”复选框：设置是否在浏览器窗口顶部显示菜单，包括“文件”“编辑”“查看”“转到”“帮助”等菜单。
- “需要时使用滚动条”复选框：设置在浏览器窗口的内容超出可视区域时，是否显示滚动条。
- “调整大小手柄”复选框：设置是否能够调整浏览器窗口的大小。
- “窗口名称”文本框：设置新窗口的名称。因为要通过 JavaScript 使用链接指向新窗口或控制新窗口，所以应该对新窗口进行命名。

（3）添加行为时，系统自动为用户选择了事件“onClick”。这里需要调整事件。单击该事件，会出现箭头按钮，单击该按钮，选择“onMouseOver”（鼠标指针经过）选项，如图 10-21 所示，“行为”面板中的事件立即改变。

（4）使用相同的方法，为其他图片添加行为。

（5）保存文档，按 F12 键浏览网页，当鼠标指针经过图片时，会弹出一个窗口，显示对应的完整图片，如图 10-22 所示。

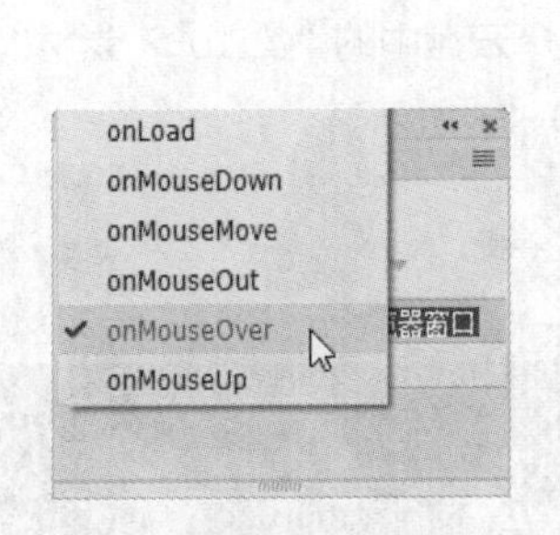

图 10-21

图 10-22

10.2.4 转到 URL

“转到 URL”动作的功能是在当前窗口或指定的框架中打开一个新页面。此动作尤其适合用于通过一次单击操作更改两个或多个框架的内容。

使用“转到 URL”动作的具体操作步骤如下。

（1）选择一个网页元素对象并打开“行为”面板。

（2）单击“添加行为”按钮 +，并从弹出的下拉菜单中选择“转到 URL”动作，弹出“转到 URL”对话框，如图 10-23 所示。在该对话框中根据需要进行相应设置，单击“确定”按钮完成设置。

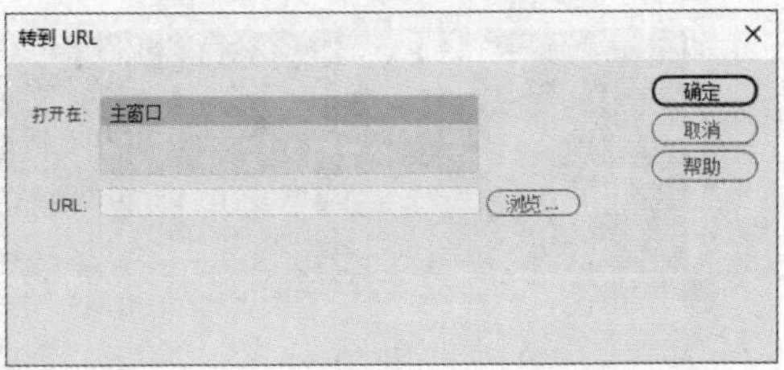

图 10-23

“转到 URL”对话框中各项的作用如下。

- “打开在”列表：自动列出当前框架集中所有框架的名称以及主窗口。如果没有任何框架，则主窗口是唯一的选项。
- “URL”文本框：单击“浏览”按钮选择要打开的文档，或输入网页文件的地址。

（3）如果不是默认事件，则单击该事件会出现箭头按钮。单击该按钮，弹出包含全部事件的事件列表，用户可根据需要选择相应的事件。

（4）按 F12 键浏览网页。

10.2.5 课堂案例——开心烘焙网页

案例学习目标

使用行为设置图像变化效果。

扫码观看

本案例视频

扩展阅读

案例知识要点

使用“交换图像”命令，制作鼠标指针经过图像发生变化的效果。

效果所在位置

云盘中的“Ch10 > 效果 > 开心烘焙网页 > index.html”，效果如图 10-24 所示。

（1）选择“文件 > 打开”命令，在弹出的“打开”对话框中，选择云盘中的“Ch10 > 素材 > 开心烘焙网页 > index.html”，单击“打开”按钮打开文件，如图 10-25 所示。

图 10-24

图 10-25

（2）选中图 10-26 所示的图片，选择“窗口 > 行为”命令，弹出“行为”面板，单击面板中的“添加行为”按钮+，在弹出的下拉菜单中选择“交换图像”命令，弹出“交换图像”对话框，如图 10-27 所示。

图 10-26

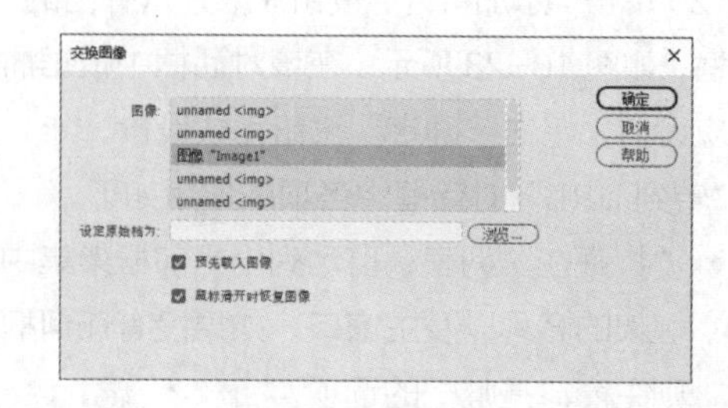

图 10-27

（3）单击“设定原始档为”文本框右侧的“浏览”按钮，在弹出的“选择图像源文件”对话框中选择云盘中的“Ch10 > 素材 > 开心烘焙网页 > images > pic_07.jpg”。单击“确定”按钮，返回“交换图像”对话框，如图 10-28 所示。单击“确定”按钮，“行为”面板如图 10-29 所示。

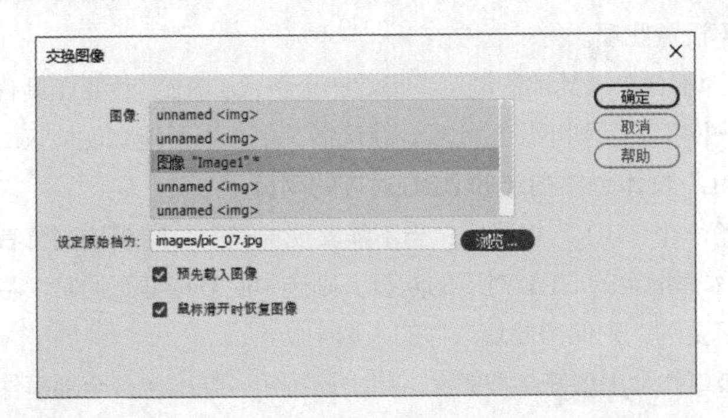

图 10-28

图 10-29

（4）保存文档，按 F12 键预览效果，如图 10-30 所示。当鼠标指针经过图像时，图像发生变化，如图 10-31 所示。

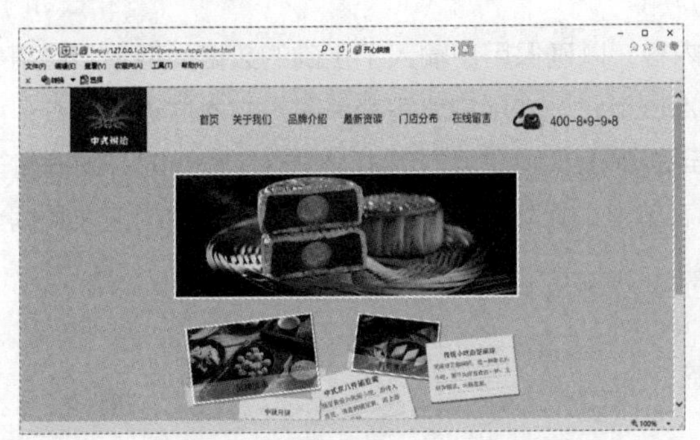

图 10-30

图 10-31

10.2.6 检查插件

“检查插件”动作的功能是判断用户的计算机是否安装了指定的插件，以决定是否跳转到不同的页面。

使用“检查插件”动作的具体操作步骤如下。

（1）选择一个网页元素对象并打开“行为”面板。

（2）在“行为”面板中，单击“添加行为”按钮 +，并从弹出的下拉菜单中选择“检查插件”动作，弹出“检查插件”对话框，如图 10-32 所示。在该对话框中根据需要进行相应设置。单击“确定”按钮完成设置。

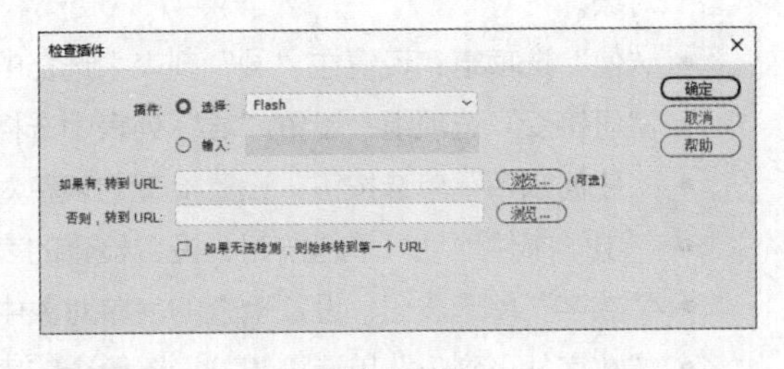

图 10-32

“检查插件”对话框中各项的作用如下。

- “插件”选项组：设置插件对象，包括选择和输入插件名称 2 种方式。若选中“选择”单选按钮，则从其右侧的下拉列表中选择一个插件；若选中“输入”单选按钮，则在其右侧的文本框中输入插件的名称。

- “如果有，转到 URL”文本框：为具有该插件的浏览者指定一个 URL。若要让具有该插件的浏览者停留在同一页面上，则不设置此项。
- “否则，转到 URL”文本框：为不具有该插件的浏览者指定一个替代 URL。若要让具有和不具有该插件的浏览者停留在同一网页上，则不设置此项。默认情况下，当不能实现检查时，浏览者被定位到“否则，转到 URL”文本框中指定的 URL 对应的网页。
- “如果无法检测，则始终转到第一个 URL”复选框：当不能实现检查时，若想让浏览者被定位到“如果有，转到 URL”文本框指定的 URL 对应的网页，则选中此复选框。通常，若插件内容对于用户的网页而言是不必要的，则保留此复选框的未选中状态。

（3）如果不是默认事件，则单击该事件会出现箭头按钮⌄。单击该按钮，弹出包含全部事件的事件列表，用户可根据需要选择相应的事件。

（4）按 F12 键浏览网页。

10.2.7 检查表单

“检查表单”动作的功能是检查指定文本域的内容，以确保用户输入了正确的数据类型。若使用 onBlur 事件将“检查表单”动作分别附加到各文本域上，则在用户填写表单时对文本域进行检查；若使用 onSubmit 事件将“检查表单”动作附加到表单上，则在用户单击“提交”按钮时，同时对多个文本域进行检查。将“检查表单”动作附加到表单上，能防止将表单中指定文本域内的无效数据提交到服务器。

使用“检查表单”动作的具体操作步骤如下。

（1）选择文档编辑窗口左下方的“form”标签，打开“行为”面板。

（2）在“行为”面板中单击“添加行为”按钮+，并从弹出的下拉菜单中选择“检查表单”动作，弹出“检查表单”对话框，如图 10-33 所示。

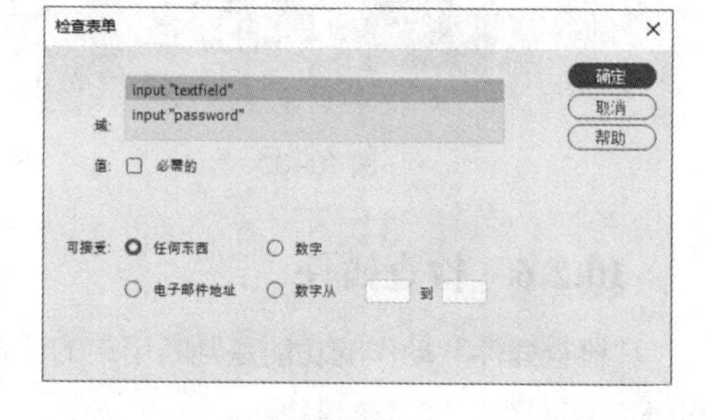

图 10-33

“检查表单”对话框中各项的作用如下。

- “域”列表：选择表单内需要进行检查的其他对象。
- “值”选项组：设置在“域”列表中选择的表单对象的值在用户浏览表单时是否必须设置。
- “可接受”选项组：设置“域”列表中选择的表单对象允许接收的值。
- “任何东西”单选按钮：设置检查的表单对象中可以包含任何特定类型的数据。
- “电子邮件地址”单选按钮：设置检查的表单对象中可以包含一个“@”符号。
- “数字”单选按钮：设置检查的表单对象中只包含数字。
- “数字从…到…”单选按钮：设置检查的表单对象中只包含特定范围内的数字。

在“检查表单”对话框中根据需要进行设置，先在“域”列表中选择要检查的表单对象，然后在“值”选项组中设置是否必须检查表单对象，接着在“可接受”选项组中设置表单对象允许接收的值，最后单击“确定”按钮完成设置。

（3）如果不是默认事件，则单击该事件会出现箭头按钮⌄。单击该按钮，弹出包含全部事件的事件列表，用户可根据需要选择相应的事件。

（4）按 F12 键浏览网页。

在浏览者提交表单时，如果要检查多个表单对象，则 onSubmit 事件自动出现在“行为”面板的事件列表中。如果要分别检查各个表单对象，则检查默认事件是否是 onBlur 或 onChange 事件。当浏览者从要检查的表单对象上移开鼠标指针时，这两个事件都会触发“检查表单”动作。它们之间的区别是 onBlur 事件不管浏览者是否在表单对象中输入内容都会发生，而 onChange 事件只有在浏览者更改了表单对象的内容时才会发生。当表单对象是必须检查的表单对象时，最好使用 onBlur 事件。

10.2.8 交换图像

“交换图像”动作通过更改<img>标签的 src 属性将一个图像和另一个图像进行交换。“交换图像”动作主要用于创建当鼠标指针经过时产生动态变化的按钮。

使用“交换图像”动作的具体操作步骤如下。

（1）若文档中没有图像，则选择“插入 > Image”命令，或单击“插入”面板中“HTML”选项卡中的“Image”按钮来插入一个图像；若当鼠标指针经过一个图像时，要使多个图像同时变换成相同的图像，则需要插入多个图像。

（2）选择一个初始的图像对象，并打开“行为”面板。

（3）在“行为”面板中单击“添加行为”按钮+，并从弹出的下拉菜单中选择“交换图像”动作，弹出“交换图像”对话框，如图 10-34 所示。

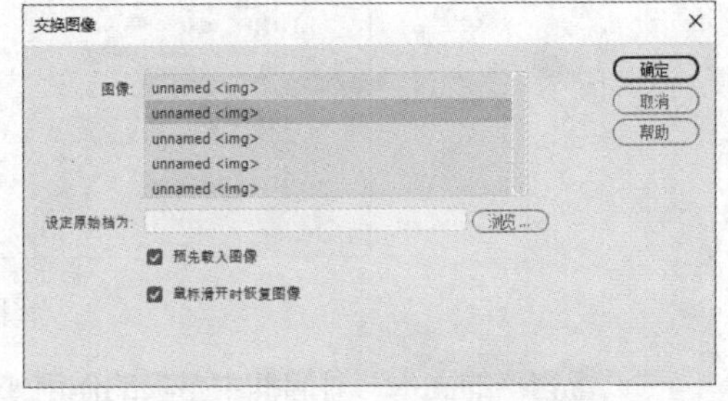

图 10-34

“交换图像”对话框中各项的作用如下。

- “图像”列表：选择要更改的初始图像。
- “设定原始档为”文本框：输入新图像的路径和文件名或单击“浏览”按钮选择新图像文件。
- “预先载入图像”复选框：设置是否在载入网页时将新图像载入浏览器的缓存中。若选中此复选框，则可防止由于下载而导致的图像延迟。
- “鼠标滑开时恢复图像”复选框：设置是否在鼠标指针移开时恢复图像。若选中此复选框，则会自动添加“恢复交换图像”动作，将最后一组交换的图像恢复为以前的初始文件，这样就会产生连续的动态效果。

（4）根据需要从“图像”列表中选择初始图像；在“设定原始档为”文本框中输入新图像的路径和文件名或单击“浏览”按钮选择新图像文件；选中“预先载入图像”和“鼠标滑开时恢复图像”复选框，然后单击“确定”按钮完成设置。

（5）如果不是默认事件，则单击该事件会出现箭头按钮。单击该按钮，弹出包含全部事件的事件列表，可根据需要选择相应的事件。

（6）按 F12 键浏览网页。

因为只有 src 属性受“交换图像”动作的影响，所以用户应该更换一个与原图像具有相同高度和宽度的图像。否则，更换的图像显示时会被压缩或拉伸，以适应原图像的尺寸。

10.2.9 设置容器的文本

“设置容器的文本”动作的功能是用指定的内容替换网页上现有层的内容和格式，该内容可以包括任何有效的 HTML 源代码。

虽然“设置容器的文本”动作会替换层的内容和格式，但其会保留层的属性，包括颜色。通过在“设置容器的文本”对话框的“新建 HTML”文本框中加入 HTML 标签，可对内容进行格式设置。

使用“设置容器的文本”动作的具体操作步骤如下。

（1）单击“插入”面板中“HTML”选项卡中的“Div”按钮，在文档编辑窗口中生成一个 div 容器。选中该 div 容器，在“属性”面板的“Div ID”文本框中输入一个名称。

（2）在文档编辑窗口中选择一个对象，如文字、图像、按钮等，并打开“行为”面板。

（3）在“行为”面板中，单击“添加行为”按钮，并从弹出的下拉菜单中选择“设置文本 > 设置容器的文本”命令，弹出“设置容器的文本”对话框，如图 10-35 所示。

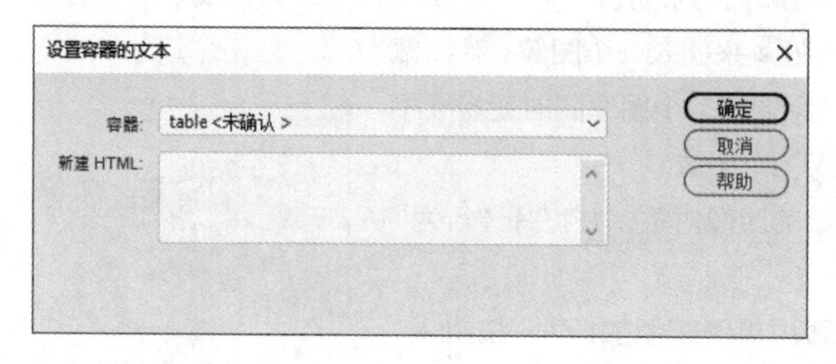

图 10-35

“设置容器的文本”对话框中各项的作用如下。

- “容器”下拉列表：选择目标层。
- “新建 HTML”文本框：输入层内显示的消息或相应的 JavaScript 代码。

在“设置容器的文本”对话框中根据需要选择相应的层，并在“新建 HTML”文本框中输入层内显示的消息。单击“确定”按钮完成设置。

（4）如果不是默认事件，则单击该事件会出现箭头按钮。单击该按钮，弹出包含全部事件的事件列表，用户可根据需要选择相应的事件。

（5）按 F12 键浏览网页。

10.2.10 设置状态栏文本

“设置状态栏文本”动作的功能是设置在浏览器窗口底部左侧的状态栏中显示的消息。访问者常常会忽略或注意不到状态栏中的消息，如果消息非常重要，应考虑将其显示为弹出式消息或层文本。可以在状态栏文本中嵌入任何有效的 JavaScript 函数调用、属性、全局变量或表达式。若要嵌入一个 JavaScript 表达式，需将其放置在大括号中。

使用“设置状态栏文本”动作的具体操作步骤如下。

（1）选择一个对象，如文字、图像、按钮等，并打开“行为”面板。

（2）在“行为”面板中单击“添加行为”按钮，并从弹出的下拉菜单中选择“设置文本 > 设置状态栏文本”命令，弹出“设置状态栏文本”对话框，如图 10-36 所示。该对话框中只有一个“消息”文本框，用于输入要在状态栏中显示的消息。消息要简明扼要，否则浏览器将把溢出的消息截断。

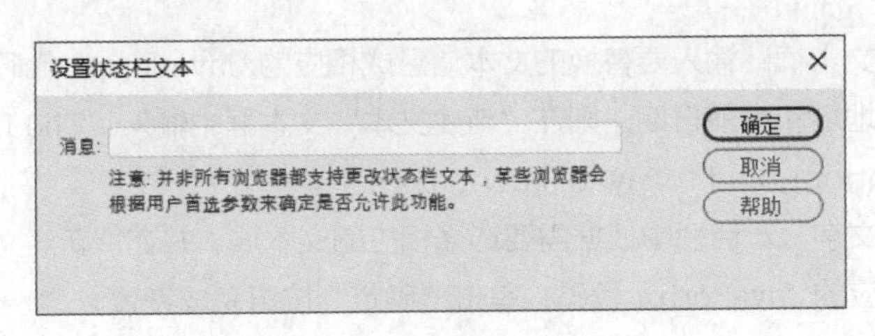

图 10-36

在“设置状态栏文本”对话框中根据需要输入状态栏消息或相应的 JavaScript 代码，单击“确定”按钮完成设置。

（3）如果不是默认事件，在“行为”面板中单击该动作前的事件列表，选择相应的事件。

（4）按 F12 键浏览网页。

10.2.11　设置文本域文字

“设置文本域文字”动作的功能是用指定的文本内容替换表单文本域的内容。可以在文本中嵌入任何有效的 JavaScript 函数调用、属性、全局变量或表达式。若要嵌入一个 JavaScript 表达式，应将其放置在大括号中；若要显示大括号，在它前面加一个反斜杠（\）。

使用“设置文本域文字”动作的具体操作步骤如下。

（1）若文档中没有文本域对象，则要创建一个文本域。先选择“插入 > 表单 > 文本区域”命令，在页面中创建文本域；然后在“属性”面板的“Name”文本框中输入该文本域的名称，确保该名称在网页中是唯一的，如图 10-37 所示。

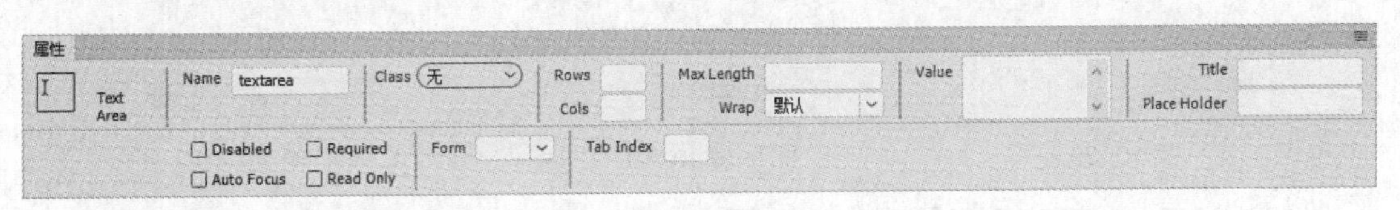

图 10-37

（2）选择文本域并打开“行为”面板。

（3）在“行为”面板中单击“添加行为”按钮+，并在弹出的下拉菜单中选择“设置文本 > 设置文本域文字”命令，弹出“设置文本域文字”对话框，如图 10-38 所示。

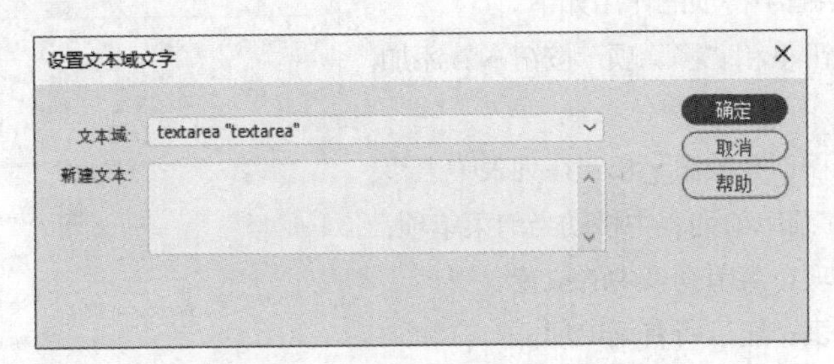

图 10-38

“设置文本域文字”对话框中各项的作用如下。

- “文本域”下拉列表：选择目标文本域。

- “新建文本”文本框：输入要替换的文本信息或相应的 JavaScript 代码。如要在表单文本域中显示网页的地址和当前日期，则在“新建文本”文本框中输入“The URL for this page is {window.location}, and today is {new Date()}.”。

在“设置文本域文字”对话框中根据需要选择相应的文本域，并在“新建文本”文本框中输入要替换的文本信息或相应的 JavaScript 代码，单击“确定”按钮完成设置。

（4）如果不是默认事件，则单击该事件会出现箭头按钮。单击该按钮，弹出包含全部事件的事件列表，用户可根据需要选择相应的事件。

（5）按 F12 键浏览网页。

10.2.12 跳转菜单

跳转菜单是超链接的一种形式，与真正的超链接相比，跳转菜单的形式更加灵活。跳转菜单从表单中的菜单发展而来，通过“行为”面板中的“跳转菜单”命令进行添加。

使用“跳转菜单”动作的具体操作步骤如下。

（1）新建一个空白页面，并将其保存在适当的位置。单击“插入”面板中“表单”选项卡中的“表单”按钮，在页面中插入一个表单，如图 10-39 所示。

（2）单击“插入”面板中“表单”选项卡中的“选择”按钮，在表单中插入一个下拉菜单，如图 10-40 所示。选中英文“Select:”并将其删除，效果如图 10-41 所示。

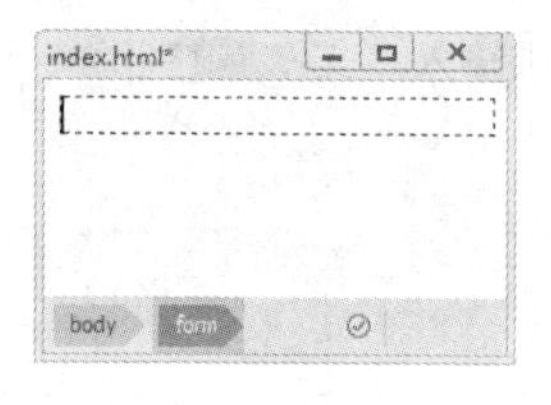

图 10-39

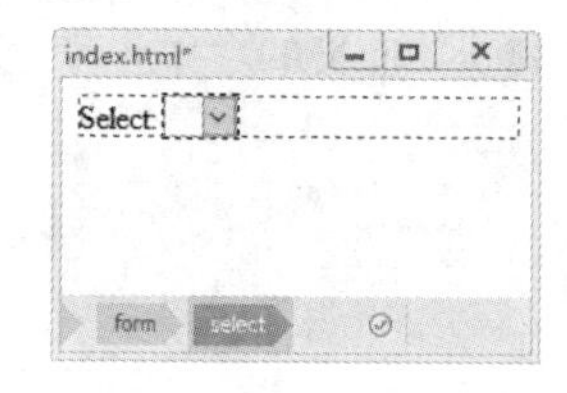

图 10-40

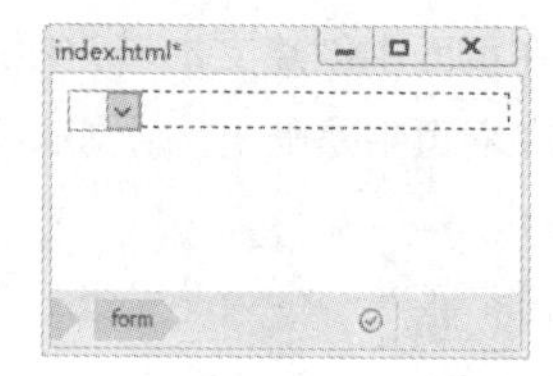

图 10-41

（3）在页面中选择下拉菜单，打开“行为”面板，单击“添加行为”按钮，并从弹出的下拉菜单中选择“跳转菜单”命令，弹出“跳转菜单”对话框，如图 10-42 所示。

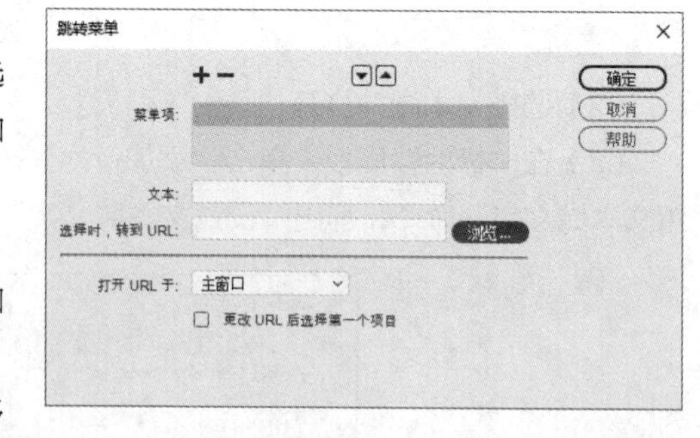

图 10-42

“跳转菜单”对话框中各项的作用如下。

- “添加项”按钮和“移除项”按钮：添加或删除菜单项。
- “在列表中下移项”按钮和“在列表中上移项”按钮：在菜单项列表中移动当前菜单项，设置当前菜单项在菜单列表中的位置。
- “菜单项”列表：显示所有菜单项。
- “文本”文本框：设置当前菜单项的显示文字，它会出现在菜单列表中。
- “选择时，转到 URL”文本框：为当前菜单项设置当浏览者单击它时要打开的网页地址。
- “打开 URL 于”下拉列表：设置打开网页的窗口类型，包括“主窗口”和“框架”两个选项。“主窗口”选项表示在同一个窗口中打开文件；“框架”选项表示在所选的框架中打开文件，但选择该选项前应先给框架命名。

- “更改 URL 后选择第一个项目”复选框：设置浏览者通过跳转菜单打开网页后，当前菜单项是否是第 1 个菜单项。

在“跳转菜单”对话框中根据需要更改和重新排列菜单项、更改要跳转到的网页以及更改打开这些网页的窗口，然后单击“确定”按钮完成设置。

（4）如果不是默认事件，则单击该事件会出现箭头按钮。单击该按钮，弹出包含全部事件的事件列表，用户可根据需要选择相应的事件。

（5）按 F12 键浏览网页。

10.2.13 跳转菜单开始

“跳转菜单开始”动作与“跳转菜单”动作关联密切。“跳转菜单开始”动作将一个“前往”按钮和一个“跳转菜单”动作关联起来，单击“前往”按钮则打开在“跳转菜单”动作中选择的链接。通常情况下，“跳转菜单”动作不需要一个“前往”按钮。但是如果“跳转菜单”动作出现在一个框架中，而“跳转菜单”动作链接到其他框架中的页面，则通常需要使用“前往”按钮，实现访问者重新选择“跳转菜单”动作中已选项。

使用“跳转菜单开始”动作的具体操作步骤如下。

（1）打开上一小节制作好的案例效果，如图 10-43 所示。选中下拉菜单，在“属性”面板中单击“列表值”按钮，弹出“列表值”对话框。单击“添加项目”按钮+，添加一个项目，如图 10-44 所示，单击“确定”按钮，完成列表值的修改。

（2）将光标置于下拉菜单的右侧，单击“插入”面板中“表单”选项卡中的“按钮”，在表单中插入一个按钮。保持按钮的选中状态，在“属性”面板中，将“Value”设为“前往”，效果如图 10-45 所示。

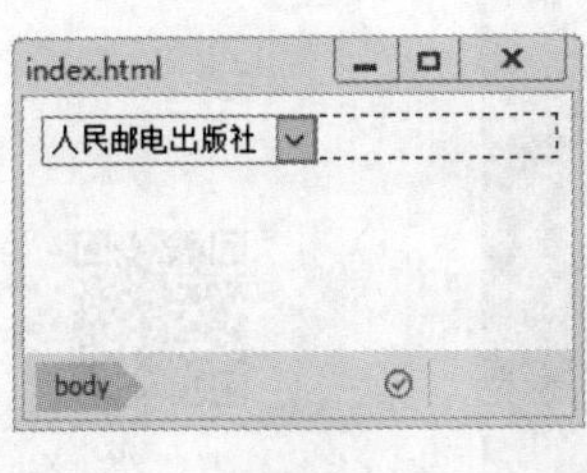

图 10-43

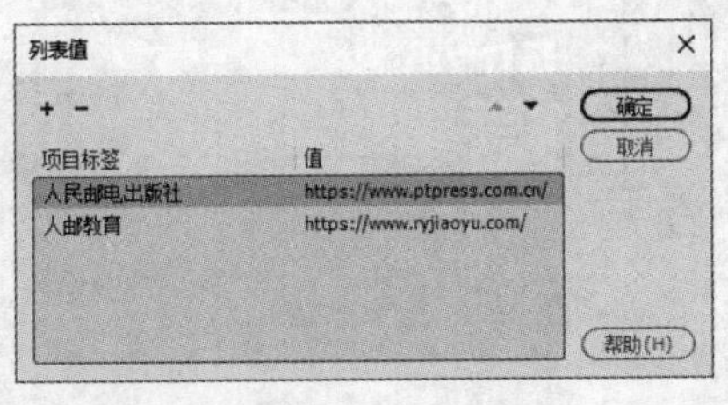

图 10-44

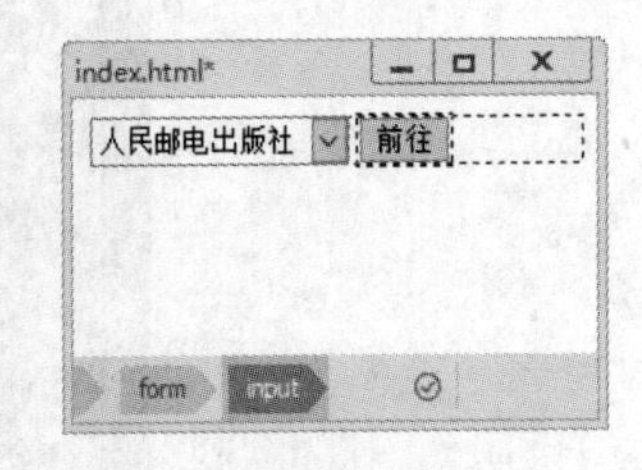

图 10-45

（3）选中按钮，在“行为”面板中单击“添加行为”按钮+，并从弹出的下拉菜单中选择“跳转菜单开始”命令，弹出“跳转菜单开始”对话框，如图 10-46 所示。在“选择跳转菜单”下拉列表中，选择“前往”按钮要激活的菜单，然后单击“确定”按钮完成设置。

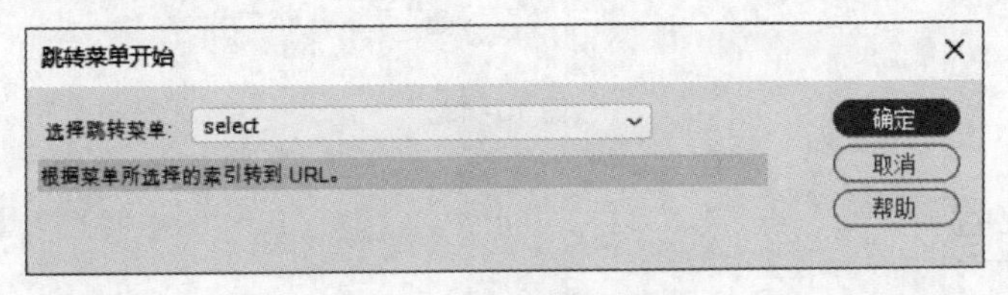

图 10-46

（4）如果不是默认事件，则单击该事件会出现箭头按钮。单击该按钮，弹出包含全部事件的事件列表，用户可根据需要选择相应的事件。

（5）按 F12 键浏览网页，如图 10-47 所示。单击“前往”按钮，跳转到相应的页面，效果如图 10-48 所示。

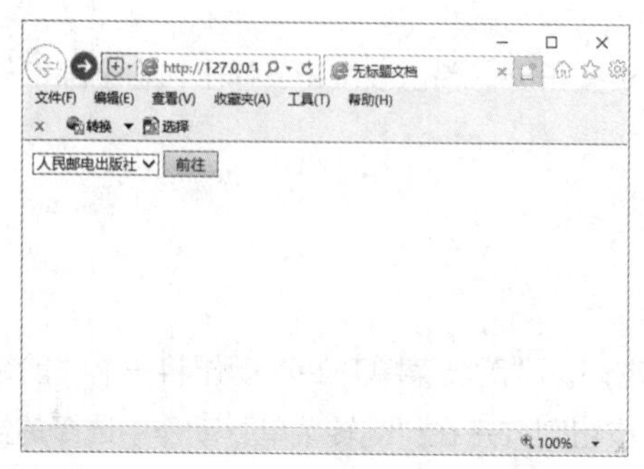

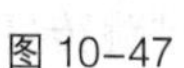
图 10-47

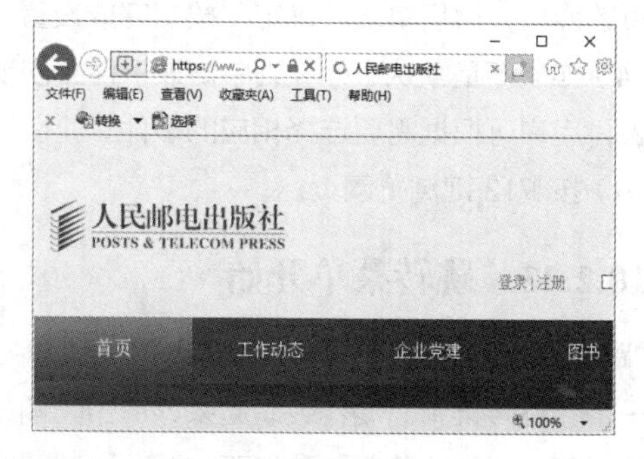

图 10-48

10.3 课堂练习——品牌商城网页

练习知识要点

使用“交换图像”命令，制作鼠标指针经过图像时图像发生变化的效果。完成效果如图 10-49 所示。

图 10-49

效果所在位置

云盘中的“Ch10 > 效果 > 品牌商城网页 > index.html”。

10.4 课后习题——爱在七夕网页

习题知识要点

使用“打开浏览器窗口”命令，制作在网页中显示指定大小的弹出窗口的效果。完成效果如图 10-50 所示。

图 10-50

效果所在位置

云盘中的“Ch10 > 效果 > 爱在七夕网页 > index.html”。

11

第 11 章 网页代码

Dreamweaver 2020 提供了代码编辑工具，方便网页设计者直接编写或修改代码，实现网页的细节设计。在 Dreamweaver 2020 中插入的网页内容及动作都会自动转换为代码，因此，只有了解源代码，才能真正懂得网页的内涵。

学习要点

- 新建标签库、标签、属性
- 常用 HTML 标签的使用
- 调用事件过程

素养目标

1. 掌握一定的策划知识和页面排版能力
2. 提升对网页代码的学习兴趣

11.1 网页代码

扫码观看
本案例视频

扩展阅读

11.1.1 课堂案例——品质狂欢节网页

案例学习目标

改变页面属性；制作浮动框架效果。

案例知识要点

使用“页面属性”命令改变页边距和标题；使用“IFRAME”按钮 ，制作浮动框架效果。

效果所在位置

云盘中的“Ch11 > 效果 > 品质狂欢节网页 > index.html”，效果如图 11-1 所示。

图 11-1

（1）打开 Dreamweaver 2020 后，新建一个空白文档。新建文档的初始名称为“Untitled-1”。选择“文件 > 保存”命令，弹出“另存为”对话框。在“保存在”下拉列表中选择当前站点目录保存路径，在“文件名”文本框中输入“index”，单击“保存”按钮，返回文档编辑窗口。

（2）选择“文件 > 页面属性”命令，弹出“页面属性”对话框。在左侧的“分类”列表中选择“外观（CSS）”选项，将“左边距”“右边距”“上边距”“下边距”均设为 0 px，如图 11-2 所示；在左侧的“分类”列表中选择“标题/编码”选项，在“标题”文本框中输入“品质狂欢节网页”，如图 11-3 所示。单击“确定”按钮，完成页面属性的修改。

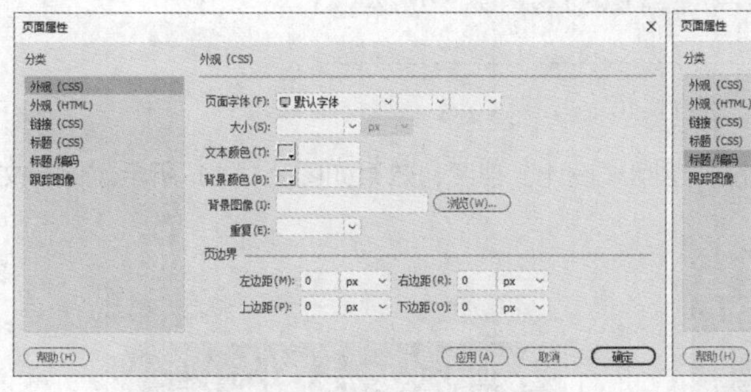

图 11-2

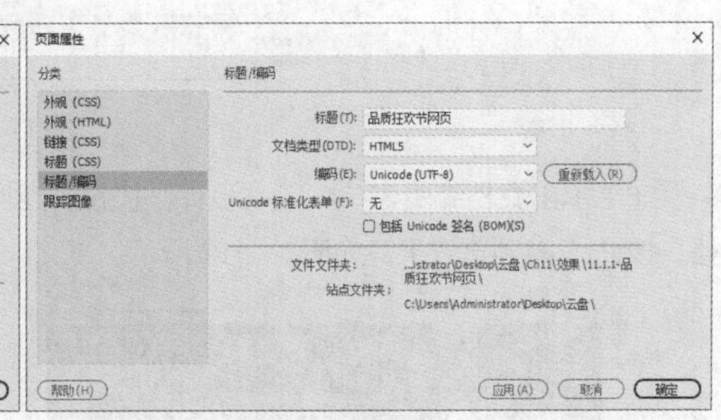

图 11-3

（3）单击文档编辑窗口的“拆分”按钮，切换到“拆分”视图。将光标置于<body>标签后面，按 Enter 键，将光标切换到下一行，如图 11-4 所示。单击“插入”面板“HTML”选项卡中的“IFRAME”按钮 ，在光标所在的位置自动生成代码，如图 11-5 所示。

（4）将光标置于<iframe></iframe>标签中，按一次空格键，代码提示菜单中出现该标签的属性，在其中选择属性“src”，如图 11-6 所示，出现“浏览”属性，如图 11-7 所示。选择“浏览”属性，在弹出的“选择文件”对话框中选择云盘中的“Ch11 > 素材 > 11.1.1 品质狂欢节网页 > 01.html”，如图 11-8 所示。单击“确定”按钮，返回文档编辑窗口，代码如图 11-9 所示。

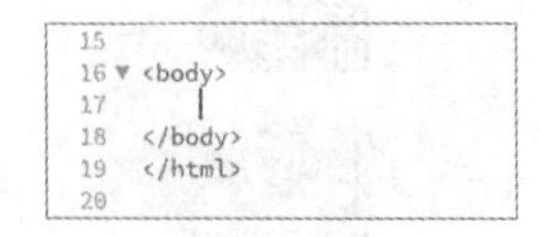

图 11-4

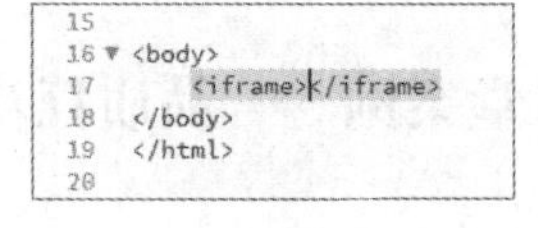

图 11-5

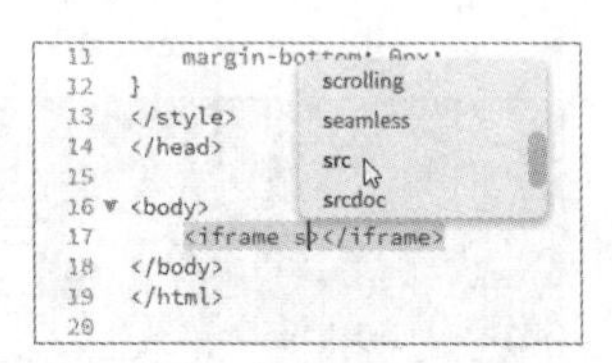

图 11-6

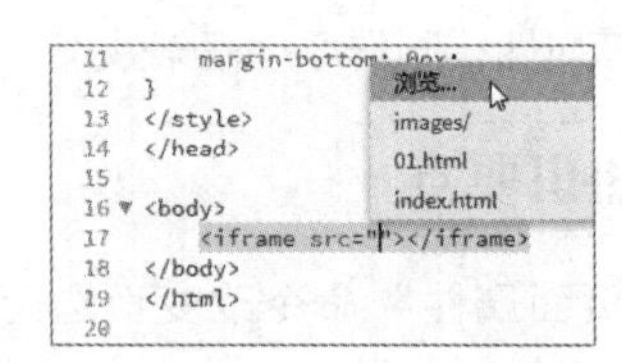

图 11-7

图 11-8

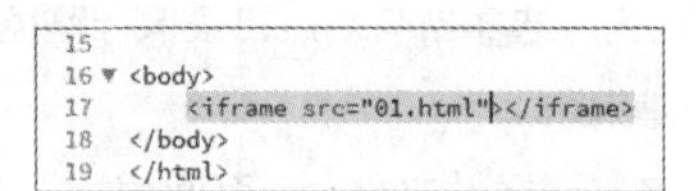

图 11-9

（5）在<iframe></iframe>标签中添加其他属性，如图 11-10 所示。

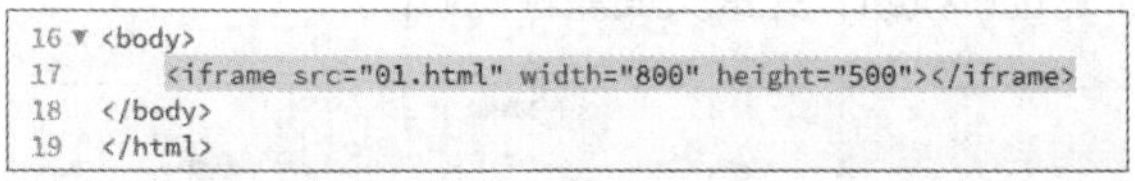

```
16 ▼ <body>
17       <iframe src="01.html" width="800" height="500"></iframe>
18   </body>
19   </html>
```

图 11-10

（6）单击文档编辑窗口中的“设计”按钮，返回“设计”视图，效果如图 11-11 所示。保存文档，按 F12 键预览效果，如图 11-12 所示。

图 11-11

图 11-12

11.1.2 代码提示菜单

代码提示菜单是网页设计者在“代码”视图中编写或修改代码的有效工具。只要在“代码”视图的相应标签间按<或空格键,即会出现包含相应标签常用属性、方法、事件的代码提示菜单,如图 11-13 所示。

在标签检查器中不能列出所有参数，如 onResize 等，但在代码提示菜单中可以一一列出。

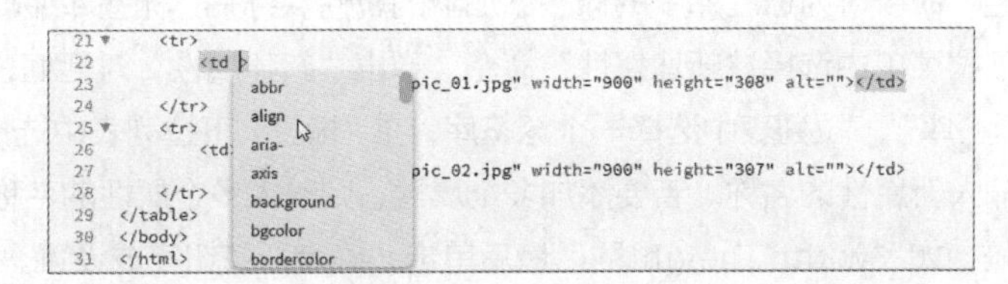

图 11-13

11.1.3 使用标签库插入标签

在 Dreamweaver 2020 中，标签库中有一组特定类型的标签，其中还包含 Dreamweaver 2020 应如何设置标签格式的信息。标签库提供了 Dreamweaver 2020 用于代码提示、目标浏览器检查、标签选择和其他代码功能的标签信息。选择“工具 > 标签库”命令，弹出“标签库编辑器”对话框，如图 11-14 所示。使用“标签库编辑器”对话框，网页设计者可以添加和删除标签库、标签和属性，设置标签库的属性以及编辑标签和属性。

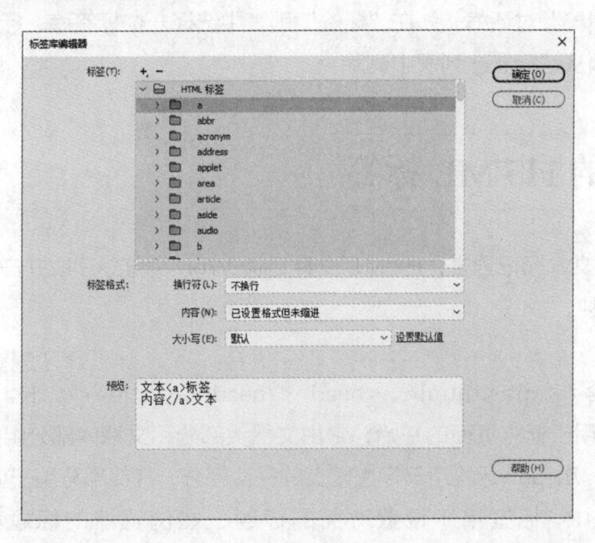

图 11-14

1. 新建标签库

打开“标签库编辑器”对话框，单击“标签”后面的按钮 +，在弹出的下拉菜单中选择“新建标签库”命令，弹出“新建标签库”对话框。在“库名称”文本框中输入一个名称，如图 11-15 所示，单击“确定”按钮完成设置。

2. 新建标签

打开“标签库编辑器”对话框，单击按钮 +，在弹出的下拉菜单中选择“新建标签”命令，弹出

"新建标签"对话框，如图 11-16 所示。先在"标签库"下拉列表中选择一个标签库，然后在"标签名称"文本框中输入新标签的名称。若要添加多个标签，则输入多个标签的名称，各名称中间以英文逗号和空格来分隔，如"First Tags, Second Tags"。如果新的标签具有相应的结束标签（</…>），则选中"具有匹配的结束标签"复选框。最后单击"确定"按钮完成设置。

3. 新建属性

使用"新建属性"命令可为标签库中的标签添加新的属性。打开"标签库编辑器"对话框，单击按钮+，在弹出的下拉菜单中选择"新建属性"命令，弹出"新建属性"对话框，如图 11-17 所示。一般情况下，在"标签库"下拉列表中选择一个标签库，在"标签"下拉列表中选择一个标签，在"属性名称"文本框中输入新属性的名称。若要添加多个属性，则输入多个属性的名称，各名称中间以英文逗号和空格来分隔，如"width, height"。最后单击"确定"按钮完成设置。

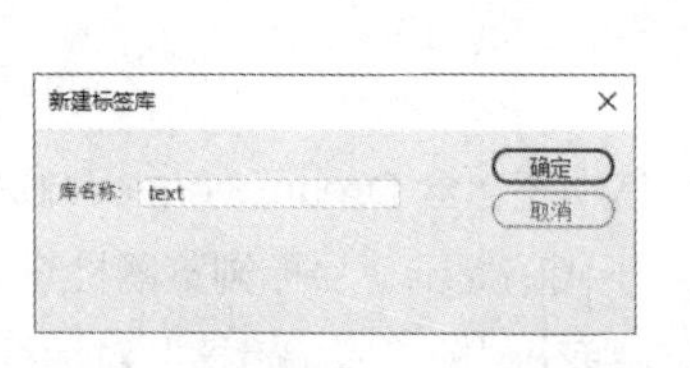

图 11-15

图 11-16

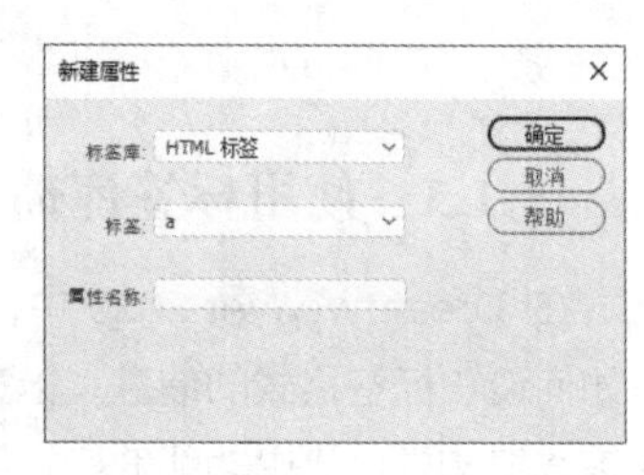

图 11-17

4. 删除标签库、标签或属性

打开"标签库编辑器"对话框。先在"标签"列表中选择一个标签库、标签或属性，然后单击按钮-，则可将选中的项从"标签"列表中删除。

11.2 常用的 HTML 标签

HTML 是一种超文本标记语言，HTML 文件是被 Web 浏览器读取并产生网页的文件。常用的 HTML 标签有以下几种。

1. 文件结构标签

文件结构标签包含<html></html>、<head></head>、<title></title>、<body></body>等。<html></html>标签用于标志页面的开始，它由文档头部分和文档体部分组成。浏览时只有文档体部分会显示。<head></head>标签用于标志网页的开头部分，开头部分用于显示重要信息，如注释、标题等。<title></title>标签用于设置页面的标题，在浏览器的标题栏上显示页面标题。<body></body>标签用于标志网页的文档体部分。

2. 排版标签

在网页中有 4 种段落对齐方式：左对齐、右对齐、居中对齐和两端对齐。在 HTML 中，可以使用 align 属性来设置段落的对齐方式。

align 属性可以应用于多种标签，例如分段标签<p></p>、标题标签<hn></hn>以及水平线标签<hr></hr>等。align 属性的取值可以是 left（左对齐）、center（居中对齐）、right（右对齐）以及 justify（两端对齐）。两端对齐是指将一行中的文本在排满的情况下向左右两个页边对齐，以避免左右页边出现锯齿状。

对于不同的标签，align 属性的默认值是不同的。对于分段标签和各个标题标签，align 属性的默认值为 left；对于水平线标签<hr></hr>，align 属性的默认值为 center。若要将文档中的多个段落设置成相同的对齐方式，可将这些段落置于<div> </div>标签内组成一个节，并使用 align 属性来设置该节的对齐方式。如果要将部分文档内容设置为居中对齐，可以将这部分内容置于<center></center>标签内。

3. 列表标签

列表分为无序列表、有序列表 2 种。<li></li>标签用于设置无序列表，如项目符号；<ol></ol>标签用于设置有序列表，如标号。

4. 表格标签

表格标签包括表格标签<table></table>、表格标题标签<caption></caption>、表格行标签<tr></tr>、表格字段名标签<th></th>、列标签<td></td>等。

5. 框架标签

框架将浏览器窗口分成不同区域，在每个区域中都可以独立显示一个网页。框架通过一个或多个<frameset></frameset>和<frame></frame>标签来定义。框架集包含如何组织各个框架的信息，可以通过<frameset></frameset>标签来定义。<frameset></frameset>标签置于<head></head>标签之后，以取代<body></body>标签的位置。还可以使用<noframes></noframes>标签给出框架不能显示时的替换内容。<frameset></frameset>标签中包含多个<frame></frame>标签，以设置框架的属性。

6. 图形标签

图形标签为<img>，其常用属性是 src 和 alt 属性，用于设置图像的位置和替换文本。src 属性用于设置图像文件的 URL，图像可以是 JPEG 文件、GIF 文件或 PNG 文件。alt 属性用于设置图像的简单文本说明，这段说明在浏览器不能显示图像时显示，或图像加载时间过长时先于图像显示。

<img>标签不仅用于在网页中插入图像，也可以用于播放基于 Video for Windows（VFW）框架的多媒体文件（AVI 格式的文件）。若要在网页中播放多媒体文件，应在<img>标签中设置 dynsrc、start、loop、controls 和 loopdelay 属性。

例如，将影片循环播放 3 次，中间延时 250 ms，标签代码如下：

```
<img src="SAMPLE-S.GIF" dynsrc="SAMPLE-S.AVI" loop=3 loopdelay=250>
```

再如，在鼠标指针移到 AVI 播放区域之上时开始播放 SAMPLE-S.AVI 影片，标签代码如下：

```
<img src="SAMPLE-S.GIF" dynsrc="SAMPLE-S.AVI" start=mouseover>
```

7. 链接标签

链接标签为<a></a>，其常用属性有 href（标志目标端点的 URL）、target（显示链接文件的一个窗口或框架）、title（显示链接文件的标题文字）。

8. 表单标签

表单标签为<form></form>，它在 HTML 页面中起着重要作用，它是网页设计者与访问者进行交互的主要手段。使用表单标签生成的表单至少应该包括说明性文字、供访问者填写的表格、“提交”和“重置”按钮等内容。访问者填写所需的资料之后，单击“提交”按钮，所填资料就会通过专门的

CGI 传输到 Web 服务器上；网页设计者随后就能在 Web 服务器上看到用户填写的资料。

表单中主要包括下列元素：普通按钮、单选按钮、复选框、下拉列表、单行/多行文本域、“提交”按钮、“重置”按钮。

9. 滚动标签

滚动标签是<marquee></marquee>，它会让指定文字和图像滚动，形成滚动字幕的效果。

10. 载入网页背景音乐标签

载入网页背景音乐标签是<bgsound></bgsound>，它可设定页面载入时的背景音乐。

11.3 脚本语言

脚本是包含源代码的文件，一次只有一行代码被解释或翻译成机器语言。在脚本处理过程中，系统翻译每行代码，并且一次选择一行代码，直到脚本中所有代码都被处理完成。Web 应用程序经常使用客户端脚本以及服务器端脚本，本节讨论的是客户端脚本。

用脚本创建的应用程序有代码行数的限制，一般应小于 100 行。因此脚本较小，一般用“记事本”应用程序或在 Dreamweaver 2020 的“代码”视图中编辑。

使用脚本语言主要有两个原因：一是创建脚本比创建编译程序快；二是用户可以使用文本编辑器快速、方便地修改脚本。而修改编译程序，必须有程序的源代码，而且修改了源代码以后，必须重新编译它，所有这些使修改编译程序比修改脚本更加复杂且耗时。

脚本语言主要包含接收用户数据、处理数据和输出结果数据 3 部分语句。计算机中最基本的操作是输入和输出，Dreamweaver 2020 也提供了输入和输出函数。InputBox()函数是实现输入的函数，它会弹出一个对话框来接收浏览者输入的信息；MsgBox()函数是实现输出的函数，它会弹出一个对话框显示输出信息。

有的操作要在一定条件下才能进行，这要用条件语句实现；对于需要重复进行的操作，应该使用循环语句实现。

11.4 调用事件过程

前面已经介绍了基本的事件及其触发条件，下面讨论在代码中调用事件过程的方法。调用事件过程有 3 种方法，下面以单击按钮弹出欢迎对话框为例进行介绍。

1. 通过名称调用事件过程

```
<HTML>
<HEAD>
<TITLE>事件过程调用的实例</TITLE>
    <SCRIPT LANGUAGE=VBScript>
        <!--
        sub bt1_onClick()
          MsgBox "欢迎使用代码实现浏览器的动态效果！"
        end sub
```

```
        -->
    </SCRIPT>
</HEAD>
<BODY>
    <INPUT name=bt1 type="button" value="单击这里">
</BODY>
</HTML>
```

2. 通过 for/event 属性调用事件过程

```
<HTML>
<HEAD>
<TITLE>事件过程调用的实例</TITLE>
        <SCRIPT LANGUAGE=VBScript for="bt1" event="onclick">

        <!--
         MsgBox "欢迎使用代码实现浏览器的动态效果！"
        -->
    </SCRIPT>
</HEAD>
<BODY>
    <INPUT name=bt1 type="button" value="单击这里">
</BODY>
</HTML>
```

3. 通过控件属性调用事件过程

```
<HTML>
<HEAD>
<TITLE>事件过程调用的实例</TITLE>
    <SCRIPT LANGUAGE=VBScript >
        <!--
         sub msg()
             MsgBox "欢迎使用代码实现浏览器的动态效果！"
        end sub
    -->
</SCRIPT>
</HEAD>
<BODY>
    <INPUT name=bt1 type="button" value="单击这里" onclick="msg">
</BODY>
</HTML>
<HTML>
<HEAD>
<TITLE>事件过程调用的实例</TITLE>
</HEAD>
<BODY>
    <INPUT name=bt1 type="button" value="单击这里" onclick='MsgBox "欢迎使用代
码实现浏览器的动态效果！"' language="VBScript">
</BODY>
</HTML>
```

11.5 课堂练习——活动详情网页

练习知识要点

使用“页面属性”命令，添加页面标题；使用“IFRAME”按钮，制作浮动框架效果。完成效果如图 11-18 所示。

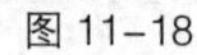
图 11-18

效果所在位置

云盘中的“Ch11 > 效果 > 活动详情网页 > index.html”。

11.6 课后习题——土特产网页

习题知识要点

在“代码”视图中，手动输入代码设置禁止滚动和禁止单击鼠标右键的效果。完成效果如图 11-19 所示。

图 11-19

扫码观看
本案例视频

效果所在位置

云盘中的“Ch11 > 效果 > 土特产网页 > index.html”。

12 第12章 综合设计实训

本章的综合设计实训案例，根据网页设计项目的真实情境来训练读者利用所学知识完成网页设计项目。通过多个网页设计项目案例的演练，读者能进一步牢固掌握 Dreamweaver 2020 的强大功能和使用技巧，并能应用所学技能制作出专业的网页设计作品。

学习要点

- ✔ 表格布局的方法和技巧
- ✔ CSS 样式相关命令的使用方法
- ✔ 动画文件和图像文件的插入方法和应用
- ✔ 超链接的创建方法和应用
- ✔ 表单的创建方法和应用

素养目标

1. 培养团队成员相互配合的协作能力
2. 提升网页设计的规划能力

12.1 户外运动——户外运动网页

12.1.1 项目背景及要求

1. 客户名称

WAM 享运户外俱乐部。

2. 客户需求

WAM 享运户外俱乐部是一个大型的户外运动俱乐部，提供的运动项目包括极限运动、自行车、摩托车、汽车、攀登、滑雪、水上运动、探险等。现为扩大其知名度，需要制作一款网页，要求网页设计围绕户外运动这一主题，表现出拥抱自然、挑战自我的运动精神与魅力。

扫码观看
本案例视频

3. 设计要求

（1）网页背景要求使用运动场地照片，突出网页宣传的主题和俱乐部经营理念。

（2）运用大量运动图片，让人印象深刻。

（3）网页内容简洁直观、便于浏览，能够达到宣传效果。

（4）以图片宣传为主、文字介绍为辅。

（5）设计规格为 1 600px（宽）×1 705px（高）。

12.1.2 项目创意及制作

1. 素材资源

图片素材所在位置：云盘中的“Ch12 > 素材 > 户外运动网页 > images”。

文字素材所在位置：云盘中的“Ch12 > 素材 > 户外运动网页 > text.txt”。

2. 作品参考

设计作品参考效果所在位置：云盘中的“Ch12 > 效果 > 户外运动网页 > index.html”。效果如图 12-1 所示。

3. 制作要点

使用“Table”按钮，插入表格并布局网页；使用“CSS 设计器”面板，设置表格、单元格的背景图像和边框效果；使用“属性”面板，改变文字的颜色、字号和字体；使用“属性”面板，设置单元格的高度和图像的边距。

图 12-1

12.2 房产网页——热门房产网页

12.2.1 项目背景及要求

扫码观看
本案例视频

1. 客户名称

热门房产网站。

2. 客户需求

热门房产网站是一个集热门的房产交易信息、家居装修信息和房产百科信息的资讯平台。现要求为该网站制作首页，要求风格简洁大方，能体现企业的勃勃生机。

3. 设计要求

（1）设计风格要求简洁大方，给人留下生机勃勃的印象。

（2）要求网页运用规整的画面，展现企业严谨的工作态度。

（3）围绕房产行业的特色进行设计，分类明确细致。

（4）要求加入一些楼盘评测信息，提升企业的文化内涵。

（5）设计规格为 1 400px（宽）×1 588px（高）。

12.2.2 项目创意及制作

1. 素材资源

图片素材所在位置：云盘中的“Ch12 > 素材 > 热门房产网页 > images”。

文字素材所在位置：云盘中的“Ch12 > 素材 > 热门房产网页 > text.txt”。

2. 作品参考

设计作品参考效果所在位置：云盘中的“Ch12 > 效果 > 热门房产网页 > index.html”。效果如图 12-2 所示。

图 12-2

3. 制作要点

使用“Table”按钮，插入表格并布局网页；使用“Image”按钮，插入图像；使用 ID 标记，创建 ID 超链接；使用“CSS 样式”面板，设置单元格的背景图像和文字的颜色、字号。

12.3 购物网页——生活家居网页

12.3.1 项目背景及要求

1. 客户名称

艾利佳。

2. 客户需求

艾利佳是一个主要销售定制衣柜、橱柜、灯具、地板、配套五金等用品的家居品牌，秉承设计精良、功能齐全的理念，为客户提供种类繁多、美观实用的家居用品。现需要为该品牌设计网站首页，要求主题明确、内容清晰，能够体现出品牌特点。

3. 设计要求

（1）网页画面要求以品牌产品图片为主。

（2）页面简洁，信息排列合理恰当。

（3）网页配色稳重，突出产品的特点和优势。

（4）整体风格时尚大气，体现出品牌的特色和调性。

（5）设计规格为 1 350px（宽）×2 000px（高）。

12.3.2 项目创意及制作

1. 素材资源

图片素材所在位置：云盘中的“Ch12 > 素材 > 生活家居网页 > images”。

文字素材所在位置：云盘中的“Ch12 > 素材 > 生活家居网页 > text.txt”。

2. 作品参考

设计作品参考效果所在位置：云盘中的“Ch12 > 效果 > 生活家居网页 > index.html”。效果如图 12-3 所示。

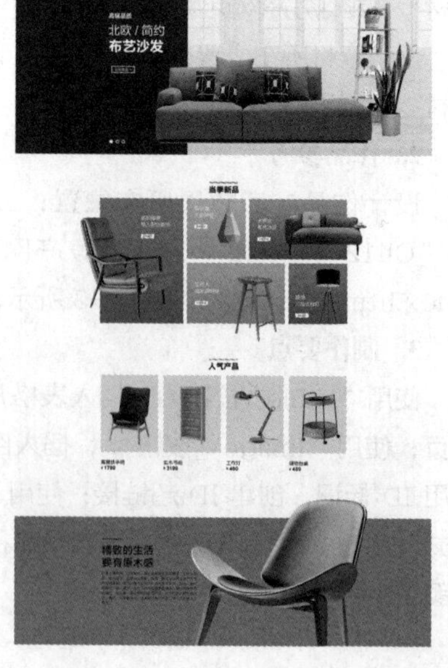

图 12-3

3. 制作要点

使用“页面属性”命令，设置网页背景颜色及页边距；使用代码设置图片与文字的对齐方式；使用“CSS 设计器”面板，设置文字的字号、行距及表格边框效果。

12.4 电子商务——网络营销网页

12.4.1 项目背景及要求

1. 客户名称

网络营销专家网站。

2. 客户需求

网络营销专家网站是一个集系统营销、集中推广、多样传播功能于一体，实现品牌与顾客之间精准互动沟通的网站。为了提高该网站知名度，需要重新设计网站，要求内容分类明确，主题突出。

扫码观看
本案例视频

3. 设计要求

（1）页面结构明确，布局清晰。

（2）网页的图文搭配合理，信息明确。

（3）网页内容分类明确细致，便于浏览。

（4）颜色搭配恰当，符合行业特点。

（5）设计规格为 1 600px（宽）×1 296px（高）。

12.4.2 项目创意及制作

1. 素材资源

图片素材所在位置：云盘中的“Ch12 > 素材 > 网络营销网页 > images”。

文字素材所在位置：云盘中的“Ch12 > 素材 > 网络营销网页 > text.txt”。

2. 作品参考

设计作品参考效果所在位置：云盘中的“Ch12 > 效果 > 网络营销网页 > index.html”。效果如图 12-4 所示。

3. 制作要点

使用“Table”按钮，插入表格并布局网页；使用“Image”按钮，插入图像；使用“CSS 设计器”面板，调整文字的颜色和字号。

图 12-4

12.5 课堂练习 1——设计爱漂亮网页

12.5.1 项目背景及要求

1. 客户名称

爱漂亮女性时尚网站。

扫码观看本案例视频

2. 客户需求

爱漂亮女性时尚网站是一个社区型女性时尚媒体平台，提供应季最新单品和潮流信息、各种风格的服饰搭配信息，并提供时尚、美容问答服务。目前网站需要改版，要求针对网站的女性受众群体设计一款时尚、独特的首页。

3. 设计要求

（1）使用浅色的背景，运用简洁的界面体现女性魅力。

（2）网页分为“今日热闻”与“编辑推荐”两个板块，要求设计独特、搭配合理。

（3）网页设计要紧紧围绕网站主题，将女性、时尚、服饰等元素在页面中充分表现出来。

（4）导航栏设计简单直观。

（5）设计规格为 1 400px（宽）×1 722px（高）。

12.5.2 项目创意及制作

1. 素材资源

图片素材所在位置：云盘中的“Ch12 > 素材 > 设计爱漂亮网页 > images”。

文字素材所在位置：云盘中的“Ch12 > 素材 > 设计爱漂亮网页 > text.txt”。

2. 制作提示

首先进行网页的设置和表格布局，然后插入 Logo 并制作导航条，接着制作页面底部效果，最后创建超链接并修饰、美化页面。

3. 知识提示

使用“页面属性”命令，设置页面文字的字体、字号、颜色，以及页边距；使用“属性”面板，设置单元格背景颜色、宽度和高度；使用“CSS 设计器”面板，设置文字的颜色、字号和行距。

12.6 课堂练习 2——设计休闲生活网页

12.6.1 项目背景及要求

扫码观看本案例视频

1. 客户名称

休闲生活网站。

2. 客户需求

休闲生活网站是一个专业的生活信息交流网站，其内容包括时尚、生活、美食、情感、娱乐等，是爱好生活的人们的“心灵港湾”。为扩大知名度，现需要为其重新设计网站首页。设计要求清新自然，具有生活气息。

3. 设计要求

（1）使用有关舒适生活的图片作为主题图片，直切主题，使人一目了然。

（2）网页分类明确，画面整齐干净。

（3）注重细节的处理，能够在画面的多处使用舒适的生活元素。

（4）设计规格为 1 400px（宽）×1 487px（高）。

12.6.2 项目创意及制作

1. 素材资源

图片素材所在位置：云盘中的“Ch12 > 素材 > 设计休闲生活网页 > images”。

文字素材所在位置：云盘中的“Ch12 > 素材 > 设计休闲生活网页 > text.txt”。

2. 制作提示

首先进行表格布局并添加背景图像，然后插入 Logo 并制作导航条，接着制作“文字介绍”区域和底部效果，最后创建超链接并修饰、美化页面。

3. 知识提示

使用“页面属性”命令，改变页面文字的字体、字号、颜色、背景颜色和页边距；使用“Image”按钮，插入图像；使用“CSS 设计器”面板，设置单元格背景、文字颜色和行距；使用“属性”面板，改变单元格的背景颜色、高度和宽度。

12.7 课后习题 1——设计短租房网页

12.7.1 项目背景及要求

扫码观看
本案例视频

1. 客户名称

短租房网站。

2. 客户需求

短租房网站是一个联系旅游人士和家有空房出租的房主的服务型网站，它可以为旅游人士提供各式各样的住宿信息。为了扩大知名度和增加业务需求，网站需要重新制作，以吸引新用户浏览，要求根据网站的性质设计网站首页。

3. 设计要求

（1）设计要求清新自然，画面干净清爽。

（2）背景以白色为主，能够衬托图片内容。

（3）颜色搭配丰富，画面亮丽，具有青春时尚之感。

（4）主题信息明确，用户能够快速直接地注意到所需要的租房信息。

（5）设计规格为 1 400px（宽）×2 012px（高）。

12.7.2 项目创意及制作

1. 素材资源

图片素材所在位置：云盘中的“Ch12 > 素材 > 设计短租房网页 > images”。

文字素材所在位置：云盘中的“Ch12 > 素材 > 设计短租房网页 > text.txt”。

2. 制作提示

首先设置页边距和页面标题，然后插入 Logo 并制作导航条，接着制作“特色房展示”和“特色主题”区域，最后制作页面底部效果。

3. 知识提示

使用“页面属性”命令，设置页面文字的字体、字号、颜色、页边距及页面标题；使用“Table”按钮，插入表格，设置布局页面；使用“Image”按钮，插入图像，添加网页标志和广告条；使用“CSS 设计器”面板，设置文字颜色、字号及行距；使用“属性”面板，设置单元格的宽度及高度。

12.8 课后习题 2——设计家政无忧网页

扫码观看
本案例视频

12.8.1 项目背景及要求

1. 客户名称

家政无忧网站。

2. 客户需求

家政无忧网站是一个提供家政保洁服务的网络平台，提供保洁、月嫂、照顾老人等家政服务。目前家政无忧网站需要重新设计网站首页，要求体现出网站特色。

3. 设计要求

（1）设计要具有条理、页面整齐，能够体现网站的专业性和服务品质。

（2）使用白色作为背景颜色，使画面看起来干净舒服。

（3）设计要突出主题，分类明确细致，体现网站的服务特色。

（4）设计规格为 1 400px（宽）×1 966px（高）。

12.8.2 项目创意及制作

1. 素材资源

图片素材所在位置：云盘中的“Ch12 > 素材 > 设计家政无忧网页 > images”。

文字素材所在位置：云盘中的“Ch12 > 素材 > 设计家政无忧网页 > text.txt”。

2. 制作提示

首先进行表格布局并添加背景图像，然后插入 Logo，制作导航条、“服务分类”区域，接着制作“用户心声”区域，最后制作底部效果。

3. 知识提示

使用“Image”按钮，插入图像；使用“Table”按钮，插入表格，设置布局页面；使用“CSS 设计器”面板，设置文字的字号、颜色和行距；使用“属性”面板，设置单元格的高度。